国家出版基金项目
NATIONAL PUBLICATION FOUNDATION

“十三五”国家重点出版物出版规划项目

高分辨率对地观测前沿技术丛书

主编　王礼恒

机载高分辨率对地观测系统

位置姿态测量技术

李建利　宫晓琳　刘占超　等编著

国防工業出版社

·北京·

内容简介

本书介绍了机载高分辨率对地观测系统的位置姿态测量相关理论方法和关键技术，内容包括惯性导航基础、机载位置姿态系统（POS）工作原理、初始对准、实时组合估计、高精度离线组合估计方法和机载 POS 在高分辨率对地观测工程的应用。

本书可以作为惯性导航、惯性/卫星组合导航相关方向的研究生教材，部分内容简化后可以作为本科生的专业课程教材，同时可供从事导航、遥感测绘、智能感知技术的研究人员和工程技术人员参考。

图书在版编目（CIP）数据

机载高分辨率对地观测系统位置姿态测量技术/李建利等编著．—北京：国防工业出版社，2021.7

（高分辨率对地观测前沿技术丛书）

ISBN 978-7-118-12291-6

Ⅰ．①机…　Ⅱ．①李…　Ⅲ．①高分辨率—航空遥感—遥感技术　Ⅳ．①TP72

中国版本图书馆 CIP 数据核字（2021）第 043705 号

※

国防工業出版社出版发行

（北京市海淀区紫竹院南路 23 号　邮政编码 100048）

雅迪云印（天津）科技有限公司印刷

新华书店经售

*

开本 710×1000　1/16　**插页** 8　**印张** 16¾　**字数** 268 千字

2021 年 7 月第 1 版第 1 次印刷　**印数** 1—2000 册　**定价** 138.00 元

国防书店：（010）88540777　书店传真：（010）88540776

发行业务：（010）88540717　发行传真：（010）88540762

丛书学术委员会

主　　任　王礼恒

副 主 任　李德仁　艾长春　吴炜琦　樊士伟

执行主任　彭守诚　顾逸东　吴一戎　江碧涛　胡　莘

委　　员　（按姓氏拼音排序）

白鹤峰　曹喜滨　陈小前　崔卫平　丁赤飚　段宝岩

樊邦奎　房建成　付　琨　龚惠兴　龚健雅　姜景山

姜卫星　李春升　陆伟宁　罗　俊　宁　辉　宋君强

孙　聪　唐长红　王家骐　王家耀　王任享　王晓军

文江平　吴曼青　相里斌　徐福祥　尤　政　于登云

岳　涛　曾　澜　张　军　赵　斐　周　彬　周志鑫

丛书编审委员会

主　　编　王礼恒

副 主 编　冉承其　吴一戎　顾逸东　龚健雅　艾长春

彭守诚　江碧涛　胡　莘

委　　员　（按姓氏拼音排序）

白鹤峰　曹喜滨　邓　泳　丁赤飚　丁亚林　樊邦奎

樊士伟　方　勇　房建成　付　琨　苟玉君　韩　喻

贺仁杰　胡学成　贾　鹏　江碧涛　姜鲁华　李春升

李道京　李劲东　李　林　林幼权　刘　高　刘　华

龙　腾　鲁加国　陆伟宁　邵晓巍　宋笔锋　王光远

王慧林　王跃明　文江平　巫震宇　许西安　颜　军

杨洪涛　杨宇明　原民辉　曾　澜　张庆君　张　伟

张寅生　赵　斐　赵海涛　赵　键　郑　浩

秘　　书　潘　洁　张　萌　王京涛　田秀岩

序 言

高分辨率对地观测系统工程是《国家中长期科学和技术发展规划纲要(2006—2020 年)》部署的 16 个重大专项之一,它具有创新引领并形成工程能力的特征,2010 年 5 月开始实施。高分辨率对地观测系统工程实施十年来,成绩斐然,我国已形成全天时、全天候、全球覆盖的对地观测能力,对于引领空间信息与应用技术发展,提升自主创新能力,强化行业应用效能,服务国民经济建设和社会发展,保障国家安全具有重要战略意义。

在高分辨率对地观测系统工程全面建成之际,高分辨率对地观测工程管理办公室、中国科学院高分重大专项管理办公室和国防工业出版社联合组织了《高分辨率对地观测前沿技术》丛书的编著出版工作。丛书见证了我国高分辨率对地观测系统建设发展的光辉历程,极大丰富并促进了我国该领域知识的积累与传承,必将有力推动高分辨率对地观测技术的创新发展。

丛书具有 3 个特点。一是系统性。丛书整体架构分为系统平台、数据获取、信息处理、运行管控及专项技术 5 大部分,各分册既体现整体性又各有侧重,有助于从各专业方向上准确理解高分辨率对地观测领域相关的理论方法和工程技术,同时又相互衔接,形成完整体系,有助于提高读者对高分辨率对地观测系统的认识,拓展读者的学术视野。二是创新性。丛书涉及国内外高分辨率对地观测领域基础研究、关键技术攻关和工程研制的全新成果及宝贵经验,吸纳了近年来该领域数百项国内外专利、上千篇学术论文成果,对后续理论研究、科研攻关和技术创新具有指导意义。三是实践性。丛书是在已有专项建设实践成果基础上的创新总结,分册作者均有主持或参与高分专项及其他相关国家重大科技项目的经历,科研功底深厚,实践经验丰富。

丛书 5 大部分具体内容如下:**系统平台部分**主要介绍了快响卫星、分布式卫星编队与组网、敏捷卫星、高轨微波成像系统、平流层飞艇等新型对地观测平台和系统的工作原理与设计方法,同时从系统总体角度阐述和归纳了我国卫星遥感的现状及其在6大典型领域的应用模式和方法。**数据获取部分**主要介绍了新型的星载/机载合成孔径雷达、面阵/线阵测绘相机、低照度可见光相机、成像光谱仪、合成孔径激光成像雷达等载荷的技术体系及发展方向。**信息处理部分**主要介绍了光学、微波等多源遥感数据处理、信息提取等方面的新技术以及地理空间大数据处理、分析与应用的体系架构和应用案例。**运行管控部分**主要介绍了系统需求统筹分析、星地任务协同、接收测控等运控技术及卫星智能化任务规划,并对异构多星多任务综合规划等前沿技术进行了深入探讨和展望。**专项技术部分**主要介绍了平流层飞艇所涉及的能源、囊体结构及材料、推进系统以及位置姿态测量系统等技术,高分辨率光学遥感卫星微振动抑制技术、高分辨率 SAR 有源阵列天线等技术。

丛书的出版作为建党100周年的一项献礼工程,凝聚了每一位科研和管理工作者的辛勤付出和劳动,见证了十年来专项建设的每一次进展、技术上的每一次突破、应用上的每一次创新。丛书涉及30余个单位,100多位参编人员,自始至终得到了军委机关、国家部委的关怀和支持。在这里,谨向所有关心和支持丛书出版的领导、专家、作者及相关单位表示衷心的感谢!

高分十年,逐梦十载,在全球变化监测、自然资源调查、生态环境保护、智慧城市建设、灾害应急响应、国防安全建设等方面硕果累累。我相信,随着高分辨率对地观测技术的不断进步,以及与其他学科的交叉融合发展,必将涌现出更广阔的应用前景。高分辨率对地观测系统工程将极大地改变人们的生活,为我们创造更加美好的未来!

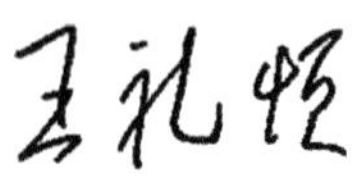

2021年3月

前 言

高分辨率航空遥感系统是国土精确测绘、自然灾害与环境监测和军事侦察等领域不可替代的高技术装备，由于飞机受气流等扰动，无法保持平稳匀速直线运动状态，导致合成孔径雷达、光谱仪、激光雷达、光学相机等载荷像质严重退化，甚至无法成像，只有采用机载位置姿态测量系统（Position and Orientation System，POS）精确测量运动误差并进行补偿，才能实现载荷的高分辨率成像。基于惯性/卫星组合测量技术的机载位置姿态测量系统已成为高分辨率航空遥感系统的共性关键设备。

在机载高分辨率对地观测技术的牵引下，国内外学者和科研机构深入开展了观测平台运动参数获取理论与方法研究，推动了高精度 POS 技术的快速发展。20 世纪 90 年代开始，加拿大、美国、德国等国家研制了能够应用于高性能航空遥感领域的机载 POS 系列产品。1998 年开始，北京航空航天大学房建成教授团队和国内多家科研机构，先后深入研究了机载 POS 的高精度测量理论与应用技术，并研制了系列高精度光学陀螺 POS 系统。正是这二十余年的科研积累，才使本书最终得以形成。

目前惯性导航、惯性/卫星组合导航技术的书籍较多，但能系统介绍机载高分辨率对地观测系统位置姿态测量技术的书籍并不多见，对该领域的了解仅限于学术论文和专利。为了满足机载高精度 POS 科研和教学的迫切需求，本书在参考总结了多部国内外教材、专著和论文基础上，汇聚了北京航空航天大学在机载高分辨率对地观测系统位置姿态测量方面的研究成果，系统地介绍了机载位置姿态测量相关的理论方法和关键技术。全书共分 6 章，第 1 章概述了机载 POS 应用背景和发展历史；第 2 章系统介绍了机载 POS 的基础知识、组成和工作原理；第 3 章介绍了捷联惯性测量系统误差建模、标定与补偿方法；第 4 章先后介绍了初始对准原理、分类和机载 POS 粗对准与精对准方法；第 5 章介绍了机载 POS 实时组合估计中常用的几种滤波估计方法，重点介绍了基于可观测度分析的机载 POS 机动对准方法等；第 6 章先后介绍了机载 POS 线性 RTS 固定区间平滑算法、UKF、PF、ERTSS 和 URTSS 等高精度离线组合估计方法和离线处理软件。本书可供从事机载 POS 技术和导航技术研究的工程技术人员参考，也可以作为高等学校相关专业研究生和高年级本科生的教材或教学参考书。

本书是在作者导师房建成院士的指导下完成的，融合了其教研团队二十余年在机载高分辨率对地观测系统位置姿态测量技术领域的研究成果，在此特别感谢房建成院士的悉心指导和大力支持。感谢刘刚教授、钟麦英教授、刘百奇博士、朱庄生副教授、俞文伯副教授、全伟教授和宁晓琳教授等对本书的支持并提出许多很好的建议。感谢曾经从事机载位置姿态测量系统相关研究的课题组所有老师、博士和硕士研究生，以及研制合作单位和应用单位同仁，是大家共同的科研成果支持了该书的顺利出版。此外本书部分内容还参考了国内外同行专家、学者的最新研究成果，在此一并向他们致以诚挚的谢意。

感谢国家出版基金、国防工业出版社在本书出版过程中给予的大力支持和帮助，感谢在本书撰写过程中所有给予关心、支持和帮助的人们。

由于作者水平和时间有限，难免存在不妥和错误之处，恳请广大读者批评指正。

作者

2021 年 1 月于北京航空航天大学

目 录

第 1 章
概　述

1.1　引言

机载位置姿态系统(Position and Orientation System,POS)可为各类无人机和有人机对地观测载荷提供高精度位置、速度和姿态基准,已成为航空对地观测系统完成高分辨率运动成像等任务必不可少的关键装备之一。

本章首先介绍了机载 POS 在高分辨率航空遥感中的应用背景及重要性,然后分别介绍了机载 POS 及其关键技术的国内外研究现状和趋势。

1.2　机载高分辨率对地观测系统对位置姿态测量需求

高分辨率对地观测是以卫星(天基)、飞艇(临近空间)和飞机(空基)等飞行器为观测平台,利用运动成像载荷获取地球表面与表层的大范围、高精度、多层次空间信息的一种尖端综合性技术,是掌握资源与环境态势,解决人类目前面临的资源紧缺、环境恶化、灾害频发等一系列重大问题的现代战略高技术手段[1],已成为当今世界高速发展和激烈竞争的技术领域。高分辨率对地观测对国家经济建设和国家安全具有重大作用,是保障国家安全的基础性和战略性资源,高分辨率对地观测系统工程是我国《国家中长期科学和技术发展规划纲要(2006—2020)》中 16 项重大专项之一[2]。

航空对地观测系统具有分辨率高、机动灵活、实时性好等优点,是高分辨率对地观测系统的重要组成部分,其高精度运动成像要求平台维持理想运动且姿态平稳,这对平台运动提出了严峻的挑战[3]。然而航空平台受外部气流扰动与内部发动机振动等影响，会形成复杂多模态非理想运动。从成像原理上，不论是合成孔径成像、扫描成像、凝视成像，还是干涉成像，航空平台的非理想运动都将导致成像模糊、散焦、变形、像素混叠现象，进而出现严重降质，甚至无法成像[4]。为实现高分辨率航空遥感系统的高精度运动成像，需要研究平台运动误差精确估计理论与方法，利用机载高精度 POS 精确测量运动误差，以进行载荷成像的运动补偿，从而提高成像分辨率[5]。机载对地成像分辨率越高，对运动误差的测量精度要求也越高。

此外，在远离大陆或不易到达的海岛（礁）、无人区测绘和军事侦察、测绘等通常无法布设地面控制点，需要利用机载高精度 POS 提供高精度时间、位置、速度和姿态等信息，为航空摄影测量提供精确的空中基准，实现稀少（无）控制点的高精度直接地理参考成图。即使在能够布设地面控制点的情况下，利用高精度 POS 也可大幅降低测图成本、提高作业效率。高精度 POS 已成为我国机载合成孔径雷达（Synthetic Aperture Radar，SAR）、激光雷达、干涉型光谱仪、光学相机等有效载荷实现高分辨率对地观测，及实现航空摄影测量稀少（无）地面控制点测图等关键技术瓶颈[6]。

高精度 POS 主要由高精度惯性测量单元（Inertial Measurement Unit，IMU）、全球导航卫星系统（Global Navigation Satellite System，GNSS）、POS 数据处理计算系统（POS Computer System，PCS）和后处理软件四部分组成，可为各类无人机和有人机对地观测载荷提供高精度位置、速度和姿态基准[7]，已成为航空对地观测系统顺利完成高分辨率运动成像等任务的关键装备之一。

1.2.1 合成孔径雷达对 POS 产品的需求

机载毫米波 SAR、机载高分辨率 InSAR（Interferometric Synthetic Aperture Radar，InSAR）/地面运动目标检测（Ground Moving Target Indicator，GMTI）雷达、机载多维度 SAR 等微波成像载荷都要求载机做匀速直线运动。在成像时，微小的高频运动误差引起复杂的栅瓣效应及信噪比恶化，低频运动转变为高频运动并引起高频相位误差，从而导致合成孔径成像质量的急剧退化，严重时甚至不能成像。因此，SAR 等微波类成像载荷必须依赖机载 POS 测量天线相位中心的位置、速度和姿态等信息进行运动补偿，才能实现高分辨率实时成像[8]，如图 1－1 所示。

对于干涉成像的微波成像载荷，不仅需要高精度位置和速度信息，更需要高精度姿态信息，才能够实现高精度干涉成像。因此，高精度 POS 是机载微波成像载荷实现高分辨率成像及高精度干涉成像的必要手段。

在机载SAR方面,SAR运动补偿技术得到了高速发展,美国、加拿大、德国等国家都已经将SAR运动补偿技术应用于实际中。其中,美国的Sandia国家实验室在SAR运动补偿理论和系统方面都进行了大量的研究工作,研制的MiniSAR代表了机载高分辨率SAR实时对地观测的高技术水平[9],其分辨率达到了0.1m。德国FGAN的PAMIR系统突破传统运动补偿方法制约,利用有源定标器获取高信噪比雷达回波信号,与惯性器件测量运动信息进行深度融合,从而实现超高精度的运动补偿,但该技术难于实时化[10]。目前,高分辨率干涉SAR系统对运动补偿的精度要求已达到了像素级。

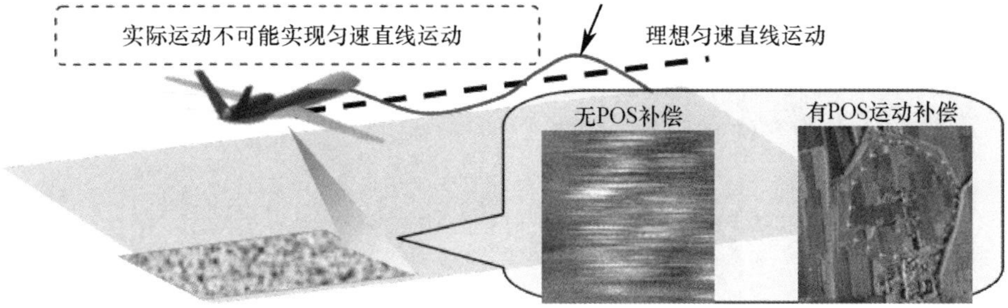

图1-1 机载SAR有无POS运动补偿成像对比

1.2.2 激光雷达载荷对POS产品的需求

机载三维激光雷达、机载合成孔径激光成像雷达等激光成像载荷工作原理如图1-2所示,利用光束均匀扫描,通过机载POS精确测量出光束发射点的空间坐标,形成均布的点云图[11]。因此,如果没有机载POS提供的高精度位置和姿态信息,激光成像载荷就无法成像。同时,由于平台速度变化、姿态抖动、扫描镜振动以及载荷内部扫描机构的控制误差等引起的激光指向误差及平台高度偏差,将导致测量影像数据坐标的偏移,进而引起成像数据的严重畸变。因此,如果机载POS精度不高,激光雷达也无法实现高精度成像。

1.2.3 其他载荷对POS产品的需求

高分辨率航空对地观测载荷中的光学载荷需要POS测量载荷中心的位置、姿态信息,以实现多幅对地观测图像的拼接以及无地面控制点成图,以满足军事侦察、军事境外测绘以及敌占区测绘的需求[12]。

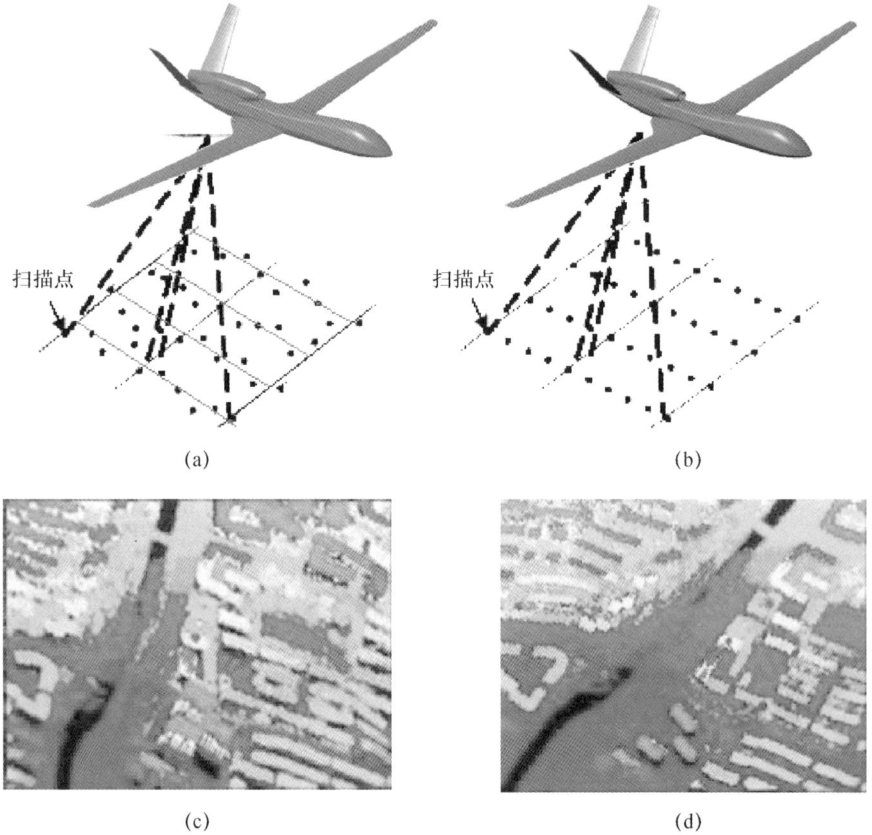

图1-2 机载激光雷达有无POS运动补偿成像对比
(a)载机姿态扰动导致激光点云分布畸变;(b)经POS补偿后激光扫描点云分布;
(c)载机姿态扰动导致LiDAR图像畸变;(d)经POS补偿后的LiDAR图像。

此外,机载磁力测量系统等非成像载荷也需要使用高精度POS,如果没有POS提供的位置和姿态信息,机载磁力测量系统就不能够实现磁力三维分量的精确测量。可见,不论是微波成像载荷、激光成像载荷、光学成像载荷还是非成像载荷,都必须依赖POS完成高分辨率对地观测任务,POS已成为机载高分辨率对地观测系统中一种十分重要的通用载荷,并且对机载POS的运动参数提出了极高的要求。

1.3 机载高精度位置姿态测量技术国内外现状

机载高精度POS在组成、功能、结构形式、性能、软件等方面与传统的惯性/卫星组合导航系统都有着本质区别。传统的惯性/卫星组合导航系统通常为一体式结构，没有可满足航空对地观测需求的复杂软件模块。而高精度 POS 采用分体式设计，由高精度 IMU、GNSS、PCS、POS 后处理软件四部分组成。其中，POS 后处理软件用于高精度数据处理，并针对不同类型成像载荷的需求，设有专门的软件模块。

高精度平台运动参数多源获取是实现高精度运动补偿的前提，为了补偿运动导致的图像质量退化，必须精确获取平台的运动参数。国内外相关单位在高分辨率遥感对地观测技术的牵引下，在平台运动参数获取理论与方法方面进行了深入研究，推动了高精度 POS 测量技术快速发展。加拿大、美国、德国等国家已经形成了能够应用于高性能航空遥感领域的成熟产品，如加拿大 Applanix 公司和美国 Trimble 公司深入研究了基于捷联惯性/卫星导航的运动参数获取理论与方法，解决了捷联惯性与测量系统误差高精度建模与补偿、捷联惯性/卫星组合测量系统智能信息融合、空中对准等基础问题，抑制了各种随机误差对系统测量精度的影响，使得研制的 POS/AV610 的水平姿态精度与航向精度分别高达 0.0025°和 0.005°。国内在此方面也开展了研究工作，并取得了一些进展，如北京航空航天大学开展了惯性测量与组合测量的理论方法研究，成功研制机载挠性陀螺 POS、高精度光纤陀螺 POS 和激光陀螺 POS 等系列化产品。此外，中国航天科工集团 33 所、中国航空工业集团 618 所、中国兵器工业集团导控所、中国航天科技集团 13 所和立得空间信息技术股份有限公司等多家单位均开展了较深入的研究工作。

1.3.1　国外研究现状

1. 高精度 POS

加拿大 Applanix 公司的 POS/AV 系列位置姿态系统是专用于航空遥感领域的成熟产品，其中 POS/AV610 是目前国际上精度最高的 POS 产品[13]，其水平精度达到 0.0025°，航向精度达到 0.005°。该产品硬件主要由 IMU、GPS、POS 和后处理软件（PCS）等组成。如图 1－3 所示，POS/AV510 采用光纤陀螺，而 POS/AV610 采用激光陀螺或光纤陀螺。具体技术指标和接口如表 1－1 和表 1－2 所列。美国 Trimble 公司于 2003 年开始入股 Applanix 公司，期望借此进一步发展其导航产品的稳定性能和定位精度。

(a)

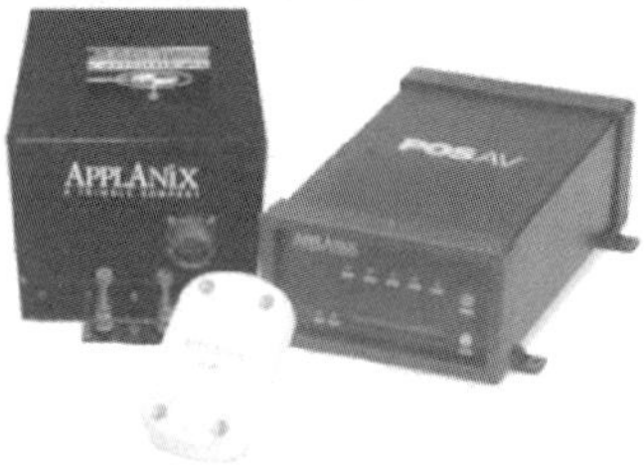

(b)

图 1-3 加拿大 Applanix 公司的 POS 产品
(a)POS/AV510;(b)POS/AV610。

表 1-1 加拿大 Applanix 公司 POS 性能参数

POS/AV510			
性能指标	C/A GNSS	RTK	后处理
定位精度/m	4.0~6.0	0.1~0.3	0.05~0.3
速度精度/(m/s)	0.05	0.02	0.01
侧滚与俯仰精度/(°)	0.008	0.008	0.005
实际航向精度/(°)	0.07	0.04	0.008
POS/AV610			
性能指标	C/A GNSS	RTK	后处理
定位精度/m	4.0~6.0	0.1~0.3	0.05~0.3
速度精度/(m/s)	0.03	0.02	0.01
侧滚与俯仰精度/(°)	0.005	0.005	0.0025
实际航向精度/(°)	0.03	0.02	0.005

表 1-2 POS/AV510 机电接口及存储参数

POS AV510		
尺寸/mm×mm×mm	PCS:169×186×68	IMU:161×120×126
接口	输出:2 个 RS232	输入:1 个 RS232
存储方式	内部:Flash Disk	外部:可拓展 Flash Disk
存储容量	内部:2×4GB	外部:4GB
POS AV610		
尺寸/mm×mm×mm	PCS:169×186×68	IMU:163×165×163
接口	输出:2 个 RS232	输入:1 个 RS232
存储方式	内部:Flash Disk	外部:可拓展 Flash Disk
存储容量	内部:2×4GB	外部:4GB

国际上其他知名的遥感设备生产厂商也逐渐认识到 POS 技术的发展潜力，生产出与 POS/AV 系列竞争的产品。瑞士的 Leica 公司是老牌遥感仪器生产商，其研制的 POS 产品 IPAS2.0 系统如图 1－4 所示[14]。该系统由高精度激光陀螺 IMU 和 GPS 组合，其后处理水平姿态精度达到 0.0025°，航向精度达到 0.005°。

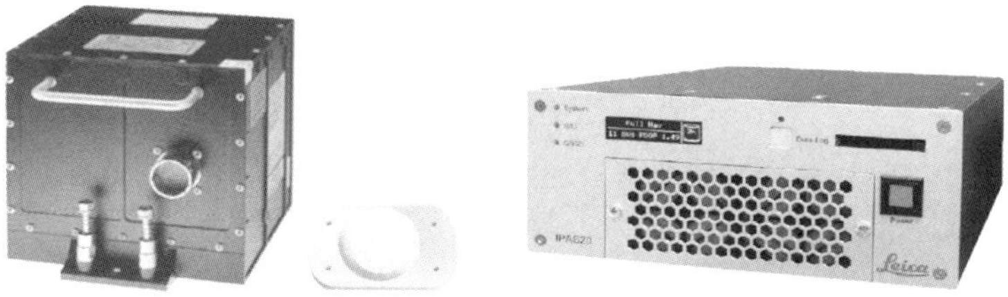

图 1－4　瑞士 Leica 公司的 IPAS2.0 型 POS

德国 IGI 公司研制的 AEROcontrol 系列 POS 产品如图 1－5 所示，机电接口及存储参数如表 1－3 所列。该系统采用光纤陀螺 IMU，定位精度可以达到 0.05m，横滚/俯仰角误差可达 0.003°，航向误差达到 0.007°[15]。该系统已成功应用于 LMK2000、RMK－TOP 等航空相机系统。

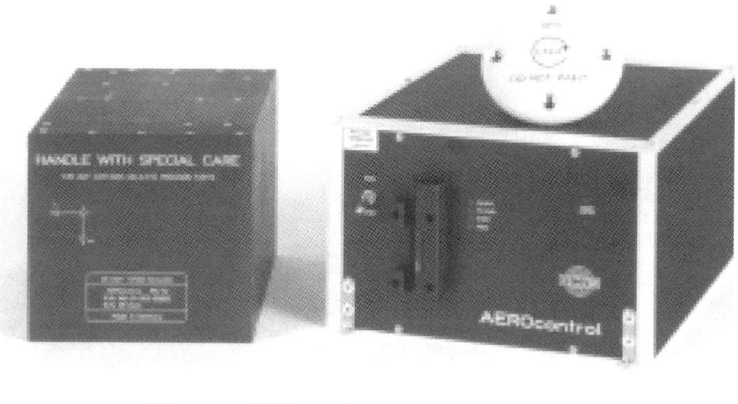

图 1－5　德国 IGI 公司 AEROcontrol 型 POS

表 1－3　AEROcontrol 型 POS 机电接口及存储参数

产品型号	尺寸（PCS/IMU）/mm × mm × mm	接口	存储方式	存储容量
AEROcontrol	126.5 × 98 × 153.5	以太网和 RS232 接口	External SD Card	64GB

美国 Northrop Grumman 公司主要研制军用捷联惯性导航系统(SINS)与全球定位系统(GPS)组合导航系统。近年来,该公司也开展了遥感用的高精度 SINS/DGPS 组合系统(高精度 POS)的研制,典型的产品是 LN－260,如图 1－6 所示和表 1－4 所列。

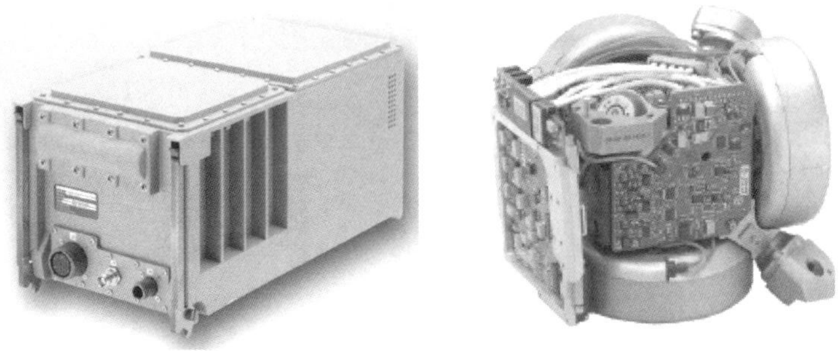

图 1－6　LN－260 嵌入式组合系统及其光纤陀螺 IMU

表 1－4　LN－260 型 POS 机电接口及存储参数

产品型号	尺寸(PCS/IMU)/mm × mm × mm
LN－260	377.2 × 191.3 × 181.6

美国 Z/I Imaging 公司研制的 POS 产品称为 POS Z/I,如图 1－7 所示。该系统由小型挠性陀螺 IMU 和高精度 GPS 组合,已成功应用于相机系统 DMC2001[16]。其具体性能参数如表 1－5 所列。

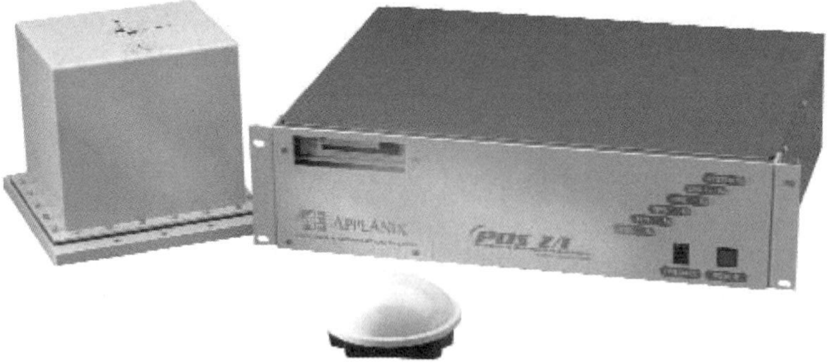

图 1－7　美国 Z/I Imaging 公司的 POS Z/I

表1-5　POS Z/I性能参数

POS Z/I	C/A	RTK	后处理
定位精度/m	4~6	0.1~0.3	0.05~0.30
速度精度/(m/s)	0.2	0.02	0.005
侧滚与俯仰精度/(°)	0.016	0.008	0.005
实际航向精度/(°)	0.08~0.16	0.04	0.01

随着航空对地观测系统的不断发展,低成本、高效率的微小型阵列式遥感载荷逐渐成为新的发展方向。传统机载高精度POS因为受体积、质量、功耗等方面的限制,不能满足新的发展需求。因此,基于硅MEMS惯性器件的微小型位置姿态系统(MPOS)逐渐成为新的发展方向。

加拿大Applanix公司作为航空遥感运动补偿领域内代表性单位,在2015年研发并上市一款新型的MPOS——APX-15 UAV产品(图1-8),系统内置高精度GNSS接收机和惯导传感器,产品已成功应用于小型无人机测图系统,显著降低作业成本,提高了测图效率,系统性能指标如表1-6和表1-7所列。

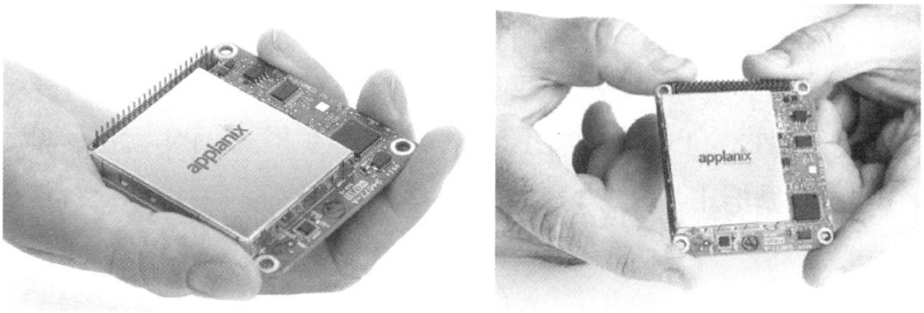

图1-8　Applanix公司生产的APX-15 UAV产品

表1-6　加拿大Applanix公司APX-15 UAV精度

性能指标	C/A GNSS	RTK	后处理
定位精度/m	1.5~3	0.5~2	0.02~0.05
速度精度/(m/s)	0.05	0.05	0.015
侧滚与俯仰精度/(°)	0.04	0.03	0.025
实际航向精度/(°)	0.30	0.18	0.08

表 1－7　加拿大 Applanix 公司 APX－15 UAV 性能参数

尺寸/mm×mm×mm	≤67×60×15
质量/g	60
功耗/W	3.5
接口	输出:2 个 RS232　　输入:1 个 RS232
GNSS 接口	支持北斗、GPS、GLONASS 和 Galileo

该产品采用 MEMS 惯性传感器和 Applanix SmartCal™ 校验技术,并采用 GNSS/惯性组合算法,在无人飞行器中成功应用(图 1－9),是目前微小型位置与姿态系统当中最具代表性产品之一。

图 1－9　APX－15 UAV 成功应用于无人机航测

此后,Applanix 公司针对低成本微小型需求,相继推出了一系列的微小型位置与姿态系统:APX－15 EI UAV[17]、APX－18 UAV[18]和 APX－20 UAV[19],如图 1－10 所示,系统性能参数如表 1－8 和表 1－9 所列。

(a)　(b)　(c)

图 1－10　Applanix 公司微小型位置与姿态测量系统

(a)APX－15 EI UAV;(b)APX－18 UAV;(c)APX－20 UAV。

表1－8 加拿大 Applanix 公司最新 MPOS 精度指标

APX－15 EI UAV			
性能指标	C/A GNSS	RTK	后处理
定位精度/m	1.5～3.0	0.02～0.05	0.02～0.05
速度精度/(m/s)	0.05	0.02	0.015
侧滚与俯仰精度/(°)	0.04	0.03	0.025
实际航向精度/(°)	0.30	0.18	0.08
APX－18 UAV			
性能指标	C/A GNSS	RTK	后处理
定位精度/m	1.5～3.0	0.02～0.05	0.02～0.05
速度精度/(m/s)	0.05	0.02	0.01
侧滚与俯仰精度/(°)	0.04	0.03	0.025
实际航向精度/(°)	0.15	0.10	0.08
APX－20 UAV			
性能指标	C/A GNSS	RTK	后处理
定位精度/m	1.5～3.0	0.02～0.05	0.02～0.05
速度精度/(m/s)	0.05	0.02	0.01
侧滚与俯仰精度/(°)	0.04	0.03	0.015
实际航向精度/(°)	0.30	0.18	0.035

表1－9 加拿大 Applanix 公司最新 MPOS 性能参数

型号	APX－15 EI UAV	APX－18 UAV	APX－20 UAV
尺寸/(mm×mm×mm)	≤67×60×34	≤100×60×11.6	≤67×60×34
质量/g	90	62	90
功耗/W	4	1.5	4
GNSS 接口	支持北斗、GPS、GLONASS 和 Galileo		

SPAN－ISA－100C 是 NovAtel 公司通过其 SPAN(Synchronous Position Attitude and Navigation)技术，将 Northrop Grumman 公司生产的一款接近导航级别的光纤 IMU 与 NovAtel 公司 PwrPak7 接收机构成分体式组合导航系统，经过 NovAtel 实时 Land_Vehicle 算法的优化和 IE 后处理软件严格的精度约束，融合输出 200Hz 高精度三维位置、速度、航姿信息，如图1－11所示，SPAN－ISA－100C 的水平姿态精度达到 0.003°，航向精度达到 0.004°，具体性能参数如表1－10和表1－11所列。目前，该设备已经在 Leica 公司的各型框幅式航摄

仪(DMCII ,DMCIII,RCD30)和激光雷达(Chiropetra,DragonEye)等得到了广泛的应用[20]。

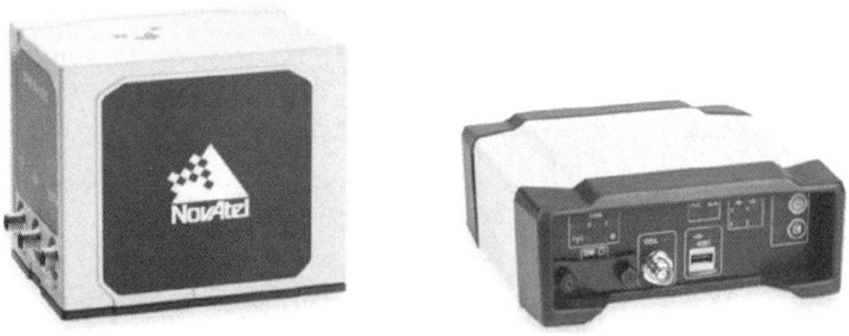

图 1-11 NovAtel 公司 SPAN-ISA-100C 组合导航系统

表 1-10 SPAN-ISA-100C 机电接口及存储参数

SPAN-ISA-100C		
尺寸/(mm×mm×mm)	PwrPak7:174×125×55	IMU:180×150×137
质量/g	PwrPak7:500	IMU:5000
功耗/W	PwrPak:1.8	IMU:18
存储容量/GB	内部存储 16	
GNSS 接口	支持北斗、GPS、GLONASS 和 Galileo	

表 1-11 SPAN-ISA-100C 高精度闭环光纤组合导航系统系性能参数

中断时间	定位模式	位置精度/m		速度精度/(m/s)		姿态精度/(°)		
		水平	垂直	水平	垂直	横滚	俯仰	方位
0s	RTK	0.02	0.05	0.010	0.010	0.007	0.007	0.010
	PPP	0.06	0.15	0.010	0.010	0.007	0.007	0.010
	SP	1.20	0.60	0.010	0.010	0.007	0.007	0.010
	PP	0.01	0.02	0.010	0.010	0.003	0.003	0.004
10s	RTK	0.07	0.10	0.015	0.015	0.008	0.008	0.012
	PPP	0.11	0.20	0.015	0.015	0.008	0.008	0.012
	SP	1.25	0.65	0.015	0.015	0.008	0.008	0.012
	PP	0.01	0.02	0.010	0.010	0.003	0.003	0.004
60s	RTK	0.72	0.45	0.035	0.025	0.009	0.009	0.015
	PPP	0.76	0.55	0.035	0.025	0.009	0.009	0.015
	SP	1.90	1.00	0.035	0.025	0.009	0.009	0.015
	PP	0.04	0.02	0.030	0.010	0.003	0.003	0.004

2. 机载 PCS

PCS 是 POS 重要组成部分,用于采集 IMU 和 GNSS 数据,并进行 IMU 与 GNSS 的时间同步,然后进行 IMU 与 GNSS 的信息融合,完成 IMU 数据、GNSS 数据、信息融合结果数据存储和发送。

随着航空对地观测载荷分辨率越来越高,不仅要求 POS 的精度不断提高,同时要求 POS 信息处理系统采集速度越来越快、处理能力越来越强。PCS 经历了从 X86 架构到高性能嵌入式的发展历程[6]。20 世纪初,加拿大 Applanix 公司(图 1－12)、瑞士 Leica 公司(图 1－13)、美国 Z/I Imaging 公司都研制了基于工业计算机架构的第一代 PCS。第一代 PCS 主要由 X86 计算机主板、高精度数据采集系统、数据存储系统、电源系统等部分组成。这种 PCS 最初广泛应用于 POS/AV210、POS/AV310、POS/AV410、POS/AV510、POS Z/I、IPAS1.0 等系统。但是,X86 架构 PCS 存在体积大、重量大、功耗大的缺点,与无人机对地观测系统要求体积小、质量轻、功耗低相矛盾。另一方面,采用 X86 架构 PCS 时,程序效率和直接操作硬件的灵活性也都受到影响。

图 1－12　加拿大 Applanix 公司研制的 X86 架构 PCS

图 1－13　瑞士 Leica 公司研制的 X86 架构 PCS

数字信号处理器(Digital Signal Processor,DSP)是为完成高速数据处理功能而专门设计的微处理器,其内部集成一定容量的 ROM 和 RAM、串行接口、并行接口、定时器、DMA 控制器、等待状态发生器、时钟发生器等部件,这些功能部件使得其仅需少量的外部元件即可构成一个强有力的数字处理机[21,22]。因此,基于 DSP 的第二代 PCS 逐渐成为一个重要的发展方向。近年来,加拿大 Applanix 公司(图 1－14)、瑞士 Leica 公司(图 1－15)、德国 IGI 公司都研制了高性能嵌入式 PCS,第二代 PCS 具有更高的采样频率、更强的数据处理能力、更高效的数据存储能力、更高精度的信息融合能力。目前,国际上广泛应用的 POS 都采用了第二代 PCS,例如 POS/AV610、IPAS2.0 和 AEROcontrol 等高精度 POS。

图 1-14　加拿大 Applanix 公司嵌入式 PCS

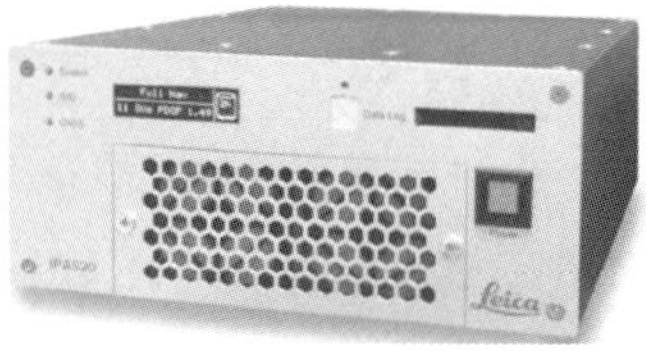

图 1-15　瑞士 Leica 公司嵌入式 PCS

3. 小型高精度 IMU

小型高精度 IMU 是 POS 的核心部件，用于精确测量载荷中心的角速度和加速度信息。它与飞机和武器制导的惯性导航系统不同，POS 专用 IMU 要求系统体积质量小，温度、振动环境适应能力强，具有测量高频振动的能力，同时要求输出的运动参数具有精度高、数据平滑、更新频率较高的特点。

在高分辨率对地观测载荷发展的牵引下，国外公司研制的高精度 POS 用高精度 IMU 得到了快速发展[23]，美国、德国、法国等发达国家已分别采用挠性陀螺、激光陀螺和光纤陀螺研制了高精度 POS 用 IMU，并形成了产品，广泛应用于高精度位置和姿态系统，精确测量航空对地观测载荷中心高精度位置和姿态信息，为机载光电/红外相机、SAR 等一系列载荷提供高精度时空基准，实现高分辨率对地情报收集、监测与侦察。在美国军方需求的牵引下，美国航空、航天及军火企业，如 Honeywell、Litton 等公司开展了高精度 POS 用 IMU 的研究，并已经形成了成熟的产品。

如图 1-16 所示，Micro IRS 是 Honeywell 公司生产的第五代激光陀螺 IMU，它采用自己生产的全数字环形激光陀螺仪 GG1320 和石英加计 Q-FLEX QA-950，其中激光陀螺 GG1320 精度达 0.01°/h。该 IMU 采用四点椅式减振方案，体积为 163mm×165mm×163mm，质量为 4.49kg，输出频率为 200Hz。如表 1-12 所列，它作为 Honeywell 公司第五代 IMU，是工业使用中体积最小、质量最轻、功耗最低的 IMU，可以连续可靠工作 25000 h，已应用于加拿大 Applanix 公司研制的高精度 POS/AV610 和瑞士 Leica 公司研制的 IPAS 系列 CUS6 型高精度 POS 产品。

为了满足航空高分对地观测载荷的需求，美国 Litton 公司生产了一系列中高精度的 IMU。其中 LN-200 IMU 采用闭环光纤陀螺和固态硅加速度计，陀螺精度达到 0.5°/h，尺寸为 89mm×89mm×85mm，质量为 0.75kg，输出频率为 200Hz，如图 1-17 所示。该 IMU 已应用于瑞士 Leica 公司研制的 IPAS 系列 DUS5 型高精度位置和姿态测量产品、军事飞机的光电/红外相机、SAR 的稳定与运动补偿，如 F-16 战机的多模火控雷达和 F-22 战机的 SAR。

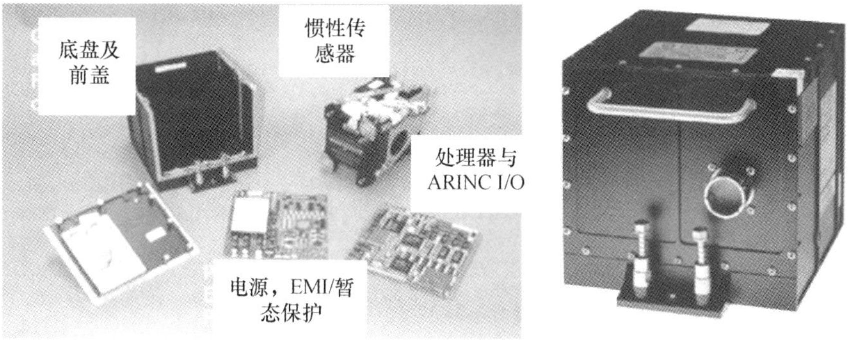

图 1－16 Honeywell 公司研制的 Micro IRS 激光陀螺 IMU

表 1－12 Micro IRS 激光陀螺 IMU 参数

型号	IMU－21
产地	美国
陀螺零偏/(°/h)	0.01
输出频率/Hz	200
温度/℃	－40 ～ ＋70
尺寸/(mm×mm×mm)	163×165×163
质量/kg	4.49
减振方式	四点椅式减振
陀螺类型	激光机抖陀螺

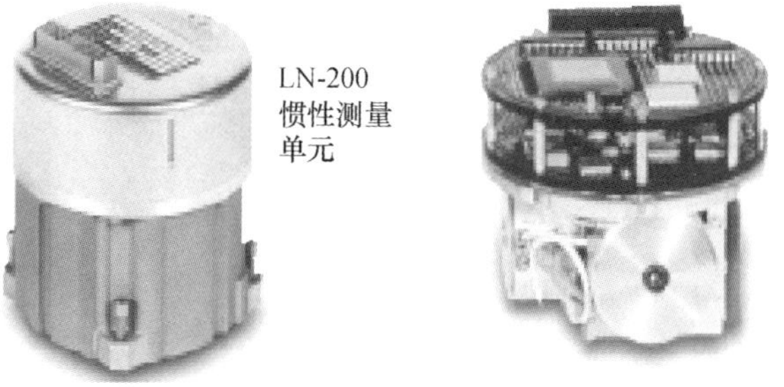

图 1－17 Litton 公司研制的 LN－200 IMU

德国 iMAR 公司生产的 FSAS IMU 由三个光纤陀螺构成，采用光纤闭环技术，陀螺动态范围为 ±450°/s，角随机游走为 $0.1°/\sqrt{h}$，如图 1－18 所示。该 IMU 是专为坚固耐用的应用而设计，内部配备有减振器。该 IMU 尺寸为 128mm×128mm×104mm，质量为 2.1kg，应用温度为 －40℃ ～ ＋85℃。该 IMU 的输入电压范围很广，含有极性和过电压保护。数据通过基于 HDLC 协议的

RS422 传输。该 IMU 已应用于瑞士 Leica 公司研制的 IPAS 系列 NUS4 型高精度 POS 产品,并可在许多商业和国防应用领域替代 Litton 公司的 LN－200 或 Honeywell 公司的 HG1700/1900。

图 1－18　德国 iMAR 公司生产的 FSAS IMU

德国 IGI 公司研制的 AEROcontrol 高精度 POS 产品采用了高精度光纤陀螺 IMU(图 1－19),零偏为 0.1°/h,随机游走为 $0.02°/\sqrt{h}$,加速度计零偏为 0.5mg,质量为 3.1kg,尺寸为 185mm×138mm×133mm,输出频率分别为 64Hz、128Hz 和 256Hz,应用温度 －25℃ ～ ＋60℃,功耗 20W。

图 1－19　AEROcontrol 高精度 POS 用光纤陀螺 IMU

国外最高水平 POS 对比如表 1－13 所列。

4. 机载 POS 数据处理方法

按成像原理和所获取图像性质的不同,成像载荷可分为微波类、激光类、光谱类、可见光类四种。针对不同成像原理的载荷,不同类型的运动误差对其像质的影响也不同。对于平面 SAR 成像,低频运动误差(常值和斜坡)会引起图像相对于地球的定位误差(或称为目标定位误差);而高频运动误差,即使采用自聚焦算法,也会造成图像散焦。另外,对于干涉 SAR,不同 SAR 天线间的高频

表 1－13　国外最高水平 POS 对比表

国别	公司/单位	型号	陀螺精度/(°/h)	定位精度/m			速度精度/(m/s)			方位精度/(°)			水平精度/(°)			产品	应用
				单点GPS	RTK GPS	差分GPS	单点GPS	RTK GPS	差分GPS	单点GPS	RTK GPS	差分GPS	单点GPS	RTK GPS	差分GPS		
加拿大	Applanix	POS/AV610	激光陀螺 0.01	4～6	0.1～0.3	0.05～0.3	0.03	0.01	0.005	0.03	0.01	0.005	0.005	0.005	0.0025	成熟民用产品	多种观测载荷
瑞士	Leica	IPAS2.0 CUS6	激光陀螺 0.01			0.05～0.3			0.005			0.005			0.002		多款航空相机系统
德国	IGI	AEROcontrol	光纤陀螺 0.1			0.08			0.005			0.007			0.003		空基数字模块化相机系统
美国	Z/I Imaging		挠性陀螺 0.1	4～6	0.1～0.3	0.05～0.3	0.2	0.02	0.005	0.08～0.16	0.04	0.008	0.016	0.008	0.005		

运动精确测量至关重要，因为运动误差不仅会对雷达图像产生影响，而且会直接影响干涉复图像对之间的相位差，从而引入高程误差，降低数字高程模型产品的质量[23]。

同样，不同类型运动误差对光学成像和扫描成像的影响也各不相同。对于面阵光学成像，由于曝光时间非常短，因此 POS 位置、速度和姿态的绝对误差是影响成像质量的主要因素；而对于采用延迟积分原理的线阵 CCD 推扫成像传感器，在其成像周期内，也会存在载荷平台的偏航、滚动与俯仰误差引起成像扭曲，而平台的高频运动误差将引起前向推扫积分过程中相邻行列像素信号混叠，造成成像模糊。

此外，不同成像载荷中 POS 的实际使用方式也各不相同（图 1－20），使用环境中振动等对 POS 的干扰也各不相同。这些都对 POS 算法研究提出了不同于导航用 IMU/GNSS 组合导航系统的新挑战，IMU 与 GNSS 之间的一级杆臂补偿、IMU 与成像载荷中心的二级杆臂补偿等都变得更加复杂。

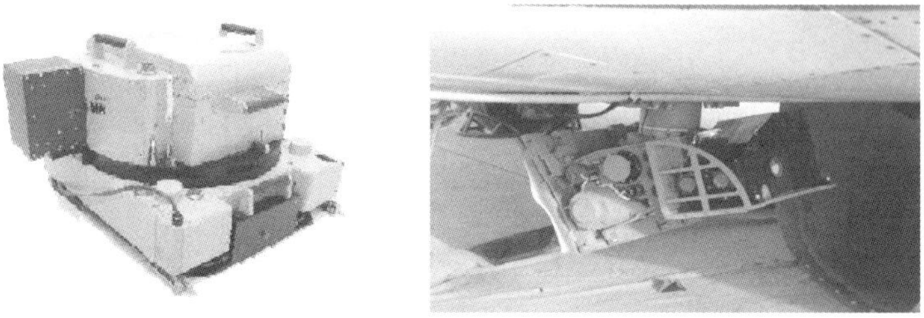

图 1－20　平面 SAR 成像 POS 安装示意

无论是微波成像、光学成像，还是扫描成像，都对 POS 提出了非常苛刻且独特的要求，这不仅要求 POS 在较短的成像周期内达到很高的绝对/相对定位精度，而且某些成像载荷还对姿态测量误差极为敏感[24]。因此，对于航空对地观测用 POS，除了像传统 IMU/GNSS 组合导航系统一样关心系统的长期积累误差，还要保证较高的高频运动误差测量精度，特别是系统的短期绝对精度和相对精度。

POS 运动参数的测量精度由系统的硬件和软件共同决定，在提升硬件性能的基础上，针对不同成像载荷的特殊要求，从软件算法角度进行研究，能够充分发挥 POS 的潜力。因此，针对航空遥感成像载荷对 POS 精度提出的特殊要求，加拿大、德国等国家在高精度对准、高精度捷联算法、高精度信息融合等方面都进行了深入研究，并研制出多款有针对性的 POS 后处理软件。

5. 机载 POS 实时软件

在航空遥感系统成像时,一般飞机进行平稳飞行,此时 POS 中的航向失准角、天向陀螺漂移和水平加速度计偏置的可观测度低或者不可观测,组合导航滤波器很难收敛,使得 POS 精度下降。因此,必须通过空中机动对准进一步提高 POS 的精度,才能够满足高分辨率航空遥感系统的精度要求。加拿大 Applanix 公司的 POS 对航空作业轨迹进行了详细的规划,包括进入成像航迹之前,先进行“8”字形机动或 U 形机动方式来对 POS 进行空中对准,利用卡尔曼滤波技术进行惯性器件误差估计与补偿,提高 POS 姿态精度,以保证 POS 在成像直飞段的位置、速度和姿态精度。此外,在航测过程中还要不断利用拐弯段的机动,抑制 POS 误差的发散。

在高精度捷联算法研究方面,捷联惯导系统是 POS 的核心,是实现高精度姿态测量的关键。在动态环境下,当系统的两个正交轴上存在同频率但不同相位的角振动时,会在第三个轴上整流出直流分量,通常称为圆锥运动[25]。圆锥运动下由于转动的不可交换性,采用四元数的捷联姿态算法会产生较大的姿态误差,称为圆锥误差。为抑制圆锥误差,提高 POS 的测量精度,国外学者对动态环境下的高精度的捷联算法,特别是姿态更新算法,进行了大量的研究。Bortz 最早提出了等效旋转矢量概念[26],并应用于惯性导航领域,能够修正陀螺的不可交换性误差,从刚体的转动微分方程引出了旋转矢量微分方程,从而在理论上解决了非互易向量的补偿问题。随后,Ignagni M. B. 、Jiang Y. F. 和 Valery 等人更加细致地分析了旋转矢量公式。根据在相同姿态的更新周期内,对陀螺角增量等间隔采样数的不同,分为二子样算法、三子样算法、四子样算法等[27]。研究表明,子样数越高,更新频率越快,采用信息越多,姿态更新算法的误差越小[28]。

6. 机载 POS 后处理软件

加拿大 Applanix 公司为 POS/AV 系列系统研制出 POS 后处理软件,并不断进行更新。POS 后处理软件是获取高精度运动参数的关键,它采用载波相位差分 GPS 方案,在 POS 实时算法的基础上增加平滑与前馈误差控制模块,充分利用所有时刻的信息,实现前向和后向的数据融合,显著提高了运动参数的测量精度。

针对 SAR 成像对 POS 提出的特殊要求,Applanix 公司在 POS 后处理软件中添加 SAR 成像专用模块,POS 后处理软件 POSPac MMS 5. 3 及其 SAR 模块启动界面如图 1 - 21 所示。该 SAR 模块由一个平滑惯性处理器构成,在各 SAR

合成孔径时间段内,能够为用户提供高精度的位置和姿态测量结果,满足 SAR 运动补偿的要求。

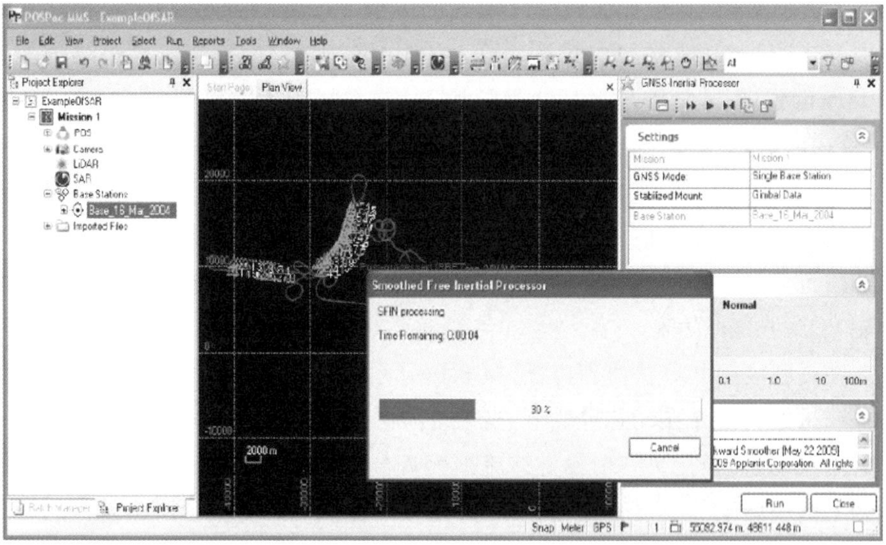

图 1-21　Applanix 公司 POS 后处理软件 POSPac MMS 5.3

瑞士 Leica 公司为 ADS40 数字相机以及 ALS50 激光雷达用 POS 研制出专用的后处理软件,包括数据处理软件 IPAS Pro 和相机方位转换软件 IPAS CO,如图 1-22 和图 1-23 所示。在数据处理软件 IPAS Pro 中融合 IMU 和 GNSS 轨迹数据,通过前向/后向处理和平滑获得最优的位置、速度和姿态信息,然后通过 IPAS CO 软件将 IPAS Pro 的处理结果转换到相机坐标系中,为用户提供相机成像坐标系下的外方位。

德国 IGI 公司研制的 AEROcontrol 位置姿态系统后处理软件 AEROoffice 能够精确计算机载传感器的位置与姿态,广泛应用于 LMK2000、RMK-TOP 等航空相机系统以及机载激光扫描仪的运动补偿中。该后处理软件主要包括导航解算软件 GrafNav、本地测绘坐标系转换软件、整合空中三角测量套装软件等。其中,GrafNav 软件用于进行差分 GNSS 计算,通过卡尔曼滤波进行 IMU/GNSS 数据解算,并进行偏心距校正,从而得出 POS 任意时刻的位置,姿态和速度等信息。后处理软件 AEROoffice 自动处理功能较强,且速度快,操作极为简便,其主要性能和特点包括:

(1)采用卡尔曼滤波进行双向迭代求解;

(2)任意坐标变换,并在任意给定的坐标系中进行计算和输出;

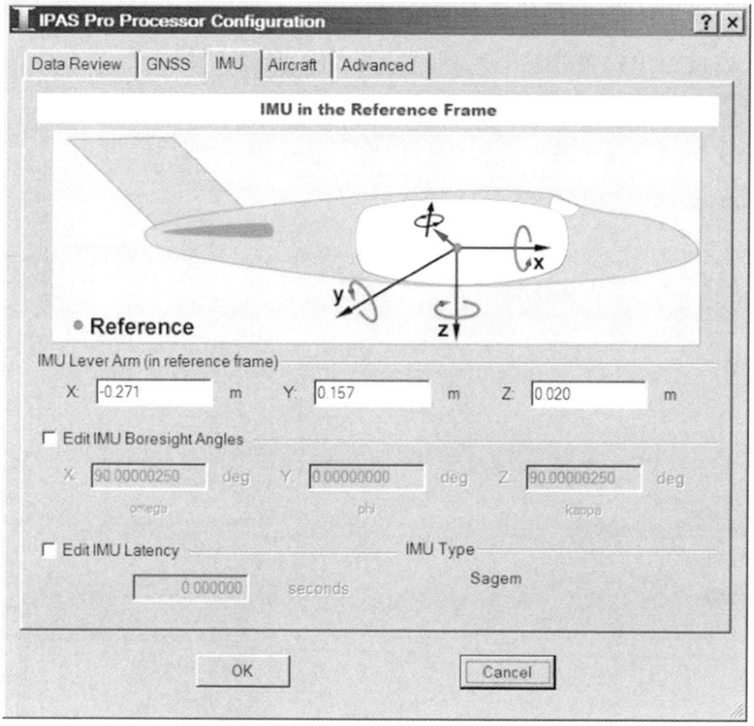

图 1－22　瑞士 Leica 公司数据处理软件 IPAS Pro

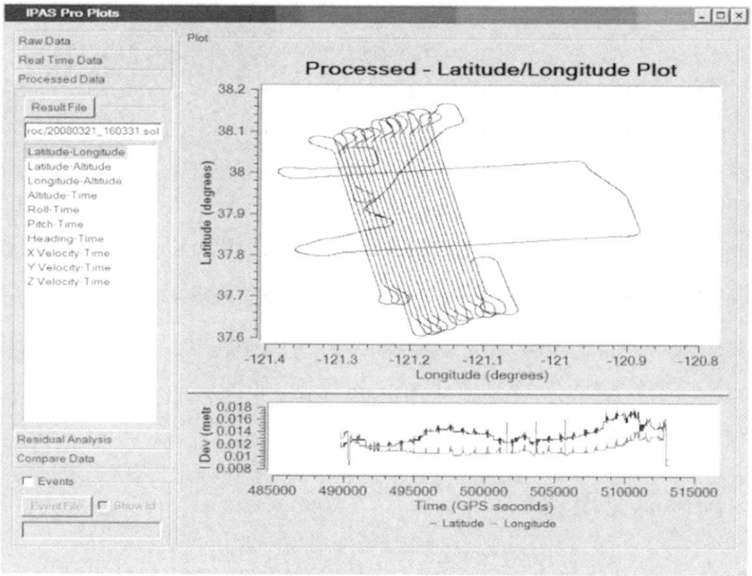

图 1－23　瑞士 Leica 公司 POS 后处理软件

(3)可做 IMU 与其他传感器间的偏心改正;

(4)内设空中三角测量平差程序,专门用于做系统检校或对大比例尺区域网进行 GNSS 及 IMU 辅助空中三角测量;

(5)在飞行现场对获取数据进行快速完整性检核和评估,并做安全备份。

后处理软件 AEROoffice 界面如图 1-24 所示。

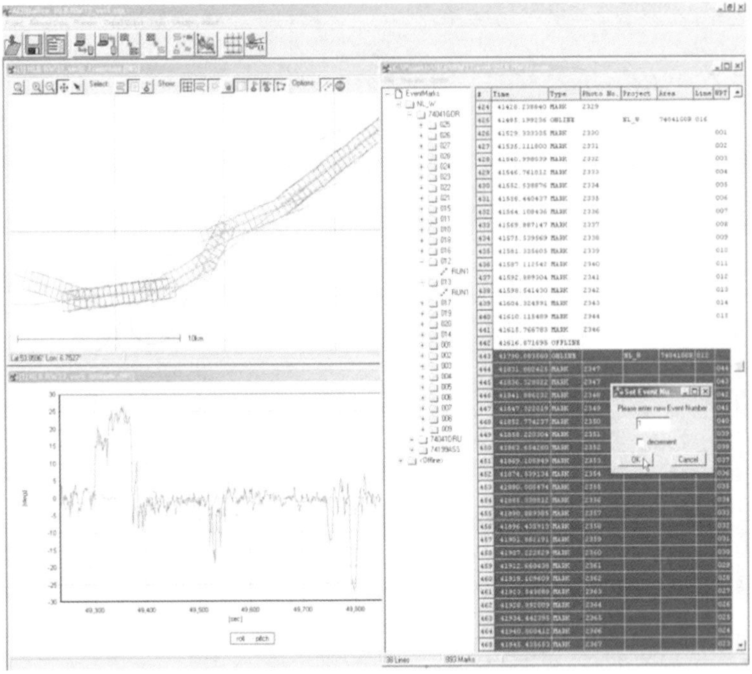

图 1-24 德国 IGI 公司研制的 POS 后处理软件 AEROoffice5.0

加拿大 NovAtel 公司研制出一套通用后处理软件 Waypoint Inertial Explorer (Waypoint IE),适用于包括高精度光纤陀螺到低成本 MEMS 陀螺 IMU 与 GNSS 的数据处理,为 SPAN 用户或那些希望制造自己的 POS 硬件平台,并在产品级软件环境中处理这些数据的用户提供方便。Waypoint IE 主要依靠其中的 Waypoint GrafNav 来处理来自 IMU 和 GNSS 的数据,如图 1-25 所示。Waypoint IE 可以两种模式将 GNSS 和 IMU 数据进行融合。

1.3.2 国内研究现状

国内在机载 POS 技术方面,虽然起步较晚,但目前已经开展了相应的研究工作,并取得了一定的进展。“十五”期间,在国家“863 计划”的支持下,北京航

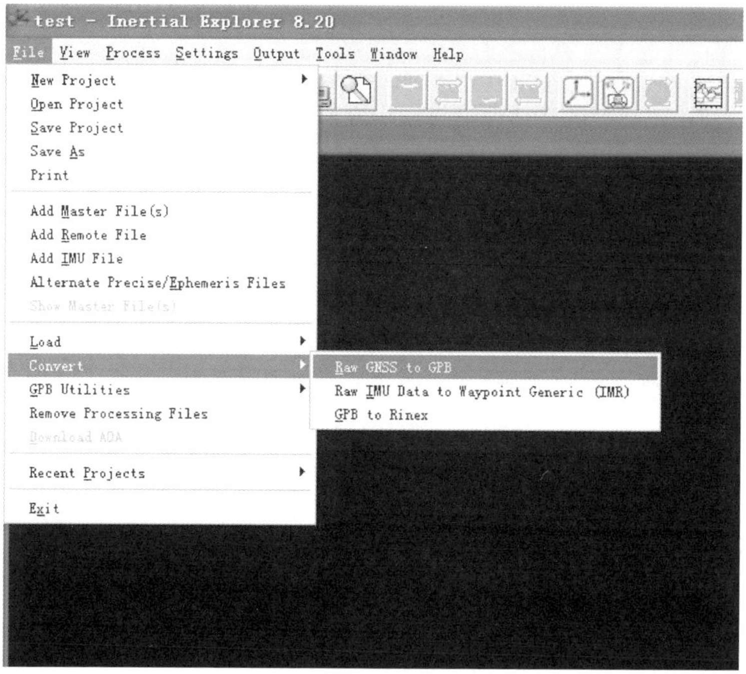

图1-25　加拿大NovAtel公司研制的POS后处理软件Waypoint IE

空航天大学(简称北航)联合中国航空工业集团618所在国内率先开展高精度位置和姿态系统关键技术攻关和样机研制,突破了挠性陀螺IMU误差建模标定与补偿、快速精确初始对准等关键技术。如图1-26所示,北京航空航天大学于2004年主持研制成功我国第一代挠性陀螺的机载SINS/DGPS组合系统[29],成功应用于中国科学研究院某所研制的机载合成孔径雷达系统,在国内首次实现了基于POS的0.5m分辨率机载SAR实时成像。

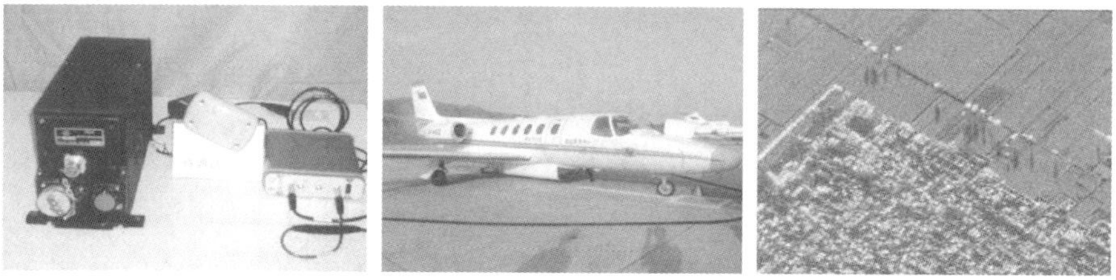

图1-26　北京航空航天大学研制的机载SAR运动补偿用SINS/DGPS组合系统

“十一五”以来,我国从不同层次布置了POS相关基础理论研究、关键技术攻关及型号研制任务。在基础理论研究方面,北京航空航天大学作为首席单位承担了科技部“973计划”项目“高分辨率对地观测系统中的高精度实时成像基础研究”,对平台复杂运动导致遥感成像质量退化的机理、平台运动误差高精度的估计、遥感成像的高精度实时运动补偿等一系列科学问题进行了深入研究,在平台运动误差高精度估计理论与方法方面取得了创新性理论研究成果,为高分辨率成像对地观测系统的运动补偿提供了理论支撑,为我国自主研制出机载高精度位置姿态测量系统奠定了坚实的理论基础。在关键技术攻关方面,北京航空航天大学对POS研制的关键问题进行技术攻关,研制出三类系列POS民用产品,并与多种成像载荷进行了联合成像应用。

1. 高精度POS研究现状

1)挠性陀螺POS

在国家“863计划”支持下,“十一五”期间北京航空航天大学针对高精度轻小型航空对地观测系统的需求,开展了小型化挠性陀螺POS和高精度光学陀螺POS的关键技术攻关和民用产品研制,突破了挠性陀螺POS小型化的关键技术,并于2008年主持研制成功我国第二代挠性陀螺POS样机(图1-27),精度提高一倍以上,同时IMU质量由6.5kg减小到了1.5kg[30]。

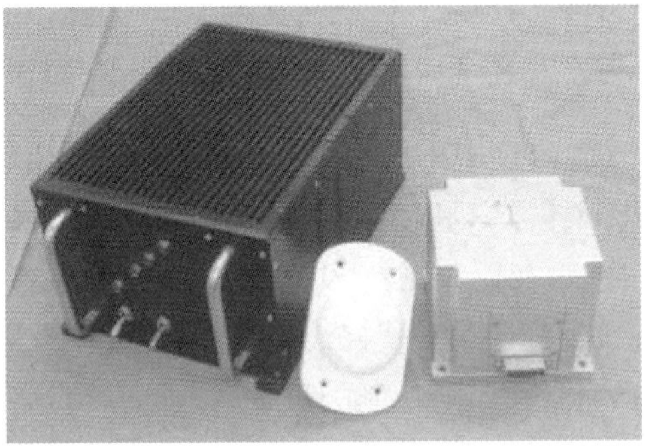

图1-27　北京航空航天大学研制的小型挠性陀螺POS

2)光纤陀螺POS

在光纤陀螺POS方面,基于北京航空航天大学高精度光纤陀螺和中国航天科工集团33所高精度石英加速度计,北京航空航天大学于2010年主持研制我国第一个小型光纤陀螺POS民用产品样机(图1-28(a)),系统航向精度和水平姿态精度分别达到了0.02°(σ)和0.01°(σ),IMU质量为3kg[30];随着光纤陀螺技术进步,后续又相继研制成功中精度和高精度光纤陀螺POS,如图1-28(b)和图1-28(c)所示,其中高精度光纤陀螺POS精度达到国外最高精度POSAV610水平,惯性测量单元质量小于4.5kg。

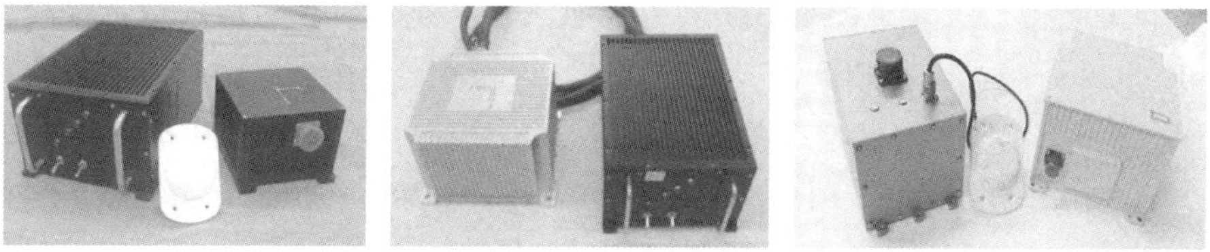

(a) (b) (c)

图1-28 北京航空航天大学研制的光纤陀螺POS

(a)小型化光纤陀螺POS;(b)中精度光纤陀螺POS;(c)高精度光纤陀螺POS。

3)激光陀螺POS

北京航空航天大学突破了小型高精度激光陀螺IMU优化设计、激光陀螺温度误差建模与补偿、激光陀螺POS先进滤波等关键技术,采用激光陀螺和石英挠性加速度计,于2010年研制了我国第一个高精度激光陀螺POS民用产品样机,精度优于POS/AV510,如图1-29(a)所示。历经十余年的持续攻关,第二代高精度激光陀螺POS精度达到POS/AV610的水平,惯性测量单元重量减小至5.36kg[30],如图1-29(b)所示。

经过多年的发展,北京航空航天大学POS系统已经取得了巨大的进步,核心的数据处理电路已经全部实现自主可控,可靠性大大提高。

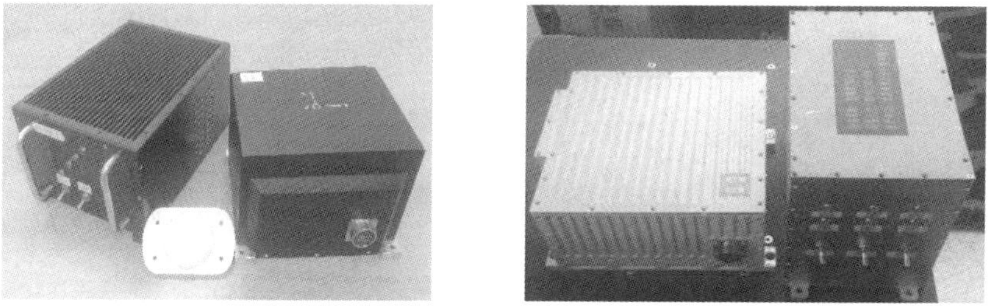

(a) (b)

图1-29 北京航空航天大学研制的激光陀螺POS

(a)一代激光陀螺POS;(b)二代激光陀螺POS。

2. POS数据处理方法研究现状

国内在POS技术方面起步较晚,早期的航空遥感和测绘多以购买国外的POS硬件系统及相应的POS离线处理软件。随着技术的发展,国内目前已经开展了一定的研究工作,并取得了一些进展。主要研究单位有北京航空航天大学、中国航天科工集团33所、中国兵器工业集团导控所和武汉大学等。

北京航空航天大学针对不同的载荷研制了一系列机载对地成像运动补偿用 POS,并研制了一套 POS 离线处理软件。该软件适用于多款 POS 的数据离线处理,集成了 GNSS 数据处理模块、IMU 数据预处理模块、初始对准模块、导航解算模块等功能于一体,采用滤波和平滑等离线处理算法,最终为成像载荷提供所需的运动参数。该系统及离线处理软件已成功用于机载 SAR 实时成像系统、激光雷达成像系统和航空遥感相机等机载对地观测系统的运动补偿中。后处理软件处理结果的部分精度指标已经达到 Applanix 公司的 POS/AV610 系统的离线处理精度[31],如图 1-30 所示。

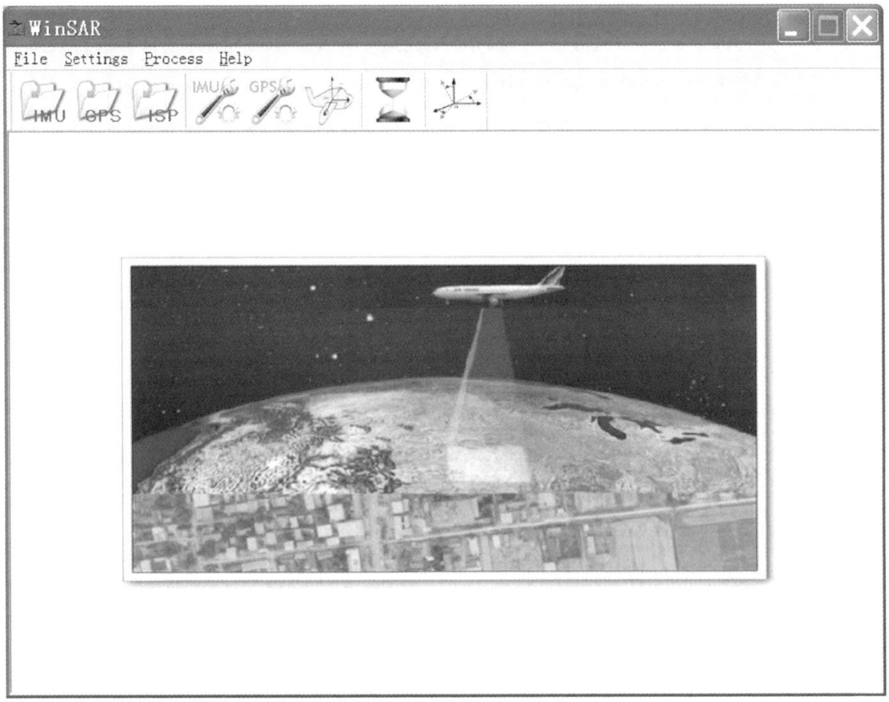

图 1-30 POS 离线处理软件启动画面

此外,针对 POS 安装于惯性稳定平台工作时存在的动态杆臂,北京航空航天大学研制出的后处理软件在原有的基础上,利用惯性稳定平台的码盘数据实现了 GNSS 与 IMU 之间的动态杆臂补偿问题,从而扩大了 POS 应用范围,提高了测量精度。

第 2 章

机载位置姿态系统工作原理

2.1 引言

机载位置姿态系统是高分辨率航空对地观测系统专用的一种采用高精度惯性/卫星组合自主精确测量成像载荷相位中心运动参数的装置，主要由高精度 IMU、GNSS、PCS 和后处理软件 4 部分组成，工作环境恶劣，且要求体积小、重量轻、长时间保持高精度，是国际公认的光机电集成尖端产品。

本章简要介绍了机载位置姿态系统常用坐标系、比力方程和地球参考模型，着重阐述了捷联惯性导航、卫星导航和机载位置姿态系统的基本原理及相关基础知识，为后续章节学习奠定基础。

2.2 机载 POS 常用坐标系

2.2.1 机载 POS 常用坐标系

坐标系是用来描述物体所处位置、姿态等运动矢量而选择的空间参考基准。为了实现高分辨率航空遥感运动成像补偿和时空基准测量，需要获得成像载荷相位中心相对于某一空间或某一物体的位置、速度和姿态等运动参数信息，因而就需要建立统一的坐标系来描述相对运动。机载 POS 涉及的坐标系主要有地心惯性坐标系、地球坐标系、地理坐标系和导航坐标系等[32-34]。

1. 惯性参考坐标系（i 系）

惯性参考坐标系是基于牛顿力学定律建立的一种坐标系。经典力学指出，牛顿第二定律只有在一个绝对静止或者做匀速直线运动的惯性参考坐标系才成立，从而确定加速度。因此在研究惯性技术时，通常将相对恒星所确定的参考系称为惯性空间，空间中静止或匀速直线运动的参考坐标系称为惯性参考坐标系。研究行星际间运载体的导航问题时，惯性参考坐标系的原点通常选取在日心[35]。太阳绕银河系中心的旋转周期为 190×10^6 年，向心加速度约为 $2.4\times10^{-11}g$（g 为重力加速度），因此日心惯性参考坐标系并不会影响所研究问题的精确性。

对于地球表面附近运载体的导航测量问题，惯性参考坐标系的原点通常选取在地球中心[35]，即地心惯性坐标系。因此机载 POS 主要采用地心惯性坐标系。x_i 轴和 y_i 轴在地球赤道平面内，x_i 轴指向春分点，z_i 轴指向地球极轴，由右手定则决定 y_i 轴方向[36]。

2. 地球坐标系（e 系）

地球坐标系随地球一起运动，近似认为它相对惯性坐标系以地球自转角速率 $\bar{\omega}_{ie}$ 旋转[37]。其坐标原点为地球中心，z_e 轴沿地球极轴（地轴）方向，x_e 轴在赤道平面与本初子午面的交线上，由右手定则决定 y_e 轴方向（指向东经 90°方向）。

地球绕极轴做自转运动，并且沿椭圆轨道绕太阳做公转运动。一年中，地球相对于恒星自转了 365 又 1/4 周的同时还公转了一周，所以地球坐标系相对惯性参考坐标系的转动角速度 ω_{ie} 约为 15.0411°/h。在惯性导航定位或机载 POS 测量中，运载体或成像载荷相对地球的位置通常用经度、纬度和高度来表示。

3. 地理坐标系（t 系）

根据坐标轴正向取法的不同，地理坐标系可分为东北天地理坐标系、北东地地理坐标系等。地理坐标系的坐标轴指向不同，使向量在坐标系中取投影分量的正负号有所不同，但并不影响导航基本原理的阐述以及导航参数计算结果的正确性。国内在机载 POS 研究中主要采用东北天地理坐标系，原点取在载体质心或成像载荷相位中心，x_t 轴和 y_t 轴分别在当地水平面内，指向东和北，z_t 轴沿当地垂线指向天。地理坐标系随载体一起运动，且坐标轴始终保持原定指向。在惯性系统中地理坐标系是一个重要的坐标系，如在指北方位平台式惯性系统中，采用地理坐标系作为导航坐标系，平台的运动信息和误差也是相对地理坐标系而言。

4. 载体坐标系(b 系)

载体坐标系是固连在载体上的一种坐标系,其坐标系原点为载体的质心,机载 POS 中采用的载体坐标系原点取成像载荷相位中心。机载 POS 中 x_b 轴沿着载体的横轴指向右,y_b 轴沿载体的纵轴指向前,z_b 轴沿载体的竖轴指向上。载体成像载荷的姿态角,是根据载体坐标系相对地理坐标系先后沿航向角 - 俯仰角 - 横滚角转动来确定的。

5. 导航坐标系(n 系)

导航坐标系是在导航时根据需要而选取的作为导航基准的坐标系。据此,平台式惯性导航系统可分为指北平台惯性导航系统、游动平台惯性导航系统和自由平台惯性导航系统。对于捷联惯性导航系统,加速度计测得的测量值是在载体坐标系中的值,需要将加速度计测量值分解到导航坐标系中,求解出实际需要便于使用的导航参数[38]。

机载 POS 是一种惯性基组合导航技术,捷联惯导系统算法编排中常用的坐标系如图 2 - 1 所示,惯性器件和惯性系统的解算是相对地心惯性坐标系的。地球坐标系是地心惯性坐标系通过地球自转得到的;地理坐标系是地球坐标系旋转到载体所在位置的经纬度得到的,采用东北天坐标系;导航坐标系采用当地地理坐标系;载体坐标系相对于导航坐标系的方位关系就是载体的航向角、俯仰角和横滚角[39],采用右前上坐标系。定义如下:在水平面内,航向角 Ψ 从北向算起,逆时针为正,有效范围为[0°,360°];俯仰角 θ 为载体纵轴(y 轴)和水平面的夹角,载体纵轴(y 轴)正向高于水平面为正,反之为负,有效范围为[-90°,90°];横滚角 γ 为载体横轴(x 轴)和水平面的夹角,载体横轴(x 轴)正向高于水平面为正,反之为负,有效范围为[-180°,180°]。

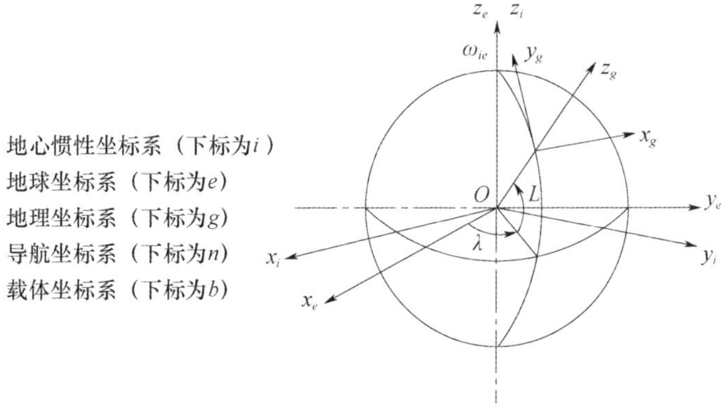

图 2 - 1　机载 POS 常用坐标系

2.2.2 时空坐标系及其变换

1. 常用时间系统及转换

时间和空间是物质存在的基本形式，而空间测量系统是基于一定的时间系统来实现、建立和维持的，历史上世界各国曾经采用过不同的时间起点和时间计量系统，导航系统中常用的时间有两大类。一类是基于地球自转的世界时系统，如恒星时、太阳时和世界时等，主要用来描述地球附近点的位置和运动；另一类是独立于地球自转的时间系统，如最初的基于天体公转的历书时和之后基于原子时基准的 TAI、GNSS 时和动力学时等，主要用于描述远离地球点的位置和运动、天体的运动规律、编制天体历书等[35]。下面介绍作为航空遥感时空基准的机载 POS 常用的时间系统和转化关系[40]。

1）恒星时

恒星时是一种地方时，以春分点为参考点，春分点连续两次经过某地方上子午圈的时间间隔为一恒星日。春分点位移速率受岁差和章动影响时得到的恒星时为真恒星时，消除章动影响后的恒星时为平恒星时[41]。真春分点和平春分点的格林尼治时角分别称为格林尼治真恒星时和格林尼治平恒星时。

2）太阳时

太阳时以太阳中心为参考点，以太阳连续两次通过某地方上子午圈的时间间隔为一真太阳日。以平太阳中心作为参考点则为平太阳时。取太阳视圆面中心上中天的时刻为零点，则太阳视圆面中心的时角为当地的真太阳时[41]。

3）世界时

格林尼治的平太阳时为世界时，世界时以平太阳日为单位，以其 1/86400 为秒长。世界时与恒星时相同，也是根据地球自转测定的时间。由于地球自转的不均匀性和极移引起的地球子午线的变动，世界时变化是不均匀的。根据对其采用的不同修正，又定义了 3 种不同的世界时：

（1）UT0 为直接测量得出的世界时；

（2）UT1 为通过对 UT0 进行极移修正得出的世界时，且有 UT1 = UT0 + 极移修正；

（3）UT2 为根据地球自转存在的长期、周期和不规则变化，对 UT1 进行周期性季节变化修正之后得到的世界时。

4）原子时（International Atomic Time，TAI）

原子时是以原子的量子跃迁产生电磁振荡频率为基准的时间计量系统，它

由国际时间局(BIH)分析得出,是目前许多时间系统建立和维持的基础。主要的原子时有以下两种:

(1)A1 为美国海军天文台建立的原子时,铯 133 原子基态的两个超精细能级间在零磁场下跃迁辐射 9192631770 周所持续的时间为原子时秒(SI 秒),取 1958 年 1 月 1 日 0 时(UT2)为 A1 的起点。

(2)TAI 为由国际时间局确定的原子时系统,称为国际原子时,秒长定义同 A1,但其定义的起始历元比 A1 早。事实上,TAI 的起始点与 UT2 并不严格重合。

5)协调世界时(UTC)

由世界时和原子时的定义可以看出,世界时变化并不均匀,但能反映地球自转。原子时的变化虽比世界时均匀且更精确,但与地球自转无关。为了兼顾两者,建立通用的时间系统,即协调世界时(UTC)。为使协调世界时尽量接近于 UT2,采用跳秒的方式对 UTC 进行修正。协调世界时是各跟踪站时间同步的标准时间信号。国际地球自转与参考系统服务组织负责 UTC 的更新(跳秒)[42]。

6)GNSS 时间系统

GPS 的时间基准为 GPST,它是连续的原子时系统,在 1980 年 1 月 6 日 0 时被设置成与 UTC 完全一致,而后 GPST 不受跳秒的影响,不需要进行协调世界时的跳秒改正。它以 GPS 周加秒的形式进行计数,其秒长与国际原子时相同,但时间起点不同,因此在 1980 年 1 月 6 日 GPST 与 TAI 之差是一个常数(19s),即 $T_{TAI} - T_{GPST} = 19s$。GPST 由地面原子钟组与卫星时钟组构成,并在监测站对 GPST 和 UTC 的时差进行监测。GLONASS 的时间基准为莫斯科时间,受 UTC 跳秒影响。Galileo 的系统时间为 GST,其基准与 GPST 一致,GST 与 TAI 差常数 19s,没有跳秒。北斗卫星导航系统的时间基准称为 BDT,定义基准是北斗主控站的原子钟组,其在 2006 年 1 月 1 日 0 时被设置成与 UTC 完全一致,不再受 UTC 跳秒的影响,BDT 与 TAI 之差为常数 33s[43]。

2. 方向余弦法

确定坐标系间的角位置关系通常采用方向余弦法、欧拉角法和四元数法。方向余弦可描述定点转动刚体的角位置,取直角坐标系 $Oxyz$,沿各坐标轴的单位矢量分别为 $\boldsymbol{i}$、$\boldsymbol{j}$、$\boldsymbol{k}$;并设过原点有一矢量 $\overline{\boldsymbol{R}} = R_x\mathrm{i} + R_y\mathrm{j} + R_z\mathrm{k}$,其中 R_x、R_y、R_z 为矢量 $\overline{\boldsymbol{R}}$ 在各坐标轴上的投影,可分别表示为 $R_x = R\cos(\overline{R},x)$,$R_y = R\cos(\overline{R},y)$,$R_z = R\cos(\overline{R},z)$,其中 $\cos(\overline{R},x)$、$\cos(\overline{R},y)$ 和 $\cos(\overline{R},z)$ 是矢量 $\boldsymbol{R}$ 与坐标轴 x、y、z

正向之间夹角的余弦，称为方向余弦。可知，如果要确定刚体在空间的角位置，只要确定出刚体坐标系 $Ox_ry_rz_r$ 在参考坐标系 $Ox_0y_0z_0$ 中的角位置，实际上只需知道刚体坐标系 x_r,y_r,z_r 这三轴的9个方向余弦即可。9个方向余弦如表2－1所列。

表2－1　两坐标系各轴之间的方向余弦

	x_0	y_0	z_0
x_r	$c_{11}=\cos(\bar{x}_r,x_0)$	$c_{12}=\cos(\bar{x}_r,y_0)$	$c_{13}=\cos(\bar{x}_r,z_0)$
y_r	$c_{21}=\cos(\bar{y}_r,x_0)$	$c_{22}=\cos(\bar{y}_r,y_0)$	$c_{23}=\cos(\bar{y}_r,z_0)$
z_r	$c_{31}=\cos(\bar{z}_r,x_0)$	$c_{32}=\cos(\bar{z}_r,y_0)$	$c_{33}=\cos(\bar{z}_r,z_0)$

9个方向余弦可组成一个3×3阶矩阵，称为方向余弦矩阵，即

$$\boldsymbol{C}_0^r=\begin{bmatrix}c_{11} & c_{12} & c_{13}\\ c_{21} & c_{22} & c_{23}\\ c_{31} & c_{32} & c_{33}\end{bmatrix}\text{或}\ \boldsymbol{C}_r^0=\begin{bmatrix}c_{11} & c_{21} & c_{31}\\ c_{12} & c_{22} & c_{32}\\ c_{13} & c_{23} & c_{33}\end{bmatrix}\tag{2-1}$$

式中：$\boldsymbol{C}_0^r$ 为0系对 r 系的方向余弦矩阵；$\boldsymbol{C}_r^0$ 为 r 系对0系的方向余弦矩阵。利用方向余弦矩阵可以进行坐标变换，即把某一矢量在一个坐标系中的坐标，变换成用另一坐标系中的坐标来表示。因此，方向余弦矩阵又称为坐标变换矩阵或变换矩阵。根据方向余弦矩阵的正交性质，其逆矩阵与转置矩阵相等，即 $[\boldsymbol{C}_r^0]^{\mathrm{T}}=[\boldsymbol{C}_r^0]^{-1}$。

3. 欧拉角法

两个坐标系之间的角位置关系可以用3次独立转动的3个转角和3个转轴表示，这就是著名的欧拉法。这3个独立的角度称为欧拉角，机载POS测量的姿态角也是用欧拉角来描述的。欧拉角的选取不是唯一的，一般而言，第一次转动可以绕任意一根坐标轴进行；第二次转动绕其余两根坐标轴中的任意一根坐标轴进行；而第三次转动可以绕第二次转动之外的两根坐标轴中的任意一根坐标轴进行。因此，两个坐标系间的角位置关系共有12种欧拉角表示方法，在实际应用中要视具体情况而定，机载POS所采用的欧拉角如图2－2所示。假定在起始时刚体坐标系与参考坐标系 $Ox_0y_0z_0$ 重合，第一次转动是绕 z_0 轴的正向转过 φ 角到达 $Ox_ay_az_a$ 位置，第二次转动是绕 x_a 轴的正向转过 θ 角达 $Ox_by_bz_b$ 位置，第三次转动是绕 y_b 轴的正向转过 γ 角到达 $Ox_ry_rz_r$ 位置。

将 $Ox_0y_0z_0$、$Ox_ay_az_a$、$Ox_by_bz_b$ 和 $Ox_ry_rz_r$ 各坐标系分别简记为0系、a 系、b 系和 r 系。0系与 a 系之间的坐标变换关系为

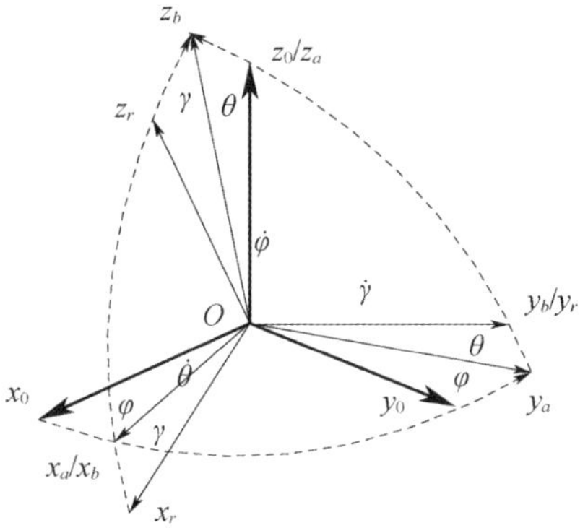

图 2-2　机载 POS 欧拉角

$$\begin{pmatrix} x_a \\ y_a \\ z_a \end{pmatrix} = C_0^a \begin{pmatrix} x_0 \\ y_0 \\ z_0 \end{pmatrix}, C_0^a = R_z(\varphi) = \begin{pmatrix} \cos\varphi & \sin\varphi & 0 \\ -\sin\varphi & \cos\varphi & 0 \\ 0 & 0 & 1 \end{pmatrix} \tag{2-2}$$

a 系与 b 系之间的坐标变换关系为

$$\begin{pmatrix} x_b \\ y_b \\ z_b \end{pmatrix} = C_a^b \begin{pmatrix} x_a \\ y_a \\ z_a \end{pmatrix}, C_a^b = R_x(\theta) = \begin{pmatrix} 1 & 0 & 0 \\ 0 & \cos\theta & \sin\theta \\ 0 & -\sin\theta & \cos\theta \end{pmatrix} \tag{2-3}$$

b 系与 r 系之间的坐标变换关系为

$$\begin{pmatrix} x_r \\ y_r \\ z_r \end{pmatrix} = C_b^r \begin{pmatrix} x_b \\ y_b \\ z_b \end{pmatrix}, C_b^r = R_y(\gamma) = \begin{pmatrix} \cos\gamma & 0 & -\sin\gamma \\ 0 & 1 & 0 \\ \sin\gamma & 0 & \cos\gamma \end{pmatrix} \tag{2-4}$$

由此得到 0 系与 r 系之间的坐标变换关系为

$$\begin{pmatrix} x_r \\ y_r \\ z_r \end{pmatrix} = C_b^r C_a^b C_0^a \begin{pmatrix} x_0 \\ y_0 \\ z_0 \end{pmatrix} = C_0^r \begin{pmatrix} x_0 \\ y_0 \\ z_0 \end{pmatrix} \tag{2-5}$$

式中：C_0^r 为方向余弦矩阵。

$$C_0^r = \begin{pmatrix} \cos\psi\cos\theta\cos\varphi - \sin\psi\sin\varphi & \sin\psi\cos\theta\cos\varphi + \cos\psi\sin\varphi & -\sin\theta\cos\varphi \\ -\cos\psi\cos\theta\sin\varphi - \sin\psi\cos\varphi & -\sin\psi\cos\theta\sin\varphi + \cos\psi\cos\varphi & \sin\theta\sin\varphi \\ \cos\psi\sin\theta & \sin\psi\sin\theta & \cos\theta \end{pmatrix} \tag{2-6}$$

4. 四元数法

对于机载 POS,惯性测量系统随着载体一起运动,既有平移又有旋转,使问题描述与求解变得非常困难;而四元数理论可将此类问题归结为刚体绕定点转动问题。

1)四元数定义

定义四元数 $\boldsymbol{q}$ 为

$$\boldsymbol{q}=q_0+\boldsymbol{q}_1 i+\boldsymbol{q}_2 j+\boldsymbol{q}_3 k \tag{2-7}$$

式中:q_0 为四元数标量部分;q_1,q_2,q_3 为四元数的矢量部分。规定四元数的模等于 1,记作

$$\mathrm{N}(\boldsymbol{q})=\sqrt{q_0^2+\boldsymbol{q}_1^2+\boldsymbol{q}_2^2+\boldsymbol{q}_3^2}=1 \tag{2-8}$$

2)用四元数描述矢量一次旋转

一个坐标或一个矢量相对某一坐标系的旋转可以用四元数描述。对于四元数 $\boldsymbol{q}=q_0+\boldsymbol{q}_1 i+\boldsymbol{q}_2 j+\boldsymbol{q}_3 k$,可采用如下表现形式,即

$$\boldsymbol{q}=\cos\frac{\rho}{2}+\sin\frac{\rho}{2}\cos\alpha i+\sin\frac{\rho}{2}\cos\beta j+\sin\frac{\rho}{2}\cos\gamma k \tag{2-9}$$

式中:ρ 为旋转角;$\cos\alpha$、$\cos\beta$ 和 $\cos\gamma$ 为瞬时转轴与参考坐标系轴间的方向余弦值。

比较式(2-8)和式(2-9),得

$$q_0=\cos\frac{\rho}{2},q_1=\sin\frac{\rho}{2}\cos\alpha,q_2=\sin\frac{\rho}{2}\cos\beta,q_3=\sin\frac{\rho}{2}\cos\gamma \tag{2-10}$$

通常将式(2-10)表现形式的四元数称为特征四元数,简称为四元数。四元数的标量部分 $\cos(\rho/2)$ 表示了二分之一旋转角的余弦值,矢量部分则表示瞬时转轴的方向。转轴的方向和转角的大小同时由一个转动四元数表示,这种转动关系为[38]

$$\boldsymbol{R}^b=\boldsymbol{q}\cdot\boldsymbol{R}^n\cdot\boldsymbol{q}^* \tag{2-11}$$

式(2-11)表明了一次转动,矢量 $\boldsymbol{R}^n$ 相对瞬时转轴旋转了一个 ρ 角,瞬时转轴是四元数 $\boldsymbol{q}$ 所表示的瞬时转轴,被转动后的矢量为 $\boldsymbol{R}^b$。这就是参考坐标系的旋转矢量表达式。由式(2-11),可得

$$\boldsymbol{R}^b=\begin{bmatrix} q_0^2+q_1^2-q_2^2-q_3^2 & 2(q_1q_2-q_0q_3) & 2(q_1q_3+q_0q_2) \\ 2(q_1q_2+q_0q_3) & q_0^2-q_1^2+q_2^2-q_3^2 & 2(q_2q_3-q_0q_1) \\ 2(q_1q_3-q_0q_2) & 2(q_2q_3+q_0q_1) & q_0^2-q_1^2-q_2^2+q_3^2 \end{bmatrix}\boldsymbol{R}^n \tag{2-12}$$

所以有

$$C_n^b = \begin{bmatrix} q_0^2+q_1^2-q_2^2-q_3^2 & 2(q_1q_2-q_0q_3) & 2(q_1q_3+q_0q_2) \\ 2(q_1q_2+q_0q_3) & q_0^2-q_1^2+q_2^2-q_3^2 & 2(q_2q_3-q_0q_1) \\ 2(q_1q_3-q_0q_2) & 2(q_2q_3+q_0q_1) & q_0^2-q_1^2-q_2^2+q_3^2 \end{bmatrix} \quad (2-13)$$

式(2－1)和式(2－13)分别为方向余弦矩阵法和四元数法描述的 n 系到 b 系的变换关系,二者是等价的。

2.3　绝对加速度与比力方程

对于惯性导航系统,要分析加速度计所测量的量,有必要推导绝对加速度的表达式。在此基础上,还应当建立加速度计所测量的比力方程,比力方程是惯性系统的一个基本方程[41]。

在推导绝对加速度和比力方程之前,首先要了解科氏加速度的形成过程。当动点的牵连运动为转动时,牵连转动会使相对速度的方向发生改变,而相对运动又使牵连速度的大小发生改变。科氏加速度是这两种因素造成的同一方向上附加的速度变化率,由相对运动与牵连转动的相互影响形成[44]。以牵连角速度 ω 与相对速度 v_r 相垂直的情况进行分析。这时科氏加速度的大小为上述两项加速度之和的模,即 $a_0=2\omega v_r$,科氏加速度 a_c 垂直于牵连角速度 ω 与相对速度 v_r 所组成的平面,从 ω 沿最短路径提向 v_r 的右手旋进方向为 a_c 的方向。在一般情况下,牵连角速度 ω 与相对造度 v_r 之间可能成任意夹角,可得科氏加速度一般表达式为

$$\bar{a}_c = 2\bar{\omega} \times \bar{v}_r \quad (2-14)$$

2.3.1　绝对加速度的表达式

当运载体在地球表面附近航行时,地球也在相对惯性空间转动,所以运载体一方面相对地球运动,同时又参与地球相对惯性空间的牵连转动,下面推导运载体绝对加速度的表达式。

如图 2－3 所示,设在地表附近的运载体所在点为 q,其在惯性参考系 $O_ix_iy_iz_i$ 中的位置矢量为 $\bar{\boldsymbol{R}}$[36],在地球坐标系 $O_ex_ey_ez_e$ 中的位置矢量为 $\bar{\boldsymbol{r}}$,而地心相对日心的位置矢量为 $\bar{\boldsymbol{R}}_0$,可以写出位置矢量方程为

$$\bar{\boldsymbol{R}} = \bar{\boldsymbol{R}}_0 + \bar{\boldsymbol{r}} \quad (2-15)$$

将式(2－15)对时间求一阶导数可得绝对速度表达式为

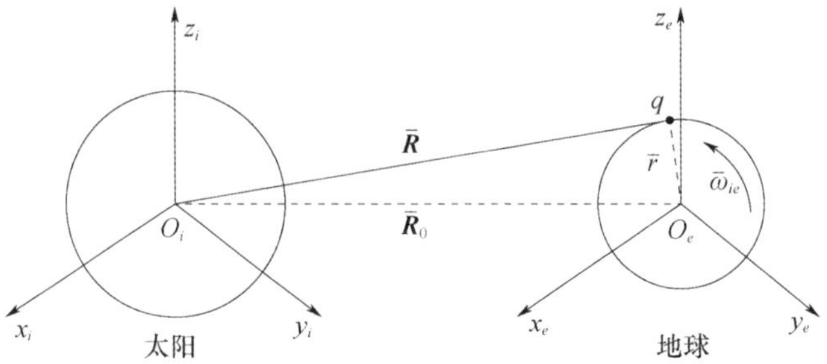

图 2-3　动点 q 的位置矢量

$$\left.\frac{\mathrm{d}\overline{\boldsymbol{R}}}{\mathrm{d}t}\right|_i=\left.\frac{\mathrm{d}\overline{\boldsymbol{R}}_0}{\mathrm{d}t}\right|_i+\left.\frac{\mathrm{d}\bar{\boldsymbol{r}}}{\mathrm{d}t}\right|_i \tag{2-16}$$

根据矢量的绝对导数与相对导数的关系，式(2-15)右边的第二项写为

$$\left.\frac{\mathrm{d}\bar{\boldsymbol{r}}}{\mathrm{d}t}\right|_i=\left.\frac{\mathrm{d}\bar{\boldsymbol{r}}}{\mathrm{d}t}\right|_e+\bar{\boldsymbol{\omega}}_{ie}\times\bar{\boldsymbol{r}} \tag{2-17}$$

由此得到运载体绝对速度的表达式为

$$\left.\frac{\mathrm{d}\overline{\boldsymbol{R}}}{\mathrm{d}t}\right|_i=\left.\frac{\mathrm{d}\overline{\boldsymbol{R}}_0}{\mathrm{d}t}\right|_i+\left.\frac{\mathrm{d}\bar{\boldsymbol{r}}}{\mathrm{d}t}\right|_e+\bar{\boldsymbol{\omega}}_{ie}\times\bar{\boldsymbol{r}} \tag{2-18}$$

将式(2-18)对时间求一阶导数可得绝对加速度表达式为

$$\left.\frac{\mathrm{d}^2\overline{\boldsymbol{R}}}{\mathrm{d}t^2}\right|_i=\left.\frac{\mathrm{d}^2\overline{\boldsymbol{R}}_0}{\mathrm{d}t^2}\right|_i+\left.\frac{\mathrm{d}^2\bar{\boldsymbol{r}}}{\mathrm{d}t^2}\right|_e+\bar{\boldsymbol{\omega}}_{ie}+\left.\frac{\mathrm{d}\bar{\boldsymbol{r}}}{\mathrm{d}t}\right|_e+\bar{\boldsymbol{\omega}}_{ie}\times\left.\frac{\mathrm{d}\bar{\boldsymbol{r}}}{\mathrm{d}t}\right|_i+\left.\frac{\mathrm{d}\bar{\boldsymbol{\omega}}_{ie}}{\mathrm{d}t}\right|_i\times\bar{\boldsymbol{r}} \tag{2-19}$$

而地球相对惯性空间的角速度 $\boldsymbol{\omega}_{ie}$ 可以精确地看成是常矢量，即 $\mathrm{d}\boldsymbol{\omega}_{ie}/\mathrm{d}t\,|_i=0$，由此得到运载体绝对加速度的表达式为

$$\left.\frac{\mathrm{d}^2\overline{\boldsymbol{R}}}{\mathrm{d}t^2}\right|_i=\left.\frac{\mathrm{d}^2\overline{\boldsymbol{R}}_0}{\mathrm{d}t^2}\right|_i+\left.\frac{\mathrm{d}^2\bar{\boldsymbol{r}}}{\mathrm{d}t^2}\right|_e+2\bar{\boldsymbol{\omega}}_{ie}\times\left.\frac{\mathrm{d}\bar{\boldsymbol{r}}}{\mathrm{d}t}\right|_e+\bar{\boldsymbol{\omega}}_{ie}\times(\bar{\boldsymbol{\omega}}_{e}\times\bar{\boldsymbol{r}}) \tag{2-20}$$

式中：$\left.\frac{\mathrm{d}^2\overline{\boldsymbol{R}}}{\mathrm{d}t^2}\right|_i$ 为运载体相对惯性空间的加速度，即运载体的绝对加速度；$\left.\frac{\mathrm{d}^2\bar{\boldsymbol{r}}}{\mathrm{d}t^2}\right|_e$ 为运载体相对地球的加速度，即运载体的相对加速度；$\left.\frac{\mathrm{d}^2\overline{\boldsymbol{R}}_0}{\mathrm{d}t^2}\right|_i$ 为地球公转所引起的地心相对惯性空间的加速度，它是运载体牵连加速度的一部分；$\bar{\boldsymbol{\omega}}_{ie}\times(\bar{\boldsymbol{\omega}}_{ie}\times\bar{\boldsymbol{r}})$ 为地球自转所引起的牵连点的向心加速度，它是运载体牵连加速度的又一部分；$2\bar{\boldsymbol{\omega}}_{ie}\times\left.\frac{\mathrm{d}\bar{\boldsymbol{r}}}{\mathrm{d}t}\right|_e$ 为运载体相对地球速度与地球自转角速度的相互作用而形成的附加加速度，即运载体的科氏加速度。

2.3.2 比力方程

惯性导航是通过测量载体的加速度,利用数学运算而确定载体位置的一种导航定位技术。其中,加速度的测量是基于牛顿力学定律的,由加速度计测量得到。在惯性技术中,通常把加速度计的输入量($a-G$)称为比力。为了说明它的物理意义,设作用在质量块上的外力有弹簧力 F 和引力 mG,根据牛顿第二定律可得

$$\bar{F}+m\bar{G}=m\bar{a} \tag{2-21}$$

令 $\bar{f}=\bar{F}/m$,则得

$$\bar{f}=\bar{a}-\bar{G} \tag{2-22}$$

式中:$\bar{a}$ 为运载体的绝对加速度;$\bar{G}$ 为引力加速度,它是多种引力的合力。由式(2-22)可知,比力代表了与弹簧形变量成正比的作用在单位质量上的弹簧力,因为加速度计输出大小也与弹簧形变量成正比,所以可以认为加速度计实际敏感的量不是运载体的加速度,而是比力。设地球引力加速度 $\bar{G}_e$、月球引力加速度 $\bar{G}_m$、太阳引力加速度 G_s 和其他天体引力加速度为 $\sum_{i=1}^{n-3}\bar{G}_i$[44],即

$$\bar{G}=\bar{G}_e+\bar{G}_m+\bar{G}_s+\sum_{i=1}^{n-3}\bar{G}_i \tag{2-23}$$

将绝对加速度和引力加速度代入式(2-23),可得加速度计所敏感的比力为

$$\bar{f}=\left.\frac{\mathrm{d}^2\overline{\boldsymbol{R}}_0}{\mathrm{d}t^2}\right|_i+\left.\frac{\mathrm{d}^2\bar{\boldsymbol{r}}}{\mathrm{d}t^2}\right|_e+2\bar{\boldsymbol{\omega}}_{ie}\times\left.\frac{\mathrm{d}\bar{\boldsymbol{r}}}{\mathrm{d}t}\right|_e+\bar{\boldsymbol{\omega}}_{ie}\times(\bar{\boldsymbol{\omega}}_{ie}\times\bar{\boldsymbol{r}})-\left(\bar{G}_e+\bar{G}_m+\bar{G}_s+\sum_{i=1}^{n-3}\bar{G}_i\right) \tag{2-24}$$

因地球公转引起的向心加速度 $\mathrm{d}^2\boldsymbol{R}_0/\mathrm{d}t^2|_i$ 与太阳引力加速度 $\bar{G}_s$ 的量值大致相等,故有

$$\left.\frac{\mathrm{d}^2\overline{\boldsymbol{R}}_0}{\mathrm{d}t^2}\right|_i-\bar{G}_s\approx 0 \tag{2-25}$$

在地球表面附近,月球引力加速度的量值 $\bar{G}_m\approx 3.9\times 10^{-6}\bar{G}_e$;太阳系的行星中距地球最近的是金星,其引力加速度约为 $1.9\times 10^{-8}\bar{G}_e$;太阳系的行星中质量最大的是木星,其引力加速度约为 $3.7\times 10^{-8}\bar{G}_e$。至于太阳系外的其他星系,因距地球更远,其引力加速度更加微小。对于一般精度的惯性系统,月球及其他天体引力加速度的影响可以忽路不计。综上所述,加速度计感测的比力可

写为[44]

$$\bar{f}=\frac{\mathrm{d}^2\bar{\boldsymbol{r}}}{\mathrm{d}t^2}|_e+2\bar{\boldsymbol{\omega}}_{ie}\times\frac{\mathrm{d}\bar{\boldsymbol{r}}}{\mathrm{d}t}|_e+\bar{\boldsymbol{\omega}}_{ie}\times(\bar{\boldsymbol{\omega}}_{ie}\times\bar{\boldsymbol{r}})-\bar{G}_e \tag{2-26}$$

式中：$\left.\frac{\mathrm{d}\bar{\boldsymbol{r}}}{\mathrm{d}t}\right|_e$ 为运载体相对地球的运动速度 $\bar{\boldsymbol{v}}$。地球重力加速度由地球引力加速度 $\bar{G}_e$ 与地球自转引起的向心加速度 $\bar{\boldsymbol{\omega}}_{ie}\times(\bar{\boldsymbol{\omega}}_{ie}\times\bar{\boldsymbol{r}})$ 共同作用形成，即

$$\bar{\boldsymbol{g}}=\bar{G}_e-\bar{\boldsymbol{\omega}}_{ie}\times(\bar{\boldsymbol{\omega}}_{ie}\times\bar{\boldsymbol{r}}) \tag{2-27}$$

这样，加速度计所测量的比力可写为

$$\bar{\boldsymbol{f}}=\frac{\mathrm{d}\bar{\boldsymbol{v}}}{\mathrm{d}t}|_e+2\bar{\boldsymbol{\omega}}_{ie}\times\bar{\boldsymbol{v}}-g \tag{2-28}$$

在惯性系统中，加速度计是被安装在运载体内的某一测量坐标系中工作的，例如直接安装在与运载体固连的运载体坐标系中（对捷联式惯性系统），或安装在与平台固连的平台坐标系 p 中（对平台式惯性系统）。假设安装加速度计的测量坐标系为 p 系，它相对地球坐标系的转动角速度为 $\bar{\boldsymbol{\omega}}_{ep}$，则有

$$\frac{\mathrm{d}\bar{\boldsymbol{v}}}{\mathrm{d}t}|_e=\frac{\mathrm{d}\bar{\boldsymbol{v}}}{\mathrm{d}t}|_p+\bar{\boldsymbol{\omega}}_{ep}\times\bar{\boldsymbol{v}} \tag{2-29}$$

于是加速度计所测量的比力可进一步写为

$$\bar{\boldsymbol{f}}=\bar{\boldsymbol{v}}+\bar{\boldsymbol{\omega}}_{ep}\times\dot{\bar{\boldsymbol{v}}}+2\bar{\boldsymbol{\omega}}_{ie}\times\bar{\boldsymbol{v}}-g \tag{2-30}$$

式中：$\dot{\bar{\boldsymbol{v}}}=\left.\frac{\mathrm{d}\bar{\boldsymbol{v}}}{\mathrm{d}t}\right|_p$ 为载体相对地球的速度在测量坐标系中的变化率，即在测量坐标系中表示的载体相对地球的加速度；$\bar{\boldsymbol{\omega}}_{ep}\times\bar{\boldsymbol{v}}$ 为测量坐标系相对地球转动所引起的向心加速度；$2\bar{\boldsymbol{\omega}}_{ie}\times\bar{\boldsymbol{v}}$ 为载体相对地球速度与地球自转角速度的相互影响而形成的科氏加速度；g 为地球重力加速度[45]。式（2－30）是载体相对地球运动时加速度计所测量的比力表达式，通常称为比力方程。

由于比力方程是惯性系统的一个基本方程，表明了加速度计所敏感的比力与载体相对地球的加速度之间的关系。导航计算中需要的是载体相对地球的加速度$\dot{\bar{\boldsymbol{v}}}$，但从式（2－30）得知，加速度计测得的比力中包含载体相对地球的加速度与有害加速度，加速度计不能直接将载体相对地球的加速度分辨出来。导航计算时需要补偿掉有害加速度的影响，才能得到运载体相对地球的加速度$\dot{\bar{\boldsymbol{v}}}$，进一步导航解算得到速度、位置等参数。

2.4　机载 POS 常用地球参考模型

1. 地球参考椭球

地球实际上是一个质量非均匀分布、形状不规则的几何体,近似一个对称于极轴的扁平旋转椭球体,如图 2-4 所示。其截面的轮廓近似一个扁平椭圆,沿赤道方向为长轴,沿极轴方向为短轴。这种形状的形成与地球的自转有密切关系,组成地球的物质早期可以看成是一种近似流体的物质,依靠物质间的万有引力聚集在一起,同时还受到因地球自转所引起的离心惯性力的作用。对地球表面的每一质点,一方面受到地心引力的作用,另一方面又受到离心力的作用。在后者的作用下,使地球在靠近赤道的部分向外膨胀,直到各处质量所受的引力与离心惯性力的合力,即重力的方向达到与当地水平面垂直为止。因此,地球的形状就成为一个近似扁平的旋转椭球体。

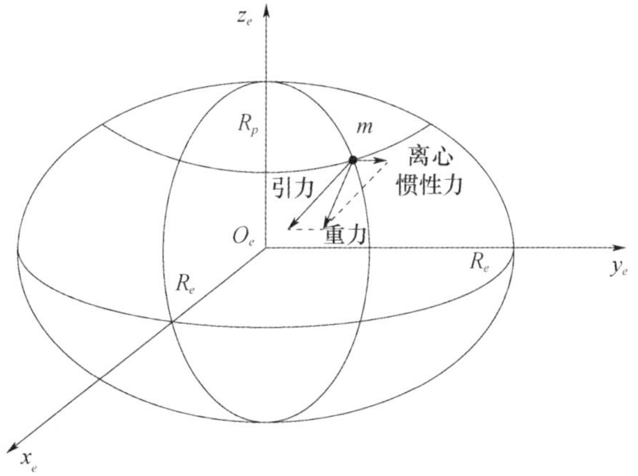

图 2-4　地球参考椭球

从局部分析,由于地球表面存在大陆和海洋、高山和深谷,还有很多人造的设施,因而地球表面的形状是一个相当不规则的曲面。在工程应用上,必须对实际的地球形状采取某种近似,以便于用数学表达式来进行描述。对于一般的工程应用,通常采用一种最简单的近似,把地球视为一个球体,即

$$x^2 + y^2 + z^2 = R^2 \tag{2-31}$$

式中:R 为地球平均半径,且有 $R = 6371.02 \pm 0.05\text{km}$。这是 1964 年国际天文学会确定的数据。在研究惯性导航问题时,通常是把地球近似视为一个旋转椭球

体。数学上可用旋转椭球面方程来描述,即

$$\frac{x^2+y^2}{R_e^2}+\frac{z^2}{R_p^2}=1 \tag{2-32}$$

式中:R_e 为长半轴,即地球赤道半径;R_p 为短半轴,即地球极半径。旋转椭球体的椭圆度或称扁率为

$$e=\frac{R_e-R_p}{R_e} \tag{2-33}$$

如果假想把平均的海平面延伸穿过所有陆地区域,则所形成的几何体称为大地水准体。旋转椭球体与大地水准体基本相符,例如在垂直方向的误差不超过 150m,旋转椭球面的法线方向与大地水准面的法线方向之间的偏差一般不超过 3″。在惯性导航中,可以用旋转椭球体代替大地水准体来描述地球的形状,并用旋转椭球面的法线方向来代替重力方向。为了便于计算和绘图,通过大地测量获得多种近似于大地水准体的旋转椭球体,作为地球形状的参考模型,即地球参考椭球。其中 4 种典型的地球参考椭球的数据如表 2-2 所列。

表 2-2　地球参考椭球的数据

	长半轴 R_e/km	长半轴 R_p/km	椭圆度 e
克拉克椭球(1866)	6378.096	6356.473	$\frac{1}{295}$
海佛得椭球(1909)	6378.388	6356.908	$\frac{1}{297}$
克拉索夫斯基椭球(1938)	6378.245	6356.883	$\frac{1}{298.3}$
1964 年国际天文学会通过的参考椭球	6378.16 ±0.08		$\frac{1}{298.25}{}^{+0.08}_{-0.05}$

美国使用克拉克椭球,西欧使用海佛得椭球(1924 年被国际大地测量协会定为标准参考椭球),俄罗斯等独联体国家和中国使用克拉索夫斯基椭球。

实际上,与地球赤道平面相平行的各个截面并非是一个圆形,而是一个近似椭圆,并且地球北极比参考椭球凸出约 18.9m,而南极比参考椭球凹进约 25.8m,即地球的形状像一个扁平的梨状体。目前在机载 POS 应用中,把地球视为一个扁平的旋转椭球体,已经足够精确了。

2. 地球主曲率半径

地球从整体和局部上看都不是一个标准球体,更接近一个非匀质椭球体,

它长期受地心引力和离心力等作用，逐渐变成了现在的形状。同时其表面存在高山、深谷、大陆、海洋等各种地形地貌，表面并不规则，因此面上任一点的曲率半径也各不相同[46]。如图2-5所示，平面G为地球表面一点M与地球的切平面，法线为$\boldsymbol{n}$；AB为过M点的南北向的切线，CD为过M点东西向的切线；过AB与$\boldsymbol{n}$的平面确定M的曲率半径为子午平面的主曲率半径，相应地过CD与$\boldsymbol{n}$的平面确定的M的曲率半径为卯酉平面的主曲率半径[39]。

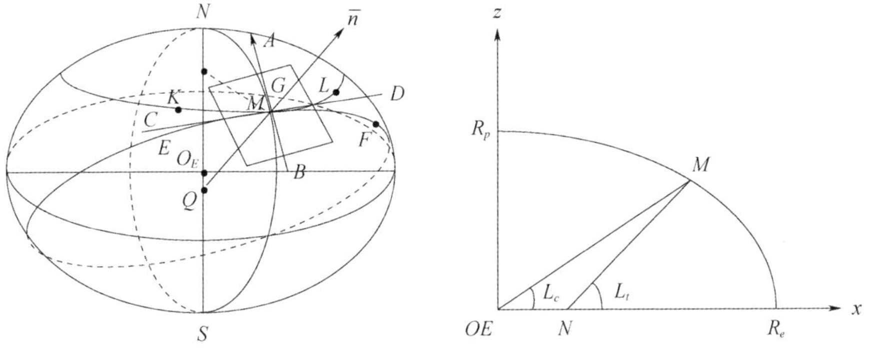

(a)　　　　(b)

图2-5　参考椭球

(a)地球参考椭球体的主曲率半径；(b)参考椭球部分剖面图。

椭圆方程为

$$\frac{z^2}{R_p^2}+\frac{x^2}{R_e^2}=1 \tag{2-34}$$

令L_t为参考椭球在M点法线与尺度平面的夹角，得

$$\frac{\mathrm{d}z}{\mathrm{d}x}=-\frac{R_p^2}{R_e^2}\frac{x}{z}=-\cot L_t \tag{2-35}$$

$$\frac{R_p^2}{R_e^2}=1-k^2 \tag{2-36}$$

将式(2-36)代入式(2-35)，得

$$z=(1-k^2)x\tan L_t \tag{2-37}$$

将式(2-37)代入椭圆方程，得

$$\frac{(1-k^2)^2x^2\tan^2L_t}{R_p^2}+\frac{x^2}{R_e^2}=1 \tag{2-38}$$

整理可得

$$x=\frac{R_e\cos L_t}{(1-k^2\sin^2 L_t)^{1/2}} \tag{2-39}$$

即曲率半径表达式可写为

$$\rho=\left[1+\left(\frac{\mathrm{d}z}{\mathrm{d}x}\right)^2\right]^{3/2}\Big/\frac{\mathrm{d}^2z}{\mathrm{d}x^2} \tag{2-40}$$

由式(2－35)得

$$\frac{\mathrm{d}^2z}{\mathrm{d}x^2}=\frac{1}{\sin^2 L_t}\frac{\mathrm{d}L_t}{\mathrm{d}x} \tag{2-41}$$

由式(2－39)得

$$\frac{\mathrm{d}x}{\mathrm{d}L_t}=-R_e(1-k^2)\sin L_t/(1-k^2\sin^2 L_t)^{3/2} \tag{2-42}$$

最终，经整理可得地球子午平面内的主曲率半径为

$$R_M=\frac{R_e(1-k^2)}{(1-k^2\sin^2 L_t)^{3/2}} \tag{2-43}$$

由 $e=\frac{R_e-R_p}{R_e}$，显然 $e<0$，$k^2=2e-e^2$ 略去 e^2 项，得

$$R_M=\frac{R_e(1-2e)}{(1-2e\sin^2 L_t)^{3/2}} \tag{2-44}$$

取 $(1-2e\sin^2 L_t)^{-3/2}\approx 1+3esin^2 L_t$，则有

$$R_M=R_e(1-2e+3e\sin^2 L_t) \tag{2-45}$$

求与子午面垂直且共法线的椭圆主曲率半径 R_N 时，根据任意平截线的曲率半径定理，可得曲线在点 M 处的曲率半径 R_N 与纬度圈在同一 M 点的半径之间的关系为

$$x=R_N\cos L_t \tag{2-46}$$

则有

$$R_N=\frac{R_e}{(1-2k^2\sin^2 L_t)^{1/2}} \tag{2-47}$$

令 $k^2=2e-e^2$，并略去 e^2 项，且取 $(1-2e\sin^2 L_t)^{-1/2}\approx 1+e\sin^2 L_t$，最终得

$$R_N=R_e(1+e\sin^2 L_t) \tag{2-48}$$

3. 垂线

垂线主要有天文垂线、地理垂线和地心垂线三种。天文垂线是地球表面任一点的大地水平面的法线方向，它与赤道面的夹角定义为天文纬度 L_g。地理垂线是指参考椭球上任一点的法线方向，它与赤道面的夹角定义为地理纬度 L_t。

地心垂线则定义为地球表面任一点与参考椭球中心的连线，它与赤道面的夹角定义为地心纬度L_c。这三种纬度是相互关联的[39]。设 ΔL_{ct} 为地理垂线与地心垂线之间的偏差角，则有

$$\Delta L_{ct} = L_t - L_c \tag{2-49}$$

设图 2-6 中椭圆上 M 点坐标为(x, z)，则椭圆方程为

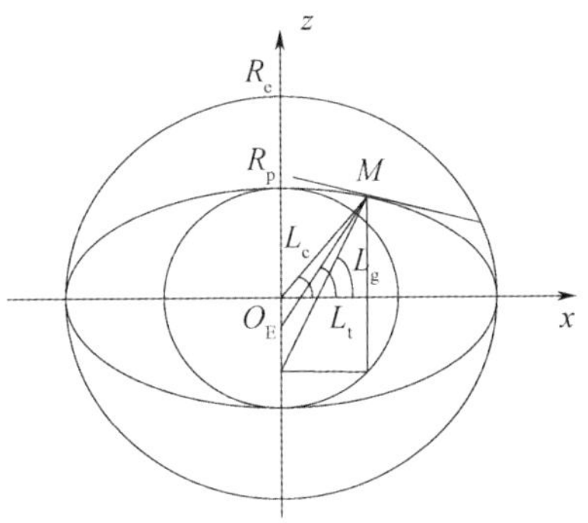

图 2-6　几种垂线和纬度

$$\frac{z^2}{R_p^2} + \frac{x^2}{R_e^2} = 1 \tag{2-50}$$

椭圆法线(相当于地理垂线)的斜率为

$$\tan L_t = -\frac{\mathrm{d}x}{\mathrm{d}z} = -\frac{R_e{}^2}{R_p^2}\frac{z^2}{x^2} \tag{2-51}$$

同一点地心线(相当地心垂线)的斜率为

$$\tan L_c = \frac{x}{z} \tag{2-52}$$

$$\tan\Delta L_{ct} = \frac{\tan L_t - \tan L_c}{1 + \tan L_t \tan L_c} = \frac{R_e^2 - R_p^2}{2R_e^2 R_p^2}xz \tag{2-53}$$

令 $R = \sqrt{x^2 + z^2}$，即地心线长度，经变换可得

$$\tan\Delta L_{ct} = \frac{R_e^2 - R_p^2}{2R_e^2 R_p^2}R^2\ \frac{x}{z}\ \frac{z}{R} = \frac{R_e^2 - R_p^2}{2R_e^2 R_p^2}R^2 \sin 2L_c = \frac{R_e - R_p}{R_e}\frac{R_e + R_p}{2R_p}\frac{R^2}{R_p R_e}\sin L_c \approx E\sin 2L_c \tag{2-54}$$

式中：$(R_e + R_p)/2R_p \approx 1$ $R^2/R_p R_e \approx 1$ E 为椭圆度 $E = (R_e - R_p)/R_e$。

因为实际中 ΔL_{ct} 很小，常用 L_t 代替 L_c，地理垂线与地心垂线之间偏差角近似式为

$$\Delta L_{ct} = E\sin 2L_t \tag{2-55}$$

从式(2－55)可得,当 $L_t=45°$ 时,ΔL_{ct} 值最大,约为 10′左右。

4. 重力场

地球表面任意一点 P,其重力加速度 g 是引力加速度 G 和负方向的地球转动向心加速度 $-\omega_{ie}\times(\omega_{ie}\times R)$ 的合成,如图 2－7 所示,即

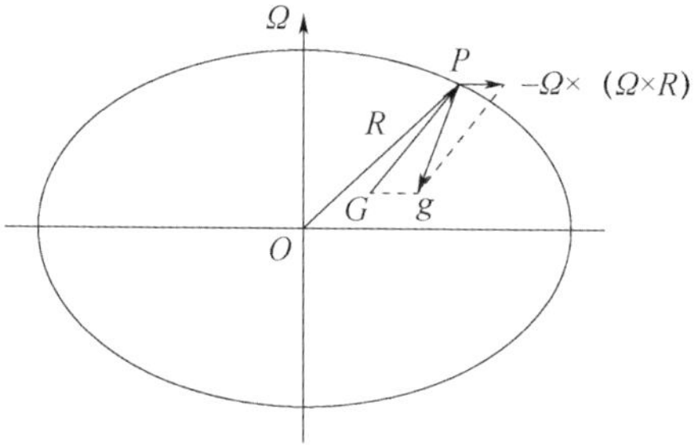

图 2－7　重力矢量图

$$g=G-\omega_{ie}\times(\omega_{ie}\times R) \tag{2-56}$$

$$\omega_{ie}=7292115.1467\times10^{-11}\text{rad/s}\approx15.04107°/\text{h}$$

式中:R 为 P 点相对地球中心的位置矢量;ω_{ie} 为地球自转角速度。

根据参考椭球参数,不同纬度处的重力可以计算得到。重力解析选用通用的 WGS－84 全球大地坐标系体系[46],即

$$g=g_e(1+k\sin^2 L_t)/(1-e^2\sin^2 L_t)^{1/2} \tag{2-57}$$

式中:$k=[R_p g_p/(R_e g_e)]-1$;e 为参考椭球第一偏心率;g_p 为参考椭球赤道的理论重力;g_e 为极点的理论重力。WGS－84 全球大地坐标系体系的重力数值表达式为

$$g=978.03267714\times(1+0.00193185138639\sin^2 L)/$$
$$(1-0.00669437999013\sin^2 L)^{1/2} \tag{2-58}$$

地球上某点实际测量的重力数值与全球大地坐标系体系中模型的理论值有差异,这种差异由地球的形状不规则与质量分布不均匀引起,通常称为重力异常。不仅是实测重力加速度的大小,实测重力加速度方向与该点在参考椭球模型中的法线方向也通常不一致,称为垂线偏斜。高精度惯性导航中可采用大地测量技术较准确地获取当地重力异常和垂线偏斜,考虑和减弱这种偏差对导航精度的影响[47]。

2.5 捷联惯导系统组成及工作原理

捷联惯导系统是将惯性器件直接固连在运载体上的一种惯性导航系统，它利用计算数学平台取代了平台惯导系统的物理平台。捷联惯导系统主要是由陀螺仪与加速度计组成的惯性测量单元（IMU）与导航计算机组成，在载体上的惯性器件将敏感沿载体轴相对于惯性坐标系的角速率与加速度，陀螺仪和加速度计输出的信息经过误差补偿后用于捷联解算，实时更新载体位置、速度和姿态信息。相对于平台惯性导航系统，捷联惯导系统还有如下特点：

（1）平台惯导系统中的物理机械平台本身是一个高精度的结构十分复杂的机电控制系统，所需加工制造成本约占整个系统 2/5，体积质量约占整个系统的 1/2，因此相对于平台惯导系统而言，捷联惯导系统具有体积质量轻、成本低的特点，且具有维护简便、故障率低等优点。

（2）捷联惯导系统取消了机械平台机构，减少了惯导系统中的机械零件，同时采用多敏感元件，通过多余度设计，提高系统的可靠性[48]。

（3）从动态环境角度来看，捷联惯导系统惯性器件的误差对系统的影响要比平台系统大，对器件的要求比平台系统高。

（4）实际应用捷联惯导系统需要编制大量的实时软件，因此算法误差比平台惯导系统高些，要求软件的误差不应超过系统误差的 10%。

2.5.1 捷联惯导系统基本力学编排方程

经过惯性器件误差补偿后，IMU 可以准确输出载体的角速度和比力信息。捷联算法则是实现载体坐标系的角速度、比力信息到导航坐标系下导航结果的力学编排，包括姿态更新算法、速度更新算法和位置更新算法。以下介绍捷联算法流程[49]。

对于捷联惯性导航系统，加速度计沿载体坐标系安装，敏感载体相对惯性空间的加速度沿载体坐标系的分量$\boldsymbol{f}_{ib}^{b}$。因此，需要根据陀螺仪输出$\boldsymbol{\omega}_{ib}^{b}$和计算出的导航系相对惯性系的角速度$\boldsymbol{\omega}_{in}^{b}$实时更新由载体坐标系到导航坐标系的方向余弦矩阵$\boldsymbol{C}_{b}^{n}$，建立“计算数学平台”，将加速度计输出转换成沿导航坐标系的加速度信息$\boldsymbol{f}_{ib}^{n}$，然后通过速度更新和位置更新得到载体的速度和位置[50]。捷联惯性导航系统解算流程如图 2－8 所示。

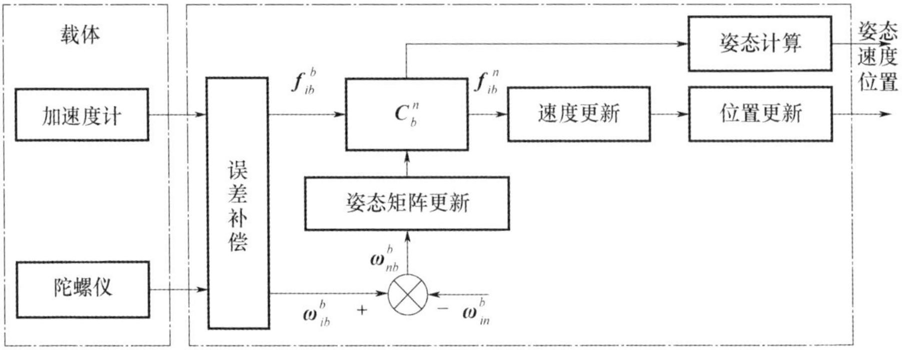

图 2-8　捷联惯性导航解算流程

(1)姿态更新。传统惯导姿态更新算法有欧拉角法、方向余弦法和四元数法。其中四元数法算法简单,计算量小,因此在工程实际中经常采用。其计算流程如下:

首先,初始化四元数,即

$$\boldsymbol{q}=\begin{bmatrix}q_0\\q_1\\q_2\\q_3\end{bmatrix}=\begin{bmatrix}\cos\frac{\psi}{2}\cos\frac{\theta}{2}\cos\frac{\gamma}{2}-\sin\frac{\psi}{2}\sin\frac{\theta}{2}\sin\frac{\gamma}{2}\\\cos\frac{\psi}{2}\sin\frac{\theta}{2}\cos\frac{\gamma}{2}-\sin\frac{\psi}{2}\cos\frac{\theta}{2}\sin\frac{\gamma}{2}\\\cos\frac{\psi}{2}\cos\frac{\theta}{2}\sin\frac{\gamma}{2}+\sin\frac{\psi}{2}\sin\frac{\theta}{2}\cos\frac{\gamma}{2}\\\cos\frac{\psi}{2}\sin\frac{\theta}{2}\sin\frac{\gamma}{2}+\sin\frac{\psi}{2}\cos\frac{\theta}{2}\cos\frac{\gamma}{2}\end{bmatrix}\tag{2-59}$$

然后,使用角增量法更新四元数,四阶计算公式为

$$\boldsymbol{q}(n+1)=\left\{\left(1-\frac{(\Delta\theta_0)^2}{8}+\frac{(\Delta\theta_0)^4}{384}\right)\boldsymbol{I}+\left(\frac{1}{2}-\frac{(\Delta\theta_0)^2}{48}\right)[\Delta\boldsymbol{\theta}]\right\}\boldsymbol{q}(n)\tag{2-60}$$

式中:$[\Delta\boldsymbol{\theta}]=\begin{bmatrix}0&-\Delta\theta_x&-\Delta\theta_y&-\Delta\theta_z\\\Delta\theta_x&0&\Delta\theta_z&-\Delta\theta_y\\\Delta\theta_y&-\Delta\theta_z&0&\Delta\theta_x\\\Delta\theta_z&\Delta\theta_y&-\Delta\theta_x&0\end{bmatrix}$,$\Delta\theta_0^2=\Delta\theta_x^2+\Delta\theta_y^2+\Delta\theta_z^2$,$\Delta\theta_x$,$\Delta\theta_y$,$\Delta\theta_z$ 为角增量。

最后,利用四元数更新姿态矩阵,即

$$
\boldsymbol{C}_n^b=\begin{bmatrix} q_0^2+q_1^2-q_2^2-q_3^2 & 2(q_1q_2+q_0q_3) & 2(q_1q_3-q_0q_2) \\ 2(q_1q_2-q_0q_3) & q_0^2-q_1^2+q_2^2-q_3^2 & 2(q_2q_3+q_0q_1) \\ 2(q_1q_3+q_0q_2) & 2(q_2q_3-q_0q_1) & q_0^2-q_1^2-q_2^2+q_3^2 \end{bmatrix} \tag{2-61}
$$

(2)速度更新,有

$$
\begin{bmatrix} \dot{v}_x^n \\ \dot{v}_y^n \\ \dot{v}_z^n \end{bmatrix}=\begin{bmatrix} f_{ibx}^n \\ f_{iby}^n \\ f_{ibz}^n \end{bmatrix}+\begin{bmatrix} 0 & 2\omega_{iez}^n+\omega_{enz}^n & -(2\omega_{iey}^n+\omega_{eny}^n) \\ -(2\omega_{iez}^n+\omega_{enz}^n) & 0 & 2\omega_{iex}^n+\omega_{enx}^n \\ 2\omega_{iey}^n+\omega_{eny}^n & -(2\omega_{iex}^n+\omega_{enx}^n) & 0 \end{bmatrix}\begin{bmatrix} v_x^n \\ v_y^n \\ v_z^n \end{bmatrix}-\begin{bmatrix} 0 \\ 0 \\ g \end{bmatrix} \tag{2-62}
$$

式中:$\boldsymbol{g}$ 为当地重力加速度。

(3)位置更新。位置矩阵定义为

$$
\boldsymbol{C}_e^n=\begin{bmatrix} -\sin\lambda & \cos\lambda & 0 \\ -\sin L\cos\lambda & -\sin L\sin\lambda & \cos L \\ \cos L\cos\lambda & \cos L\sin\lambda & \sin L \end{bmatrix} \tag{2-63}
$$

式中:L 为纬度;λ 为经度。通过求解位置矩阵的微分方程 $\dot{\boldsymbol{C}}_n^e=\boldsymbol{C}_n^e\boldsymbol{\Omega}_{en}^n$ 实现位置更新,有

$$
\boldsymbol{\Omega}_{en}^n=\begin{bmatrix} 0 & -\omega_{enz}^n & \omega_{eny}^n \\ \omega_{enz}^n & 0 & -\omega_{enx}^n \\ -\omega_{eny}^n & \omega_{enx}^n & 0 \end{bmatrix}
$$

(4)高度及高度阻尼。惯性导航的原理决定了其高度通道是发散的,需要外部信息进行阻尼。在设计的 POS 中捷联惯性导航系统将与 GNSS 组合使用,利用 GNSS 接收机可提供高度信息,通过组合系统的卡尔曼滤波器代替高度阻尼回路。因此,在捷联解算过程中并未对高度通道进行阻尼。

(5)重力加速度更新。在 WGS-84 大地坐标系下,载体所处位置的重力加速度数值为

$$
g=9.7803267714\times\left(1-2\frac{h_b}{R_e}\right)\times\frac{(1+0.001931851\sin^2L)}{(1-0.006694379\sin^2L)^{\frac{1}{2}}} \tag{2-64}
$$

式中:R_e 为参考椭球的长半径;h_b 为载体距离地面的高度。

2.5.2 惯性导航系统的误差方程

在光学陀螺机载 POS 中,惯性仪表的测量误差最终通过惯性导航算法反映

到系统的测量精度上。因此,必须深入了解惯性导航系统的误差方程,以及惯性器件误差是如何在导航解算中传播的,本节以捷联惯导系统为例,从误差传播的机理出发,讲解捷联惯导系统的速度、位置、姿态误差方程。在捷联惯导系统中,由于导航系统及惯性器件直接与成像载荷固连,未能像平台惯性导航一样事先对载体的角运动进行隔离,这样使得成像载荷的振动直接作用在惯性器件上,因此捷联惯性导航系统的工作环境非常恶劣。

1. 速度误差方程

设定导航坐标系为 n 系,载体坐标系简称为 b 系,从 b 系到 n 系的状态转移矩阵C_b^n。在理想的导航坐标系下,不考虑任何误差时,惯导系统的速度微分方程可表示为

$$\dot{V}^n = C_b^n f^b - (2\omega_{ie}^n + \omega_{en}^n) \times V^n + g^n \tag{2-65}$$

式中:f^b 为惯导系统的比力,即固连在载体系上的加速度计的输出值;V^n 为系统在导航系下的速度;ω_{ib}^b 为固连在载体系上的陀螺仪输出角速度;ω_{ie}^n 为地球自转角速度ω_{ie} 在导航坐标系中的投影;ω_{en}^n 为导航坐标系相对于地球坐标系的角速率在导航坐标系中的投影。但是惯导系统中总存在各种误差,所以实际的惯导系统速度在计算导航坐标系(c 系)下可表示为

$$\dot{V}^c = C_b^c f^b - (2\omega_{ie}^c + \omega_{en}^c) \times V^c + g^c \tag{2-66}$$

$$\dot{V}^c = \dot{V}^n + \delta\dot{V}^n \tag{2-67}$$

$$\omega_{ie}^c = \omega_{ie}^n + \delta\omega_{ie}^n \tag{2-68}$$

$$\omega_{en}^c = \omega_{en}^n + \delta\omega_{en}^n \tag{2-69}$$

$$g^c = g^n + \delta g \tag{2-70}$$

$$C_b^c = C_n^c C_b^n = (I - \phi^n \times) C_b^n \tag{2-71}$$

$$\hat{f}^b = f^b + \nabla^b \tag{2-72}$$

$$\phi^n \times = \begin{bmatrix} 0 & -\phi_U & \phi_N \\ \phi_U & 0 & -\phi_E \\ -\phi_N & \phi_E & 0 \end{bmatrix} \tag{2-73}$$

式中:ϕ_E,ϕ_N,ϕ_U 分别为东、北、天三个方向的姿态失准角。加速度计的刻度系数误差和安装误差已经完成补偿,同时忽略 δg 的影响,并略去二阶小量,用式(2-66)减去式(2-65),得

$$\delta\dot{V}^n = -\phi^n \times f^n - (2\omega_{ie}^n + \omega_{en}^n) \times \delta V^n + V^n \times (2\delta\omega_{ie}^n + \delta\omega_{en}^n) + C_s^n \nabla^s \tag{2-74}$$

式中：ϕ^n 为惯导系统平台失准角；f^n 为惯导系统的比力在 n 系上的投影；ω_{ie}^n 为地球自转角速率在 n 系中的投影；ω_{en}^n 为导航系相对地球坐标系的角速率；δV^n 为惯导系统真实和计算的相对速度误差；V^n 为惯导系统的速度在 n 系上的投影；$\delta\omega_{ie}^n$ 为地球自转角速率误差在 n 系中的投影；$\delta\omega_{en}^n$ 为导航系与计算导航系相对地球坐标系的角速率误差在 n 系中的投影；C_b^n 为载体系 b 到导航系 n 的姿态变换阵；∇^b 为加计随机常值偏置。

将式(2-74)沿东、北、天三个方向展开，得

$$\begin{cases}\delta\dot{V}_E = f_N\phi_U - f_U\phi_N + \left(\dfrac{V_N\tan L - V_U}{R_N + H}\right)\delta V_E + \left(2\omega_{ie}\sin L + \dfrac{V_E\tan L}{R_N + H}\right)\delta V_N + \\ \qquad \left(2\omega_{ie}V_N\cos L + \dfrac{V_E V_N\sec^2 L}{R_N + H} + 2\omega_{ie}V_U\sin L\right)\delta L - \left(2\omega_{ie}\cos L + \dfrac{V_E}{R_N + H}\right)\delta V_U + \\ \qquad \dfrac{V_E V_U - V_E V_N\tan L}{(R_N + H)^2}\delta H + \nabla_E \\ \delta\dot{V}_N = f_U\phi_E - f_E\phi_U - 2\left(\omega_{ie}\sin L + \dfrac{V_E\tan L}{R_N + H}\right)\delta V_E - \dfrac{V_U\delta V_N}{R_M + H} - \dfrac{V_N\delta V_U}{R_M + H} - \\ \qquad \left(2\omega_{ie}\cos L + \dfrac{V_E\sec^2 L}{R_N + H}\right)V_E\delta L + \dfrac{V_N V_U + V_E V_E\tan L}{(R_N + H)^2}\delta H + \nabla_N \\ \delta\dot{V}_U = f_N\phi_E + f_E\phi_N + 2\left(\omega_{ie}\cos L + \dfrac{V_E}{R_N + H}\right)\delta V_E + 2\dfrac{V_N\delta V_N}{R_M + H} - 2\omega_{ie}V_E\sin L\delta L - \\ \qquad \dfrac{V_E V_E + V_N V_N}{(R_N + H)^2}\delta H + \nabla_U \end{cases} \tag{2-75}$$

2. 位置误差方程

设载体所在的地理纬度为 L，经度为 λ，高度为 H，则惯导系统的位置微分方程可表示为

$$\begin{cases}\dot{L} = \dfrac{V_N}{R_M + H} \\ \dot{\lambda} = \dfrac{V_E}{(R_N + H)\cos L} \\ \dot{H} = V_U\end{cases} \tag{2-76}$$

对位置微分方程的经度、纬度和高度求偏导，可得位置误差方程为

$$\begin{cases}\delta\dot{L}=\dfrac{\delta V_N}{R_M+H}-\dfrac{V_N}{(R_M+H)^2}\delta H\\ \delta\dot{\lambda}=\dfrac{\sec L}{R_N+H}\delta V_E+\dfrac{V_E\sec L\tan L}{R_N+H}\delta L-\dfrac{V_E\sec L}{(R_N+H)^2}\delta H\\ \delta\dot{H}=\delta V_U\end{cases} \tag{2-77}$$

3. 姿态误差方程

由于计算导航坐标系 c 系相对 n 系的转角即姿态误差角为 ϕ^n，则有

$$C_b^c=C_n^cC_b^n=[I-(\phi^n\times)]C_b^n \tag{2-78}$$

$$\delta C_b^n=C_b^c-C_b^n=-(\phi^n\times)C_b^n \tag{2-79}$$

若以地理坐标系作为导航坐标系，则捷联惯导系统的方向余弦微分方程可以表述为

$$\dot{C}_b^n=C_b^n(\omega_{nb}^b\times) \tag{2-80}$$

$$\omega_{nb}^b=\omega_{ib}^b-C_n^b\omega_{in}^n \tag{2-81}$$

式中：ω_{ib}^b 为惯导系统测量角速度，可由惯导陀螺仪输出得到；ω_{in}^n 为 n 系相对 i 系转动的角速度在 n 系中的投影可由计算得到。

将式(2-81)代入式(2-80)，得

$$\dot{C}_b^n=C_b^n[(\omega_{ib}^b-C_n^b\omega_{in}^n)\times] \tag{2-82}$$

设陀螺仪随机常值漂移为 ε^b，所以实际的陀螺仪输出的角速度为

$$\hat{\omega}_{ib}^b=\omega_{ib}^b+\varepsilon^b \tag{2-83}$$

ω_{in}^n 的计算值与理想值的偏差为 $\delta\omega_{in}^n$，即

$$\omega_{ic}^c=\omega_{in}^n+\delta\omega_{in}^n \tag{2-84}$$

$$\dot{C}_b^c=C_b^c[(\hat{\omega}_{ib}^b-C_c^b\omega_{ic}^c)\times] \tag{2-85}$$

将式(2-83)，式(2-84)代入式(2-85)，可得

$$\dot{C}_b^n+\delta\dot{C}_b^n=[I-(\phi^n\times)]C_b^n\{[\omega_{ib}^b+\varepsilon^b-C_n^b(I+\phi^n)(\omega_{in}^n+\delta\omega_{in}^n)]\times\} \tag{2-86}$$

略去二阶小量，可得

$$\delta\dot{C}_b^n=C_b^n(\varepsilon^b\times)-C_b^n[(\phi^n\times\omega_{in}^n)\times]-C_b^n(\delta\omega_{in}^n\times)-(\phi^n\times)C_b^n(\omega_{nb}^b\times) \tag{2-87}$$

将式(2-79)两边求导，并考虑式(2-80)，代入式(2-87)得

$$-(\dot{\phi}^n\times)C_b^n-(\phi^n\times)C_b^n(\omega_{nb}^b\times)=C_b^n(\varepsilon^b\times)-C_b^n[(\phi^n\times\omega_{in}^n)\times]-C_b^n(\delta\omega_{in}^n\times)-(\phi^n\times)C_b^n(\omega_{nb}^b\times) \tag{2-88}$$

将式(2-88)两边右乘 C_n^b 后进行整理，并考虑 $C_b^n(\varepsilon^b\times)C_n^b=[(C_b^n\varepsilon^b)\times]$，$C_b^n(\delta\omega_{in}^b\times)C_n^b=(\delta\omega_{in}^n\times)$，$C_b^n[(\phi^n\times\omega_{in}^b)\times]C_n^b=-[(\omega_{in}^n\times\phi^n)\times]$，可得

$$(\dot{\phi}^n\times)=-[(\omega_{in}^n\times\phi^n)\times]+(\delta\omega_{in}^n\times)-[(C_b^n\varepsilon^b)\times] \tag{2-89}$$

即

$$\dot{\phi}^n=-\omega_{in}^n\times\phi^n+\delta\omega_{in}^n-C_b^n\varepsilon^b \tag{2-90}$$

式中：ϕ^n 为子系统平台失准角；ω_{in}^n 为真实的载体运动角速率在 n 系中的投影；$\delta\omega_{in}^n$ 为惯导系统真实的与测得的载体转动角速率误差在 n 系中的投影；C_b^n 为惯导系统载体系 b 到导航系 n 的姿态变换阵；ε^b 为惯导系统陀螺仪随机常值漂移。惯性导航系统沿东、北、天三个方向的姿态误差方程可表示为

$$\begin{cases}\dot{\phi}_E=-\dfrac{\delta V_N}{R_M+H}+\left(\omega_{ie}\sin L+\dfrac{V_E\tan L}{R_N+H}\right)\phi_N-\left(\omega_{ie}\cos L+\dfrac{V_E}{R_N+H}\right)\phi_U+\dfrac{V_N}{(R_M+H)^2}\delta H+\varepsilon_E\\ \dot{\phi}_N=\dfrac{\delta V_E}{R_N+H}-\omega_{ie}\sin L\delta L-\left(\omega_{ie}\sin L+\dfrac{V_E\tan L}{R_N+H}\right)\phi_E-\dfrac{V_N}{R_M+H}\phi_U-\dfrac{V_E}{(R_N+H)^2}\delta H+\varepsilon_N\\ \dot{\phi}_U=\dfrac{\tan L\delta V_E}{R_N+H}+\left(\omega_{ie}\cos L+\dfrac{V_E\sec^2L}{R_N+H}\right)\delta L+\left(\omega_{ie}\cos L+\dfrac{V_E}{R_N+H}\right)\phi_E+\dfrac{V_N\phi_N}{R_M+H}-\dfrac{V_E\tan L\delta H}{(R_N+H)^2}+\varepsilon_U\end{cases} \tag{2-91}$$

2.6　卫星导航系统

卫星导航系统本质思想是将传统的无线电导航台置于人造卫星上，采用多星、中高轨、测距体制，通过多颗卫星同时测距，实现对载体位置和速度的高精度确定。卫星发射的无线电波信号覆盖地球表面和近地空间，位于覆盖范围的接收机接收卫星发射的信号，经过解析和计算，可以获取卫星轨道信息，测得星站观测量，获取接收机所代表载体的位置和速度信息。天基无线电导航定位系统在卫星导航系统中应用十分广泛，能够为地球表面和近地空间的各类用户提供高精度的位置、速度和时间等信息服务。具有全球定位导航功能的卫星导航系统称为全球导航卫星系统，具有全天时、全天候、高精度定位和测速等优点，

已在高精度导航、大地测量等得到了广泛的应用[51]。目前实现全球定位导航的卫星导航系统主要有美国的 GPS、俄罗斯的 GLONASS、欧洲的 Galileo 和中国的“北斗”系统等,实现地区导航功能的卫星导航系统有日本的“准天顶”卫星系统 QZSS 和印度区域卫星导航系统 IRNSS 等。下面主要介绍 GNSS 的工作原理及误差特性分析。

2.6.1 卫星导航系统工作原理

GNSS 主要包括三个部分:地面监测部分、空间卫星星座和用户 GNSS 接收机。地面监测部分由主控站、监测站和注入站组成,负责连续跟踪导航卫星并采集系统工作数据,推算、编制和修正导航电文,并将其发送至空间卫星星座中的卫星;为整个卫星导航系统提供时间基准。空间卫星星座将负责导航信号发送给用户接收机。用户 GNSS 接收机主要负责接收和处理星座卫星发送的导航电文信号[52]。

GNSS 基于无线电导航原理进行导航定位,基本原理是用户 GNSS 接收机通过接收到的来自导航卫星的电文信号,解算出由接收机到卫星之间的距离,同时观测 4 颗及以上卫星,来确定 GNSS 接收机的位置和速度等信息,并接收卫星导航系统的时间系统。

在三维定位中,若要唯一确定某待定点的位置,需测定出该待定点到至少 3 个已知点的距离。以这 3 个已知点为球心,以观测到的 3 个距离为半径做 3 个定位球,3 个球面则可交于一点,通过求解 3 个未知数的方程组则可得出该点的坐标,即待定点在空间的三维位置,如图 2 -9 所示。

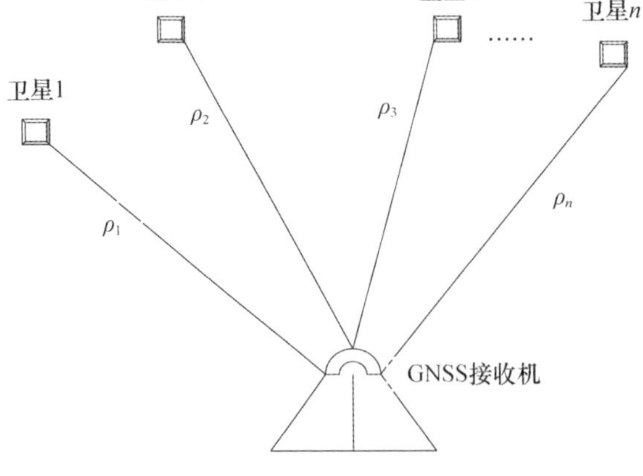

图 2 -9 GNSS 三维定位示意图

在 GNSS 导航定位中,由于各种误差源的影响,所测定的距离值无法真实地反映卫星到 GNSS 接收机的几何距离,而是含有一定误差。这种含误差的 GNSS 量测距离,称为伪距。目前,在 GNSS 导航定位测量中,广泛采用测码伪距(又称码相位)和测相伪距(又称载波相位)这两种观测量。

不管哪种观测量,都存在 GNSS 星座卫星时钟钟差和 GNSS 接收机时钟钟差的问题。卫星时钟的时间系统一般采用原子钟,原子钟精度高,可作为时间系统的主要参考基准,其误差可被忽略[48]。下面研究 GNSS 接收机的用户时钟相对于高精度 GNSS 卫星时钟的钟差 Δt,假设用户时钟相对卫星时钟有钟差,这时传播延时 τ^* 并不是真正的传播延时 τ,测得的接收机距卫星的距离也不是真正距离 r。此时伪距 ρ 应为

$$\rho = r + c\Delta t \tag{2-92}$$

则用户测得对第 i 颗卫星的伪距为

$$\rho_i = r_i + c\Delta t \tag{2-93}$$

式中:$r_i = [(x - x_{si})^2 + (y - y_{si})^2 + (z - z_{si})^2]^{1/2}$;$x,y,z$ 和 x_{si},y_{si},z_{si} 分别为用户和卫星 i 在地球坐标系中的位置坐标。

显然,测量的伪距中有 4 个未知量,即 x、y、z 和 Δt。为解出这 4 个未知量,需要列出至少 4 个方程,才能得到接收机距离至少 4 颗卫星的伪距,即

$$\rho_i = [(x - x_{si})^2 + (y - y_{si})^2 + (z - z_{si})^2]^{1/2} + c\Delta t \quad (i = 1,2,3,4,\cdots) \tag{2-94}$$

联立求解可得到 4 个未知量,从而得到用户位置坐标。

GNSS 不仅可以提供精确的授时服务,提供接收机所在位置的精确三维坐标,还可以提供速度信息。速度信息的获得通过建立新的基于多普勒效应的方程,方法是测量电磁波载频基于多普勒效应的频移,即

$$\dot{\rho}_i = \frac{(x - x_{si})(\dot{x} - \dot{x}_{si}) + (y - y_{si})(\dot{y} - \dot{y}_{si}) + (z - z_{si})(\dot{z} - \dot{z}_{si})}{[(x - x_{si})^2 + (y - y_{si})^2 + (y - y_{si})^2]^{1/2}} + c\,\Delta\dot{t} \quad (i = 1,2,3,4,\cdots) \tag{2-95}$$

式中:$\dot{x}_{si},\dot{y}_{si},\dot{z}_{si}$ 和 x_{si},y_{si},z_{si} 分别为卫星的速度和位置;$\dot{\rho}_i$ 由测量多普勒频移求得;$\dot{x},\dot{y},\dot{z}$ 和 $\Delta\dot{t}$ 为待求量,联立求解便可得到用户速度。

2.6.2　卫星导航系统误差来源及特性分析

分析 GNSS 的误差特性,主要从星座卫星本身误差、信号传播误差和信号接

收误差等三个方面考虑[53]。在研究误差对 GNSS 定位的影响时，往往将误差换算为 GNSS 星座卫星至监测站的距离，以相应的距离误差表示。

1. GNSS 星座卫星误差

GNSS 星座卫星误差主要包括星历误差和星钟误差。

（1）星历误差是指广播星历参数和其他轨道信息与卫星实际位置之间的误差。卫星在空间受到各种难以被地面监测站估计和测定的摄动影响，可以通过距离相近的地面观测站的同步观测求差来减小误差[54]。

（2）星钟误差是指卫星原子钟与系统时间的不同步误差。误差来源主要有卫星时钟的频偏、频漂和不同步。可以通过建立数学模型对误差项进行估计和预测，即可校正和减小误差。

2. GNSS 信号传播误差

GNSS 信号传播误差主要有电离层延时、对流层延时和多路径误差等。

（1）电离层延时。电离层距地面 50～100km，受太阳辐射等影响，大气中形成大量正离子和自由电子。卫星发射的电文信号是电磁波，会受电子、离子等影响，穿过电离层时，速度和方向会发生改变。电离层带来的误差很难精确建模，受季节、气候、太阳活动等影响有很强的随机性，如太阳黑子活动增强时，电离层误差会显著增大。可以通过不同地面观测站的同步观测来修正或者进行双频观测。

（2）对流层延时。对流层内空气对流作用、各种气体成分与杂质会影响电磁波的传播，与电磁波的频率或波长无关，且随高度的增加而逐渐减小，同时它还与大气压力、湿度和温度关系密切，因此难以精确地建模，一般由它们所导致的测距误差可达米级。目前通过不同地面观测站的同步观测可以减弱对流层延迟的影响。

（3）多路径误差。接收机附近的建筑、路面可能会反射卫星信号，反射信号与卫星信号在接收机中叠加，干扰测量结果。由于实际应用中难以测量和估计反射系数等因素，因此难以建立准确的误差模型。目前减小多路径误差可采取的措施主要有：GNSS 接收机尽量避开反射系数大的物体表面，如水面、平整建筑物表面等；长时间观测来削弱周期性影响；选用屏蔽性能良好的天线。

3. 信号接收误差

该类误差主要与接收机相关，包括接收机量测误差、接收机钟差、天线相位中心误差等几部分[55]。其中，GNSS 接收机量测误差除了与 GNSS 接收机的软、硬件对星座卫星信号的量测分辨率有关外，还与 GNSS 接收机天线的安装精度有关。GNSS 接收机钟差与接收机有关,可将钟差作为未知参数,通过解算伪距方程时一并估计出该项误差;还可通过观测量求差分处理来减弱此项误差的影响。天线相位中心误差主要来源是由于不同的入射角,根据天线性能好坏的不同,等效的测距误差可达毫米乃至数厘级。表 2-3 为误差细分及对距离测量的影响。

表 2-3　误差细分及对距离测量的影响(以 GPS 为例)[54]

误差来源	对距离测量的影响/m	
	P 码	C/A 码
(1)卫星部分		
星历误差与模型误差	4.2	4.2
钟差与稳定性	3.0	3.0
卫星摄动	1.0	1.0
相位不确定性	0.5	0.5
其他	0.9	0.9
合计	9.6	9.6
(2)信号传播		
电离层折射	2.3	5.0 ~ 10.0
对流层折射	2.0	2.0
多路径误差	1.2	1.2
其他	0.5	0.5
合计	6.0	8.7 ~ 13.7
(3)信号接收		
接收机噪声	1.0	0.5
其他	0.5	7.5
合计	1.5	8.0
总计	17.1	26.3 ~ 31.3

2.7　机载 POS 组合测量原理

2.7.1　机载 POS 总体组成

惯性测量系统具有自主性强、测量运动参数完备和短时精度高等优点,但误差随时间积累，为解决该问题，POS 必须采用惯性/卫星组合测量技术，利用差分 GNSS 提供的不随时间发散的高精度位置速度信息，通过惯性/卫星组合测量系统组合、高精度后处理方法估计系统随机误差，提高 POS 测量精度。因而，机载 POS 是一种采用高精度惯性/卫星组合自主测量载荷运动参数的装置，工作环境恶劣（-55℃ ~75℃），且要求体积小、质量轻、长时间保持高精度，是国际公认的光机电集成尖端产品。

机载高精度 POS 是航空对地观测系统的重要组成部分，可为各类观测载荷提供位置、速度和姿态的基准，它主要由四部分组成，分别是高精度 IMU、GNSS、PCS 和后处理软件，其组成结构图如图 2-10 所示[56]。机载高精度 POS 的核心部件是高精度 IMU，传统惯性导航系统使用的 IMU 体积大、质量大，且精度难以满足高精度航空遥感系统的要求。机载 POS 不同于飞机、导弹的惯性导航系统，它用于精确测量遥感载荷中心的高精度位置、速度和姿态基准等运动参数，要求系统体积小、质量小，同时要求输出的导航参数精度足够高、数据平滑，同时具有较高的更新频率[57]。

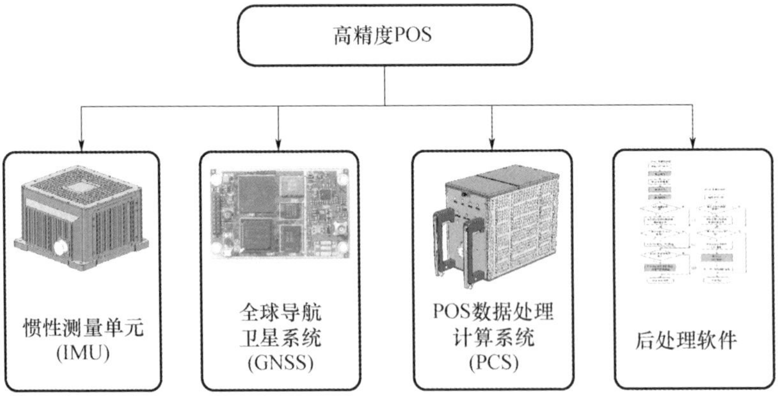

图 2-10　高精度机载 POS 组成图

机载 POS 系统高精度 IMU 实时采集观测载荷的角运动和线运动信息，并经过预处理后发送给 PCS；GNSS 单元实时采集观测载荷的卫星导航信息，并发送给 PCS；两种信息通过 GNSS 单元输出的秒脉冲进行时间同步；接收到两种信息后，PCS 完成实时定位、定姿解算，完成采集数据的存储等工作，具体包括信息预处理、捷联惯性导航解算、信息融合滤波、实时修正等，实时定位定姿信息通过输出接口模块对外输出。实时任务完成后，采用后处理软件对采集存储的 IMU、GNSS 信息进行后处理，获取高精度位置、速度和姿态信息[58]。

2.7.2　系统工作流程

机载高精度 POS 系统信息流程图如图 2－11 所示，IMU 内三支陀螺仪分别输出 X、Y、Z 三个方向的角运动信息，输入到数据预处理单元，三支加速度计分别输出 X、Y、Z 三个方向的线运动信息，通过电流频率转换电路转换成脉冲量，输入到数据预处理单元，由预处理电路将所有线运动、角运动信息以及传感器的温度信息打包后以固定频率发送给 POS 数据处理系统。

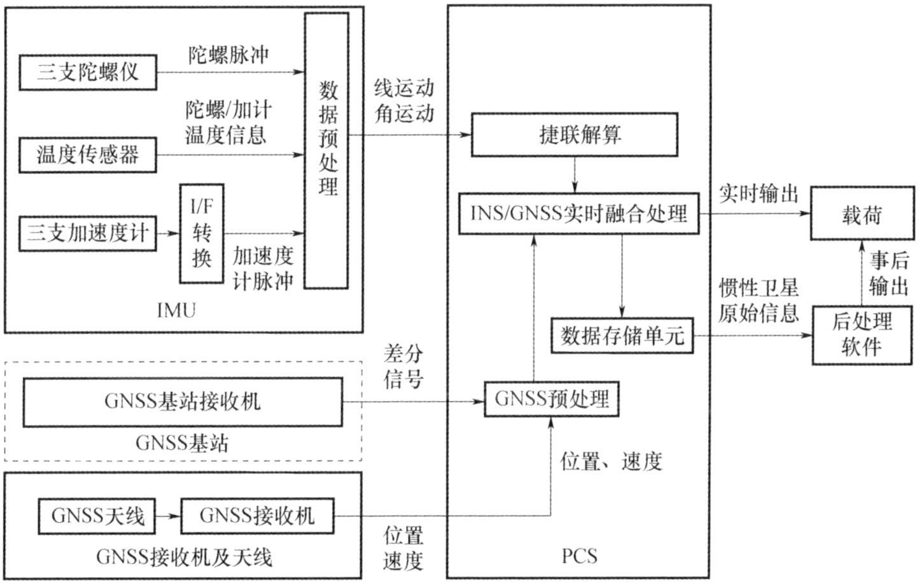

图 2－11　高精度机载 POS 信息流程图

GNSS 接收机接收到卫星星历数据，解算后将位置和速度信息以固定频率打包发送给 POS 数据处理系统。

POS 数据处理系统完成两路数据接收、时间同步、组合解算等工作后，将解算出的实时位置、速度、姿态信息发送给成像载荷进行实时运动补偿。同时，POS 计算机将 IMU 和 GNSS 的原始数据进行存储，用于事后离线数据处理。

后处理软件读取存储的 IMU 和 GNSS 原始信息，进行 GNSS 差分处理以及离线高精度组合解算，得到更高精度的位置、速度和姿态信息。

2.7.3 系统基本工作原理

机载高精度 POS 本质上是一种特殊的 SINS/GNSS 组合测量系统。IMU 敏感载体的复杂运动,将陀螺仪和加速度计的敏感信息转化为数字信息发送到 PCS 进行捷联惯性解算,同时 PCS 接收 GNSS 的位置和速度信息,与捷联惯性解算结果进行实时信息融合,为成像载荷提供实时位置、速度和姿态信息。后处理利用已经存储的 IMU 原始信息、与 IMU 信息同步存储的 GNSS 原始信息进行离线信息融合,解算得到更高精度的位置、速度和姿态等信息[59,60]。

(1)IMU。三支高精度陀螺仪实时测量成像载荷相位中心的角运动参数,三支高精度加速度计实时测量成像载荷相位中心的线运动参数,并通过数据采集预处理电路将原始运动信息发送给 PCS。

(2)GNSS。实时接收卫星发送的星历数据,进行解算后将飞机的高精度位置和速度信息发送给 PCS。

(3)PCS。为系统软件的运行提供硬件平台及相应接口,具备以下功能:①实时接收 IMU 输出的原始信息;②实时接收 GNSS 接收机输出的位置与速度信息;③惯性/卫星导航数据时间同步;④完成实时组合导航运算;⑤完成 IMU/GNSS 原始输入数据存储;⑥对外实时输出载荷的位置、速度和姿态信息。

(4)系统软件。系统软件为实时数据处理的软件部分,运行在 PCS 的硬件平台上,完成时序控制、实时捷联惯性解算、实时信息融合等工作。

(5)后处理。工作内容主要包括:①GNSS 数据的差分处理,以提高 GNSS 后处理数据的精度;②离线高精度组合解算,通过高精度 GNSS 数据与惯性导航数据的离线组合解算,获得高于实时精度的后处理运动参数。

2.7.4 系统工作过程

机载高精度 POS 的工作有固定的流程确保其正常工作(图 2-12)。一般在执行普通任务时,机载高精度 POS 工作过程包括:①预热,在地面开机,等系统达到热平衡的稳定工作状态;②进行地面静基座初始对准,获得 POS 在飞机起飞前的初始位置、速度和姿态信息,根据实际情况设定持续时间;③飞机起飞,在爬升和飞往测区过程中,通过“8”字机动等提高系统初始对准精度[61];④到达测区后即进行测区测量作业,作业过程中利用“自然转弯”等实现空中机动;⑤任务完成后返回机场,利用存储的原始信息进行事后处理。

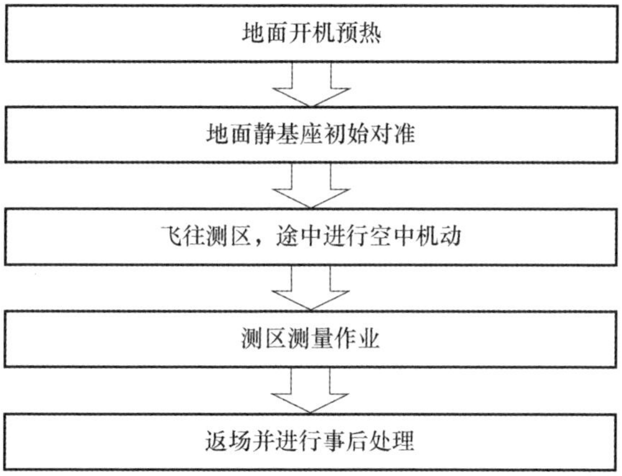

图 2-12　POS 工作过程

第3章 捷联惯性导航系统误差建模与补偿

3.1 引言

机载 POS 本质上是基于 SINS 和 GNSS 的组合测量系统。因此,SINS 是整个 POS 的基础。本章介绍 SINS 的误差建模与补偿,重点介绍光学陀螺 POS 级误差标定,以及陀螺仪温度误差建模和补偿,最后对系统振动误差进行探讨。

3.2 惯性测量单元的误差建模

本节首先重点分析 POS 中陀螺仪和石英挠性加速度计的误差机理以及对导航参数的影响,从而建立 POS 在陀螺仪和加速度计通道的误差模型,最后分析惯性仪表的误差对捷联惯导系统误差方程的影响。

光学陀螺仪 POS 误差主要分为三类:

(1)惯性仪表误差(器件级和部件级)。惯性仪表误差是 POS 中光学陀螺仪和石英挠性加速度计等惯性测量仪表的测量误差,是 POS 最基本的误差源,也是影响 POS 测量精度的最主要误差源。

(2)组合导航误差(系统级)。组合导航误差是 POS 在捷联解算、组合滤波、时间对准等计算过程中引入的误差,该项误差与所采用的解算方法相关。

(3)POS 应用误差(应用级)。POS 应用误差是 POS 在与成像载荷(干涉 SAR、成像光谱仪、可见光相机等)联合进行对地观测遥感应用时产生的误差,如 POS 与遥感中心的杆臂误差等。另外,不同的成像载荷也会面临不同的误差干扰。

在 POS 涉及的三大类误差中，惯性仪表误差是最主要的误差源，占 POS 总误差的 90% 以上，因此重点分析 POS 中惯性仪表的测量误差，主要包括：

（1）零偏误差。惯性仪表在输入为零时的输出误差。陀螺仪的零偏误差又称为陀螺仪漂移，是指陀螺仪输入角速度为零时光学陀螺仪的输出[62]。加速度计的零偏误差是指输入比力为零时加速度计的输出值。

（2）标度因数误差。标度因数是惯性仪表输入与输出之间的比值。加速度计和陀螺仪的输出均为脉冲数，输出与输入之间有严格的线性关系，标度因数为单位输入与输出脉冲量之间的比值。标度因数一般通过标定获得，但是惯性仪表实际工作过程中的标度因数与标定获得的值不一定完全一致，这就是标度因数误差。

（3）安装误差。理论上三支加速度计和陀螺仪的敏感轴应该是严格正交的，并且与 IMU 本体坐标系重合。但实际上在安装过程中，不可能严格保证以上的条件，因此加速度计和陀螺仪存在安装误差。用安装误差角来描述加速度计和陀螺仪敏感轴与本体坐标系之间的关系[63]。

（4）随机误差。陀螺仪和加速度计输出随时间变化，存在一个随机漂移。同时，IMU 内部减振系统在 IMU 翻转过程中会产生随机变形，同样会引入随机误差。

本节主要对激光陀螺仪 POS 惯性仪表误差中的零偏误差、标度因数误差和安装误差精确建模并标定，同时消除陀螺仪、加速度计漂移和减振器变形等随机误差。

3.2.1　陀螺仪惯性组件的误差建模

捷联惯性组合模型由正交安装的三支激光陀螺仪和正交安装的三支加速度计组成。光学陀螺仪惯性组件的示意图如图 3 - 1 所示，右手正交坐标系 $X_b Y_b Z_b$（b 系）表示光学陀螺仪惯组的正交基坐标系，非正交右手坐标系 $X_G Y_G Z_G$（G 系）表示由三支光学陀螺仪各敏感轴组成的坐标系，小角度 δ_{ij}（i 和 j 表示 X、Y、Z 各轴）定义为陀螺仪安装误差角。设各轴陀螺仪的输出为 $\boldsymbol{G} = [G_x \quad G_y \quad G_z]^{\mathrm{T}}$，各轴陀螺仪的零偏误差为 $\boldsymbol{G}_b = [G_{bx} \quad G_{by} \quad G_{bz}]^{\mathrm{T}}$，各轴陀螺仪的随机误差 $\delta\boldsymbol{G} = [\delta G_x \quad \delta G_y \quad \delta G_z]^{\mathrm{T}}$。

因此，各轴陀螺仪实际敏感到的角速率为

$$G = S\omega^G + G_b + \delta G \tag{3-1}$$

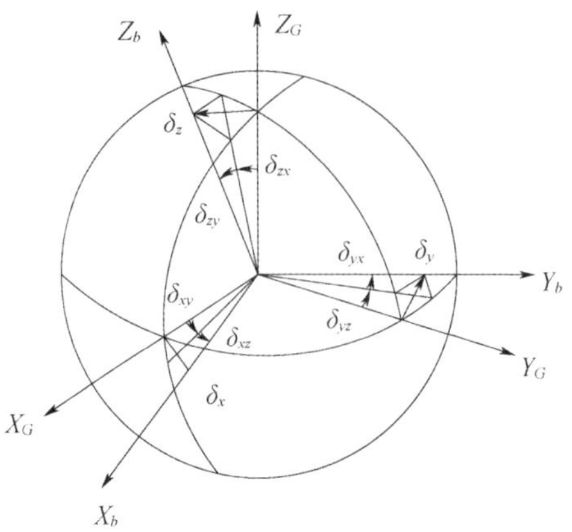

图 3－1　光学陀螺仪惯性组件模型示意图

式中：$\boldsymbol{S}=\mathrm{diag}[S_x \quad S_y \quad S_z]$为标度因数矩阵。

下面重点分析$\boldsymbol{\omega}^G$与其在光学陀螺仪惯组坐标系下（b 系）的各轴的投影$\boldsymbol{\omega}^b$之间的关系。首先，根据图 3－1 中的相对关系，有

$$\boldsymbol{\omega}^b=(\boldsymbol{I}-\Delta \boldsymbol{C}_G^b)\boldsymbol{\omega}^G \tag{3-2}$$

式中：$\Delta \boldsymbol{C}_G^b$ 为安装误差角矩阵 $\Delta \boldsymbol{C}_G^b=\begin{bmatrix} 0 & -\delta_{xz} & \delta_{xy} \\ \delta_{yz} & 0 & -\delta_{yz} \\ -\delta_{zy} & \delta_{zx} & 0 \end{bmatrix}$。

反之，由正交的 b 系中 ω^b 投影到非正交 G 系中时，$\boldsymbol{\omega}^b$ 与$\boldsymbol{\omega}^G$ 之间应满足关系式

$$\boldsymbol{\omega}^G=(\boldsymbol{I}-\Delta \boldsymbol{C}_b^G)\boldsymbol{\omega}^b=(\boldsymbol{I}-\Delta \boldsymbol{C}_b^G)(\boldsymbol{I}+\Delta \boldsymbol{C}_G^b)\boldsymbol{\omega}^G \tag{3-3}$$

因此，可得

$$(\boldsymbol{I}-\Delta \boldsymbol{C}_b^G)(\boldsymbol{I}+\Delta \boldsymbol{C}_G^b)=\boldsymbol{I}-\Delta \boldsymbol{C}_b^G+\Delta \boldsymbol{C}_G^b-\Delta \boldsymbol{C}_G^b\Delta \boldsymbol{C}_b^G=\boldsymbol{I} \tag{3-4}$$

式（3－4）中忽略二阶小量，可得

$$\Delta \boldsymbol{C}_b^G=\Delta \boldsymbol{C}_G^b \tag{3-5}$$

因此，有

$$\boldsymbol{\omega}^G=(\boldsymbol{I}+\Delta \boldsymbol{C}_G^b)\boldsymbol{\omega}^b \tag{3-6}$$

将式（3－6）代入式（3－1），得

$$\boldsymbol{G}=\boldsymbol{S}(\boldsymbol{I}+\Delta \boldsymbol{C}_G^b)\boldsymbol{\omega}^b+\boldsymbol{G}_b+\delta \boldsymbol{G} \tag{3-7}$$

为便于表示，令

$$
\boldsymbol{S}(\boldsymbol{I}+\Delta\boldsymbol{C}_G^b)=\begin{bmatrix} S_x & & \\ & S_y & \\ & & S_z \end{bmatrix}\begin{bmatrix} 1 & -\delta_{xz} & \delta_{xy} \\ \delta_{yz} & 1 & -\delta_{yz} \\ -\delta_{zy} & \delta_{zx} & 1 \end{bmatrix}
$$
$$
=\begin{bmatrix} S_x & -S_x\delta_{xz} & S_x\delta_{xy} \\ S_y\delta_{yz} & S_y & -S_y\delta_{yz} \\ -S_z\delta_{zy} & S_z\delta_{zx} & S_z \end{bmatrix}=\begin{bmatrix} S_x & E_{xz} & E_{xy} \\ E_{yz} & S_y & E_{yz} \\ E_{zy} & E_{zx} & S_z \end{bmatrix} \tag{3-8}
$$

当三轴陀螺仪惯性组件的输入角速度为$\boldsymbol{\omega}^b=[\omega_x \quad \omega_y \quad \omega_z]^{\mathrm{T}}$时，式(3-7)最终表示为

$$
\begin{cases} G_x = G_{bx}+S_x\omega_x+E_{xy}\omega_y+E_{xz}\omega_z+\delta G_x \\ G_y = G_{by}+E_{yx}\omega_x+S_y\omega_y+E_{yz}\omega_z+\delta G_y \\ G_z = G_{bz}+E_{zx}\omega_x+E_{zy}\omega_y+S_z\omega_z+\delta G_z \end{cases} \tag{3-9}
$$

式中：G_i 为惯性系统 i 轴向陀螺仪输出角速度；ω_i 为 i 轴向陀螺仪输入角速度；G_{bi}为 i 轴向陀螺仪零偏；S_i 为 i 轴向陀螺仪标度数；E_{ij}为角速度通道的安装误差系数；δG_i 为 i 轴向陀螺仪随机误差；i 和 j 为坐标轴 x,y,z 的统称。

对于捷联惯性陀螺仪惯组来说，如果载体的输入角速度为 1°/s，如果使标度因数误差产生的角速度测量值小于 0.01°/h，则其标度因数的相对误差应小于 $0.01/3600=2.8\times10^{-6}$。

3.2.2　加速度计惯性组件的误差建模

陀螺仪用来测量载体的角运动信息，而加速度计用来测量载体的线运动信息，二者都是构造惯性导航系统的核心器件。本节主要介绍石英挠性加速度计的工作原理及误差模型。

三轴石英挠性加速度计惯性组件的几何结构示意图如图 3-2 所示，右手正交坐标系 $X_bY_bZ_b$(b 系)表示惯性组件的正交基坐标系，非正交右手坐标系 $X_aY_aZ_a$(a 系)表示由三支石英挠性加速度计各敏感轴组成的坐标系，小角度 β_{ij}(i 和 j 表示 X、Y、Z 各轴)定义为加速度计安装误差角。设各轴加速度计的输出为 $\boldsymbol{A}=[A_x \quad A_y \quad A_z]^{\mathrm{T}}$，各轴加速度计仪的零偏误差为$\boldsymbol{A}_b=[A_{bx} \quad A_{by} \quad A_{bz}]^{\mathrm{T}}$，各轴加速度计仪的随机误差 $\delta\boldsymbol{A}=[\delta A_x \quad \delta A_y \quad \delta A_z]^{\mathrm{T}}$。

因此，各轴加速度计仪实际敏感到的角速度为

$$
\boldsymbol{A}=\boldsymbol{K}\boldsymbol{a}^a+\boldsymbol{A}_b+\delta\boldsymbol{A} \tag{3-10}
$$

式中：$\boldsymbol{K}=\mathrm{diag}[K_x \quad K_y \quad K_z]$为标度因数矩阵。

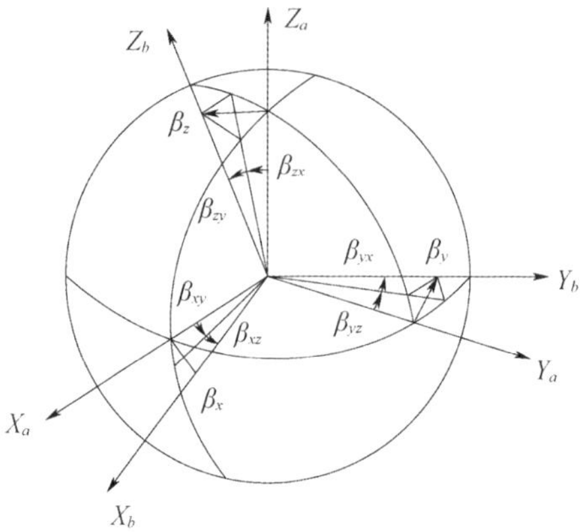

图 3-2　石英挠性加速度计惯性组件模型示意图

下面重点分析 a^a 与其在激光加速度计惯组坐标系下（b 系）的各轴的投影 a^b 之间的关系。首先，根据图 3-2 中的相对关系，有

$$a^b=(I-\Delta\boldsymbol{C}_a^b)a^G \tag{3-11}$$

式中：$\Delta\boldsymbol{C}_a^b$ 为安装误差角矩阵，$\Delta\boldsymbol{C}_a^b=\begin{bmatrix}0 & -\beta_{xz} & \beta_{xy}\\ \beta_{yz} & 0 & -\beta_{yz}\\ -\beta_{zy} & \beta_{zx} & 0\end{bmatrix}$。

反之，由正交的 b 系中 a^b 投影到非正交 G 系中时，a^b 与 a^a 之间应满足

$$a^a=(I-\Delta C_b^a)a^b=(I-\Delta C_b^a)(I+\Delta C_a^b)a^a \tag{3-12}$$

因此，可得

$$(I-\Delta C_b^a)(I+\Delta C_a^b)=I-\Delta C_b^a+\Delta C_a^b-\Delta C_a^b\Delta C_b^a=I \tag{3-13}$$

式(3-13)中忽略二阶小量，可得

$$\Delta C_b^G=\Delta C_G^b \tag{3-14}$$

因此，有

$$a^a=(I+\Delta C_a^b)a^b \tag{3-15}$$

将式(3-15)代入式(3-10)，得

$$A=K(I+\Delta C_a^b)a^b+A_b+\delta A \tag{3-16}$$

为便于表示，令

$$K(I+\Delta C_a^b)=\begin{bmatrix}K_x & & \\ & K_y & \\ & & K_z\end{bmatrix}\begin{bmatrix}1 & -\beta_{xz} & \beta_{xy} \\ \beta_{yz} & 1 & -\beta_{yz} \\ -\beta_{zy} & \beta_{zx} & 1\end{bmatrix}$$

$$=\begin{bmatrix}K_x & -K_x\beta_{xz} & K_x\beta_{xy} \\ K_y\beta_{yz} & K_y & -K_y\beta_{yz} \\ -K_z\beta_{zy} & K_z\beta_{zx} & K_z\end{bmatrix}=\begin{bmatrix}K_x & M_{xz} & M_{xy} \\ M_{yz} & K_y & M_{yz} \\ M_{zy} & M_{zx} & K_z\end{bmatrix} \tag{3-17}$$

当三轴加速度计惯性组件的输入角速度为 $\boldsymbol{a}^b=[a_x \quad a_y \quad a_z]^{\mathrm{T}}$ 时,式(3-16)可表示为

$$\begin{cases}A_x=A_{bx}+K_x a_x+M_{xy}a_y+M_{xz}a_z+\delta A_x \\ A_y=A_{bx}+M_{yx}a_x+K_y a_y+M_{yz}a_z+\delta A_y \\ A_z=A_{bz}+M_{zx}a_x+M_{zy}a_y+K_z a_z+\delta A_z\end{cases} \tag{3-18}$$

式中:A_i 为惯性系统 i 轴向加速度计输出;a_i 为 i 轴向加速度计输入;A_{bi} 为 i 轴向加速度计零偏;K_i 为 i 轴向加速度计标度因数;M_{ij} 为加速度通道安装误差系数;δA_i 为 i 轴向加速度计随机误差;i 和 j 为坐标轴 x,y,z 的统称。

3.3　惯性测量单元的误差标定

高精度的误差标定是对系统测量数据进行有效补偿的基础和前提,通过合理的标定方法精确标定出惯性测量单元误差模型中的各项参数是系统标定的重要内容。

本节首先介绍了误差标定的一些常用方法,然后对传统解析标定方法和系统级标定方法的主要内容及优缺点进行了分析,最后提出了一种将离散解析与卡尔曼滤波结合的标定方法,以降低在标定过程中随机误差造成的影响。

3.3.1　惯性测量单元的常规误差标定

传统标定方法一般是根据陀螺仪和加速度计的数学模型,利用转台提供高精度的位置和角速度基准,用地球自转角速度、重力加速度和转台角速度等作为输入标称量,并与陀螺仪和加速度计的输出进行比较,通过解析法求解各项误差系数[62]。其优点在于模型简单,计算量小,目前在工程上得到了广泛的应用。

传统标定方法一般是将加速度计和和陀螺仪通道分别进行标定。加速度

计通道的标定是用单轴或三轴转台将 IMU 翻转至不同方位后静止，利用重力加速度的激励来测量加速度计的输出；陀螺仪通道的标定是利用单轴或三轴转台提供准确的输入角速度，来测量陀螺仪的输出。单轴转台标定时需要利用高平面度的安装夹具改变 IMU 的方位，三轴转台则可以利用转台的三轴旋转完成位置的反转。

传统标定方法特点如下：

（1）模型简单，计算量小，当对系统有特殊参数的要求时，可以随时加入模型中并设计相应的标定流程；

（2）标定效率高，耗时短，目前普遍被工程上所采用；

（3）需要记录的数据多，通过事后处理方式计算，实时性不强，而且标定精度主要依赖于转台的精度。

传统标定方法优点是算法简单、处理方便，但是对随机误差的抑制能力有限，且严重依赖转台的精度，因此标定精度有限。具体方法主要包括常温环境下静态多位置标定、角速率标定以及动静混合标定等。本节主要探讨几种典型的传统标定方法。

1. 24 位置动静混合标定方法

对惯性器件进行标定时，考虑到地速与重力加速度影响，一般测试设备必须对北，但有时会给用户增加不少麻烦，且测试准备的周期增加。为了提高效率，简化转台对北这一过程，实际工程中常用 24 位置动静混合方法来标定光学陀螺仪 POS 和捷联惯导系统等。该方法采用“六方位 24 点”的编排方案，让地速及重力的误差影响互相抵消，建立了较为合理的数学模型。同时在标定之后加入了用地速和重力加速度进行自检的功能，可以直观地验证标定结果的精确程度。该方法最大的优势就是在标定之前无须对转台进行指北对准，使得标定更为快捷简便，也消除了指北对准不精确引入的误差。

在 24 位置动静混合方法中，将光学陀螺仪 POS 的 IMU 固定于高精度六面体工装里，利用高精度的单轴速率转台进行标定。其中单轴速率转台安装平面被调整与地理水平面平行，旋转轴向与地理水平面垂直，加工的六面体工装相邻两个面相互垂直。以六面体工装为系统的标定坐标系，将光学陀螺仪捷联惯性系统安装在六面体工装中心，并使惯性系统的 X、Y、Z 轴分别与六面体工装对应的基准面法线平行，然后将装有惯性系统的六面体工装固定安装在单轴速率转台安装平面上。在标定过程中共分 6 次翻转六面体工装，分别保证惯性系统的 X、Y、Z 轴与转台 ZT 轴、$-ZT$ 轴（地理系天、地）重合。

1)加速度计通道的标定

通过调整转台依次使 IMU 的 X、Y 和 Z 轴与转台 ZT 轴、$-ZT$ 轴(地理系天、地)重合。在每个方位下分别分 4 次旋转一周,每次旋转 90°得 4 个位置,在每个位置下静止采集 2 min IMU 数据。测试编排顺序如表 3-1 所列。

表 3-1 加速度计通道标定编排

序号	方位 (与 ZT 轴重合)	方位 1	方位 2	方位 3	方位 4
1	$+X$	F_1	F_2	F_3	F_4
2	$-X$	F_5	F_6	F_7	F_8
3	$+Y$	F_9	F_{10}	F_{11}	F_{12}
4	$-Y$	F_{13}	F_{14}	F_{15}	F_{16}
5	$+Z$	F_{17}	F_{18}	F_{19}	F_{20}
6	$-Z$	F_{21}	F_{22}	F_{23}	F_{24}
注:$F_k(k=1,2,\cdots,24)$表示每个位置条件下 IMU 输出的脉冲数					

利用表 3-1 中 24 个位置下 IMU 输出的静态数据可以求得三轴加速度计的输出均值,即

$$\begin{cases}\hat{F}_1(i)=\dfrac{(F_1(i)+\cdots+F_4(i))}{4}\\\hat{F}_2(i)=\dfrac{(F_5(i)+\cdots+F_8(i))}{4}\\\hat{F}_3(i)=\dfrac{(F_9(i)+\cdots+A_{12}(i))}{4}\\\hat{F}_4(i)=\dfrac{(F_{13}(i)+\cdots+A_{16}(i))}{4}\\\hat{F}_5(i)=\dfrac{(F_{17}(i)+\cdots+F_{20}(i))}{4}\\\hat{F}_6(i)=\dfrac{(F_{21}(i)+\cdots+F_{24}(i))}{4}\end{cases}\tag{3-19}$$

式中:$\hat{F}_j(j=1,2,\cdots,6)$为每个方位条件下加速度计输出脉冲数的平均值。

按照这种标定编排顺序,设备可以不需要对北,即标定不受地速在水平方向分量的影响。首先假设测试标定的起始方位与北向有一差角 α,逆时针每隔 90°作一点采样,则地速的影响分别为

$$\begin{cases}\Delta_1 = \omega_{ie}\cos L\cos\alpha \\ \Delta_2 = -\omega_{ie}\cos L\sin\alpha \\ \Delta_3 = -\omega_{ie}\cos L\cos\alpha \\ \Delta_4 = \omega_{ie}\cos L\sin\alpha\end{cases} \tag{3-20}$$

式中：L 为当地纬度；ω_{ie} 为地球自转角速度。

当同一位置的 4 个点数据相加时，地速水平分量的影响被抵消，有

$$\Delta = \Delta_1 + \Delta_2 + \Delta_3 + \Delta_4 = 0 \tag{3-21}$$

2）陀螺仪通道的标定

将 IMU 三轴分别与转台转轴 ZT 轴重合，转台以精确的角速率（如 10.0°/s）分别正负旋转两周，则陀螺仪在单位角输入（1″）下的输出脉冲数可表示为

$$\begin{cases}S_X(i) = \dfrac{(R_{X+}(i) - R_{X-}(i))}{720 \times 3600} \\ S_Y(i) = \dfrac{(R_{Y+}(i) - R_{Y-}(i))}{720 \times 3600} \\ S_Z(i) = \dfrac{(R_{Z+}(i) - R_{Z-}(i))}{720 \times 3600}\end{cases} \tag{3-22}$$

式中：$S_X(i)$ ，$S_Y(i)$，$S_Z(i)$分别为绕 IMU 三轴旋转时陀螺仪在 i 轴上的标度因数分量；R 为绕测试轴旋转时陀螺仪的输出实验数据，“+”表示逆时针旋转，“-”表示顺时针旋转。根据式（3-22）求出陀螺仪在单位角输入下的输出脉冲数 $S_{\omega i}$ 为

$$S_{\omega i} = \sqrt{S_X^2(i) + S_Y^2(i) + S_Z^2(i)} \tag{3-23}$$

将式（3-19）、式（3-23）代入式（3-8），并代入当地纬度 L，重力加速度 g 和地球转速ω_{ie}，最终求出全部的误差标定系数。上述标定方法，是基于陀螺仪的正向标度因数和负向标度因数在全量程范围内为常值，且对称性良好，这对陀螺仪的性能提出了很高的要求。该方法假设 IMU 三轴完全垂直正交，且分别与转台三个转轴重合，忽略了 IMU 和转台间的安装误差角，对于高精度 IMU 标定，则需要深入分析上述误差的影响。

2. 传统六方位正反速率标定方法

六方位正反速率标定方法的标定设备与环境与 24 位置动静混合标定方法相同。同样将光学陀螺仪 POS 的 IMU 固定于高精度六面体工装里，利用高精度的单轴速率转台进行标定。在标定过程中共分 6 次翻转六面体工装，分别保证惯性系统的 X、Y、Z 轴与转台 ZT 轴、$-ZT$ 轴（转台 ZT 轴指天）重合。该方法

的主要编排顺序如下。

设定转台转速为某一定值(如 10°/s),在每一个方位,将转台转轴正向反向分别旋转两周,标定实验方案如图 3-3 所示。

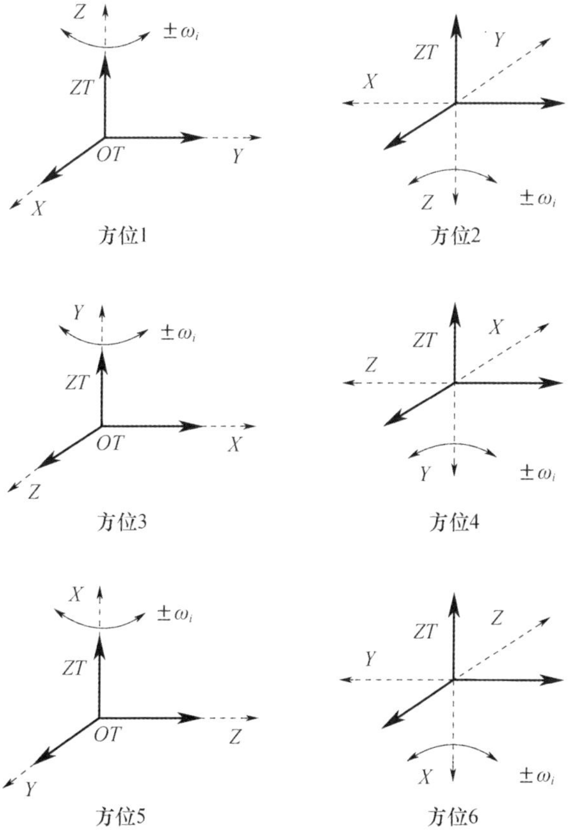

图 3-3　六方位正反速率标定实验方案

当 IMU 坐标系的 Z 轴与转台转轴 ZT 轴重合时,如图 3-3 中方位 1 所示,转台输入角速率为 $\omega(i)$,当地重力加速度为 g,当地位置纬度为 φ,则 IMU 三轴向输入角速度为

$$\begin{bmatrix} \omega_x(t) \\ \omega_y(t) \\ \omega_z(t) \end{bmatrix} = \begin{bmatrix} \omega_{ie}\cos(\phi)\sin\varphi(t) \\ \omega_{ie}\cos(\phi)\cos\varphi(t) \\ \omega(i) + \omega_{ie}\sin(\phi) \end{bmatrix} \tag{3-24}$$

输入加速度为

$$\begin{bmatrix} a_x \\ a_y \\ a_z \end{bmatrix} = \begin{bmatrix} 0 \\ 0 \\ g \end{bmatrix} \tag{3-25}$$

式中：ω_{ie} 为地球自转角速度；$\phi(t)$ 为 t 时刻系统与北向夹角。

系统旋转初始时刻记为 t_0，此时系统与北向夹角为 $\phi(t_0)$，当转台匀速转动 n 周时（n 为整数），旋转时间为 $2\pi n/\omega(i)$。在旋转过程中凡含有 $\cos\phi(t)$ 和 $\sin\phi(t)$ 的各项积分均为 0，因此三轴向输入角速率平均值为

$$\begin{bmatrix} \omega_x \\ \omega_y \\ \omega_z \end{bmatrix} = \begin{bmatrix} \dfrac{\omega(i)}{2\pi n} \cdot \displaystyle\int_{t_0}^{t_0+2\pi n/\omega(i)} \omega_x(t) \\ \dfrac{\omega(i)}{2\pi n} \cdot \displaystyle\int_{t_0}^{t_0+2\pi n/\omega(i)} \omega_y(t) \\ \dfrac{\omega(i)}{2\pi n} \cdot \displaystyle\int_{t_0}^{t_0+2\pi n/\omega(i)} \omega_z(t) \end{bmatrix} = \begin{bmatrix} \dfrac{\omega(i)}{2\pi n} \cdot \omega_{ie}\cos(\phi)\displaystyle\int_{t_0}^{t_0+2\pi n/\omega(i)} \sin\varphi(t) \\ \dfrac{\omega(i)}{2\pi n} \cdot \omega_{ie}\cos(\phi)\displaystyle\int_{t_0}^{t_0+2\pi n/\omega(i)} \cos\varphi(t) \\ \dfrac{\omega(i)}{2\pi n} \cdot (\omega(i) + \omega_{ie}\sin(\phi)) \cdot \dfrac{2\pi n}{\omega(i)} \end{bmatrix} = \begin{bmatrix} 0 \\ 0 \\ \omega(i) + \omega_{ie}\sin(\phi) \end{bmatrix} \tag{3-26}$$

同理可求出其他 5 个方位角速度和加速度输入值，可列出系统在六方位正反速率标定下系统状态方程为

$$\begin{bmatrix} \bar\omega_{x1} & \bar\omega_{y1} & \bar\omega_{z1} \\ \bar\omega_{x2} & \bar\omega_{y2} & \bar\omega_{z2} \\ \bar\omega_{x3} & \bar\omega_{y3} & \bar\omega_{z3} \\ \bar\omega_{x4} & \bar\omega_{y4} & \bar\omega_{z4} \\ \bar\omega_{x5} & \bar\omega_{y5} & \bar\omega_{z5} \\ \bar\omega_{x6} & \bar\omega_{y6} & \bar\omega_{z6} \\ \bar\omega_{x7} & \bar\omega_{y7} & \bar\omega_{z7} \\ \bar\omega_{x8} & \bar\omega_{y8} & \bar\omega_{z8} \\ \bar\omega_{x9} & \bar\omega_{y9} & \bar\omega_{z9} \\ \bar\omega_{x10} & \bar\omega_{y10} & \bar\omega_{z10} \\ \bar\omega_{x11} & \bar\omega_{y11} & \bar\omega_{z11} \\ \bar\omega_{x12} & \bar\omega_{y12} & \bar\omega_{z12} \end{bmatrix} = \begin{bmatrix} 1 & \omega_{i+} & 0 & 0 \\ 1 & \omega_{i-} & 0 & 0 \\ 1 & \hat\omega_{i+} & 0 & 0 \\ 1 & \hat\omega_{i-} & 0 & 0 \\ 1 & 0 & \omega_{i+} & 0 \\ 1 & 0 & \omega_{i-} & 0 \\ 1 & 0 & \hat\omega_{i+} & 0 \\ 1 & 0 & \hat\omega_{i-} & 0 \\ 1 & 0 & 0 & \omega_{i+} \\ 1 & 0 & 0 & \omega_{i-} \\ 1 & 0 & 0 & \hat\omega_{i+} \\ 1 & 0 & 0 & \hat\omega_{i-} \end{bmatrix} \begin{bmatrix} \omega_{x0} & \omega_{y0} & \omega_{z0} \\ K_x & E_{yx} & E_{zx} \\ E_{xy} & K_y & E_{zy} \\ E_{xz} & E_{yz} & K_z \end{bmatrix} \tag{3-27}$$

$\omega_{i+} = \omega(i) + \omega_{ie}\sin(\phi)$，$\omega_{i-} = -\omega(i) + \omega_{ie}\sin(\phi)$，$\hat\omega_{i+} = -\omega(i) - \omega_{ie}\sin(\phi)$，$\hat\omega_{i-} = \omega(i) - \omega_{ie}\sin(\phi)$ 加速度通道系统状态方程为

$$\begin{bmatrix} \bar{a}_{x1} & \bar{a}_{y1} & \bar{a}_{z1} \\ \bar{a}_{x2} & \bar{a}_{y2} & \bar{a}_{z2} \\ \bar{a}_{x3} & \bar{a}_{y3} & \bar{a}_{z3} \\ \bar{a}_{x4} & \bar{a}_{y4} & \bar{a}_{z4} \\ \bar{a}_{x5} & \bar{a}_{y5} & \bar{a}_{z5} \\ \bar{a}_{x6} & \bar{a}_{y6} & \bar{a}_{z6} \\ \bar{a}_{x7} & \bar{a}_{y7} & \bar{a}_{z7} \\ \bar{a}_{x8} & \bar{a}_{y8} & \bar{a}_{z8} \\ \bar{a}_{x9} & \bar{a}_{y9} & \bar{a}_{z9} \\ \bar{a}_{x10} & \bar{a}_{y10} & \bar{a}_{z10} \\ \bar{a}_{x11} & \bar{a}_{y11} & \bar{a}_{z11} \\ \bar{a}_{x12} & \bar{a}_{y12} & \bar{a}_{z12} \end{bmatrix} = \begin{bmatrix} 1 & g & 0 & 0 \\ 1 & g & 0 & 0 \\ 1 & -g & 0 & 0 \\ 1 & -g & 0 & 0 \\ 1 & 0 & g & 0 \\ 1 & 0 & g & 0 \\ 1 & 0 & -g & 0 \\ 1 & 0 & -g & 0 \\ 1 & 0 & 0 & g \\ 1 & 0 & 0 & g \\ 1 & 0 & 0 & -g \\ 1 & 0 & 0 & -g \end{bmatrix} \begin{bmatrix} a_{x0} & a_{y0} & a_{z0} \\ K_{ax} & M_{yx} & M_{zx} \\ M_{xy} & K_{ay} & M_{zy} \\ M_{xz} & M_{yz} & K_{az} \end{bmatrix} \tag{3-28}$$

陀螺仪标度因数不对称很小，在求陀螺仪零偏时，可忽略陀螺仪标度因数不对称特性的影响，根据角速度通道系统方程式(3－27)，可推导出系统陀螺仪通道三轴零偏误差分别为

$$\begin{bmatrix} \omega_{x0} \\ \omega_{y0} \\ \omega_{z0} \end{bmatrix} = \frac{1}{12} \begin{bmatrix} \bar{\omega}_{x1} + \bar{\omega}_{x2} + \bar{\omega}_{x3} + \bar{\omega}_{x4} + \bar{\omega}_{x5} + \bar{\omega}_{x6} + \bar{\omega}_{x7} + \bar{\omega}_{x8} + \bar{\omega}_{x9} + \bar{\omega}_{x10} + \bar{\omega}_{x11} + \bar{\omega}_{x12} \\ \bar{\omega}_{y1} + \bar{\omega}_{y2} + \bar{\omega}_{y3} + \bar{\omega}_{y4} + \bar{\omega}_{y5} + \bar{\omega}_{y6} + \bar{\omega}_{y7} + \bar{\omega}_{y8} + \bar{\omega}_{y9} + \bar{\omega}_{y10} + \bar{\omega}_{y11} + \bar{\omega}_{y12} \\ \bar{\omega}_{z1} + \bar{\omega}_{z2} + \bar{\omega}_{z3} + \bar{\omega}_{z4} + \bar{\omega}_{z5} + \bar{\omega}_{z6} + \bar{\omega}_{z7} + \bar{\omega}_{z8} + \bar{\omega}_{z9} + \bar{\omega}_{z10} + \bar{\omega}_{z11} + \bar{\omega}_{z12} \end{bmatrix} \tag{3-29}$$

同理，根据陀螺仪通道系统方程式(3－27)，可推导出系统陀螺仪通道其他误差系数，在每个转速点精确标定出所有陀螺仪通道误差系数为

$$\begin{bmatrix} K_{x+} & K_{x-} & E_{xy} & E_{xz} \\ E_{yx} & K_{y+} & K_{y-} & E_{yz} \\ E_{zx} & E_{zy} & K_{z+} & K_{z-} \end{bmatrix} = \frac{1}{4\omega(i)} \cdot$$

$$\begin{bmatrix} 2\bar{\omega}_{x1} - 2\bar{\omega}_{x2} & 2\bar{\omega}_{x4} - 2\bar{\omega}_{x3} & \bar{\omega}_{x5} + \bar{\omega}_{x8} - \bar{\omega}_{x6} - \bar{\omega}_{x7} & \bar{\omega}_{x9} + \bar{\omega}_{x12} - \bar{\omega}_{x10} - \bar{\omega}_{x11} \\ \bar{\omega}_{y1} + \bar{\omega}_{y4} - \bar{\omega}_{y2} - \bar{\omega}_{y3} & 2\bar{\omega}_{y5} - 2\bar{\omega}_{y6} & 2\bar{\omega}_{y8} - 2\bar{\omega}_{y7} & \bar{\omega}_{y9} + \bar{\omega}_{y12} - \bar{\omega}_{y10} - \bar{\omega}_{y11} \\ \bar{\omega}_{z1} + \bar{\omega}_{z4} - \bar{\omega}_{z2} - \bar{\omega}_{z3} & \bar{\omega}_{z5} + \bar{\omega}_{z8} - \bar{\omega}_{z6} - \bar{\omega}_{z7} & 2\bar{\omega}_{z9} - 2\bar{\omega}_{z10} & 2\bar{\omega}_{z12} - 2\bar{\omega}_{z11} \end{bmatrix} \tag{3-30}$$

式中：K_{j+} 和 K_{j-} 分别为正反 $\omega(i)$ 转速下 j 轴向通道标度因数与失准角耦合

系数。

同理根据系统加速度通道状态方程式(3-28),可推导出加速度通道误差系数

$$\begin{bmatrix} a_{x0} \\ a_{y0} \\ a_{z0} \end{bmatrix} = \frac{1}{12}\begin{bmatrix} \bar{a}_{x1}+\bar{a}_{x2}+\bar{a}_{x3}+\bar{a}_{x4}+\bar{a}_{x5}+\bar{a}_{x6}+\bar{a}_{x7}+\bar{a}_{x8}+\bar{a}_{x9}+\bar{a}_{x10}+\bar{a}_{x11}+\bar{a}_{x12} \\ \bar{a}_{y1}+\bar{a}_{y2}+\bar{a}_{y3}+\bar{a}_{y4}+\bar{a}_{y5}+\bar{a}_{y6}+\bar{a}_{y7}+\bar{a}_{y8}+\bar{a}_{y9}+\bar{a}_{y10}+\bar{a}_{y11}+\bar{a}_{y12} \\ \bar{a}_{z1}+\bar{a}_{z2}+\bar{a}_{z3}+\bar{a}_{z4}+\bar{a}_{z5}+\bar{a}_{z6}+\bar{a}_{z7}+\bar{a}_{z8}+\bar{a}_{z9}+\bar{a}_{z10}+\bar{a}_{z11}+\bar{a}_{z12} \end{bmatrix} \tag{3-31}$$

$$\begin{bmatrix} K_{ax} & M_{xy} & M_{xz} \\ M_{yx} & K_{ay} & M_{yz} \\ M_{zx} & M_{zy} & K_{az} \end{bmatrix} = \frac{1}{4g}\begin{bmatrix} \bar{a}_{x1}+\bar{a}_{x2}-\bar{a}_{x3}-\bar{a}_{x4} & \bar{a}_{x5}+\bar{a}_{x6}-\bar{a}_{x7}-\bar{a}_{x8} & \bar{a}_{x9}+\bar{a}_{x10}-\bar{a}_{x11}-\bar{a}_{x12} \\ \bar{a}_{y1}+\bar{a}_{y2}-\bar{a}_{y3}-\bar{a}_{y4} & \bar{a}_{y5}+\bar{a}_{y6}-\bar{a}_{y7}-\bar{a}_{y8} & \bar{a}_{y9}+\bar{a}_{y10}-\bar{a}_{y11}-\bar{a}_{y12} \\ \bar{a}_{z1}+\bar{a}_{z2}-\bar{a}_{z3}-\bar{a}_{z4} & \bar{a}_{z5}+\bar{a}_{z6}-\bar{a}_{z7}-\bar{a}_{z8} & \bar{a}_{z9}+\bar{a}_{z10}-\bar{a}_{z11}-\bar{a}_{z12} \end{bmatrix} \tag{3-32}$$

六方位正反速率标定方法与24位置动静混合标定方法相比,最主要的区别就是前者加速度计和陀螺仪的标定虽然分立,但是都是采用在转台动态旋转条件下采集的数据进行标定。在标定加速度计时,将24位置动静混合标定方法中每个位置的4个点(相隔90°旋转)的数据用转台整周旋转的动态数据代替。这种方法最大的优点就是标定流程简单,标定效率得到了大大提高。

3.3.2 基于离散解析与卡尔曼滤波结合的误差标定

离散解析方法最大的缺点是需要精密转台提供姿态基准,而高精度转台一般价格比较昂贵。另外,为了防止外部抖动干扰影响内部陀螺仪工作,会在陀螺仪惯组与外部连接之间加入减振系统。减振器装置一般采用橡胶材料,在POS标定翻转的过程中减振器会因重力和外部输入角速度加速度等而引起变形,这相当于降低了转台的精度。另外标定过程中陀螺漂移等随机误差将会严重影响确定性误差的标定精度,如果未能考虑到上述误差,标定精度会受到一定程度的误差影响。

本节在理论分析及大量实验数据的基础上,对光学陀螺仪POS系统级标定技术进行了研究,提出了一种与解析方法相结合的光学陀螺仪POS系统级误差标定方法。首先利用最优四方位离散解析方法,对光学陀螺仪POS误差数学模型中的系数进行粗标定;然后采用基于杆臂补偿技术的自适应卡尔曼滤波精标定方法,进一步修正由于标定过程中减振装置变形、陀螺仪漂移等随机误差引起的标定误差量,提高光学陀螺仪POS的误差标定精度。

1. 改进的四方位旋转速率标定方法

第3.2.1节中介绍的传统标定方法虽然原理较为简单,也适于工程应用,但是仍存在冗余操作,标定过程可以继续简化。本节根据第3.1.1节中建立的陀螺仪惯性组件误差模型,设计了基于三轴速率转台的最优四方位旋转速率高精度误差标定方法,通过最简单的步骤快速标定出光学陀螺仪POS的所有误差项。光学陀螺仪IMU通过一个专用过渡板,与三轴转台的内框轴固连,在标定过程中跟随各转轴一起转动。如图3-4所示,将IMU分别调整到4个方位,使x, $-x$, y, z轴分别指天向(地理坐标系下),其余两轴水平。在每个方位上,转台的外框轴需要以一个恒定的角速度,绕顺时针或逆时针方向旋转$2\pi n$弧度(n为整数,表示旋转的圈数)。

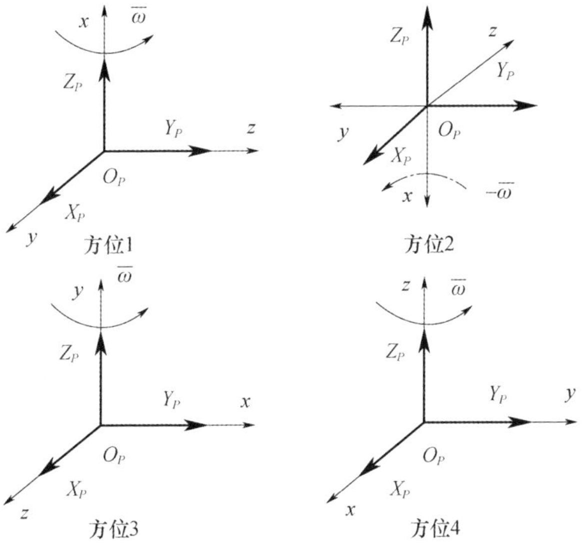

图3-4　四方位旋转速率标定方案

根据图3-4设计的标定流程,可以建立陀螺仪通道和加速度计通道的计算方程。陀螺仪通道方程为

$$\begin{bmatrix} G_{x1} & G_{y1} & G_{z1} \\ G_{x2} & G_{y2} & G_{z2} \\ G_{x3} & G_{y3} & G_{z3} \\ G_{x4} & G_{y4} & G_{z4} \end{bmatrix} = \begin{bmatrix} 1 & \bar{\omega} & 0 & 0 \\ 1 & -\bar{\omega} & 0 & 0 \\ 1 & 0 & \bar{\omega} & 0 \\ 1 & 0 & 0 & \bar{\omega} \end{bmatrix} \begin{bmatrix} G_{bx} & G_{by} & G_{bz} \\ S_x & E_{xy} & E_{xz} \\ E_{yx} & S_y & E_{yz} \\ E_{zx} & E_{zy} & S_z \end{bmatrix} \tag{3-33}$$

式中:$\bar{\omega} = \Omega + \omega_{ie}\sin\phi$;$G_{im}$为惯性系统$i$轴向陀螺仪在第$m$个方位下的输出

($m=1,2,3,4$)；Ω 为转台输入角速率；ω_{ie} 为地球自转角速率(°/h)；ϕ 为当地纬度。

加速度通道方程为

$$\begin{bmatrix} A_{x1} & A_{y1} & A_{z1} \\ A_{x2} & A_{y2} & A_{z2} \\ A_{x3} & A_{y3} & A_{z3} \\ A_{x4} & A_{y4} & A_{z4} \end{bmatrix} = \begin{bmatrix} 1 & g & 0 & 0 \\ 1 & -g & 0 & 0 \\ 1 & 0 & g & 0 \\ 1 & 0 & 0 & g \end{bmatrix} \begin{bmatrix} A_{bx} & A_{by} & A_{bz} \\ K_x & M_{yx} & M_{zx} \\ M_{xy} & K_y & M_{zy} \\ M_{xz} & M_{yz} & K_z \end{bmatrix} \tag{3-34}$$

式中：A_{im} 为惯性系统 i 轴向加速度计在第 m 个方位下的输出($m=1,2,3,4$)；g 为当地重力加速度。

求解式(3-33)和式(3-34)，可得四方位旋转速率标定方法求出的标定系数。陀螺仪通道标定系数为

$$\begin{bmatrix} G_{bx} & S_x \\ G_{by} & E_{yx} \\ G_{bz} & E_{zx} \end{bmatrix} = \frac{1}{2} \begin{bmatrix} G_{x2}+G_{x1} & (G_{x1}-G_{x2})/\overline{\omega} \\ G_{y2}+G_{y1} & (G_{y1}-G_{y2})/\overline{\omega} \\ G_{z2}+G_{z1} & (G_{z1}-G_{z2})/\overline{\omega} \end{bmatrix} \tag{3-35}$$

$$\begin{bmatrix} E_{xy} & E_{xz} \\ S_y & E_{yz} \\ E_{zy} & S_z \end{bmatrix} = \frac{1}{\overline{\omega}} \begin{bmatrix} G_{x3}-G_{bx} & G_{x4}-G_{bx} \\ G_{y3}-G_{by} & G_{y4}-G_{by} \\ G_{z3}-G_{bz} & G_{z4}-G_{bz} \end{bmatrix} \tag{3-36}$$

加速度通道标定系数为

$$\begin{bmatrix} A_{bx} & A_{by} & A_{bz} \\ K_x & M_{yx} & M_{zx} \\ M_{xy} & K_y & M_{zy} \\ M_{xz} & M_{yz} & K_z \end{bmatrix} = \frac{1}{2g} \begin{bmatrix} g(A_{x1}+A_{x2}) & g(A_{y1}+A_{y2}) & g(A_{z1}+A_{z2}) \\ A_{x1}-A_{x2} & A_{y1}-A_{y2} & A_{z1}-A_{z2} \\ 2(A_{x3}-A_{bx}) & 2(A_{y3}-A_{by}) & 2(A_{z3}-A_{bz}) \\ 2(A_{x4}-A_{bx}) & 2(A_{y4}-A_{by}) & 2(A_{z4}-A_{bz}) \end{bmatrix} \tag{3-37}$$

2. 系统级标定

系统级标定方法是指导航系统进入导航状态后，以导航误差(包括位置误差、速度误差和姿态误差等)作为观测量来辨识系统误差参数。与传统的标定方法不同，系统级标定方法是利用导航结果，将输出经过高精度的卡尔曼滤波器等实时处理来获取误差参数[64,65]，其关键是建立导航输出误差与惯性器件误差参数之间的关系。这种方法适用于高精度的系统，但是原理复杂，计算量大，并且滤波估计的效果与参数的可观性有关[66]。

系统级标定需要观测的量很多，所建立的模型也是一个多维大系统，所以该方法存在如下缺点：

(1) 数据计算量大。如果系统维数过多，在滤波时要进行大量的矩阵运算，影响实时计算速度。

(2) 可观性分析复杂。由于速度误差是唯一的观测量，静基座条件下的系统方程是完全可观的，因此必须通过误差激励的方法提高系统的可观测度。然而，简单的运动激励只能改变某些误差项的可观测性，并且很难保证系统的所有参数都是完全可观的，这对系统的机动性和标定路径的设计提出了很高的要求。另外，对于观测性较弱的参数，其收敛速度会很慢，增加了系统滤波时间长。

因此，虽然从 20 世纪 80 年代就开始发展系统级标定方法，各方面理论上研究也比较多，但由于传统的系统级标定方法是在系统实际导航过程中进行标定的，而在载体实际运行中不可能每个方向上都能给出足够的激励项，通过机动的方法也只能改变某些误差项的可观测性，因此要获得基于卡尔曼滤波算法的最优估计是极其困难的[67]。这需要借助其他手段提高标定过程中系统的可观测度，故限制了其在工程上的应用。目前经典的传统标定方法还是工程上广泛采用的标定方法。

光学陀螺仪 POS 中，由于激光陀螺仪存在机械抖动，为了保证内部陀螺仪的高频抖动不传递到外部成像载荷上，同时还要求外部的低频运动信息能都被激光陀螺仪和加速度计测量到，因此在惯性敏感组件与 IMU 外部支撑框架之间增加了减振系统，减振系统由 8 个对称分布的减振器构成。

减振器由橡胶材质做成，不可避免会存在形变的问题。尤其是在激光陀螺仪 POS 标定过程中，不同位置的翻转会造成减振器产生形变。此外，激光陀螺仪和石英挠性加速度计也存在随机漂移，这些随机误差都会造成系统的标定精度下降。而传统的标定方法忽略了这些因素的影响，因此，在应用改进的四方位旋转速率标定方法进行粗标定的基础上，采用卡尔曼滤波方法修正因减振器变形、陀螺仪加速度计漂移等随机误差造成的标定误差，进一步提高标定精度。

1) 光学陀螺仪 POS 随机误差模型

光学陀螺仪 POS 中可以建立陀螺仪通道和加速度计通道的随机误差模型。陀螺仪通道随机误差模型为

$$\begin{cases}\delta G_x=\delta S_x\omega_x+\delta E_{xy}\omega_y+\delta E_{xz}\omega_z+\varepsilon_x+w_{\varepsilon_x}\\ \delta G_y=\delta E_{yx}\omega_x+\delta S_y\omega_y+\delta E_{yz}\omega_z+\varepsilon_y+w_{\varepsilon_y}\\ \delta G_z=\delta E_{zx}\omega_x+\delta E_{zy}\omega_y+\delta S_z\omega_z+\varepsilon_z+w_{\varepsilon_z}\end{cases} \tag{3-38}$$

式中:δG_i 为 i 轴角速度随机误差;δE_{ij} 为减振系统引起的陀螺仪安装误差角偏差;δS_i 为陀螺仪标度因数误差;ε_i 为陀螺仪随机游走;w_{ε_i} 为 i 轴随机游走的驱动噪声。

加速度通道随机误差模型为

$$\begin{cases}\delta A_x=\delta K_x a_x+\delta M_{xy}a_y+\delta M_{xz}a_z+\nabla_x+w_{\nabla_x}\\ \delta A_y=\delta M_{yx}a_x+\delta K_y a_y+\delta M_{yz}a_z+\nabla_y+w_{\nabla_y}\\ \delta A_z=\delta M_{zx}a_x+\delta M_{zy}a_y+\delta K_z a_z+\nabla_z+w_{\nabla_z}\end{cases} \tag{3-39}$$

式中:δA_i 为 i 轴加速度随机误差;δM_{ij} 为加速度计安装误差角偏差;δK_i 为加速度计标度因数误差;∇_i 为加速度计随机游走;w_{∇_i} 为 i 轴加速度计随机游走的驱动噪声。

2)卡尔曼滤波状态方程

根据随机误差模型,设计了一种基于卡尔曼滤波的系统级标定方法。与传统惯性导航解算不同的是,该方法的状态变量不仅包括速度误差和姿态误差,而且包括加速度计和陀螺仪通道的所有标定系数,将状态变量维数扩展到30维。状态变量为

$$\boldsymbol{X}=[\delta V_E\ \ \delta V_N\ \ \delta V_U\ \ \phi_E\ \ \phi_N\ \ \phi_U\ \ \nabla_x\ \ \nabla_y\ \ \nabla_z\ \ \delta K_x\ \ \delta K_y\ \ \delta K_z\ \ \delta M_{xy}\ \ \delta M_{xz}\ \ \delta M_{yx}$$
$$\delta M_{yz}\ \ \delta M_{zx}\ \ \delta M_{zy}\ \ \varepsilon_x\ \ \varepsilon_y\ \ \varepsilon_z\ \ \delta S_x\ \ \delta S_y\ \ \delta S_z\ \ \delta E_{xy}\ \ \delta E_{xz}\ \ \delta E_{yx}\ \ \delta E_{yz}\ \ \delta E_{zx}\ \ \delta E_{zy}]^{\mathrm{T}}$$

式中:δV_E, δV_N, δV_U 分别为东北天向的速度误差;ϕ_E,ϕ_N,ϕ_U 分别为俯仰、横滚、航向角误差。陀螺仪通道随机误差在导航坐标系下可表示为

$$\delta\boldsymbol{G}_{ib}^n=\boldsymbol{C}_b^n\delta\,\boldsymbol{G}_i$$

$$=\begin{bmatrix}\cos\gamma\cos\psi-\sin\gamma\sin\theta\sin\psi & -\cos\gamma\sin\psi-\sin\gamma\sin\theta\cos\psi & -\sin\gamma\cos\theta\\ \cos\theta\sin\psi & \cos\theta\cos\psi & \sin\theta\\ \sin\gamma\cos\psi-\cos\gamma\sin\theta\sin\psi & -\sin\gamma\sin\psi-\cos\gamma\sin\theta\cos\psi & \cos\gamma\cos\theta\end{bmatrix}$$

$$\begin{bmatrix}\varepsilon_{gx} & \delta S_x & \delta E_{xy} & \delta E_{xz}\\ \varepsilon_{gy} & \delta E_{yx} & \delta S_y & \delta E_{yz}\\ \varepsilon_{gz} & \delta E_{zx} & \delta E_{zy} & \delta S_z\end{bmatrix}\begin{bmatrix}1\\ \omega_x\\ \omega_y\\ \omega_z\end{bmatrix}=\begin{bmatrix}T_{11} & T_{12} & T_{13}\\ T_{21} & T_{22} & T_{23}\\ T_{31} & T_{32} & T_{33}\end{bmatrix}\begin{bmatrix}\delta G_x\\ \delta G_y\\ \delta G_z\end{bmatrix} \tag{3-40}$$

式中：$\boldsymbol{C}_b^n$ 为 IMU 本体系和导航系之间的转移矩阵；θ,γ,ψ 分别为俯仰角、横滚角和航向角；T_{ij} 为转移矩阵 C_b^n 中第 i 行第 j 列的元素（$i,j=1,2,3$）。

加速度通道随机误差在导航坐标系下可表示为

$$\delta \boldsymbol{A}_{ib}^n = \boldsymbol{C}_b^n \delta \boldsymbol{A}_{ib}^b$$

$$= \begin{bmatrix} T_{11} & T_{12} & T_{13} \\ T_{21} & T_{22} & T_{23} \\ T_{31} & T_{32} & T_{33} \end{bmatrix} \begin{bmatrix} \varepsilon_{ax} & \delta K_x & \delta M_{xy} & \delta M_{xz} \\ \varepsilon_{ay} & \delta M_{yx} & \delta K_y & \delta M_{yz} \\ \varepsilon_{az} & \delta M_{zx} & \delta M_{zy} & \delta K_z \end{bmatrix} \begin{bmatrix} 1 \\ a_x \\ a_y \\ a_z \end{bmatrix} \tag{3-41}$$

$$= \begin{bmatrix} T_{11} & T_{12} & T_{13} \\ T_{21} & T_{22} & T_{23} \\ T_{31} & T_{32} & T_{33} \end{bmatrix} \begin{bmatrix} \delta A_x \\ \delta A_y \\ \delta A_z \end{bmatrix}$$

在标定过程中，捷联惯导的速度误差方程为

$$\begin{cases} \delta \dot{V}_E = \dfrac{V_N}{R}\tan L \cdot \delta V_E + \left(2\omega_{ie}\sin L + \dfrac{V_E \tan L}{R}\right)\delta V_N - \\ (2\omega_{ie}\cos L + \dfrac{V_E}{R})\delta V_U + g\phi_N + T_{11}\delta A_x + T_{12}\delta A_y + T_{13}\delta A_z \\ \delta \dot{V}_N = \left(-2\omega_{ie}\sin L + \dfrac{2V_E \tan L}{R}\right)\delta V_E - \dfrac{V_U}{R}\delta V_N - \dfrac{V_N}{R}\delta V_U - g\phi_E + \\ T_{21}\delta A_x + T_{22}\delta A_y + T_{23}\delta A_z \\ \delta \dot{V}_U = \left(2\omega_{ie}\cos L + \dfrac{2V_E}{R}\right)\delta V_E + \dfrac{2V_N}{R}\delta V_N + T_{31}\delta A_x + T_{32}\delta A_y + T_{33}\delta A_z \end{cases} \tag{3-42}$$

式中：R 为地球半径；L 为当地纬度；V_E，V_N 和 V_U 分别为捷联惯导东北天向的速度。

捷联惯导的姿态误差方程为

$$\begin{cases} \dot{\phi}_E = \dfrac{\delta V_N}{R} + \phi_N\left(\omega_{ie}\sin L + \dfrac{V_E \tan L}{R}\right) - \phi_U\left(\omega_{ie}\cos L + \dfrac{V_E}{R}\right) + T_{11}\delta G_x + T_{12}\delta G_y + T_{13}\delta G_z \\ \dot{\phi}_N = \dfrac{\delta V_E}{R} - \phi_E\left(\omega_{ie}\sin L + \dfrac{V_E \tan L}{R}\right) - \phi_U \dfrac{V_N}{R} + T_{21}\delta G_x + T_{22}\delta G_y + T_{23}\delta G_z \\ \dot{\phi}_U = \dfrac{\delta V_E}{R}\tan L + \phi_E\left(\omega_{ie}\cos L + \dfrac{V_E}{R}\right) + \phi_N \dfrac{V_N}{R} + T_{31}\delta G_x + T_{32}\delta G_y + T_{33}\delta G_z \end{cases} \tag{3-43}$$

根据以上的推导，系统状态方程为

$$\dot{\boldsymbol{X}} = \boldsymbol{F} \cdot \boldsymbol{X} + \boldsymbol{G} \cdot \boldsymbol{w} \tag{3-44}$$

$$\boldsymbol{G} = \begin{bmatrix} \boldsymbol{C}_b^n & 0_{3\times3} \\ 0_{3\times3} & \boldsymbol{C}_b^n \\ 0_{24\times3} & 0_{24\times3} \end{bmatrix} \tag{3-45}$$

$$\boldsymbol{w} = [w_{ax} \quad w_{ay} \quad w_{az} \quad w_{gx} \quad w_{gy} \quad w_{gz}]^{\mathrm{T}} \tag{3-46}$$

$$\boldsymbol{F} = \begin{bmatrix} A_{3\times6} & C_{3\times12} & 0_{3\times12} \\ B_{3\times6} & 0_{3\times12} & D_{3\times12} \\ 0_{24\times6} & 0_{24\times12} & 0_{24\times12} \end{bmatrix} \tag{3-47}$$

$$\boldsymbol{A}_{3\times6} = \begin{bmatrix} \frac{V_N}{R}\tan L & 2\omega_{ie}\sin L + \frac{V_E\tan L}{R} & -2\omega_{ie}\cos L - \frac{V_E}{R} & 0 & g & 0 \\ -2\omega_{ie}\sin L + \frac{2V_E\tan L}{R} & -\frac{V_U}{R} & -\frac{V_N}{R} & -g & 0 & 0 \\ 2\omega_{ie}\cos L + \frac{2V_E}{R} & \frac{2V_N}{R} & 0 & 0 & 0 & 0 \end{bmatrix} \tag{3-48}$$

$$\boldsymbol{B}_{3\times6} = \begin{bmatrix} 0 & -\frac{1}{R} & 0 & 0 & \omega_{ie}\sin L + \frac{V_E\tan L}{R} & -\omega_{ie}\cos L - \frac{V_E}{R} \\ \frac{1}{R} & 0 & 0 & -\omega_{ie}\sin L - \frac{V_E\tan L}{R} & 0 & -\frac{V_N}{R} \\ \frac{1}{R}\tan L & 0 & 0 & \omega_{ie}\cos L + \frac{V_E}{R} & \frac{V_N}{R} & 0 \end{bmatrix} \tag{3-49}$$

$$\boldsymbol{C}_{3\times12} = \begin{bmatrix} T_{11} & T_{12} & T_{13} & T_{11}a_x & T_{12}a_y & T_{13}a_z & T_{11}a_y & T_{11}a_z & T_{12}a_x & T_{12}a_z & T_{13}a_x & T_{13}a_y \\ T_{21} & T_{22} & T_{23} & T_{21}a_x & T_{22}a_y & T_{23}a_z & T_{21}a_y & T_{21}a_z & T_{22}a_x & T_{22}a_z & T_{23}a_x & T_{23}a_y \\ T_{31} & T_{32} & T_{33} & T_{31}a_x & T_{32}a_y & T_{33}a_z & T_{31}a_y & T_{31}a_z & T_{32}a_x & T_{32}a_z & T_{33}a_x & T_{33}a_y \end{bmatrix} \tag{3-50}$$

$$\boldsymbol{D}_{3\times12} = \begin{bmatrix} T_{11} & T_{12} & T_{13} & T_{11}\omega_x & T_{12}\omega_y & T_{13}\omega_z & T_{11}\omega_y & T_{11}\omega_z & T_{12}\omega_x & T_{12}\omega_z & T_{13}\omega_x & T_{13}\omega_y \\ T_{21} & T_{22} & T_{23} & T_{21}\omega_x & T_{22}\omega_y & T_{23}\omega_z & T_{21}\omega_y & T_{21}\omega_z & T_{22}\omega_x & T_{22}\omega_z & T_{23}\omega_x & T_{23}\omega_y \\ T_{31} & T_{32} & T_{33} & T_{31}\omega_x & T_{32}\omega_y & T_{33}\omega_z & T_{31}\omega_y & T_{31}\omega_z & T_{32}\omega_x & T_{32}\omega_z & T_{33}\omega_x & T_{33}\omega_y \end{bmatrix} \tag{3-51}$$

式中：$\boldsymbol{X}$ 为 30 维状态变量；$\boldsymbol{G}$ 为系统噪声矩阵；$\boldsymbol{w}$ 为一个 6 维的零均值白噪声矩

阵,即系统噪声矢量;F 为 30×30 维的状态矩阵。

3)带杆臂补偿的量测方程模型

在实际的标定过程中,IMU 敏感中心与转台的转动中心不一定重合,存在一个位置矢量,即杆臂。由于杆臂的存在,在转台旋转的时候,IMU 会产生一个附加的线速度。因此,需要对速度进行杆臂补偿。引入转台坐标系($O_pX_pY_pZ_p$),O_p 为转台旋转中心;$\boldsymbol{\omega}_{pb}^b$ 为转台坐标系下的旋转角速度;$\boldsymbol{r}_b$ 为 IMU 敏感中心在转台坐标系下的位置矢量;$\boldsymbol{C}_b^n$ 为从转台坐标系到导航坐标系的转移矩阵,即

$$\boldsymbol{r}_b = [\boldsymbol{r}_x \quad \boldsymbol{r}_y \quad \boldsymbol{r}_z]^{\mathrm{T}} \quad \boldsymbol{\omega}_{pb}^b = [\omega_x \quad \omega_y \quad \omega_z]^{\mathrm{T}} \tag{3-52}$$

则由杆臂引起的速度误差在导航坐标系下可表示为

$$\mathrm{d}\boldsymbol{V}_l^n = \boldsymbol{C}_b^n(\boldsymbol{\omega}_{tb}^b \times \boldsymbol{r}_b) \tag{3-53}$$

选取速度误差为观测量,量测方程为

$$\boldsymbol{Z} = \boldsymbol{HX} + \boldsymbol{\eta} \tag{3-54}$$

$$\boldsymbol{Z} = \begin{bmatrix} \delta V_E \\ \delta V_N \\ \delta V_U \end{bmatrix} = \begin{bmatrix} V_E \\ V_N \\ V_U \end{bmatrix} - \begin{bmatrix} \mathrm{d}V_{lE}^n \\ \mathrm{d}V_{lN}^n \\ \mathrm{d}V_{lU}^n \end{bmatrix} = \begin{bmatrix} V_E - \mathrm{d}V_{lE}^n \\ V_N - \mathrm{d}V_{lN}^n \\ V_U - \mathrm{d}V_{lU}^n \end{bmatrix} \tag{3-55}$$

式中:$\boldsymbol{Z}$ 为量测量;$\boldsymbol{H}$ 为量测噪声阵 $\boldsymbol{H} = [\boldsymbol{I}_{3\times3} \quad 0_{3\times27}]$;$\boldsymbol{\eta}$ 为量测噪声阵 $\boldsymbol{\eta} = [\eta_E \quad \eta_N \quad \eta_U]^{\mathrm{T}}$。

4)卡尔曼滤波递推方程

对于线性高斯白噪声系统,卡尔曼滤波是最优最小均方差误差估计,卡尔曼滤波的基本方程为

$$\begin{cases} \hat{\boldsymbol{X}}_{k/k-1} = \boldsymbol{F}_{k,k-1}\hat{\boldsymbol{X}}_{k-1} \\ \hat{\boldsymbol{X}}_k = \hat{\boldsymbol{X}}_{k/k-1} + \boldsymbol{K}_k(\boldsymbol{Z}_k - \boldsymbol{H}_k\hat{\boldsymbol{X}}_{k/k-1}) \\ \boldsymbol{K}_k = \boldsymbol{P}_{k/k-1}\boldsymbol{H}_k^{\mathrm{T}}(\boldsymbol{H}_k\boldsymbol{P}_{k/k-1}\boldsymbol{H}_k^{\mathrm{T}} + \boldsymbol{R}_k)^{-1} \\ \boldsymbol{P}_{k/k-1} = \boldsymbol{F}_{k,k-1}\boldsymbol{P}_{k-1}\boldsymbol{F}_{k,k-1}^{\mathrm{T}} + \boldsymbol{G}_{k-1}\boldsymbol{Q}_{k-1}\boldsymbol{G}_{k-1}^{\mathrm{T}} \\ \boldsymbol{P}_k = (\boldsymbol{I} - \boldsymbol{K}_k\boldsymbol{H}_k)\boldsymbol{P}_{k/k-1}(\boldsymbol{I} - \boldsymbol{K}_k\boldsymbol{H}_k)^{\mathrm{T}} + \boldsymbol{K}_k\boldsymbol{R}_k\boldsymbol{K}_k^{\mathrm{T}} \end{cases} \tag{3-56}$$

式中:$\hat{\boldsymbol{X}}_k$ 为 k 时刻的 n 维状态向量;$\hat{\boldsymbol{X}}_{k/k-1}$ 为一步预测状态矩阵;$\boldsymbol{P}_k$ 为估计均方差矩阵;$\boldsymbol{P}_{k/k-1}$ 为一步预测均方差矩阵;$\boldsymbol{K}_k$ 为滤波增益矩阵;$\boldsymbol{Q}_k$ 和 $\boldsymbol{R}_k$ 分别为系统噪声和量测噪声阵。

对于所研究的光学陀螺仪 POS,$\boldsymbol{Q}_k$ 和 $\boldsymbol{R}_k$ 可表示为

$$\boldsymbol{Q}_k=\mathrm{diag}\{(50\mu g)^2,(50\mu g)^2,(50\mu g)^2,(0.01°/h)^2,(0.01°/h)^2,(0.01°/h)^2\} \tag{3-57}$$

$$\boldsymbol{R}_k=\mathrm{diag}\{(0.01\mathrm{m/s})^2,(0.01\mathrm{m/s})^2,(0.01\mathrm{m/s})^2\} \tag{3-58}$$

5)标定系数结果

经卡尔曼滤波修正后的标定系数如下。陀螺仪通道标定系数为

$$\begin{bmatrix} \bar{G}_{bx} & \bar{G}_{by} & \bar{G}_{bz} \\ \bar{S}_x & \bar{E}_{yx} & \bar{E}_{zx} \\ \bar{E}_{xy} & \bar{S}_y & \bar{E}_{zy} \\ \bar{E}_{xz} & \bar{E}_{yz} & \bar{S}_z \end{bmatrix}=\begin{bmatrix} G_{bx} & G_{by} & G_{bz} \\ S_x & E_{yx} & E_{zx} \\ E_{xy} & S_y & E_{zy} \\ E_{xz} & E_{yz} & S_z \end{bmatrix}+\begin{bmatrix} \varepsilon_{gx} & \varepsilon_{gy} & \varepsilon_{gz} \\ \delta S_x & \delta E_{yx} & \delta E_{zx} \\ \delta E_{xy} & \delta S_y & \delta E_{zy} \\ \delta E_{xz} & \delta E_{yz} & \delta S_z \end{bmatrix} \tag{3-59}$$

加速度计通道标定系数为

$$\begin{bmatrix} \bar{A}_{bx} & \bar{A}_{by} & \bar{A}_{bz} \\ \bar{K}_x & \bar{M}_{yx} & \bar{M}_{zx} \\ \bar{M}_{xy} & \bar{K}_y & \bar{M}_{zy} \\ \bar{M}_{xz} & \bar{M}_{yz} & \bar{K}_z \end{bmatrix}=\begin{bmatrix} A_{bx} & A_{by} & A_{bz} \\ K_x & M_{yx} & M_{zx} \\ M_{xy} & K_y & M_{zy} \\ M_{xz} & M_{yz} & K_z \end{bmatrix}+\begin{bmatrix} \varepsilon_{ax} & \varepsilon_{ay} & \varepsilon_{az} \\ \delta K_x & \delta M_{yx} & \delta M_{zx} \\ \delta M_{xy} & \delta K_y & \delta M_{zy} \\ \delta M_{xz} & \delta M_{yz} & \delta K_z \end{bmatrix} \tag{3-60}$$

3. 标定实验

为了验证离散解析与卡尔曼滤波结合的标定方法，本节进行实际的标定试验，利用三轴转台标定光学陀螺仪 POS 的误差参数。标定的设备和环境如图 3-5 所示。

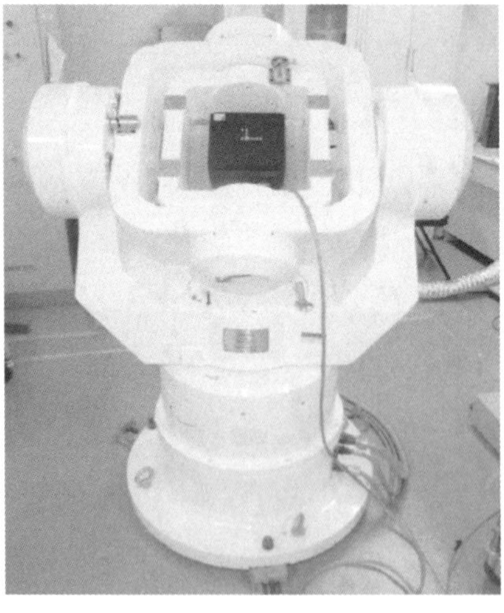

图 3-5　光学陀螺仪 POS 及三轴转台

1)标定实验步骤

(1)将光学陀螺仪 IMU 通过专用的安装过渡板,固定在三轴转台的内框周上。

(2)测量从 IMU 敏感中心到三轴转台旋转中心的杆臂长度。

(3)调整三轴转台内框周和中框轴到水平位置,设定为初始零位。

(4)打开系统电源,预热 30min。

(5)调整三轴转台各轴,分别使 IMU 的 Z 轴指向天向,使 Y 轴指向天向,X 轴指向天向,X 轴指向地向。然后旋转外框轴,采集匀速转动条件下的 IMU 输出数据并存储。每个旋转结束后采集 5min 静态数据并存储,然后进行下一次旋转。具体的标定方案见表 3-2(x, y, z 表示 IMU 姿态轴;X_p,Y_p,Z_p表示转台坐标轴)。

(6)对陀螺仪及加速度计的标定结果进行自检,根据自检结果判定标定是否有效。

表 3-2 三轴转台标定方案

序号	旋转轴	旋转角度 旋转角速率	旋转前姿态		
			x	y	z
1	z	+180°/10°/s	Xp	Yp	Zp
2	z	+900°/10°/s	$-Xp$	$-Yp$	Zp
3	x	+90°/10°/s	Xp	Yp	Zp
4	y	+180°/10°/s	Xp	Zp	$-Yp$
5	y	+900°/10°/s	$-Xp$	Zp	Yp
6	z	+90°/10°/s	Xp	Zp	$-Yp$
7	x	+180°/10°/s	Zp	$-Xp$	$-Yp$
8	x	+900°/10°/s	Zp	Xp	Yp
9	y	+180°/10°/s	Zp	$-Xp$	$-Yp$
10	x	+180°/10°/s	$-Zp$	$-Xp$	Yp
11	x	-900°/-10°/s	$-Zp$	Xp	$-Yp$

2)标定实验结果

离散解析与卡尔曼滤波结合的方法最终标定的系数如图 3-6 ~ 图 3-9 所示,其中图 3-6 和图 3-7 为陀螺仪通道系数,图 3-8 和图 3-9 为加速度通道系数。从图中可以看出,所有的系数都在 4000s 之内收敛。传统解析方法和组合标定方法的计算结果如表 3-3 和表 3-4 所列。

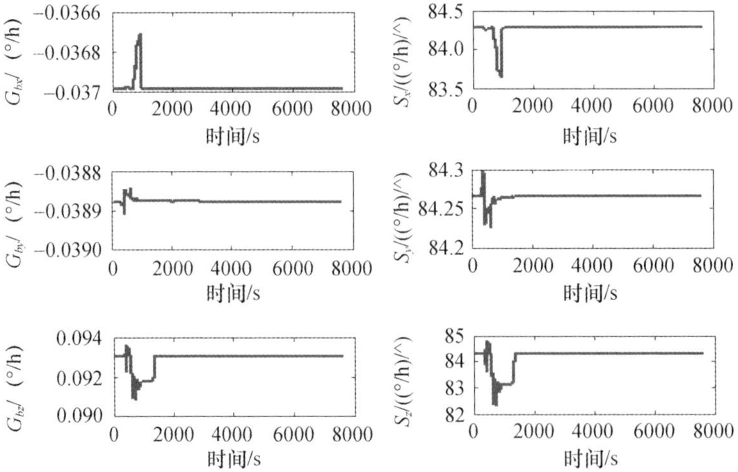

图 3-6　陀螺零偏和标度因数

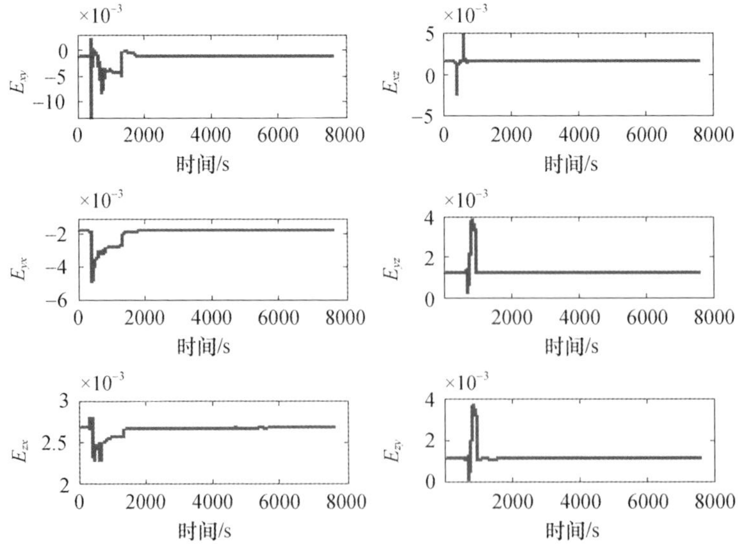

图 3-7　陀螺通道安装误差角

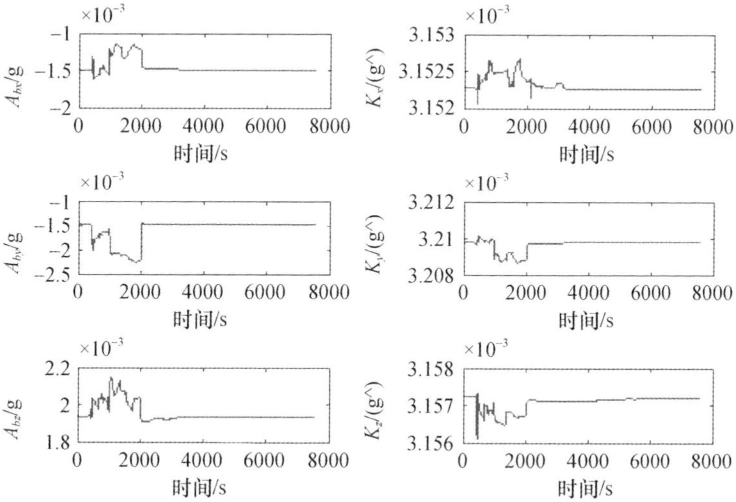

图 3－8　速度计零偏和标度因数

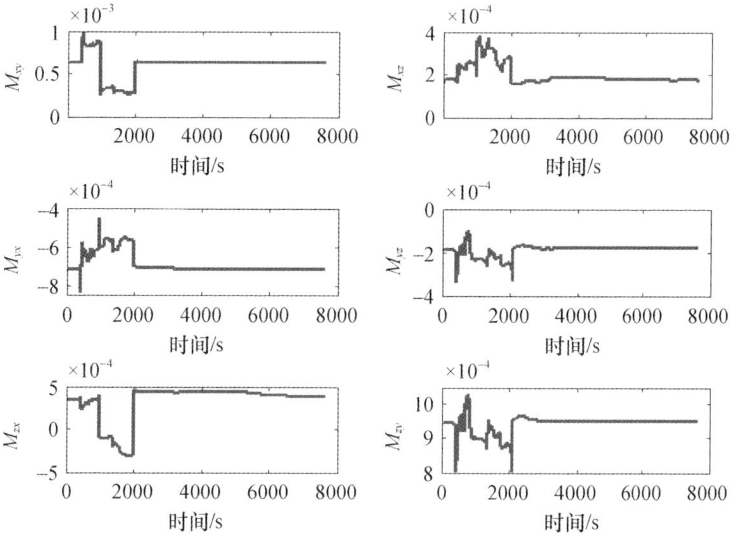

图 3－9　速度通道安装误差角

表 3 – 3 陀螺仪通道标定系数

系数	解析方法	组合方法
$G_{bx}/(10^{-2}\,°/h)$	3.698849	–3.698863
$G_{by}/(10^{-2}\,°/h)$	–3.888816	–3.888812
$G_{bz}/(10^{-2}\,°/h)$	9.304831	9.304821
$S_x/((°/h)/\hat{})$	84.28012	84.27989
$S_y/((°/h)/\hat{})$	84.26578	84.26567
$S_z/((°/h)/\hat{})$	84.27943	84.27927
$E_{xy}/(10^{-3})$	–1.247281	–1.246424
$E_{xz}/(10^{-3})$	1.490897	1.489929
$E_{yx}/(10^{-3})$	–1.992346	2.023057
$E_{yz}/(10^{-3})$	1.191348	1.190600
$E_{zx}/(10^{-3})$	2.663569	2.669016
$E_{zy}/(10^{-3})$	1.060101	1.059336
注:“^”表示陀螺仪输出脉冲		

表 3 – 4 加速度通道标定系数

系数	解析方法	组合方法
$A_{bx}/(10^{-3}g)$	–1.500639	–1.499012
$A_{by}/(10^{-3}g)$	–1.469883	–1.487105
$A_{bz}/(10^{-3}g)$	1.933958	1.931722
$K_x/(10^{-3}g/\hat{})$	3.152271	3.152255
$K_y/(10^{-3}g/\hat{})$	3.209756	3.209763
$K_z/(10^{-3}g/\hat{})$	3.157225	3.157208
$M_{xy}/(10^{-4})$	6.251295	6.289075
$M_{xz}/(10^{-4})$	1.734772	1.735488
$M_{yx}/(10^{-4})$	–7.220471	–7.192205
$M_{yz}/(10^{-4})$	–1.887962	–1.830885
$M_{zx}/(10^{-4})$	3.441729	3.773014
$M_{zy}/(10^{-4})$	9.436129	9.492232
注:“^”表示加速度计输出脉冲		

为了验证组合标定方法的实际效果,对 POS 展开了车载导航实验,检验 POS 在车载导航条件下的纯惯性导航误差。共进行了 7 组车载实验,如表 3 – 5 所列。从表中可以看出,组合标定方法可以小幅提升纯惯导精度。

表 3－5　车载实验导航误差

序号	1	2	3	4
提出方法/(n－mile/h)	0.59	0.19	0.55	0.80
传统方法/(n－mile/h)	0.73	0.69	0.90	0.93
序号	5	6	7	平均值
提出方法/(n－mile/h)	0.634	0.89	0.95	0.66
传统方法/(n－mile/h)	0.74	1.00	0.97	0.85

本节介绍了光学陀螺仪 POS 误差标定的常用方法，分析了传统解析标定方法和系统级标定方法的主要内容及优缺点，提出了一种离散解析与卡尔曼滤波结合的高精度标定方法，减小了在标定过程中因减振系统变形和陀螺仪、加速度计漂移等随机误差对标定造成的影响，最后设计了标定实验步骤，并将实验结果与传统方法进行了对比，用实验验证了该方法的有效性。目前该方法已经在光学陀螺仪 POS 的标定中得到了实际的应用。

3.4　系统温度误差建模与补偿方法

3.4.1　陀螺仪的温度误差建模与补偿

温度误差是影响测量精度的重要误差项，尤其是陀螺仪的零偏误差，随温度变化非常明显。在第 3.1 节和第 3.2 节中，把陀螺仪的零偏当成常值来标定和补偿，这在外界环境变化不大的情况下是适用的。但是当外界温度剧烈变化时，陀螺仪的零偏会产生较大的变化，严重影响 POS 的性能。因此，需要进一步对陀螺仪的温度误差进行辨识和补偿，以提高 POS 的测量精度和环境适应性。

本节主要分析和解决陀螺仪的温度误差问题。首先分析了陀螺仪受温度影响的机理和影响因子，在此基础上介绍了传统温度误差补偿方法；然后针对现有方法存在的问题，提出了一种基于粒子群和正则化算法优化的神经网络建模方法，对陀螺仪的温度误差进行建模和补偿；最后进行了温度实验和实际的飞行验证实验。

1. 陀螺仪温度误差分析和预处理

1）陀螺仪温度误差分析

温度的变化对陀螺仪的影响是一个综合过程，影响到陀螺仪物理参数、几何形变等多种因素[68,69]。此外,陀螺仪工作时本身就是一个热源,需要一定时间才能达到热平衡。以激光陀螺仪 POS 中的 HT-50TM 型机抖激光陀螺仪为例,该陀螺仪在外界恒温 20℃条件下工作 30min,内部温度将升高约 8~10℃。如果外部温度环境条件发生变化,陀螺仪内部温度场的变化会更加复杂。例如应用于航空遥感的 POS 在进行空中任务时,要在约 15min 的时间内上升到 7000~8000m 的高空,环境温度下降约 40℃,平均每分钟降低 2~3℃,这会对陀螺仪的零偏输出造成非常大的影响。因此,陀螺仪自身温度变化与环境温度变化都将影响陀螺仪的性能,具体分析如下:

(1)温度变化会引起激光陀螺仪腔体材料的热胀冷缩、弯曲变形,进而导致环形激光光路发生变化[70,71]。

(2)陀螺仪内部各元件的材料不同,环形激光器主要是微晶玻璃,抖动器是由低膨胀合金加工形成,而各部分之间的连接则采用胶料粘接[72]。这些材料的热胀系数相差 10 倍以上,尤其是胶料具有很强的热塑性。当温度变化后,由于这些材料的变化量不同,相互之间产生一定的扭矩和挤压,从而使激光陀螺仪的轴线发生旋转或偏离。

(3)环境温度场的不均匀同样会导致输出的变化[73,74]。激光陀螺仪内部有三支温度计,分别测量阳极(T_1)、阴极(T_2)和外壳(T_3)的温度。激光陀螺仪工作时,内部温度(阳极和阴极)要比外壳温度高,因此会形成从内向外的温度梯度场。温度梯度同样会改变激光陀螺仪的光路特性,引起陀螺仪输出的变化。

(4)当外部环境温度快速变化时,激光陀螺仪中心与外壳部分温度变化速度不同,使得温度梯度加剧,同样会引起零偏增加。

综上所述,激光陀螺仪零偏输出主要受温度 T、温度变化率 $\dot{T}$ 和温度梯度 ∇T 的影响[75,76]。其中,温度 T 用三支温度计测量的平均值表示,由于存在测量误差,温度计的量值需要先进行平滑处理;温度梯度 $\dot{T}$ 是温度 T 的导数;受测量条件的限制,温度梯度用三支温度计测量的差值代替,将最接近外部环境温度的外壳温度 $T3$ 作为基准,分别用阴极和阳极的温度与外壳温度作差($T_1 \sim T_3$,$T_2 \sim T_3$)。温度输入 X 表示为

$$\boldsymbol{X} = \begin{bmatrix} T \\ \dot{T} \\ \nabla T_1 \\ \nabla T_2 \end{bmatrix} = \begin{bmatrix} (T_1 + T_2 + T_3)/3 \\ (\dot{T}_1 + \dot{T}_2 + \dot{T}_3)/3 \\ T_1 - T_3 \\ T_2 - T_3 \end{bmatrix} \tag{3-61}$$

陀螺仪零偏的温度误差与温度输入 X 的系可定性地表示为

$$\bar{\boldsymbol{G}}_T = f(\boldsymbol{X}) = f([T, \dot{T}, \nabla T_1, \nabla T_2]^{\mathrm{T}}) \tag{3-62}$$

2）基于经验模态分解的激光陀螺仪温度误差预处理

陀螺仪在温度变化条件下的原始零偏输出包含量化噪声和温度误差项，即

$$\boldsymbol{G}_o(n) = \boldsymbol{q}(n) + \boldsymbol{G}_T(n)\,(n = 1, 2, 3, \cdots) \tag{3-63}$$

式中：$\boldsymbol{G}_o(n)$ 为陀螺仪原始零偏输出；$\boldsymbol{q}(n)$ 为随机量化噪声；$\boldsymbol{G}_T(n)$ 为温度误差项。

由于本节的重点是研究温度误差的补偿，因此需要首先从陀螺仪原始零偏输出中提取出温度误差趋势项。提取趋势项的方法很多，如低通滤波、最小二乘拟合等。但是这些方法通常需要预先明确信号中趋势项的类型，如线性趋势项、指数趋势相等，不适用复杂变化的趋势项提取，因此在这里不太适用。近年来，经验模态分解（Empirical Mode Decomposition，EMD）的方法逐渐被应用到信号分析中来，用于消除信号中的噪声，提取趋势项[77]。经验模态分解算法善于捕捉信号中的细节和局部特征，同时是自适应的，因此适用范围更广[78]。

（1）经验模态分解。

经验模态分解是 Norden E. Huang 等人提出的一种全新的信号分析方法，它不需要考虑信号中噪声或趋势项的类型，在处理中将要分析的信号在不用时间尺度下分解，利用信号内部的变化做能量与频率的解析。其核心是将复杂的信号分解为有限个线性稳态的本征模函数（Intrinsic Mode Function，IMF），每个本征模函数都仅对应一个时间尺度，即本征模函数是单频信号分量。

经验模态分解把原本复杂的信号分解成一系列单频的本征模函数，这些本征模函数在分解生成时必须满足以下两个条件：

① 在噪声序列中，过零点的数量与极值点的数量相等或最多相差一个。

② 在任意时间点上，信号的局部最大值和局部最小值定义的包络线均值为零。

经验模态分解的出发点是把信号内的振荡看作是局部的。实际上，在分析信号时，要看评估信号在两个相邻极值点之间的变化（极大值或极小值）。将信号的所有极大值拟合成一条曲线，定义为上包络线；同理，将信号所有极小值拟合的曲线定义为下包络线。信号的高频振荡部分都在上下包络线之间完成。对于整个信号的所有振动成分，如果能够找到合适的方法进行此类分解，这个过程可以应用于所有的局部趋势的残余成分，因此一个信号的构成成分能够通过迭代的方式被抽离出来。在经验模态分解中，这一方法称为“筛分”。

对信号筛分的步骤如下：

① 找出信号 $x(t)$ 的所有极值点；

② 用插值法对极大值形成上包络 $e_{\max}(t)$，对极小值点形成下包络 $e_{\min}(t)$；

③ 计算上下包络线的平均值 $m(t)=(e_{\min}(t)+e_{\max}(t))/2$；

④ 提取出细节 $d(t)=x(t)-m(t)$；

⑤ 对残余的 $m(t)$ 重复上述 4 个步骤。

在筛分过程中，要对信号进行上述①~④步的迭代，直到 $d(t)$ 的均值是 0。一旦满足停止准则，此时的细节信号 $d(t)$ 称为本征模函数，$d(t)$ 对应的残余信号用第⑤步计算。通过以上过程，极值点的数量伴随着残余信号的产生而越来越少，整个分解过程会产生有限个本征模函数，直到信号不能被筛分或者满足某种停止准则（一般是设定截止频率）。

（2）激光陀螺仪温度误差项的提取。

利用经验模态分解方法处理陀螺仪原始零偏输出信号 $\boldsymbol{G}_o(n)$ 时，信号被分解成为温度误差项 $\boldsymbol{G}_T(n)$ 和一系列具有不同频率的噪声序列，这些噪声的总和为随机量化噪声，即

$$\boldsymbol{q}(n)=\sum_{i=1}^{Q}\boldsymbol{q}_i(n) \tag{3-64}$$

式中：Q 为噪声序列的个数；$\boldsymbol{q}_i(n)$ 为第 i 个噪声序列。

每个噪声序列的信号频率均高于温度误差项的频率。因此，陀螺仪温度误差项可以表示为

$$\boldsymbol{G}_T(n)=\boldsymbol{G}_o(n)-\boldsymbol{q}(n)=\boldsymbol{G}_o(n)-\sum_{i=1}^{Q}\boldsymbol{q}_i(n) \tag{3-65}$$

式中：$\boldsymbol{q}_i$ 为本征模函数。

筛分的过程中，将陀螺仪原始信号 $\boldsymbol{G}_o(n)$ 中的高频噪声去除，最终得到了不能被筛分的部分，这部分就是所要求的陀螺仪零偏温度趋势项 $\boldsymbol{G}_T(n)$。提取出的温度趋势项 $\boldsymbol{G}_T(n)$ 用作对陀螺仪温度误差的样本。另外，陀螺仪中 3 支温度计的测量值也存在误差，尤其是在微分求导数时这种影响会很大，因此也需要对温度量测值进行预处理。考虑到陀螺仪内部温度变化较为平缓，可以对温度量测值进行平滑处理。

2. 传统激光陀螺仪温度误差补偿方法

传统激光陀螺仪温度补偿算法主要分为两大类：①采用多元回归或最小二乘的拟合方法，建立温度输入和陀螺仪零偏之间的多项式函数关系[79]。这种

方法模型简单易懂，计算容易，适于实时信号输出，但是补偿精度有限。②基于机器学习的思想，利用人工神经网络（Artificial Neural Network，ANN）或支持向量机（Support Vector Machine，SVM）等人工智能方法，通过大量样本训练计算，从而建立输入和输出之间的模型。这类方法补偿后的精度较高，但是所建立的模型复杂，各参数难以用具体的物理意义表达，并且需要大量的计算，不适于实时信号处理。但是 POS 的导航参数可以用后处理的方法获得，因此这类方法可以在 POS 后处理的温度补偿上发挥重要作用。

1）基于多项式拟合的温度误差补偿方法

基于多项式拟合的方法是将激光陀螺仪的零偏输出与影响因子之间的关系用多项式的形式表达出来。记陀螺仪的温度零偏误差为$\bar{\boldsymbol{G}}_T$，一般考虑的影响因子主要有温度 T 和温度变化率 $\dot{T}$。模型一般表示为

$$\bar{\boldsymbol{G}}_T = a_0 + a_1 T + a_2 T^2 + a_3 T^3 + \cdots + a_n T^n + b_1 \dot{T} + b_2 \dot{T}^2 + b_3 \dot{T}^3 + \cdots + b_m \dot{T}^m \tag{3-66}$$

这种方法的核心是确定方程中参数 $a_i(i=1,2,\cdots,n)$ 和 $b_i(i=1,2,\cdots,m)$ 的值。待求参数的个数为$(m+n+1)$个，当 m 和 n 的值都取 1 时，此时系统模型就是线性模型。在现有的模型中，曲线次数 m 和 n 的取值大都是根据实验数据，用统计的方法来判断曲线的阶数。通常四阶及以上的高次项由于其系数 a_i 或者 b_i 的值很小，对拟合结果的影响可忽略不计，因此一般的取值都不超过三阶。具体求解模型系数 a_i 和 b_i 的方法一般有最小二乘拟合、多元回归分析等。

基于多项式拟合的温度补偿方法由于模型简单，模型参数具有明确的物理意义，同时计算简便，便于在单片机或者数字信号处理器中实时解算。但是其缺点是补偿的精度有限，激光陀螺仪 POS 对精度要求高，而且可以通过后处理来提高精度，这种方法显然不适用。

2）基于机器学习的温度误差补偿方法

基于机器学习的方法主要有人工神经网络、支持向量机、遗传算法等。人工神经网络方法由于在训练精度方面优于其他智能算法，广泛应用于激光陀螺仪温度误差补偿中。其中，径向基神经网络（Radial Basis Function，RBF）是最常用的人工神经网络之一。

RBF 网络是一种特殊的三层前馈神经网络，包含一个输入层、一个隐层和一个输出层。其中隐层承担了非线性转化环节，将输入空间映射到一个新空

间。根据激光陀螺仪零偏的温度特性，建立了如图 3-10 所示的 RBF 神经网络模型。

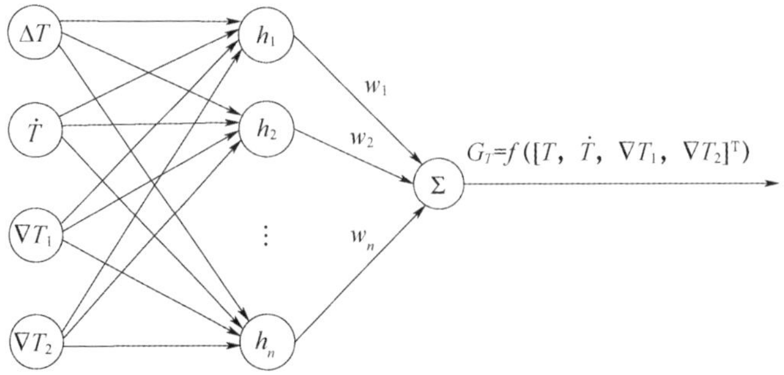

图 3-10　激光陀螺仪温度补偿的 RBF 神经网络模型

RBF 网络结构的输入为 $\boldsymbol{X}=[T \quad \dot{T} \quad \nabla T_1 \quad \nabla T_2]^{\mathrm{T}}$，其中：$T$ 为温度；$\dot{T}$ 为温度变化率；∇T_1、∇T_2 为温度梯度。

基函数是某种沿径向对称的标量函数，一般定义为任意输入 X 到某一中心 C_i 之间欧氏距离的单调函数，可记为 h_i。高斯核函数是最常用的径向基函数，形式为

$$h_i=\exp\left\{-\frac{\|X-C_i\|^2}{2\sigma_i^2}\right\} \tag{3-67}$$

式中：C_i 为核函数的中心；σ_i 为函数的扩展常数；X 为控制函数的径向作用范围；i 为 RBF 神经网络隐层第 i 个节点。

神经网络理论认为，在解决函数逼近问题时，任何函数都可以表示为一组基函数的加权和，即用隐层单元构成一组基函数来逼近输出，因此激光陀螺仪的温度零偏可表示为

$$\bar{\boldsymbol{G}}_T=f(\boldsymbol{X})=\sum_{i=1}^{M}w_i h_i=\sum_{i=1}^{M}w_i\exp\left\{-\frac{\|X-C_i\|^2}{2\sigma_i^2}\right\} \tag{3-68}$$

式中：w_i 为隐层第 i 个节点的权值；M 为隐层节点数。

3. 基于粒子群和正则化算法优化的神经网络建模与补偿

传统神经网络方法训练精度高，缺点是泛化能力差，不易于接受新样本。在进行激光陀螺仪温度补偿时，会降低不同温度条件下的陀螺仪输出的稳定性[80]。因此，必须研究一种能够提高神经网络泛化能力的方法，这也是研究的重点和难点。

很多因素影响神经网络的泛化能力，包括目标规则的复杂性、神经网络的结构复杂性、训练样本的数量、学习时间、初始权值、对目标规则的先验知识等。但除了训练样本数和网络结构对泛化能力的影响已有一些研究成果外，其余因素对泛化能力的影响还没有完备的解释。因此，提高神经网络泛化能力的方法除了提供充足的训练样本数以外，还必须优化网络的结构[81]。

对 RBF 神经网络来说，网络结构主要是指隐层的节点数。传统的神经网络训练方法只注重样本的训练精度，忽略了节点数的影响。因此，很容易在训练中出现过拟合现象。下面从优化 RBF 神经网络结构出发，引入粒子群优化算法（Particle Swarm Optimization，PSO）搜索最优的网络结构，同时利用神经网络正则化法则对网络参数进行进一步优化。

1）粒子群算法

粒子群算法是一种智能优化算法，广泛应用于系统模型的优化和参数的校正。粒子群算法具有很强的全局搜索寻优能力，因此用来寻找最优的 RBF 神经网络结构。

在粒子群算法中，每个可能的 RBF 神经网络都是搜索空间中的一个粒子，所有的粒子的适应度都有一个目标函数决定，每个粒子还有各自的速度来决定他们运动的方向和快慢。粒子群追随群体中的最优个体在整个搜索空间中运动搜索。粒子群算法初始为一群随机粒子。$\boldsymbol{P}_j$ 为第 j 个粒子，包括构成一个 RBF 神经网络的所有参数，即

$$\boldsymbol{P}_j=\begin{bmatrix} C_{j1} & \sigma_{j1} & w_{j1} \\ C_{j2} & \sigma_{j2} & w_{j2} \\ \vdots & \vdots & \vdots \\ C_{jM} & \sigma_{jM} & w_{jM} \end{bmatrix}_{M\times 3} \tag{3-69}$$

式中：C_{ji} 为网络中第 i 个隐层节点的中心值；σ_{ji} 为该节点的扩展常数；w_{ji} 为隐层到输出层的输出权值；M 为网络的隐层节点数。

初始化的粒子是结构最简单的 RBF 神经网络。生成粒子后，要对每一个粒子进行迭代计算，每个粒子通过跟踪个体最优值 $P_{j\text{best}}$ 和全局最优值 $P_{g\text{best}}$ 来更新自己。个体最优值 $P_{j\text{best}}(k)$ 为该粒子本身在运动中所找到的最优解，全局最优值 $P_{g\text{best}}(k)$ 是目前在整个粒子群中找到的最优个体。粒子在这两个极值的牵引下，向最优解方向运动，其速度和位置的更新公式为

$$
\begin{cases}
\alpha(k)=(\alpha_{\max}-\alpha_{\min})(k/K-1)^2+\alpha_{\min}\\
c_1(k)=(c_{1\max}-c_{1\min})(k/K-1)^2+c_{1\min}\\
c_2(k)=(c_{1\min}-c_{1\max})(k/K-1)^2+c_{1\max}\\
V_j(k+1)=\alpha(k)V_j(k)+c_1(k)r_1(P_{\text{jbest}}(k)-P_j(k))+c_2(k)r_2(P_{\text{gbest}}(k)-P_j(k))\\
P_j(k+1)=P_j(k)+V_j(k+1)
\end{cases}
\tag{3-70}
$$

式中：k 为当前迭代次数；$V_j(k)$ 和 $P_j(k)$ 分别为粒子在 k 次迭代时的速度和位置；K 为最大迭代次数；r_1 和 r_2 是在区间(0,1)的随机数；$c_1(k)$ 和 $c_2(k)$ 为学习因子；$\alpha(k)$ 为速度的惯性权重值；$\alpha_{\max}$ 和 $\alpha_{\min}$ 为 $\alpha(k)$ 的最大和最小值；$c_{1\max}$，$c_{1\min}$ 和 $c_{2\max}$，$c_{2\min}$ 分别为 $c_1(k)$ 和 $c_2(k)$ 的最大和最小值。

$c_1(k)$，$c_2(k)$ 和 $\alpha(k)$ 为粒子群算法的重要参数。$c_1(k)$ 表示粒子保持自身特性的能力，值越大越不易受全局最优值的影响；$c_2(k)$ 表示全局最优值对粒子的吸引力，值越大粒子全局收敛的速度越快，但是值如果过大又容易造成粒子群过早收敛；$\alpha(k)$ 表示粒子保持原有速度的能力。在传统粒子群优化计算中，$c_1(k)$ 和 $c_2(k)$ 通常取固定值，而 $\alpha(k)$ 通常取固定值或线性递减。但是在实际的计算过程中，希望粒子在开始阶段偏重于全局的探索，而在结束阶段侧重局部的细化搜索。根据这一原则，在开始阶段 $\alpha(k)$ 和 $c_1(k)$ 应较大而 $c_2(k)$ 则应选择较小的值，保持各粒子独立探索，不过早收敛；随着优化过程的进行，$\alpha(k)$ 和 $c_1(k)$ 逐渐减小而 $c_2(k)$ 逐渐增大。

2）神经网络正则化法则计算粒子适应度

在粒子群优化算法中，每个粒子都有一个适应度来代表各自的性能。当用粒子群算法来优化 RBF 神经网络时，神经网络性能的评价准则即作为计算粒子适应度的方法。在传统 RBF 神经网络的训练中，网络性能采用均方误差函数（Mean Square Error，MSE）来评价，即

$$
\boldsymbol{E}_s=\frac{1}{N}\sum_{n=1}^{N}(f(\boldsymbol{X}(n))-\boldsymbol{G}_T(n))^2 \tag{3-71}
$$

式中：$\boldsymbol{X}(n)$ 为第 n 个训练样本的输入；N 为训练样本的总数；$\boldsymbol{G}_T(n)$ 为相应的训练目标；$f(\boldsymbol{X}(n))$ 为训练样本的输出。

训练样本的均方差只能衡量网络逼近样本的能力，即期望值与实际值间的误差，而不能衡量网络的泛化能力，所以容易出现训练越准确、泛化能力越差的矛盾。因此可以采用正则化技术，在目标函数中增加网络权值因子，以保证网

络的权值不会过大,防止出现"过度拟合"的现象。增加的正则化项可表示为

$$E_w = \frac{1}{M}\sum_{i=1}^{M} w_i^2 \tag{3-72}$$

式中:M 为神经网络隐层节点数;w_i 为网络第 i 个节点的输出权值。

正则化法则将网络的性能函数改进为

$$E = \gamma E_s + (1-\gamma)E_w = \gamma \frac{1}{N}\sum_{n=1}^{N}(f(X(n)) - G_T(n))^2 + (1-\gamma)\frac{1}{M}\sum_{i=1}^{M} w_i^2 \tag{3-73}$$

式中:γ 为比例系数,由均方差和网络权值的相对关系决定。

根据式(3-71)至式(3-73),粒子 j 在第 k 次迭代时的适应度 $E_j(k)$ 的适应度可表示为

$$\begin{aligned} E_j(k) = \gamma \frac{1}{N}\sum_{n=1}^{N}\Bigg(\sum_{i=1}^{M} w_{ji}\exp\left\{-\frac{\|X(n)-C_{ji}(k)\|^2}{2\sigma_{ji}^2(k)}\right\} \\ - G_T(n)\Bigg)^2 + (1-\gamma)\frac{1}{M}\sum_{i=1}^{M} w_{ji}^2(k) \end{aligned} \tag{3-74}$$

通过采用正则化法则计算粒子的适应度,可以在保证网络性能的前提下使网络具有较小的权值,这实际上相当于缩小了网络规模,优化了结构。改进的粒子适应度 $E_j(k)$ 用于更新粒子群算法中的个体最优值 $P_j(k)$ 和全局最优值 $P_g(k)$。个体最优值 $P_j(k)$ 的适应度表示为

$$E_j = \min\{E_j(0), E_j(1), \cdots, E_j(k)\} \tag{3-75}$$

全局最优值 $P_g(k)$ 的适应度表示为

$$E_g = \min\{E_1, E_2, \cdots, E_j, \cdots, E_J\} \tag{3-76}$$

式中:J 为粒子的总数。

粒子群通过不断迭代更新,直到达到最大迭代次数($k = K$)。当迭代次数达到最大时,如果此时找到的最优粒子不满足性能要求,则增加 RBF 神经网络的隐层节点数,然后重新初始化粒子重复上述步骤,直至找到最优粒子。当粒子群优化算法结束后,获得的最优粒子$\boldsymbol{P}_b$ 为最终优化所得的 RBF 神经网络参数矩阵,可表示为

$$\boldsymbol{P}_b = \boldsymbol{P}_{\text{gbest}}(K) = \begin{bmatrix} C_{b1} & \sigma_{b1} & w_{b1} \\ C_{b2} & \sigma_{b2} & w_{b2} \\ \vdots & \vdots & \vdots \\ C_{bM} & \sigma_{bM} & w_{bM} \end{bmatrix}_{M\times 3} \tag{3-77}$$

式中：M 为最优神经网络隐层节点数；C_{bi} 为第 i 个节点的核函数中心值($i=1,2,3,\cdots,M$)；σ_{bi} 为扩展常数；w_{bi} 为输出权重。

因此，所求出的陀螺仪零偏的温度误差可表示为

$$\bar{\boldsymbol{G}}_T = f(X) = \sum_{i=1}^{M} w_{bi}\exp\left\{-\frac{\|\boldsymbol{X}-\boldsymbol{C}_{bi}\|^2}{2\sigma_{bi}^2}\right\} \tag{3-78}$$

此时，再将陀螺仪零偏的原始$\boldsymbol{G}_o$ 减去$\bar{\boldsymbol{G}}_T$，即可得到温度补偿后的陀螺仪零偏输出，有

$$\boldsymbol{G}_b = \boldsymbol{G}_o - \bar{\boldsymbol{G}}_T \tag{3-79}$$

4. 温度实验

本节开展温度循环实验，来验证上述方法在温度变化条件下的补偿效果。温度循环实验是利用温箱提供快速大幅度的温度循环变化条件，测量激光陀螺仪 POS 在快速温变条件下的零偏输出变化。

激光陀螺仪 POS 选用的激光陀螺仪为 3 支标称精度为 0.01°/h 的环形机抖激光陀螺仪，编号分别为 X 陀螺仪，Y 陀螺仪和 Z 陀螺仪。实验中将装有这 3 支陀螺仪的 IMU 固定在温箱内部，如图 3－11(a)所示。在整个实验中，陀螺仪和温箱应始终在同一位置保持静止。温度设定区间为－30～50℃。详细的温度标定步骤如图 3－11(b)所示。首先将温箱的温度设定为 20℃，保持 1.5h 以保证陀螺仪内部达到动态热平衡；然后设定温箱以 3℃/min 的速度上升到 50℃，保温 2h；此后温箱以－3℃/min 的速度下降到－30℃，再保温 2h；最后温箱同样以 3℃/min 的速度上升到 50℃，保温 2h 后结束。

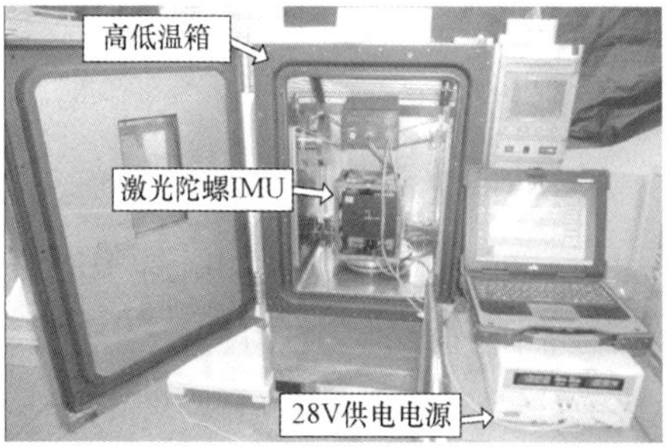

(a)

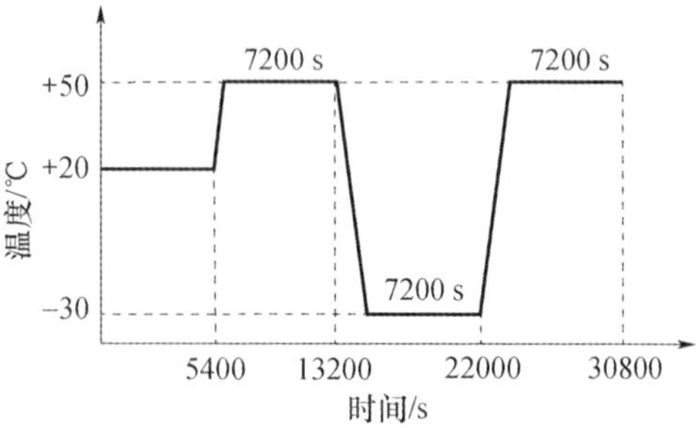

(b)

图 3－11　温度循环实验

(a)温度实验设备；(b)温度标定的步骤。

对温度变化条件下的陀螺仪输出，采用本节提出的经验模态分解的方法来提取其温度趋势项。温度实验采集的原始陀螺仪零偏和采用经验模态分解后

得到的温度趋势项如图 3－12 所示。图中，激光陀螺仪在 20℃恒温环境下工作的前 1.5h 内，零偏输出的标准差分别为 0.0074°/h，0.0083°/h 和 0.0081°/h，优于标称度（0.01°/h）。但是整个温度循环实验中陀螺仪输出随温度上下波动的标准差分别为 0.0400°/h，0.0123°/h 和 0.0272°/h，远远大于标称精度，误差被放大了 4～5 倍，这也进一步说明了对陀螺仪输出进行温度补偿的必要性。

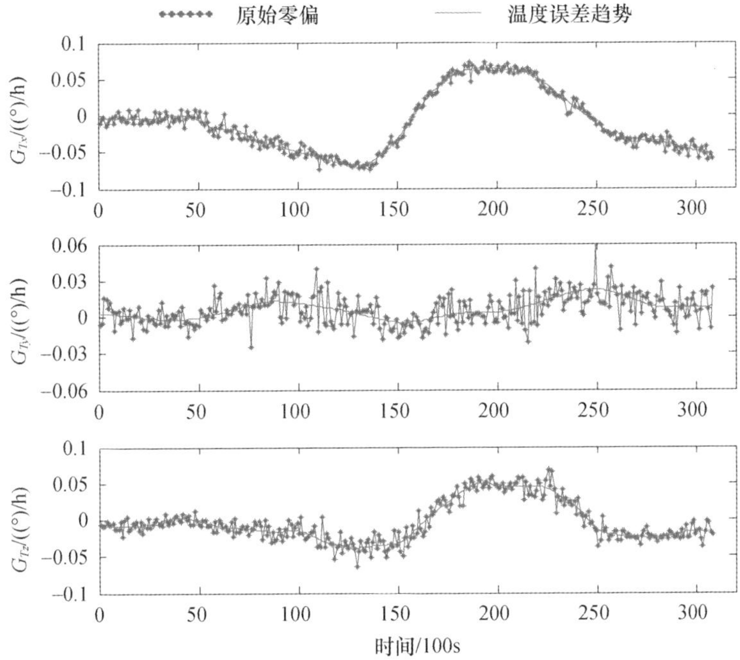

图 3－12　原始零偏和温度误差项（见彩图）

温度误差项如图 3－12 中红色曲线所示，提取后的温度误差项已经基本消除了随机噪声的影响，将其作为 RBF 神经网络训练样本的目标值，训练过程中的初值如表 3－6 所列。

表 3－6　经网络优化方法的训练初值

参数	符号	取值
粒子数	J	100
最大迭代次数	K	2000
最小适应度	$E_{\min}$	0.007°
RBF 神经网络初始节点数	M	4
速度权重值最大值	$\alpha_{\max}$	0.95

续表

参数	符号	取值
速度权重值最小值	$\alpha_{\min}$	0.2
学习因子 c_1 最大值	$c_{1\max}$	3
学习因子 c_1 最小值	$c_{1\min}$	1
学习因子 c_2 最小值	$c_{2\min}$	1
学习因子 c_2 最大值	$c_{2\max}$	3

为验证提出的方法在不同温度环境条件下的泛化能力，分别在不同的温度变化速率条件下进行了 4 组验证实验，用于检验陀螺仪温度误差的补偿效果。前 3 组实验中，外部环境的温度变化速率分别设定为恒定的 ±1℃/min，±3℃/min 和 ±5℃/min，第 4 组为温度综合实验，温度变化率在 ±1℃/min ~ ±5℃/min 之间变化。4 组验证实验的误差补偿结果如图 3-13 ~ 图 3-16 所示，补偿结果对比如表 3-7 所列。

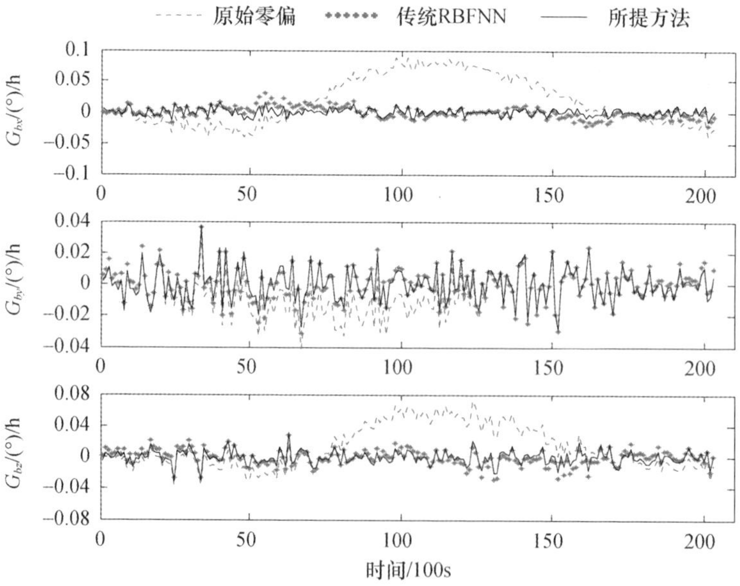

图 3-13　陀螺仪零偏随温度变化曲线(±1℃/min)(见彩图)

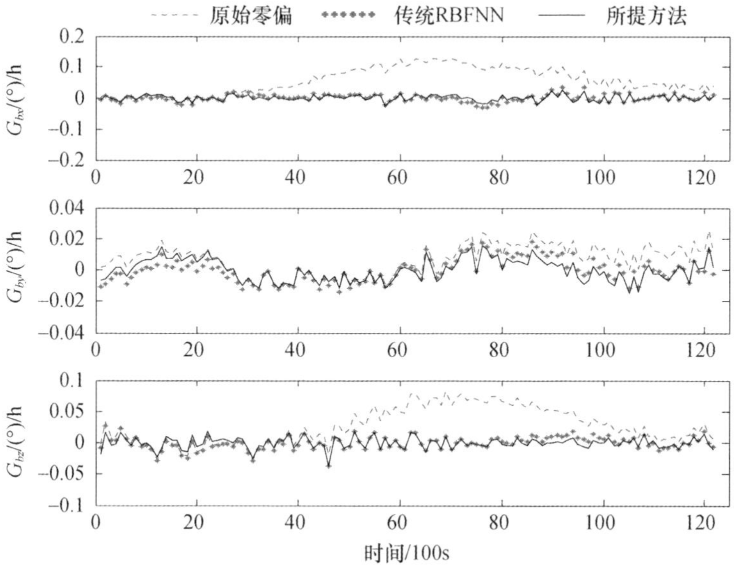

图 3－14　陀螺仪零偏随温度变化曲线(±3℃/min)(见彩图)

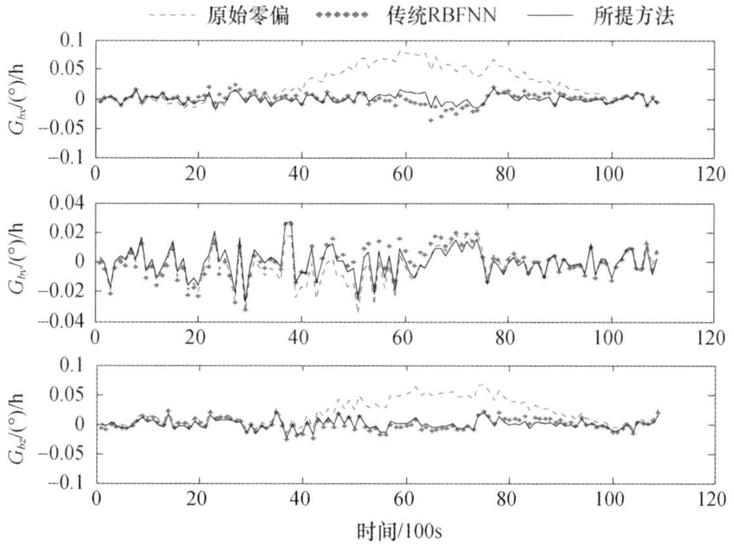

图 3－15　陀螺仪零偏随温度变化曲线(±5℃/min)(见彩图)

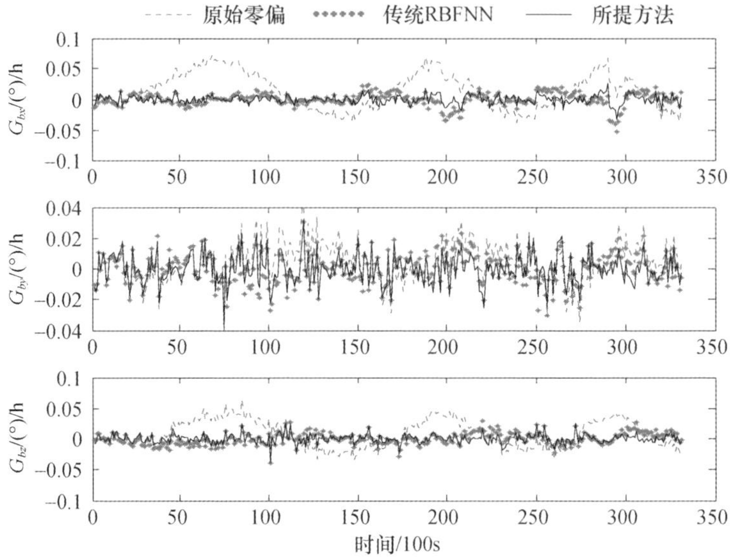

图3-16　陀螺仪零偏随温度变化曲线(升降温速率为1~5℃/min)(见彩图)

表3-7　补偿结果对比

温度变化条件		1℃/min	3℃/min	5℃/min	综合速率变化	平均值
X	原始零偏/(°/h)	0.0390	0.0421	0.0281	0.0287	0.0345
	传统 RBF 神经网络/(°/h)	0.0087	0.0121	0.0102	0.0110	0.0105
	改进方法/(°/h)	0.0062	0.0100	0.0079	0.0072	0.0078
	补偿精度提高/%	28.74	17.35	22.55	34.55	25.48
Y	原始零偏/(°/h)	0.0126	0.0095	0.0114	0.0131	0.0116
	传统 RBF 神经网络/(°/h)	0.0109	0.0076	0.0110	0.0105	0.0101
	改进方法/(°/h)	0.0106	0.0072	0.0099	0.0098	0.0094
	补偿精度提高/%	2.75	5.26	10.00	6.67	6.25
Z	原始零偏/(°/h)	0.0269	0.0285	0.0207	0.0224	0.0246
	传统 RBF 神经网络/(°/h)	0.0099	0.0107	0.0100	0.0095	0.0100
	改进方法/(°/h)	0.0087	0.0092	0.0085	0.0077	0.0085
	补偿精度提高/%	12.12	14.02	15.00	18.95	14.96

从表3-7中可以看出,3支陀螺仪在未经温度补偿的情况下,不同温度条件下的零偏稳定性均值分别0.0345°/h,0.0116°/h和0.0246°/h。与传统RBF神经网络相比,改进方法将 X 陀螺仪的温度误差从0.0105°/h减小到了

0.0078°/h，提高了 25.48%；将 Y 陀螺仪的温度误差从 0.0101°/h 减小到了 0.0094°/h，提高了 6.25%；将 Z 陀螺仪的温度误差从 0.0100°/h 减小到了 0.0085°/h，提高了 14.96%。因此，可得出结论，所提出的方法可以有效降低陀螺仪零偏的温度误差。

为了进一步验证提出的改进方法的实际应用效果，采用飞行实验对 POS 的纯惯导精度进行评价验证，1h 和 4h 的飞行实验惯性导航误差如表 3－8 所列。

表 3－8　飞行实验惯性导航误差

方法	误差/n mile		误差减小
	传统方法	改进方法	
1h	0.60	0.58	—
3h	5.37	4.48	16.6%

实验结果证明，对于激光陀螺仪 POS 的纯惯性导航精度，在短时间改进方法提升效果不明显，长时间可有效减小温度误差引起的导航偏差。

本节分析了激光陀螺仪受温度影响的机理和主要的影响因子，在分析现有方法存在的问题基础上，提出了一种基于粒子群和正则化算法优化的神经网络建模方法，对激光陀螺仪的温度误差进行建模和补偿，最后对比实验结果与传统方法，实验结果表明提出的方法可以有效抑制激光陀螺仪的零偏误差随温度的漂移，并在激光陀螺仪 POS 长时间工作中有效减小了温度误差引起的导航偏差。

3.4.2　高精度 IMU 的温度误差建模与补偿方法

惯性器件的误差包括确定性误差和随机性误差。其中，确定性误差是影响系统精度的主要误差源，占系统总误差的 90% 左右。因此，为实现 POS 的高精度测量，必须对其进行建模、标定与补偿。

光纤陀螺仪的温度补偿方法主要有线性和非线性多项式拟合、多元回归分析和智能神经网络等。文献[82]用线性模型来描述光纤陀螺仪零偏随温度的变化。对于中、低精度的光纤陀螺仪，线性模型或分段线性模型具有结构简单、运算量小等优点，基本可以满足工程实际需要。但对于在复杂环境中的光纤陀螺仪，其温度特性受多种因素影响，具有非常复杂的非线性特性，在某些方面，采用线性多项式拟合的方法进行建模补偿则难以准确描述其温度特性的非线性特征，因此具有一定的逼近复杂非线性函数的能力的神经网络等智能方法被广泛应用。神经网络、模糊逻辑、受控马氏模型及小波等方法均用于光纤陀螺仪温度参数模型的辨识和自补偿方案中。

对于所述高精度光纤陀螺仪 IMU,仅对部分参数进行补偿或者补偿精度不高,均将对系统的测量精度产生较大的影响。将 IMU 作为一个整体进行建模,全面考虑温度对高精度光纤陀螺仪 IMU 所有参数的影响难度较大,研究较少。

本节在介绍光纤陀螺仪工作原理和温度误差机理的基础上,给出了 IMU 的传统误差模型和相应的标定方法,通过全温标定得到了不同温度点下 IMU 的误差参数。针对不同参数对温度变化呈现不同的规律特性,部分参数甚至没有规律可循的问题,为了提高光纤陀螺仪 IMU 的全温测量精度,利用 RBF 神经网络可以以任意精度逼近任意函数的特性,通过 RBF 神经网络建立 IMU 的温度模型,得到了一种高精度光纤陀螺仪 IMU 温度补偿方法,并在静态和动态测试中验证了所提方法的有效性。

1. 光纤陀螺仪 IMU 工作原理及温度误差机理

1)光纤陀螺仪工作原理

光纤陀螺仪是一种基于 Sagnac 效应的光电式惯性敏感器,与传统的机械陀螺仪相比,光纤陀螺仪具有众多优点:全固态、抗振动冲击能力强、动态范围大、精度高、寿命长、启动快等。与激光陀螺仪相比,光纤陀螺仪具有尺寸小、结构简单、重量轻等优点,且没有闭锁问题,也不用在石英块精密加工出光路,成本低。光纤陀螺仪的突出特点使其在航天航空和机载系统上的应用十分广泛。当光束在一个环形通道中前进时,如果环形通道本身具有一个转动速度,那么光线沿着通道转动相反的方向前进所需要的时间要比沿着这个通道转动的方向前进所需要的时间要少。也就是说,当光学环路转动时,在不同的前进方向上,光学环路的光程相对于在静止时的环路光程都会产生变化。光纤陀螺仪的工作原理是利用光程的变化,检测出两条光路的相位差或干涉条纹的变化,可以测出光路旋转角速度,如图 3-17 所示。

2)光纤陀螺仪温度误差机理

光纤陀螺仪是基于 Sagnac 干涉原理,利用同一波长的光束在闭合路径中沿顺、逆两个方向行进的光程差来确定载体相对惯性空间的旋转角速率。

考虑光纤的温度效应,当光纤以传输常数 $\beta(z)$ 通过长度为 L 的光纤时,相位延迟可表示为

$$\Phi = \beta_0 nL + \beta_0(\partial n/\partial T + n\alpha)\int_0^L \Delta T(z)\,\mathrm{d}z \tag{3-80}$$

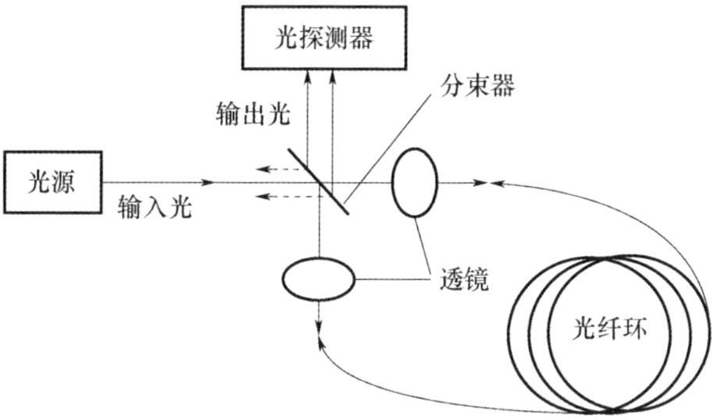

图 3－17　光纤陀螺仪原理示意图

式中：$\beta_0 = 2\pi/\lambda_0$ 为光在真空的传播常数；λ_0 为光源波长；n 为光纤的有效折射率；$\partial n/\partial T$ 为石英材料的折射温度系数；α 为热膨胀系数；$\Delta T(z)$ 为沿光纤温度的变化量。

在光纤陀螺仪中，当两束干涉光分别沿顺和逆时针光波在 t 时刻到达光纤输出端，则逆时针光波到达某点 z 的时刻为 $\bar{t} = t - (L - z)/c_n$，$c_n = c/n$ 为光在波导中传播的速度，c 为真空中的光速。由式（3－80）可得光纤环热导致的非互易性相位误差为

$$\Delta\Phi(z) = \frac{2\pi}{\lambda_0}\frac{\partial n}{\partial T}\frac{\partial T}{\partial t}\frac{L - 2z}{c_n}\mathrm{d}z \tag{3-81}$$

式中：T 为光纤环的温度。

可见，光纤环由温度效应引起的 $\Delta\Phi(z)$ 与光纤折射率随温度变化率 $\partial n/\partial T$ 及该段光纤上的温度变化率 $\partial T/\partial t$ 成正比，与光波传输的速度 c_n 成反比。

温度对光纤陀螺仪性能的影响主要表现在：陀螺仪工作时，本身会发热，当环境温度发生变化时，陀螺仪温度场将变得愈加复杂，所以陀螺仪本身与环境温度的变化都对陀螺仪的性能产生严重影响[83]。

2. 基于 RBF 神经网络的 IMU 温度补偿方法研究

对于作业飞行高度较高，且常与对地观测系统成像载荷固联于机舱外部的光纤陀螺仪 IMU，其标定补偿参数受温度影响较大。因此，在全温范围内标定参数的误差将成为影响系统测量精度的重要因素之一。为了对其进行高精度的建模补偿，抑制标定参数的温度误差影响，将采用基于神经网络的光纤陀螺仪 IMU 温度补偿方法。

神经网络中，BP 神经网络常常用来实现辨识功能，但存在众多缺点，如收

敛速度慢、局部极小等。RBF 神经网络是一种性能优良的前馈型神经网络，它利用局部逼近的总和实现对训练数据的全局逼近，最终实现全局最优，具有全局逼近能力，而且拓扑结构紧凑，结构参数可实现分离学习，收敛速度快。在逼近能力、分类能力和学习速度方面都优于 BP 网络的神经网络。因此，本章选择 RBF 神经网络建立 IMU 的温度模型进行补偿。

1）RBF 神经网络的原理

神经网络是在现代脑科学对脑神经系统的认识和理解的基础上提出来的。神经网络具有很好的学习能力、自适应能力和泛化能力，对噪声数据的承受能力也较高；通过学习，可以挖掘数据中潜在规律，预测变化趋势的能力，是一种很好的非线性并行计算建模方法。

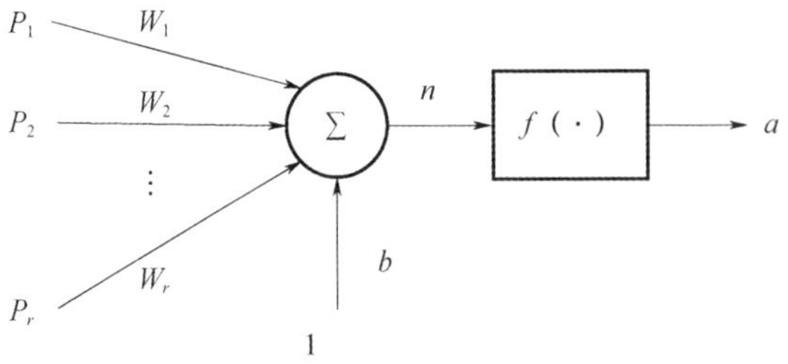

图 3－18　神经网络模型

如图 3 － 18 所示，$[P_1, P_2, \cdots, P_r]^{\mathrm{T}}$ 是神经元的输入，b 是输入的偏置，$[w_1, w_2, \cdots, w_r]^{\mathrm{T}}$ 是输入权值，$f(\cdot)$ 是神经元的激活函数，a 是神经元的输出。一个神经网络就是由许多这样的神经元所构成的。不同种类的神经网络之间的区别主要在于激活函数 $f(\cdot)$ 上，RBF 神经网络的激活函数为径向基函数。

RBF 神经网络是具有单个隐含层的三层传输网络。第一层是输入层，由信号源节点组成。第二层是隐含层，隐单元的数量是根据描述问题的需要确定的。隐单元的变换函数基于 RBF 构成隐含层的空间。隐含层变换输入矢量并使用低维模式，输入数据被转换到高维空间，使得低维空间中的线性不可分问题在高维空间中可线性分离。第三层是输出层，输出层对输入模式做出响应。

一个 n 输入 j 输出的 RBF 神经网络拓扑结构如图 3 － 19 所示，由输入层、隐含层和输出层组成。输入层有 n 个节点，其作用是将信号传递到隐含层，对输入向量不进行任何变换。隐含层有 i 个节点，节点由径向基函数构成，对输入向量进行非线性变换。输出层有 j 个节点，一般是简单的线性函数，对隐含层节点输出进行线性加权再求和。

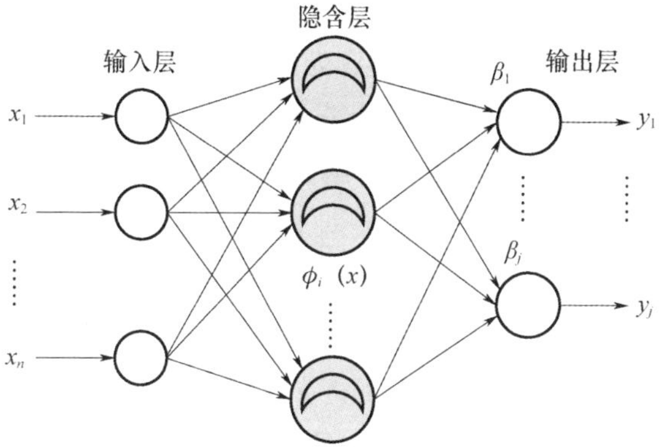

图 3 - 19　RBF 网络结构

图 3 - 19 中网络的输出表达式为

$$\hat{y}_j = \sum_{i=1}^{I} w_{ij}\varphi(\|\boldsymbol{x} - \boldsymbol{c}_i\|) + \beta_j \tag{3-82}$$

式中：$\hat{y}_j$ 为网络第 j 个输出神经元的实际输出；$i(i \in \{1,2,\cdots,I\})$ 是隐含层中神经元的个数；$j(j \in \{1,2,\cdots,J\})$ 是输出层神经元的个数；$\beta_j(j \in \{1,2,\cdots,J\})$ 为隐含层到输出层的偏置；w_{ij} 为隐含层到输出层的连接权值；φ 为隐含层的基函数；$\boldsymbol{x}$ 为输入数据向量；$\boldsymbol{c}_i$ 为第 i 个神经元的中心向量。

对于隐含层节点，这里选用对中心点径向对称的非负非线性高斯基函数 $\varphi = \exp(-\|x - c_i\|^2/\sigma_i^2)$，其中：$\|x - c_i\|$为向量范数，表示 x 与c_i 间的径向距离；σ_i 为第 i 个神经元的径向基函数宽度，它决定了基函数的敏感区域。φ 在c_i 处有唯一的最大值，随着$\|x - c_i\|$的增大，φ 迅速衰减到零。对于给定的输入，只有一小部分靠近中心c_i 的输入被激活，即径向基函数是一个具有局部感受特性的函数形式。

隐含层中每个神经元中心和局部感受域决定了径向基函数的位置和宽度，通过选择适当的中心位置、足够的隐含层神经元、局部感受域和权值，RBF 神经网络可以以任意精度逼近任意函数。

RBF 神经网络学习训练过程是在多维空间中寻找最佳匹配平面的过程。其训练过程分为两步：①确定网络隐含层神经元个数及其中心；②确定隐含层至输出层的连接权值。

2）基于 RBF 神经网络的高精度光纤 IMU 温度补偿方法

这里设计了一个 6 输入、30 输出的 RBF 神经网络对 IMU 的温度模型进行逼近。RBF 神经网络的输入层有 6 个神经元，为 6 个惯性器件的温度输出；隐含层有 15 个神经元，与温度采样点数目相同；输出层有 30 个神经元，输出系统标定的 30 个参数。隐含层的径向函数为高斯基函数，输出层的响应函数为线性函数。

RBF 神经网络学习算法中需要求解 3 个参数，分别是径向基函数的中心、方差以及隐含层到输出层的权值。根据 RBF 中心选取方法的不同，RBF 神经网络学习方法有随机选取中心法、自组织选取中心法以及最小正交二乘法等，下面采用正交最小二乘法（Orthogonal Least Square，OLS）。

OLS 法通过新息－贡献准则进行正交优选中心，具有精度高、简单易行和速度快等优点，但不适合做递推运算。温漂辨识可离线进行，不需要进行递推，故本节采用 OLS 法。

首先对 RBF 网络的局部感受域 σ 及基函数 φ 进行选择。设训练样本数为 N，样本中的输入为网络的初始中心，经过隐含层输出基矢量 $\boldsymbol{P}$，根据线性回归模型，网络的期望输出响应为

$$\hat{\boldsymbol{d}} = \boldsymbol{PW} + \boldsymbol{E} \tag{3-83}$$

式中：$\hat{\boldsymbol{d}} = [\hat{d}(1)\hat{d}(2)\cdots\hat{d}(N)]^{\mathrm{T}}$ 为估计输出；$\boldsymbol{W} = [W_1 W_2 \cdots W_N]^{\mathrm{T}}$ 为线性权值；$\boldsymbol{E} = [e(1)e(2)\cdots e(N)]^{\mathrm{T}}$ 为误差；$\boldsymbol{P} = [P_1 P_2 \cdots P_N]$，$\boldsymbol{P}_i = [P_{i1} P_{i2} \cdots P_{iN}]^{\mathrm{T}}(1 \leqslant i \leqslant N)$ 为回归因子。

OLS 的任务通过学习寻找最优权值 W，使得 PW 是期望输出 $\boldsymbol{d}$ 的最佳估计。最小二乘法基本思想是对相关的回归因子进行正交变换，分析回归因子对降低残差的贡献，从而得到输出能量中各因子对其的贡献。回归矩阵可表示为

$$\boldsymbol{P} = \boldsymbol{UA} \tag{3-84}$$

式中：$\boldsymbol{U}$ 为 $N \times N$ 的正交矩阵，正交列为 u_i；$\boldsymbol{U}^{\mathrm{T}}\boldsymbol{U} = \boldsymbol{H}$，$\boldsymbol{H}$ 为对角元素是 $h_i = u_i^{\mathrm{T}} u_i (1 \leqslant i \leqslant N)$ 的对角矩阵；$\boldsymbol{A}$ 为 $N \times N$ 的上三角矩阵。

Gram－Schmidt 递推法为实际运算中经常采用的正交分解方法，对矩阵 P 进行正交分解的具体计算公式为

$$\boldsymbol{u}_1 = \boldsymbol{p}_1 \tag{3-85}$$

$$\boldsymbol{a}^{ik} = \boldsymbol{u}_i^{\mathrm{T}} \boldsymbol{p}_k / \boldsymbol{u}_i^{\mathrm{T}} \boldsymbol{u}_i \tag{3-86}$$

$$\boldsymbol{u}_k = \boldsymbol{p}_k - \sum_{i=1}^{k-1} \boldsymbol{a}_{ik} \boldsymbol{u}_i \tag{3-87}$$

可得

$$\hat{\boldsymbol{d}} = \boldsymbol{Ug} + \boldsymbol{E} \tag{3-88}$$

$$\boldsymbol{g} = \boldsymbol{AW} \tag{3-89}$$

最小二乘解为

$$\boldsymbol{g}=\boldsymbol{H}^{-1}\boldsymbol{U}^{\mathrm{T}}\boldsymbol{d} \tag{3-90}$$

$$g_i=\boldsymbol{u}_i^{\mathrm{T}}\boldsymbol{d}/\boldsymbol{u}_i^{\mathrm{T}}\boldsymbol{u}_i \quad 1\leqslant i\leqslant N \tag{3-91}$$

前面将初始中心选择为采集样本的输入,因此网络回归因子有 N 个。由于通常采集样本的数目 N 较大,而采用 $N_s(\leqslant N)$ 个较为重要的因子即能够充分描述一个网络模型,通过采用 OLS 法可以将这些重要的因子选择出来。由于$\boldsymbol{u}_i$ 和 $\boldsymbol{u}_j(i\neq j)$是正交的,因此输出能量可表示为

$$\boldsymbol{d}^{\mathrm{T}}\boldsymbol{d}=\sum_{i=1}^{N}g_i^2\boldsymbol{u}_i^{\mathrm{T}}\boldsymbol{u}_i+\boldsymbol{E}^{\mathrm{T}}\boldsymbol{E} \tag{3-92}$$

式中:$\boldsymbol{E}^{\mathrm{T}}\boldsymbol{E}$ 为误差部分; $\sum_{i=1}^{N}g_i^2\boldsymbol{u}_i^{\mathrm{T}}\boldsymbol{u}_i$ 为期望输出能量的有用部分。

系统描述的 N_s 个重要因子和相应的网络中心为

$$[\mathrm{cont}]_i=g_i^{\mathrm{T}}\boldsymbol{u}_i^{\mathrm{T}}\boldsymbol{u}_i/\boldsymbol{d}^{\mathrm{T}}\boldsymbol{d} \quad 1\leqslant i\leqslant N \tag{3-93}$$

综上所述,采用最小二乘递推法建立 RBF 网络详细步骤如下:

(1)首先将样本输入选取为网络的初始中心,同时对非线性和局部感受阈值进行确定,计算隐含层输出 $\boldsymbol{P}$,然后按式(3-94)进行计算。

$$\begin{cases}\boldsymbol{u}_1^{(i)}=\boldsymbol{p}_1\\ g_1^{(i)}=(\boldsymbol{u}_1^{(i)})^{\mathrm{T}}\boldsymbol{d}/(\boldsymbol{u}_1^{(i)})^{\mathrm{T}}\boldsymbol{u}_1^{(i)} & 1\leqslant i\leqslant N\\ [\mathrm{cont}]_1^{(i)}=(g_1^{(i)})^2(\boldsymbol{u}_1^{(i)})^{\mathrm{T}}\boldsymbol{u}_1^{(i)}/\boldsymbol{d}^{\mathrm{T}}\boldsymbol{d}\end{cases} \tag{3-94}$$

寻找

$$[\mathrm{cont}]_1^{(i_1)}=\max\{[\mathrm{cont}]_1^{(i_1)}\} \quad 1\leqslant i\leqslant N \tag{3-95}$$

将$u_1=u_1^{(i_1)}=p_{i_1}$作为正交因子的首列,并选定网络的第 1 个中心为样本中的第 i_1 组。

(2)在第 $K(\geqslant 2)$步进行运算,即

$$\begin{cases}\alpha_{jk}^{(i)}=\boldsymbol{u}_j^{\mathrm{T}}\boldsymbol{p}_i/\boldsymbol{u}_j^{\mathrm{T}}\boldsymbol{u}_j\\ \boldsymbol{u}_k^{(i)}=\boldsymbol{p}_i-\sum_{j=1}^{k-1}\alpha_{jk}^{(i)}\boldsymbol{u}_j\\ g_k^{(i)}=(\boldsymbol{u}_k^{(i)})^{\mathrm{T}}\boldsymbol{d}/(\boldsymbol{u}_k^{(i)})^{\mathrm{T}}\boldsymbol{u}_k^{(i)}\\ [\mathrm{cont}]_k^{(i)}=(g_k^{i})^2(\boldsymbol{u}_k^{(i)})^{\mathrm{T}}\boldsymbol{u}_k^{(i)}/\boldsymbol{d}^{\mathrm{T}}\boldsymbol{d}\end{cases} \tag{3-96}$$

式中:$1\leqslant j\leqslant k,1\leqslant i\leqslant N,i\neq i_1,\cdots,i\neq i_{k-1}$。寻找

$$[\mathrm{cont}]_k^{(i_k)}=\max\{[\mathrm{cont}]_k^{(i)}\} \quad 1\leqslant i\leqslant N,i\neq i_1,\cdots,i\neq i_{k-1} \tag{3-97}$$

将 $u_k = p_i - \sum_{j=1}^{k-1} \alpha_{ij}^{ik} u_j$ 选择为正交因子 k 列，并选定网络的第 k 个中心为样本的第 i_k 组。

(3)检验以下关系是否满足，即

$$1 - \sum_{j=1}^{Ms} [\text{cont}]_j < \rho \quad 0 < \rho < 1 \tag{3-98}$$

式中：ρ 为误差限度。若不满足，则继续上一步；当上述关系满足时，采用最小二乘法确定出权值 W。

网络训练时为了消除大范围输入对网络参数学习的不确定性影响，还要对温度信号和 IMU 误差信号进行归一化处理，并将归一化后的数据作为教师样本来训练神经网络。

当输出样本与网络实际输出间的误差在允许范围内时，训练宣告结束，网络的权系数和阈值最终确定并存储在网络内，从而确立了输入和输出的函数关系 f，由测量到的温度 T 可计算出 IMU 标定的各参数。

3. 基于 RBF 神经网络的高精度光纤 IMU 温度补偿方法实验验证

建立神经网络模型以后，将温度值作为网络的输入值便可获得该温度下的补偿参数，在高精度光纤陀螺仪 IMU 静态测试及动态车载测试中验证了补偿模型的准确性。

1)静态实验验证

将系统静止地置于温度环境较为稳定的实验室中，系统启动后 5min 开始进行测试，测试时间为 1h。测试过程中，光纤陀螺仪 IMU 中陀螺仪和加速度计温度变化曲线如图 3－20 和图 3－21 所示。

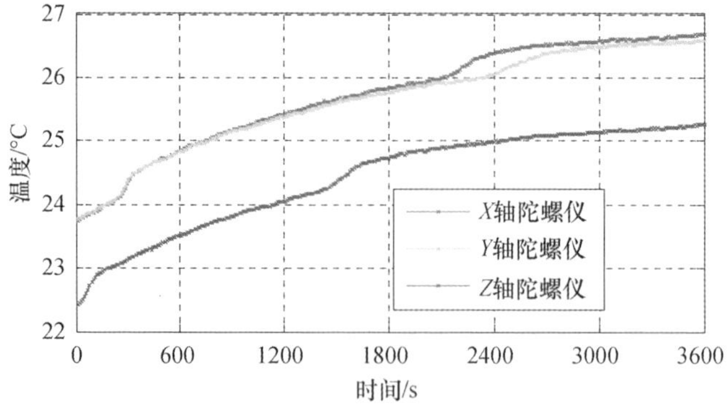

图 3－20　静态实验中陀螺仪温度变化曲线(见彩图)

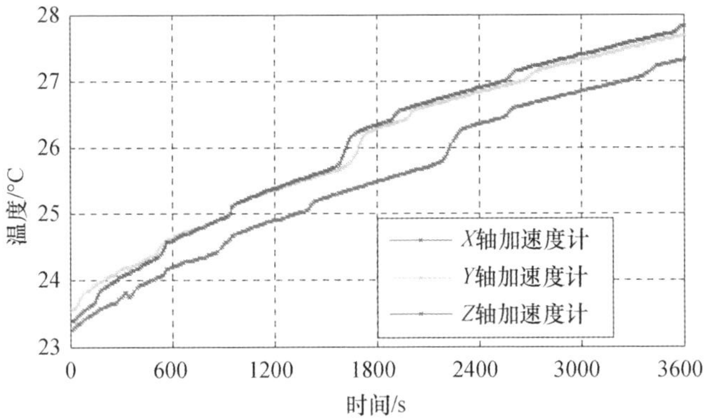

图 3－21 静态实验中加速度计温度变化曲线(见彩图)

系统启动初期,光纤陀螺仪 IMU 内部温度随时间变化较大,直至最后内部温度场趋于相对平衡。1h 测试过程中,陀螺仪温度上升约 3℃,加速度计温度上升约 4℃,光纤陀螺仪 IMU 输出受温度影响,输出变化较大。

采用提出的基于 RBF 神经网络建立的温度模型对静态测试数据进行补偿,光纤陀螺仪 IMU 中惯性器件标称精度为室温环境下预热 0.5h 后测试 1h,数据经 10s 平均后光纤陀螺仪随机漂移为 0.02°/h,加速度计为 80μg。

温度补偿前后的结果对比曲线如图 3－22 所示。

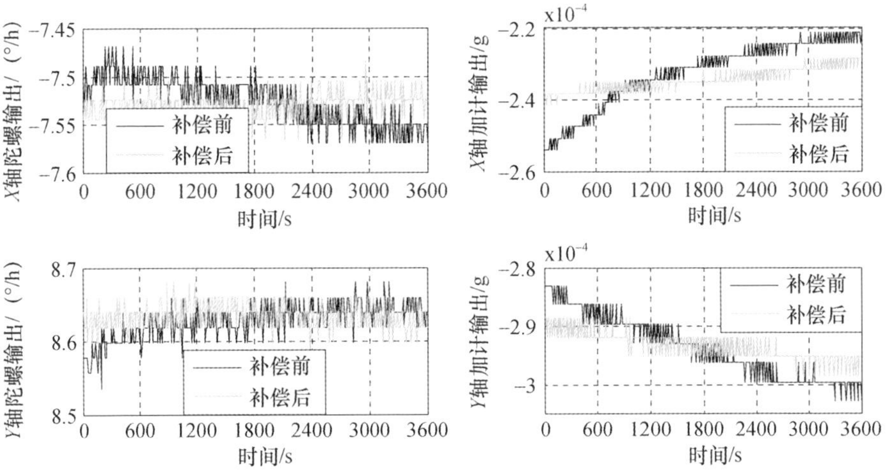

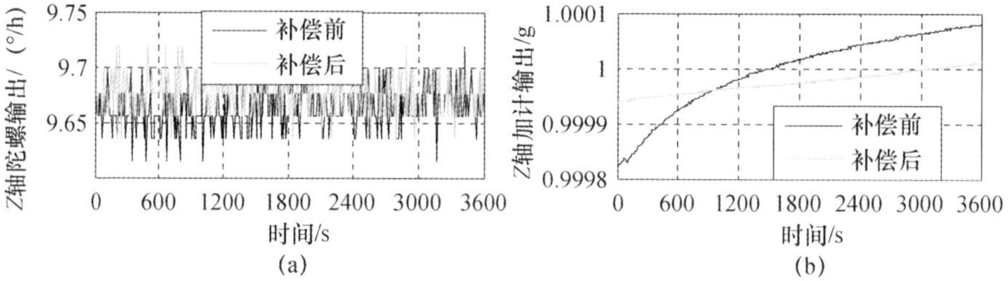

图 3－22 光纤陀螺仪 IMU 惯性器件输出温度补偿前后对比(见彩图)

(a)陀螺仪输出结果对比;(b)加速度计输出结果对比。

惯性器件温度补偿前后器件稳定性的统计结果如表 3－9 所列。

表 3－9 惯性器件静态输出结果对比列表

惯性器件稳定性	补偿前	补偿后
X 轴陀螺仪/(°/h)	0.0249	0.0177
Y 轴陀螺仪/(°/h)	0.0240	0.0189
Z 轴陀螺仪/(°/h)	0.0206	0.0183
X 轴加速度计/μg	19.07	10.39
Y 轴加速度计/μg	25.28	13.10
Z 轴加速度计/μg	68.27	27.58

由上述实验结果可以看出,经过温度补偿后,陀螺仪随机漂移优于 0.019°/h,加速度计随机偏置优于 30μg,系统启动 5min 的惯性器件精度与稳定后的常温精度相当,使得系统在快速启动条件下器件精度不低于甚至优于常温标称精度,可以补偿温度变化对系统精度的影响,提高快速启动应用时系统的测量精度。因此,该方法不仅适用于温度变化环境中 IMU 的温度补偿,也可以应用于启动时间较短,IMU 内部温度不平衡导致的温度变化的补偿,使得其快速启动的器件精度不低于甚至优于系统常温标称精度。

2)车载动态实验验证

将该温度补偿方法应用于高精度光纤陀螺仪 IMU 的某次地面车载实验中,实验车及主要设备安装如图 3－23 所示。实验地点为北京市五环路的一段,系统在较为安静的地点启动,静止 30min 待系统完成预热后开始进行测试,车载实验时间为 1h。

由于实验车行进过程中,光纤陀螺仪 IMU 温度受外界环境温度影响,光纤陀螺仪 IMU 中陀螺仪和加速度计温度变化曲线如图 3－24 和图 3－25 所示。

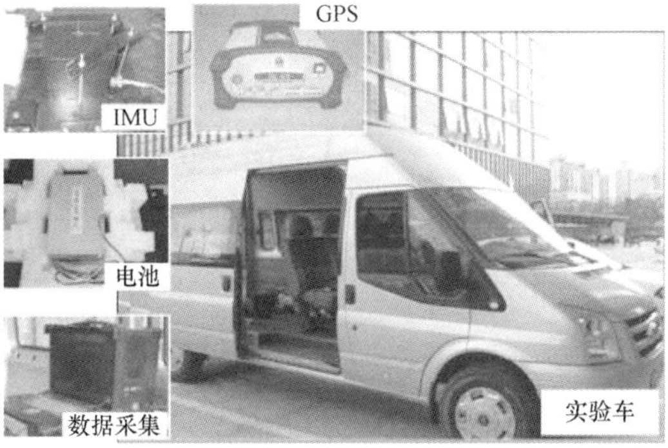

图 3－23　实验设备及其在实验车上的安装

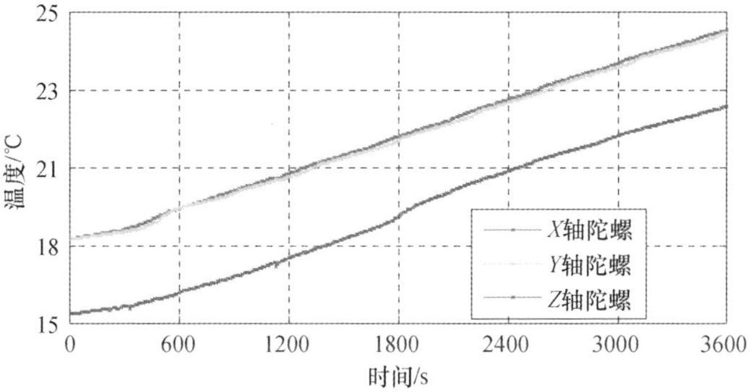

图 3－24　车载实验中陀螺仪温度变化曲线（见彩图）

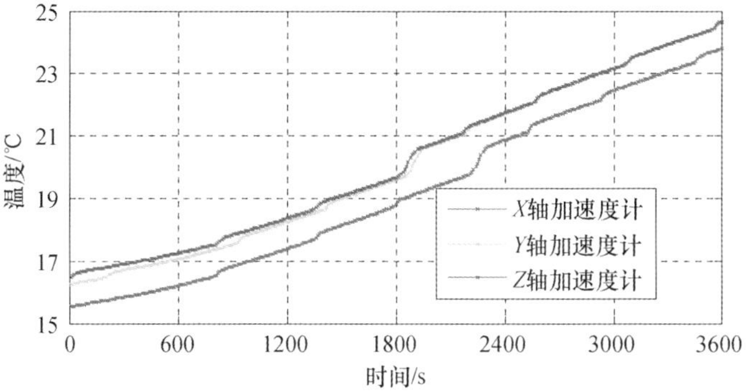

图 3－25　车载实验中加速度计温度变化曲线（见彩图）

由图 3－24 和图 3－25 可以看出，1h 实验过程中，陀螺仪温度变化约为 7℃，加速度计温度变化约为 8℃。由第 3.2 节可知，温度的变化对于标定参数影响较大，因此对测试数据进行了基于 RBF 神经网络的温度补偿。由于没有精度更高的姿态基准，故以位置信息和速度信息精度较高的 DGPS 作为基准，对比了温度补偿前后的纯惯性解算的水平位置及速度误差。实验过程中温度补偿前后的经纬度误差对比曲线如图 3－26 所示。

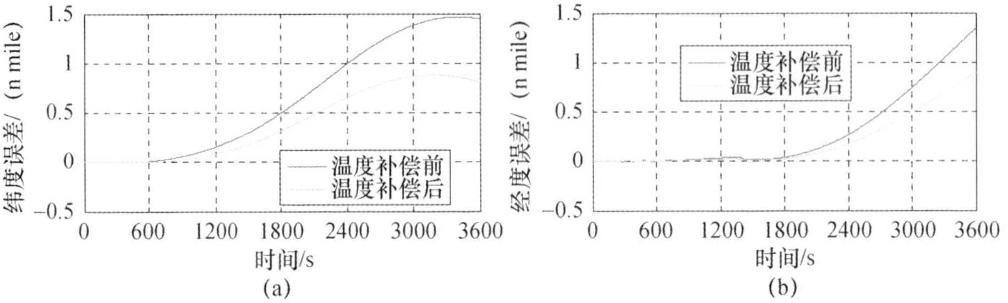

图 3－26　车载实验中温度补偿前后经、纬度误差对比曲线（见彩图）

（a）温度补偿前后纬度误差对比曲线；（b）温度补偿前后经度误差对比曲线。

实验过程中温度补偿前后水平速度误差对比曲线如图 3－27 所示。

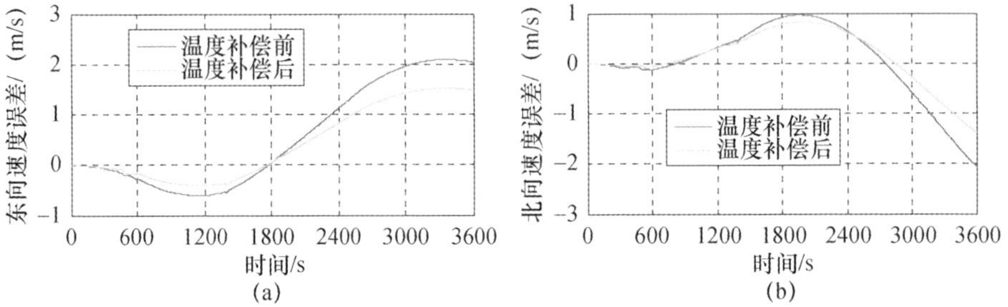

图 3－27　车载实验中温度补偿前后水平速度误差对比曲线（见彩图）

（a）温度补偿前后东向速度误差对比曲线；（b）温度补偿前后北向速度误差对比曲线。

实验结束点温度补偿前后水平位置和水平速度对比列表如表 3－10 所列。

表 3－10　车载实验温度补偿前后终点水平位置和速度误差对比列表

误差	补偿前	补偿后
东向速度误差/（m/s）	2. 038464	1. 484832
北向速度误差/（m/s）	－2. 061247	－1. 386208
水平速度误差/（m/s）	2. 898978	2. 030132
纬度误差/（n mile）	1. 448667	0. 806249
经度误差/（n mile）	1. 341989	0. 894659
位置误差/（n mile）	1. 774734	1. 054348

上述实验结果表明，在车载动态条件下该方法亦表现出了优良的性能，其

中:经过温度补偿,系统 1h 纯惯性导航水平速度误差由 2.90 m/s 降低到 2.03 m/s,精度提高将近 30%;1h 纯惯性导航水平定位误差由 1.77n mile 降低至 1.05n mile 左右,导航精度提高近 40%。

综合静态及动态实验结果可以看出,该方法不仅在静态条件下较好地补偿了温度变化对系统器件精度的影响,在车载动态条件下表现出良好的性能,大大减小了温度变化对系统测量精度的影响。

由于机载高分辨率对地观测系统作业飞行高度较高,且 IMU 与成像载荷往往直接暴露于空气中,温度变化的影响对其测量精度影响极为严重,温度补偿方法的研究对系统器件处于良好精度性能状态意义重大,更是下一步提高系统测量精度的重要前提。

本节开展了高精度光纤陀螺仪 IMU 温度误差的建模、标定与补偿方法研究,为下一步初始对准方法的研究打下基础。首先,介绍了光纤陀螺仪的工作原理及温度误差机理,针对系统没有温控的特点,在不同的温度点下对 IMU 的误差参数进行了标定,分析了不同误差参数随温度变化的特性;其次,针对不同误差参数随温度变化呈现不同规律甚至没有规律可循的问题,利用 RBF 神经网络的全局逼近能力强、拓扑结构紧凑、收敛速度快的优点,提出了一种基于 RBF 神经网络的高精度光纤陀螺仪 IMU 温度补偿方法,并最终通过实验验证了 IMU 温度误差的补偿效果。

经过本节所提方法进行温度补偿,标称 10s 平均随机漂移为 0.02°/h 的陀螺仪,随机偏置为 80μg 的加速度计,在常温环境快速启动条件下,陀螺仪随机漂移优于 0.019°/h,加速度计随机偏置优于 30μg,使得系统在快速启动条件下器件精度不低于甚至优于器件常温标称精度,提高了快速启动应用时的系统测量精度。车载动态实验表明,经过温度补偿,系统 1h 纯惯性导航水平速度精度提高将近 30%,水平位置精度提高近 40%,即该方法在静态、动态条件下均表现出了良好的性能。

3.5　系统振动误差建模与补偿方法

由于 POS 是作为一种高精度测量系统集成于遥感系统当中进行运动误差补偿的,不同于传统的惯性导航系统或惯性制导系统,其精度输出非常高,但其 IMU 工作环境又不同于以往的传统惯导系统,其振动环境非常恶劣。因此,本节对系统振动误差进行深入介绍。

3.5.1 振动误差对系统测量精度的影响分析

为了精确分析尺寸效应误差对 POS 性能的影响，首先进行尺寸效应仿真实验，说明尺寸效应产生的机理，石英挠性加速度计敏感质量点在三轴安装时不重合，如图 3-28 所示。

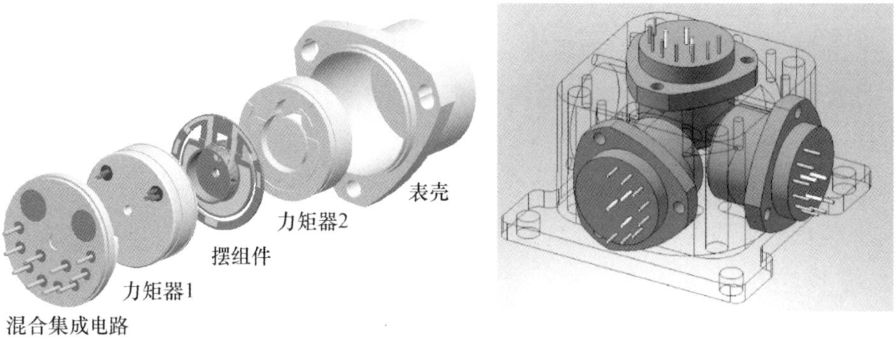

图 3-28 石英挠性加速度计敏感质量点在三轴安装时不重合示意图

对于不在一处的两个加速度计所测点的线加速度，有

$$a_B = a_A + \dot{\omega} \times r_{BA} + \omega \times (\omega \times r_{BA}) \tag{3-99}$$

式中：$\dot{\boldsymbol{\omega}}$为刚体的角加速度矢量；$\boldsymbol{\omega}$ 为刚体的角速度矢量；$\boldsymbol{r}_{BA}$ 为刚体中 B 点对 A 点的矢径。惯性测量单元内部三轴加速度计敏感质量点的空间关系如图 3-29 所示。

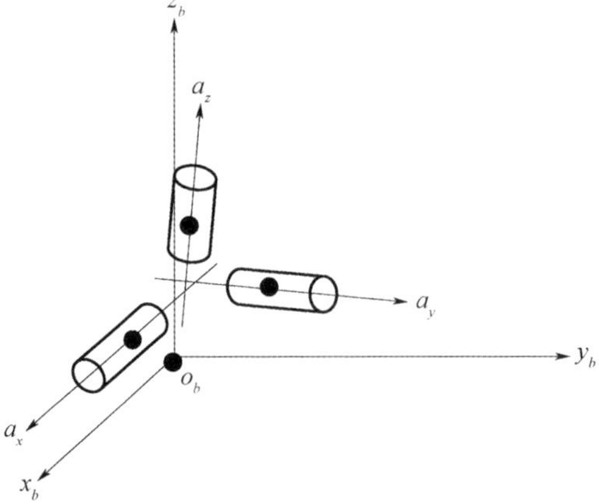

图 3-29 惯性测量单元内部三轴加速度计敏感质量点的空间关系

对于惯性测量单元来说,假设3个轴上加速度计的敏感质量中心相对于IMU坐标系原点的位置矢量为$\boldsymbol{r}_{bx}^{b}$,$\boldsymbol{r}_{by}^{b}$,$\boldsymbol{r}_{bz}^{b}$,用来表示测量点不重合而产生的测量点偏离程度。考虑到非正交安装误差,3个加度计敏感轴在IMU坐标系下的单位矢量投影为a_x,a_y,a_z,其中,$|a_x|=1$,$|a_y|=1$,$|a_z|=1$,用来表示敏感轴与待测量轴之间不重合而产生的误差角。由以上约定,可知各个加速度计敏感的由尺寸效应导致的偏差为

$$\begin{aligned} f_{rx} &= a_x \cdot [\omega_{nb}^{b} \times (\omega_{nb}^{b} \times r_{bx}^{b}) + \dot{\omega}_{nb}^{b} \times r_{bx}^{b}] \\ &= a_x \cdot \begin{bmatrix} 0 & -\omega_z & \omega_y \\ \omega_z & 0 & -\omega_x \\ -\omega_y & \omega_x & 0 \end{bmatrix} \begin{bmatrix} 0 & -\omega_z & \omega_y \\ \omega_z & 0 & -\omega_x \\ -\omega_y & \omega_x & 0 \end{bmatrix} \begin{bmatrix} r_{bxx} \\ r_{bxy} \\ r_{bxz} \end{bmatrix} + \dot{\omega}_{nb}^{b} \times r_{bx}^{b} \end{aligned} \tag{3-100}$$

$$f_{ry} = a_y \cdot [\omega_{nb}^{b} \times (\omega_{nb}^{b} \times r_{by}^{b}) + \dot{\omega}_{nb}^{b} \times r_{by}^{b}] \tag{3-101}$$

$$f_{rz} = a_z \cdot [\omega_{nb}^{b} \times (\omega_{nb}^{b} \times r_{bz}^{b}) + \dot{\omega}_{nb}^{b} \times r_{bz}^{b}] \tag{3-102}$$

由式(3-100)~式(3-102)可知,当a_x与$\boldsymbol{r}_{bx}^{b}$、a_y与$\boldsymbol{r}_{by}^{b}$、a_z与$\boldsymbol{r}_{bz}^{b}$分别平行时,右边第二项(角加速度引起的尺寸效应误差)为零,此时3个加速度计测量轴相交于b系原点。

考虑尺寸效应的加速度计测量组件的比力测量模型如下,其右边第一项为加速度计零偏,即

$$\begin{bmatrix} f_{xout} \\ f_{yout} \\ f_{zout} \end{bmatrix} = \begin{bmatrix} f_{x0} \\ f_{y0} \\ f_{z0} \end{bmatrix} + \begin{bmatrix} a_x^{\mathrm{T}} \\ a_y^{\mathrm{T}} \\ a_z^{\mathrm{T}} \end{bmatrix} \begin{bmatrix} f_x^b \\ f_y^b \\ f_z^b \end{bmatrix} + \begin{bmatrix} f_{rx} \\ f_{ry} \\ f_{rz} \end{bmatrix} \tag{3-103}$$

根据上述分析,进行误差仿真,如表3-11所列和图3-30所示。

表3-11 尺寸加速度误差大小与内杆臂长度误差的对应关系

内杆臂力长度/mm		尺寸加速度误差				
		50μg	20μg	10μg	5μg	2μg
载体角速度	5°/s	64.5	25.8	12.9	6.4	2.5
	10°/s	16.0	6.4	3.2	1.6	0.6
	15°/s	7.1	2.8	1.4	0.7	0.3
	30°/s	1.75	0.7	0.35	0.18	0.07
	60°/s	0.45	0.18	0.09	0.045	0.018

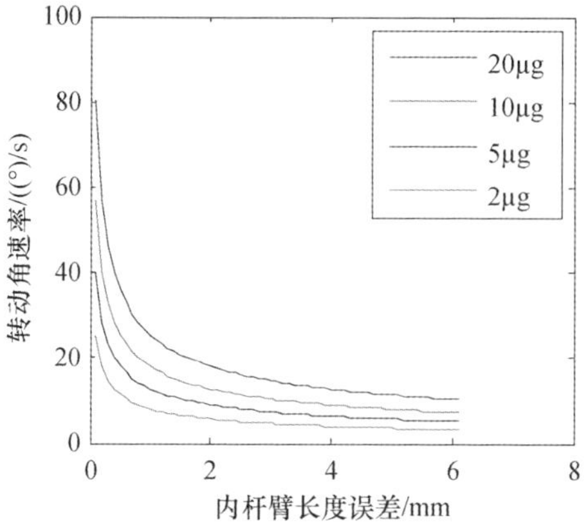

图 3-30　内杆臂长度与输入转动角速度导致的尺寸效应加速度误差曲线(见彩图)

表 3-11 中内杆臂长度表示在载体输入对应角速度时，达到相应加速度计测量精度的尺寸效应误差时所需要的内杆臂长度误差。从图 3-30 可以看出，如果输入的载体角速度达到 15°/s，则对于 10μg 的加速度计，1.4mm 的内杆臂长度误差即可达到该量级，从而损失加速度计的精度。由标定结果可知，仅靠机械设计来获得内杆臂长度的精度要远低于 1.4mm。由表 3-11 也可以看出，对于 10μg 的加速度计，结合工程应用中 IMU 正常工作时输入角速度可能达到 30 °/s 的实际，内杆臂的标定精度必须高于上述仿真精度的一个数量级，即 0.035mm。在后续章节中将重点针对该问题进行研究讨论。

3.5.2　振动环境下系统内杆臂误差的标定与补偿

为了获得高精度的内杆臂长度，必须对其进行高精度建模并设计相应的标定方案和标定算法，考虑到 IMU 进行系统级标定过程中的实际情况，如果能够在 IMU 进行系统级标定的同时完成内杆臂长度的标定而又不增加系统级的标定步骤，将大大提升系统的标定效率。以下给出一种结合常规 24 位置 IMU 标定的内杆臂长度标定方法。

在典型的 24 位置标定过程中，由于 IMU 直接安装在转台上，IMU 的基准面与转台的基准面平行，因此对于 X,Y,Z 轴的加速度计敏感质量点位置矢量 $\boldsymbol{r}_{bx}^{b}$，$\boldsymbol{r}_{by}^{b}$，$\boldsymbol{r}_{bz}^{b}$，有

$$\boldsymbol{r}_{bx}^{b}=\begin{bmatrix}\dot{r}_{bxx}\\c\\a\end{bmatrix}\quad \boldsymbol{r}_{by}^{b}=\begin{bmatrix}b\\r_{byy}\\a\end{bmatrix}\quad \boldsymbol{r}_{bz}^{b}=\begin{bmatrix}b\\c\\r_{bzz}\end{bmatrix}\tag{3-104}$$

由此可知,在 6 个指向输入角速率条件下加速度计的向心加速度为

$$f_{ri}=a_i\cdot[\omega_{nb}^b\times(\omega_{nb}^b\times r_{bi}^b)+\dot{\omega}_{nb}^b\times r_{bi}^b] \tag{3-105}$$

$$\begin{bmatrix} f_{rx1}\\ f_{ry1}\\ f_{rx3}\\ f_{rz3}\\ f_{ry2}\\ f_{rz2}\end{bmatrix}=\begin{bmatrix} -\omega_z^2a_{xx} & & & & & -\omega_z^2a_{xy}\\ & -\omega_z^2a_{yy} & & & -\omega_z^2a_{yx} & \\ -\omega_y^2a_{xx} & & & -\omega_y^2a_{xz} & & \\ & & -\omega_y^2a_{zz} & & -\omega_x^2a_{zx} & \\ & -\omega_x^2a_{yy} & & -\omega_x^2a_{yz} & & \\ & & -\omega_x^2a_{zz} & & & -\omega_x^2a_{zy}\end{bmatrix}\begin{bmatrix} r_{bxx}^b\\ r_{byy}^b\\ r_{bzz}^b\\ a\\ b\\ c\end{bmatrix} \tag{3-106}$$

其中,$i=x,y,z$,根据式(3－106)通过参数优化即可求得对应的尺寸效应误差参数。

根据上述标定方法开展实际系统的标定实验,以 TX－F10B 型光纤陀螺 IMU 为对象,标定结果为

$$\begin{cases} R_x=[-0.033362\text{m} \quad -0.001428\text{m} \quad 0.001324\text{m}]^{\mathrm{T}}\\ R_y=[-0.000234\text{m} \quad -0.031282\text{m} \quad 0.000351\text{m}]^{\mathrm{T}}\\ R_z=[-0.001071\text{m} \quad 0.001043\text{m} \quad -0.001785\text{m}]^{\mathrm{T}}\end{cases}$$

式中:$R_i(i=x,y,z)$为对应的尺寸效应误差参数。

传统尺寸效应误差补偿中,采用的机械测量方案得到的内杆臂力长度结果为

$$\begin{cases} R_x\approx[-0.0370\text{m} \quad 0.0000\text{m} \quad 0.0000\text{m}]^{\mathrm{T}}\\ R_y\approx[0.0000\text{m} \quad -0.0370\text{m} \quad 0.0000\text{m}]^{\mathrm{T}}\\ R_z\approx[0.0000\text{m} \quad 0.0000\text{m} \quad 0.0035\text{m}]^{\mathrm{T}}\end{cases}$$

从上述标定结果可以看出,传统的尺寸效应误差补偿方法较为粗略,将会对系统精度产生较大影响。对上述标定结果进行实验验证如下:

首先,开展纯惯性导航误差的比对实验。由前述分析可知,尺寸效应误差与载体转动的快慢和幅度直接相关,所以验证实验中输入 4 组条件进行比对,即低频大幅度和低频小幅度,以及两组高频小幅度振动。实验在角振动台上进行,实验用系统的性能指标如表 3－12 所列。实验现场如图 3－31 所示。不同角振动输入条件下尺寸效应误差引起的纯惯性导航误差如图 3－32 所示。

表 3-12　实验用 TX-F10B 型光纤陀螺 POS 性能指标

IMU	陀螺仪:常值 0.1°/h,漂移 0.1°/h(1σ)
	加速度计:常值 100μg,漂移 50μg(1σ)
GPS	速度:0.05m/s(RMS)
	位置:1.5m(RMS)

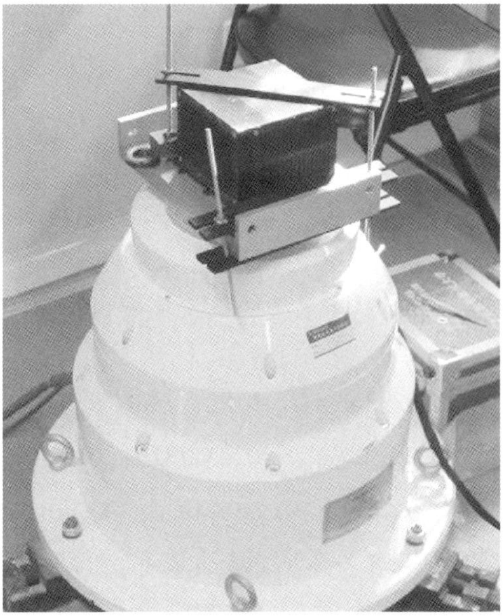

图 3-31　尺寸效应误差补偿效果验证实验现场

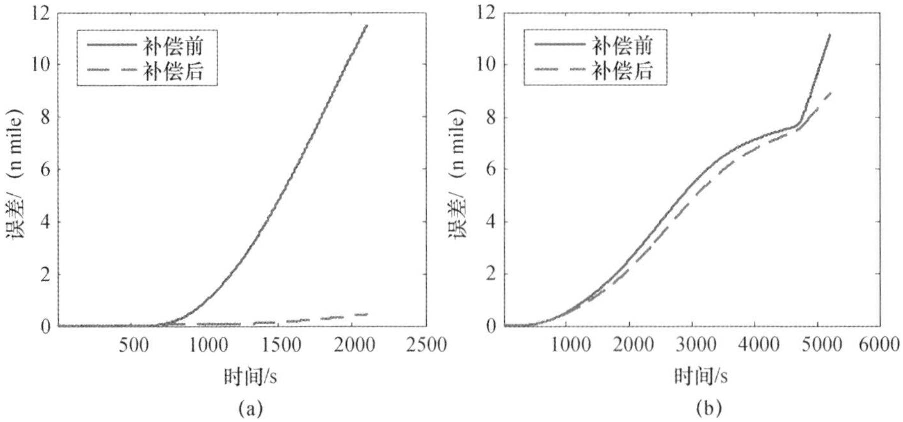

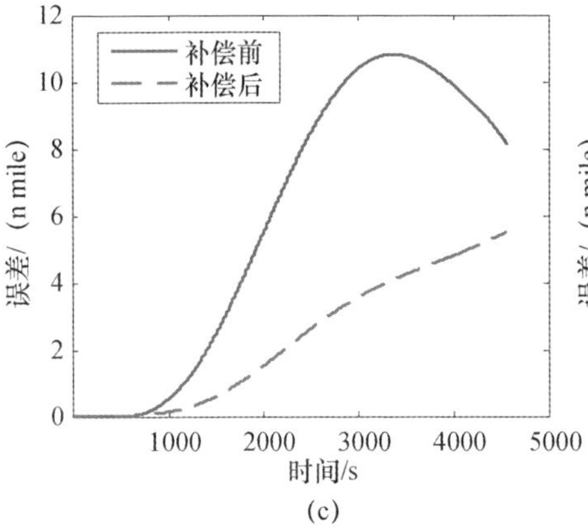

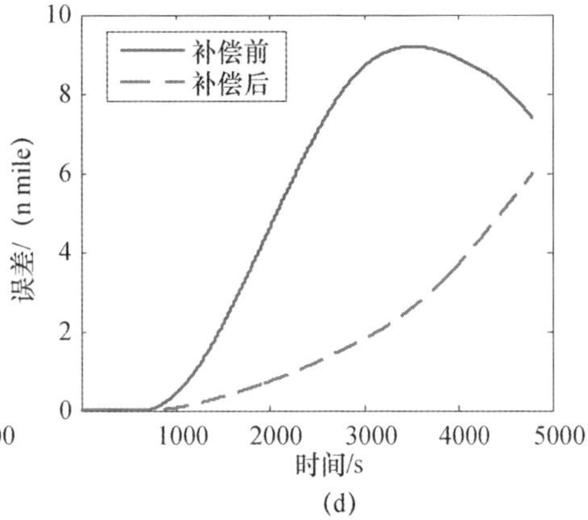

图 3－32　不同角振动输入条件下尺寸效应误差引起的纯惯性导航误差

(a)1Hz 10°;(b)1Hz 2°;(c)3Hz 2°;(d)3Hz 2°。

根据前述分析，尺寸效应误差直接会导致加速度计精度的下降，从而直接影响系统的水平姿态输出精度，为此采用角振动实验数据比较尺寸效应误差补偿前后系统水平姿态变化情况，如表 3－13 所列和图 3－33 所示。结果表明，系统输出的姿态峰值误差由 0.002199°下降到了 0.000468°，说明尺寸效应误差的补偿直接提升了系统水平姿态的精度。

表 3－13　尺寸效应误差补偿前后系统导航误差对比

输入条件	1Hz 10°	1Hz 2°	3Hz 2°	3Hz 2°
补偿前/(n mile)	11.50	7.30	9.39	8.65
补偿后/(n mile)	0.45	6.98	5.03	4.22

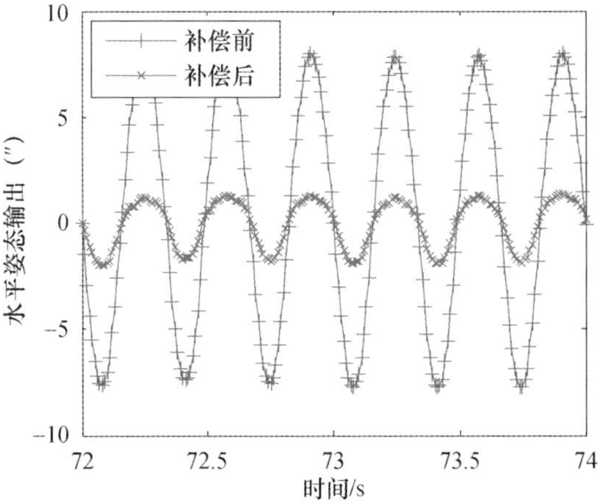

图 3－33　尺寸效应误差补偿前后系统水平姿态精度提升情况

第 4 章
机载位置姿态系统初始对准

4.1 引言

初始对准就是确定载体的初始位置、速度和姿态信息。其中,高精度初始姿态信息的获取最为困难。初始对准的要求是提高对准精度和缩短对准时间,本章将首先介绍初始对准的基本概念,之后分别给出 POS 初始对准中的粗对准方法和精对准方法。

4.2 初始对准的基本原理与分类

4.2.1 初始对准的基本原理

惯性导航系统通过不断积分进行递推式导航解算,把惯性传感器测得的实时载体转动角速度以及运动加速度代入进行解算,利用前一时刻的速度、位置和加速度信息积分得到当前时刻的速度、位置和姿态信息[84]。因此,需要给定积分初始条件如初始速度和初始位置等[85]。惯性导航系统的工作原理示意图如图 4-1 所示。初始对准是指惯性导航系统在开始进入导航状态之前,会对坐标系进行对准,同时对初始参数进行测定和装定的一个过程[86]。

捷联导航系统中,由于系统根据实时计算更新的姿态矩阵(载体坐标系和地理坐标系之间的方向余弦矩阵)来跟踪平台从而进行导航参数解算。因此,此时初始对准就是确定姿态矩阵的初始值[87]。捷联惯导系统初始对准的基础是 $\boldsymbol{C}_b^n$ 的误差方程。对准的修正信息,除了加速度计的输出信息外,还利用了陀

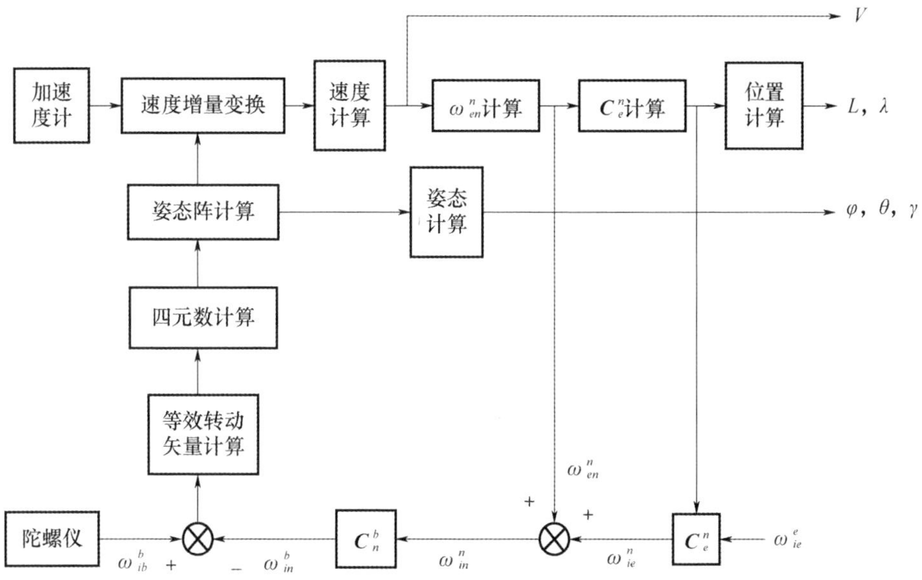

图 4－1　惯性导航系统工作原理示意图

螺仪的输出信息。因此，为了提高初始对准的精度，必须建立惯性器件的误差数学模型，并对其进行误差补偿。高精度的位置和速度信息一般可由卫星导航系统实时提供，而姿态信息需要通过惯性测量单元的测量数据计算获得姿态信息，即确定方向余弦矩阵或者四元数的初值。目前机载 POS 中多使用捷联惯性导航系统。

捷联惯导系统初始对准的步骤是粗对准在先，精对准在后，进行捷联惯性导航初始对准时先进行粗对准再进行精对准。在粗对准过程中，通过利用 IMU 系统测量的重力加速度和地球自转角速率来粗略计算系统的初始位置姿态信息，包括解析式粗对准、调平法和方位误差估算法等。此外，粗对准阶段也可以采用传递对准或者光学对准的方法将初始信息直接补偿装订给导航系统。为提高对准的精度，通常需要在粗对准的基础上，再进行基于状态估计的精对准。利用粗对准得到的方向余弦矩阵$\boldsymbol{C}_b^{t\prime ss}$来替换$\boldsymbol{C}_b^{t\prime}$矩阵，从而达到精对准的目的，前者能更精确地描述载体坐标系与当地地理坐标系的位置关系。精对准以加速度计信息、零速或其他信息为观测量，采用状态估计器估计粗对准的误差，进而精确确定初始姿态；相较于粗对准，基于滤波估计的方法耗时更长，但精度更高，通常用于粗对准后的修正[88]。

4.2.2 初始对准的分类

实现初始对准的方法包括静基座(载体静止不动)的自主式对准、动基座上的传递对准和组合导航空中对准等。按照不同的分类方式,初始对准方法大致可分为以下几类[89]。

(1)按照对准时载体的运动状态,初始对准可分为静态初始对准和动态初始对准。静态初始对准方法是 INS 最常用的对准方法,在对准阶段,载体需要保持准静态或近似静态,避免受外部扰动影响。粗对准的静态初始对准往往采用传统解析式的方法,系统通过惯性测量单元测量的信息提炼出两个空间不共线矢量,然后采用双矢量定姿的原理确定姿态转移矩阵$\boldsymbol{C}_b^n$;精对准的静态初始对准可采用最优双位置对准。但由于功能需求,装备于空中或者海上的惯性导航设备在对准时不能保持静止状态,需要在动态情况下完成对准获取初始姿态,即动基座对准,动基座对准可采用二阶差值滤波等方法。

(2)按照对准时是否采用外部导航信息分类,可分为自主式对准和非自主式对准[90]。自主式对准分为精对准和粗对准。粗对准过程中,自主式系统通过 IMU 对重力矢量敏感和对地球自转角速度获取空间不共线的特性得到两个矢量,通过双矢量定姿原理计算获得初始姿态信息;精对准过程中,自主式对准把惯性仪器得到的输出信息与导航计算机的坐标系之间的小失调角联立确定初始变换矩阵。自主式对准方法不需要外界信息,且隐蔽性强,自主能力突出,但对 IMU 的测量精度要求较高,且需要 IMU 在一定时间内保持静止状态。非自主式对准方法则需要外界辅助导航设备提供的导航信息,使用外界导航信息通过卡尔曼滤波器估计对准误差,并将其反馈至导航系统中进行校正,从而提高初始信息精度。非自主式对准的精度易受辅助导航设备的影响。相比之下,自主式对准方法的保密性和抗干扰性更强。非自主式对准方法中比较常用的是惯性导航与 GNSS 组合导航进行初始对准。

(3)按照对准阶段分类,初始对准可分为粗对准和精对准。在粗对准过程中,系统基于 IMU 测量的重力加速度和地球角速率信息通过解析的方法粗略得计算出初始姿态,其中包括解析式粗对准、调平法和方位误差估算法等。此外,粗对准阶段也可以采用传递对准或者光学对准的方法将初始信息直接补偿给导航系统。捷联系统精对准是在粗对准的基础上,依据外界导航信息对粗对准的结果进一步地修正得到精度更高的初始姿态,与此同时估计出惯性测量单元测量误差,并进行反馈校正从而提高姿态角地对准精度。精对准的过程就是由

t'系自动趋近 t 系的过程。精对准方法包括两位置对准法和卡尔曼滤波器对准法等。

(4)按照对准轴系分类,当取地理坐标系作为导航坐标系时,初始对准可分为水平对准和方位对准。现在在各平台惯导系统中,优先采用先水平对准、后水平同准和方位对准同时进行的方法;而在捷联惯导系统中,则多采用二者同时对准的方法。

4.3　系统粗对准方法

4.3.1　静基座解析粗对准方法

传统 POS 初始环境为静止或微幅晃动的环境,因此粗对准时大多数情况考虑传统的解析式方法。在准静态情况下,系统通过 IMV 测量的信息提炼出两个空间不共线矢量,然后采用双矢量定姿的原理确定载体坐标系至导航坐标系的姿态转移矩阵[91]。大部分惯导系统选用东北天参考坐标系,不共线矢量可通过 IMU 的输出数据求得。

在进行粗对准时,利用当地维度已知的条件,从而能轻松得到重力加速度和地球自转角速度在导航系上的投影。通过把导航系上的投影转换为加速度计和陀螺仪的测量值来进行元素间的姿态矩阵转换解算,实现粗对准的目的。对于粗对准来说,其主要指标是尽可能缩短对准时间。粗对准的具体计算过程如下:

设地理纬度 L 已知,导航坐标系采用东北天坐标系,则重力加速度在导航系下投影为

$$\boldsymbol{g}^n = [0 \quad 0 \quad -g]^{\mathrm{T}} \tag{4-1}$$

地球自转角速度在导航系下的投影为

$$\boldsymbol{\omega}_{ie}^n = [0 \quad \omega_{ie}\cos L \quad \omega_{ie}\sin L]^{\mathrm{T}} \tag{4-2}$$

捷联矩阵$\boldsymbol{C}_b^n$ 中包含 9 个未知元素,为了求解全部 9 个元素,需要构造 9 个方程,意味着需要 3 个三维向量,因此取载体坐标系中任意不共线的矢量$[\boldsymbol{d}_1^b \quad \boldsymbol{d}_2^b \quad \boldsymbol{d}_3^b]$通过捷联矩阵$\boldsymbol{C}_b^n$ 变换到导航坐标系中有

$$[\boldsymbol{d}_1^n \quad \boldsymbol{d}_2^n \quad \boldsymbol{d}_3^n] = \boldsymbol{C}_b^n[\boldsymbol{d}_1^b \quad \boldsymbol{d}_2^b \quad \boldsymbol{d}_3^b] \tag{4-3}$$

则有

$$C_b^n=[\boldsymbol{d}_1^n\quad \boldsymbol{d}_2^n\quad \boldsymbol{d}_3^n][\boldsymbol{d}_1^b\quad \boldsymbol{d}_2^b\quad \boldsymbol{d}_3^b]^{-1} \tag{4-4}$$

因为捷联矩阵是正交矩阵，故C_b^n可以表示为

$$C_b^n=\begin{bmatrix}(\boldsymbol{d}_1^n)^{\mathrm T}\\(\boldsymbol{d}_2^n)^{\mathrm T}\\(\boldsymbol{d}_3^n)^{\mathrm T}\end{bmatrix}^{-1}\begin{bmatrix}(\boldsymbol{d}_1^b)^{\mathrm T}\\(\boldsymbol{d}_2^b)^{\mathrm T}\\(\boldsymbol{d}_3^b)^{\mathrm T}\end{bmatrix} \tag{4-5}$$

重力加速度和地球自转角速度在载体坐标系上的投影为$\boldsymbol{g}^b$和$\boldsymbol{\omega}_{ie}^b$，由加速度计和陀螺的测量值$\tilde{\boldsymbol{f}}^b$和$\tilde{\boldsymbol{\omega}}^b$来代替[92]。根据导航坐标系到载体坐标系的转换矩阵C_n^b，空间向量$\boldsymbol{v}$在载体系和导航系中的投影关系可表示为

$$\boldsymbol{v}^b=C_n^b\boldsymbol{v}^n \tag{4-6}$$

粗对准的过程就是利用已知的$\boldsymbol{v}^n$和测量得到的$\boldsymbol{v}^b$来确定C_n^b。

因为重力加速度和地球自转加速度为已知量，它们的叉乘也是已知量。因此常用的粗对准算法包括：①利用$\boldsymbol{g}$、$\boldsymbol{\omega}_{ie}$和构造的$\boldsymbol{g}\times\boldsymbol{\omega}_{ie}$计算姿态矩阵；②利用$\boldsymbol{g}$、构造的$\boldsymbol{g}\times\boldsymbol{\omega}_{ie}$和构造的$(\boldsymbol{g}\times\boldsymbol{\omega}_{ie})\times\boldsymbol{g}$计算姿态矩阵；③利用惯性器件输出的直接计算法。其中，前两种算法通称为正交向量法。第二种方法和第三种方法有相同的方位角对准精度，均高于第一种方法，而且其对准精度与纬度误差无关；此外，直接计算法的计算量小于第二种方法。因此，本节仅对前两种方法进行简单介绍，对直接计算法进行详细的讲解。

由前两种方法有

$$C_b^n=\begin{bmatrix}(\boldsymbol{g}^n)^{\mathrm T}\\(\boldsymbol{g}^n\times\boldsymbol{\omega}_{ie}^n)^{\mathrm T}\\[(\boldsymbol{g}^n\times\boldsymbol{\omega}_{ie}^n)\times\boldsymbol{g}^n]^{\mathrm T}\end{bmatrix}^{-1}\begin{bmatrix}(\boldsymbol{a}^b)^{\mathrm T}\\(\boldsymbol{a}^b\times\boldsymbol{\omega}_{ie}^b)^{\mathrm T}\\((\boldsymbol{a}^b\times\boldsymbol{\omega}_{ie}^b)\times\boldsymbol{a}^b)^{\mathrm T}\end{bmatrix} \tag{4-7}$$

或者有

$$C_b^n=\begin{bmatrix}(\boldsymbol{g}^n)^{\mathrm T}\\(\boldsymbol{\omega}_{ie}^n)^{\mathrm T}\\(\boldsymbol{g}^n\times\boldsymbol{\omega}_{ie}^n)^{\mathrm T}\end{bmatrix}^{-1}\begin{bmatrix}(\boldsymbol{a}^b)^{\mathrm T}\\(\boldsymbol{\omega}_{ie}^b)^{\mathrm T}\\(\boldsymbol{a}^b\times\boldsymbol{\omega}_{ie}^b)^{\mathrm T}\end{bmatrix} \tag{4-8}$$

对于直接计算法，设$C_n^b=[\boldsymbol{x}\quad \boldsymbol{y}\quad \boldsymbol{z}]$，$\boldsymbol{x}$、$\boldsymbol{y}$和$\boldsymbol{z}$为单位列向量，且具有正交约束，即

$$\begin{cases} \boldsymbol{x}^{\mathrm{T}}\boldsymbol{x}=1 \\ \boldsymbol{y}^{\mathrm{T}}\boldsymbol{y}=1 \\ \boldsymbol{z}^{\mathrm{T}}\boldsymbol{z}=1 \\ \boldsymbol{x}^{\mathrm{T}}\boldsymbol{y}=0 \\ \boldsymbol{y}^{\mathrm{T}}\boldsymbol{z}=0 \\ \boldsymbol{z}^{\mathrm{T}}\boldsymbol{x}=0 \\ \boldsymbol{x}\times\boldsymbol{y}=\boldsymbol{z} \\ \boldsymbol{y}\times\boldsymbol{z}=\boldsymbol{x} \\ \boldsymbol{z}\times\boldsymbol{x}=\boldsymbol{y} \end{cases} \tag{4-9}$$

重力加速度和地球自转角速度在载体系中的投影可表示为

$$\boldsymbol{g}^b=\boldsymbol{C}_n^b\boldsymbol{g}^n=-g\boldsymbol{z} \tag{4-10}$$

$$\boldsymbol{\omega}_{ie}^b=\boldsymbol{C}_n^b\boldsymbol{\omega}_{ie}^n=\omega_{ie}\cos L\cdot\boldsymbol{y}+\omega_{ie}\sin L\cdot\boldsymbol{z} \tag{4-11}$$

用$\tilde{\boldsymbol{f}}^b(k)$和$\tilde{\boldsymbol{\omega}}^b(k)$分别表示 k 时刻加速度计和陀螺仪的测量值,采用正交约束下的最小二乘法估计$\boldsymbol{C}_n^b$ 的三个列向量,可得

$$\hat{\boldsymbol{z}}=-\frac{1}{\lambda}\sum_{k=1}^{N}\tilde{\boldsymbol{f}}^b(k) \tag{4-12}$$

$$\hat{\boldsymbol{y}}=\frac{1}{\eta}\left(\sum_{k=1}^{N}\tilde{\boldsymbol{\omega}}^b(k)+\rho\hat{\boldsymbol{z}}\right) \tag{4-13}$$

$$\hat{\boldsymbol{x}}=\hat{\boldsymbol{y}}\times\hat{\boldsymbol{z}}=\frac{1}{\eta}\left(\sum_{k=1}^{N}\tilde{\boldsymbol{\omega}}^b(k)\right)\times\hat{\boldsymbol{z}} \tag{4-14}$$

$$\lambda=\left[\left(\sum_{k=1}^{N}\tilde{\boldsymbol{f}}^b(k)\right)^{\mathrm{T}}\left(\sum_{k=1}^{N}\tilde{\boldsymbol{f}}^b(k)\right)\right]^{\frac{1}{2}}$$

$$\rho=\frac{1}{\lambda}\left(\sum_{k=1}^{N}\tilde{\boldsymbol{f}}^b(k)\right)^{\mathrm{T}}\left(\sum_{k=1}^{N}\tilde{\boldsymbol{\omega}}^b(k)\right)$$

$$\eta=\left[\left(\sum_{k=1}^{N}\tilde{\boldsymbol{f}}^b(k)\right)^{\mathrm{T}}\left(\sum_{k=1}^{N}\tilde{\boldsymbol{\omega}}^b(k)\right)-\rho^2\right]^{\frac{1}{2}}$$

式中:N 为总的测量次数。捷联姿态矩阵$\boldsymbol{C}_n^b$ 的估计值可以写成$\hat{\boldsymbol{C}}_n^b=[\hat{\boldsymbol{x}}\quad\hat{\boldsymbol{y}}\quad\hat{\boldsymbol{z}}]$,且所得矩阵满足正交约束,不需要再进行正交化处理[93]。

为了减小惯性器件噪声对粗对准精度的影响,小波去噪已应用于 SINS 的粗对准。但工程上通常取一段时间输出均值(此时 $N=1$),然后进行粗对准即可满足精度要求。

不同静基座解析粗对准方法的误差分析比较如下[94]:使用 Britting 方法分

析传感器测量误差对解析粗对准各个方法的误差影响。为了便于比较,三种方法的误差模型均写为地理坐标系中的表达形式。由于传感器误差的影响,正交化前的估计值$\boldsymbol{C}_b^n$主要含有刻度系数误差、歪斜误差和漂移误差三项。通过正交化可以消除前两项误差,因此可以用漂移误差组成的反对称阵来描述正交化后的$(\boldsymbol{C}_b^n)_0$与理想捷联阵$\boldsymbol{C}_b^n$间的关系,即

$$(\boldsymbol{C}_b^n)_0=(1-\phi)\boldsymbol{C}_b^n \tag{4-15}$$

式中:ϕ为漂移误差角$\phi=[\phi_E,\phi_N,\phi_U]^{\mathrm{T}}$构成的反对称阵。

将$\boldsymbol{C}_b^n$的计算公式写为

$$\boldsymbol{C}_b^n=\boldsymbol{MQ}=\boldsymbol{M}(\boldsymbol{Q}+\boldsymbol{\delta Q}) \tag{4-16}$$

式中:$\boldsymbol{M}$对应于和$\boldsymbol{g}^n,\boldsymbol{\omega}_{ie}^n$有关的矩阵;$\boldsymbol{Q}$对应于和测量$\boldsymbol{a}^b,\boldsymbol{\omega}^b$有关的矩阵;$\delta\boldsymbol{Q}\in R^{3\times3}$为加速度计和陀螺仪测量误差构成的矩阵。将$(\boldsymbol{C}_b^n)_0=\boldsymbol{C}_b^n[(\boldsymbol{C}_b^n)^{\mathrm{T}}\boldsymbol{C}_b^n]^{-1/2}$平方根项按级数展开,有近似的正交化公式,即

$$(\boldsymbol{C}_b^n)_0=\left[\boldsymbol{I}+\frac{1}{2}(\boldsymbol{M}\delta\boldsymbol{Q}\boldsymbol{C}_b^n-\boldsymbol{C}_b^n\delta\boldsymbol{Q}^{\mathrm{T}}\boldsymbol{M}^{\mathrm{T}})\right]\boldsymbol{C}_b^n \tag{4-17}$$

与式(4-15)比较,可以得到由漂移误差角构成的反对称阵为

$$\boldsymbol{\Phi}=\frac{1}{2}(\boldsymbol{C}_b^n\delta\boldsymbol{Q}^{\mathrm{T}}\boldsymbol{M}^{\mathrm{T}}-\boldsymbol{M}\delta\boldsymbol{Q}\boldsymbol{C}_c^b)=\frac{1}{2}[\boldsymbol{C}_b^n\delta\boldsymbol{Q}^{\mathrm{T}}\boldsymbol{M}^{\mathrm{T}}-(\boldsymbol{C}_b^n\delta\boldsymbol{Q}^{\mathrm{T}}\boldsymbol{M}^{\mathrm{T}})^{\mathrm{T}}] \tag{4-18}$$

对方法①的误差分析如下:该方法中,计算捷联阵所采用的三个向量并不满足正交性,有

$$\boldsymbol{M}=\begin{bmatrix}0 & 0 & 1/g\Omega\cos\varphi\\ \tan\varphi/g & 1/\Omega\cos\varphi & 0\\ -1/g & 0 & 0\end{bmatrix} \tag{4-19}$$

$$\delta\boldsymbol{Q}^{\mathrm{T}}=[\delta\boldsymbol{a}^b\quad \delta\boldsymbol{\omega}^b\quad \delta(\boldsymbol{a}^b\times\boldsymbol{\omega}^b)] \tag{4-20}$$

定义传感器误差在地理系中的投影为

$$\delta\boldsymbol{a}^n=\boldsymbol{C}_b^n\delta\boldsymbol{a}^b=[\delta a_E\quad \delta a_N\quad \delta a_U]^{\mathrm{T}} \tag{4-21}$$

$$\delta\boldsymbol{\omega}^n=\boldsymbol{C}_b^n\delta\boldsymbol{\omega}^b=[\delta\omega_E\quad \delta\omega_N\quad \delta\omega_U]^{\mathrm{T}} \tag{4-22}$$

二阶小量可得

$$\boldsymbol{C}_b^n\delta\boldsymbol{Q}^T=[\delta\boldsymbol{a}^n\quad \delta\boldsymbol{\omega}^n\quad (\delta\boldsymbol{a}^n\times\boldsymbol{\omega}_{ie}^n+\boldsymbol{g}^n\times\delta\boldsymbol{\omega}^n] \tag{4-23}$$

将式(4-19)和式(4-22)代入式(4-18)得漂移误差角的表达式为

$$\phi_E=\frac{1}{2}\left[\frac{\delta a_N}{g}+\frac{\delta a_U}{g}\tan\varphi+\frac{\delta\omega_U}{\Omega\cos\varphi}\right] \tag{4-24}$$

$$\phi_N = -\frac{\delta a_E}{g} \tag{4-25}$$

$$\phi_U = -\frac{\delta a_E}{g}\tan\varphi - \frac{\delta\omega_E}{\Omega\cos\varphi} \tag{4-26}$$

由此可见,方位误差角与平台罗经对准相似,主要取决于东向陀螺漂移,但是东向漂移误差角不仅与北向加速度计误差有关,还与天向加速度计误差和天向陀螺漂移有关,而且主要取决于天向陀螺漂移的大小。

对方法②的误差分析如下:采用三个相互正交的向量计算$\boldsymbol{C}_b^n$,得到 $\boldsymbol{M}$ 表达式为

$$\boldsymbol{M} = \begin{bmatrix} 0 & 1/g\Omega\cos\varphi & 0 \\ 0 & 0 & 1/g^2\Omega\cos\varphi \\ -1/g & 0 & 0 \end{bmatrix} \tag{4-27}$$

$$\delta\boldsymbol{Q}^{\mathrm{T}} = \{\delta\boldsymbol{a}^b \quad \delta(\boldsymbol{a}^b \times \boldsymbol{\omega}^b) \quad \delta[(\boldsymbol{a}^b \times \boldsymbol{\omega}^b) \times \boldsymbol{a}^b]\} \tag{4-28}$$

忽略二阶小量,得

$$\begin{aligned} \boldsymbol{C}_n^b\delta\boldsymbol{Q}^{\mathrm{T}} = [&\delta\boldsymbol{a}^n(\delta\boldsymbol{a}^n \times \boldsymbol{\omega}_{ie}{}^n + \boldsymbol{g}^n \times \delta\boldsymbol{\omega}^n)(\delta\boldsymbol{a}^n \times \boldsymbol{\omega}_{ie}{}^n) \times \boldsymbol{g}^n \\ &+ (\boldsymbol{g}^n \times \delta\boldsymbol{\omega}^n) \times \boldsymbol{g}^n + (\boldsymbol{g}^n \times \delta\boldsymbol{\omega}_{ie}{}^n) \times \delta\boldsymbol{a}^n] \end{aligned} \tag{4-29}$$

将式(4-26)和式(4-27)代入式(4-18)得漂移误差角的表达式为

$$\phi_E = \frac{\delta a_N}{g} \tag{4-30}$$

$$\phi_N = -\frac{\delta a_E}{g} \tag{4-31}$$

$$\phi_U = -\frac{\delta a_E}{g}\tan\varphi - \frac{\delta\omega_E}{\Omega\cos\varphi} \tag{4-32}$$

比较方法①和方法②的 ϕ_N 可得此时东向漂移误差角只和北向加速度计误差有关,而与天向陀螺和加速度计的测量误差无关,这与自修正精对准方法得到的漂移误差角的表达式相同。由此可见,采用方法②进行解析粗对准,比采用方法①具有更高的水平对准精度。

对方法③直接计算法的误差分析如下:将式(4-26)代入式(4-7)得

$$\boldsymbol{C}_b^n = \begin{bmatrix} 0 & 1/g\Omega\cos\varphi & 0 \\ 0 & 0 & 1/g^2\Omega\cos\varphi \\ -1/g & 0 & 0 \end{bmatrix} \begin{bmatrix} (\boldsymbol{a}^b)^{\mathrm{T}} \\ (\boldsymbol{a}^b \times \boldsymbol{\omega}_{ie}^b)^{\mathrm{T}} \\ ((\boldsymbol{a}^b \times \boldsymbol{\omega}_{ie}^b) \times \boldsymbol{a}^b)^{\mathrm{T}} \end{bmatrix} \tag{4-33}$$

由式(4-33)可以得到对三个列向量的估计分别为

$$\hat{\boldsymbol{x}}' = \frac{\boldsymbol{a}^b \times \boldsymbol{\omega}^b}{g\Omega\cos\varphi} \tag{4-34}$$

$$\hat{\boldsymbol{y}} = \frac{(\boldsymbol{a}^b \times \boldsymbol{\omega}^b) \times \boldsymbol{a}^b}{g^2\Omega\cos\varphi} \tag{4-35}$$

$$\hat{z}' = -\frac{\boldsymbol{a}^b}{g} \tag{4-36}$$

三个列向量正交，对其归一化得

$$\hat{\boldsymbol{x}}_0' = \frac{\boldsymbol{a}^b \times \boldsymbol{\omega}^b}{|\boldsymbol{a}^b \times \boldsymbol{\omega}^b|} \tag{4-37}$$

$$\hat{\boldsymbol{y}}_0 = \frac{(\boldsymbol{a}^b \times \boldsymbol{\omega}^b) \times \boldsymbol{a}^b}{|(\boldsymbol{a}^b \times \boldsymbol{\omega}^b) \times \boldsymbol{a}^b|} \tag{4-38}$$

$$\hat{z}_0' = -\frac{\boldsymbol{a}^b}{|\boldsymbol{a}^b|} \tag{4-39}$$

将式(4-37)~式(4-39)与方法②得到的式(4-12)~式(4-14)比较可知，直接计算法与方法②等价，即误差特性相同。

4.3.2 抗扰动解析粗对准方法

1. 惯性系粗对准算法

因为分布式 POS 的子 IMU 悬挂在两侧机翼吊舱下，受扰动而不能完全静止，因此采用传统静基座对准方法进行对准时误差会很大，造成结果不理想，所以需要研究新的方法来改善初始对准精度，最终达到对准的要求。在解决扰动基座对准问题上，众多研究学者引入了惯性凝固坐标系的思想，通过加速度计测量两个不同时间点上的重力加速度在惯性空间中的投影来确定北向。该方法的具体过程如下：姿态转移矩阵$\boldsymbol{C}_b^n$ 可分解为[95,98]

$$\boldsymbol{C}_b^n(t) = \boldsymbol{C}_{i_0}^n(t)\boldsymbol{C}_{i_{b0}}^{i_0}\boldsymbol{C}_b^{i_{b0}}(t) \tag{4-40}$$

$$\boldsymbol{C}_{i_0}^n(t) = \boldsymbol{C}_e^n(t)\boldsymbol{C}_{n_0}^e(t)\boldsymbol{C}_{e_0}^{n_0}(t)\boldsymbol{C}_{i_0}^{e_0}(t) \tag{4-41}$$

假设对准开始时刻 t_0 载体所在经、纬度为 λ_0、L_0，地球自转角速度 ω_{ie}已知，等式的右边各部分根据坐标系定义可分别表示为

$$\boldsymbol{C}_e^n(t) = \begin{bmatrix} -\sin\lambda_t & \cos\lambda_t & 0 \\ -\sin L_t\cos\lambda_t & -\sin L_t\sin\lambda_t & \cos L_t \\ \cos L_t\cos\lambda_t & \cos L_t\sin\lambda_t & \sin L_t \end{bmatrix} \tag{4-42}$$

$$\boldsymbol{C}_e^{n_0}(t)=\begin{bmatrix}-\sin\lambda_0 & \cos\lambda_0 & 0\\ -\sin L_0\cos\lambda_0 & -\sin L_0\sin\lambda_0 & \cos L_0\\ \cos L_0\cos\lambda_0 & \cos L_0\sin\lambda_0 & \sin L_0\end{bmatrix} \tag{4-43}$$

$$\boldsymbol{C}_{e_0}^{n_0}(t)=\begin{bmatrix}0 & 1 & 0\\ -\sin L_0 & 0 & \cos L_0\\ \cos L_0 & 0 & \sin L_0\end{bmatrix} \tag{4-44}$$

$$\boldsymbol{C}_{i_0}^{e_0}(t)=\begin{bmatrix}\cos\omega_{ie}t & \sin\omega_{ie}t & 0\\ -\sin\omega_{ie}t & \cos\omega_{ie}t & 0\\ 0 & 0 & 1\end{bmatrix} \tag{4-45}$$

式中：λ_t，L_t 分别为 t 时刻惯导系统的经度和纬度。所以有

$$\boldsymbol{C}_{i_0}^{n}(t)=\begin{bmatrix}-\sin(\Delta\lambda_t+\omega_{ie}t) & \cos(\Delta\lambda_t+\omega_{ie}t) & 0\\ -\sin L_t\cos(\Delta\lambda_t+\omega_{ie}t) & -\sin L_t\sin(\Delta\lambda_t+\omega_{ie}t) & \cos L_t\\ \cos L_t\cos(\Delta\lambda_t+\omega_{ie}t) & \cos L_t\sin(\Delta\lambda_t+\omega_{ie}t) & \sin L_t\end{bmatrix} \tag{4-46}$$

式中：$\Delta\lambda_t$ 为 t 时刻相对初始时刻的经度变化量。由于 i_{b_0} 系相对惯性空间不变，$\boldsymbol{C}_b^{i_{b_0}}(t)$ 为载体系到初始载体系的转移阵，基于 IMU 的测量数据可对其进行实时姿态更新，具体的微分方程为 $\dot{\boldsymbol{C}}_b^{i_{b_0}}(t)=\boldsymbol{C}_b^{i_{b_0}}(t)(\boldsymbol{\omega}_{ib}^{b}(t)\times)$，并且初始时刻 $\boldsymbol{C}_b^{i_{b_0}}(t_0)=\boldsymbol{I}$。

综上所述，基于已知信息 $\boldsymbol{C}_{i_0}^{n}$ 和 $\boldsymbol{C}_{b}^{i_{b_0}}(t)$ 都可计算得到，故姿态转移矩阵 $\boldsymbol{C}_b^n$ 的求取的关键在于矩阵 $\boldsymbol{C}_{i_{b_0}}^{i_0}$ 的求解。$\boldsymbol{C}_{i_{b_0}}^{i_0}$ 是初始载体惯性坐标系到惯性坐标系的姿态转移矩阵[96]，根据定义可知，矩阵 $\boldsymbol{C}_{i_{b_0}}^{i_0}$ 为一个常数矩阵。在两个不同时间点获取两个不同矢量，由于矢量是在这两个惯性空间内得到的，故获得的矢量为不共线矢量，通过双矢量定姿原理计算获得常数矩阵 $\boldsymbol{C}_{i_{b_0}}^{i_0}$。由于地球在不停地自转，加速度计在两个不同时间点上的重力加速度在惯性空间中的投影是不共线的，通过上述原理计算得出 $\boldsymbol{C}_{i_{b_0}}^{i_0}$。

由惯导系统比力方程可得

$$\dot{\boldsymbol{v}}^n(t)+[\boldsymbol{\omega}_{in}^{n}(t)+\boldsymbol{\omega}_{ie}^{n}(t)]\times\boldsymbol{v}^n(t)-\boldsymbol{f}_{sf}^{n}(t)=\boldsymbol{g}^n \tag{4-47}$$

由 $\boldsymbol{v}^n(t)=\boldsymbol{C}_b^n(t)\boldsymbol{v}^b(t)$ 两边求导可得

$$\dot{\boldsymbol{v}}^n(t)=\boldsymbol{C}_b^n(t)[\dot{\boldsymbol{v}}^b(t)+\boldsymbol{\omega}_{nb}^{b}(t)\times\boldsymbol{v}^b(t)] \tag{4-48}$$

将式(4-48)代入式(4-47)可得

$$\boldsymbol{C}_b^n(t)[\dot{\boldsymbol{v}}^b(t)+\boldsymbol{\omega}_{nb}^b(t)\times\boldsymbol{v}^b(t)]+\boldsymbol{C}_b^n(t)\{[\boldsymbol{\omega}_{in}^b(t)+\boldsymbol{\omega}_{ie}^b(t)]\times\boldsymbol{v}^b(t)\}-\boldsymbol{C}_b^n(t)\boldsymbol{f}_{sf}^b(t)=\boldsymbol{g}^n \tag{4-49}$$

进一步化简为

$$\boldsymbol{C}_b^n(t)\{\dot{\boldsymbol{v}}^b(t)+[\boldsymbol{\omega}_{ib}^b(t)+\boldsymbol{\omega}_{ie}^b(t)]\times\boldsymbol{v}^b(t)-\boldsymbol{f}_{sf}^b(t)\}=\boldsymbol{g}^n \tag{4-50}$$

两边同时乘以$\boldsymbol{C}_n^{i_{b0}}(t)=\boldsymbol{C}_b^{i_{b0}}(t)\boldsymbol{C}_n^b(t)$，得

$$\boldsymbol{C}_b^{i_{b0}}(t)\{\dot{\boldsymbol{v}}^b(t)+[\boldsymbol{\omega}_{ib}^b(t)+\boldsymbol{\omega}_{ie}^b(t)]\times\boldsymbol{v}^b(t)-\boldsymbol{f}_{sf}^b(t)\}=\boldsymbol{C}_{i_0}^{i_{b0}}(t)\boldsymbol{C}_n^{i_0}(t)\boldsymbol{g}^n \tag{4-51}$$

由于$\boldsymbol{C}_n^b(t)$未知，无法计算地球自转角速率在载体系下的分量，故省略。在对准过程中，载体不会产生较大的线性位移，故求解$\boldsymbol{C}_{i_0}^n(t)$用初始经纬度代替。简化后式(4-51)可表示为

$$\boldsymbol{C}_b^{i_{b0}}(t)\{\dot{\boldsymbol{v}}^b(t)+\boldsymbol{\omega}_{ib}^b(t)\times\boldsymbol{v}^b(t)-\boldsymbol{f}_{sf}^b(t)\}\approx\boldsymbol{C}_{i_0}^{i_{b0}}(t)\boldsymbol{C}_n^{i_0}(t)\boldsymbol{g}^n \tag{4-52}$$

将式(4-52)进行积分处理，得

$$\boldsymbol{v}^{i_{b0}}(t)\approx\boldsymbol{C}_b^{i_{b0}}\,\boldsymbol{u}^{i_0}(t) \tag{4-53}$$

$$\boldsymbol{v}^{i_{b0}}(t)=\int_{t_0}^{t}\boldsymbol{C}_b^{i_{b0}}(t)\{\dot{\boldsymbol{v}}^b(t)+\boldsymbol{\omega}_{ib}^b(t)\times\boldsymbol{v}^b(t)-\boldsymbol{f}_{sf}^b(t)\}\mathrm{d}t \tag{4-54}$$

$$\boldsymbol{u}^{i_0}(t)=\int_{t_0}^{t}\boldsymbol{C}_n^{i_0}(t)\,\boldsymbol{g}^n\mathrm{d}t \tag{4-55}$$

在静基座或者摇晃基座的情况下，导航系统不发生位移，即$\dot{\boldsymbol{v}}^b(t)+\boldsymbol{\omega}_{ib}^b(t)\times\boldsymbol{v}^b(t)=0$，取对准中两个时刻$t_0<t_1<t_2<t_d$，其中$t_0$为粗对准开始时刻，$t_d$为粗对准结束时刻，有$\boldsymbol{v}^{i_{b0}}(t_1)\approx\boldsymbol{C}_{i_0}^{i_{b0}}\boldsymbol{u}^{i_0}(t_1)$，$\boldsymbol{v}^{i_{b0}}(t_2)\approx\boldsymbol{C}_{i_0}^{i_{b0}}\boldsymbol{u}^{i_0}(t_2)$。利用矩阵构造法可求得常值矩阵，即

$$\boldsymbol{C}_{i_0}^{i_{b0}}=\begin{bmatrix}[\boldsymbol{v}^{i_{b0}}(t_1)]^{\mathrm{T}}\\ [\boldsymbol{v}^{i_{b0}}(t_1)\times\boldsymbol{v}^{i_{b0}}(t_2)]^{\mathrm{T}}\\ [\boldsymbol{v}^{i_{b0}}(t_1)\times\boldsymbol{v}^{i_{b0}}(t_2)\times\boldsymbol{v}^{i_{b0}}(t_1)]^{\mathrm{T}}\end{bmatrix}^{-1}\begin{bmatrix}[\boldsymbol{u}^{i_0}(t_1)]^{\mathrm{T}}\\ [\boldsymbol{u}^{i_0}(t_1)\times\boldsymbol{u}^{i_0}(t_2)]^{\mathrm{T}}\\ [\boldsymbol{u}^{i_0}(t_1)\times\boldsymbol{u}^{i_0}(t_2)\times\boldsymbol{u}^{i_0}(t_1)]^{\mathrm{T}}\end{bmatrix} \tag{4-56}$$

将$\boldsymbol{C}_{i_0}^n$、$\boldsymbol{C}_b^{i_{b0}}(t)$和$\boldsymbol{C}_{i_{b0}}^{i_0}$代入式(4-40)即可计算出粗对准确定的姿态阵。

基于惯性系粗对准的工作原理如图4-2所示。

2. 惯性系二次积分粗对准算法

分布式POS的子惯导初始对准方法可以借鉴惯性系粗对准方法，但是由于其适用于低频摇摆基座下舰船初始对准，而机翼受扰动而发生晃动的频率较

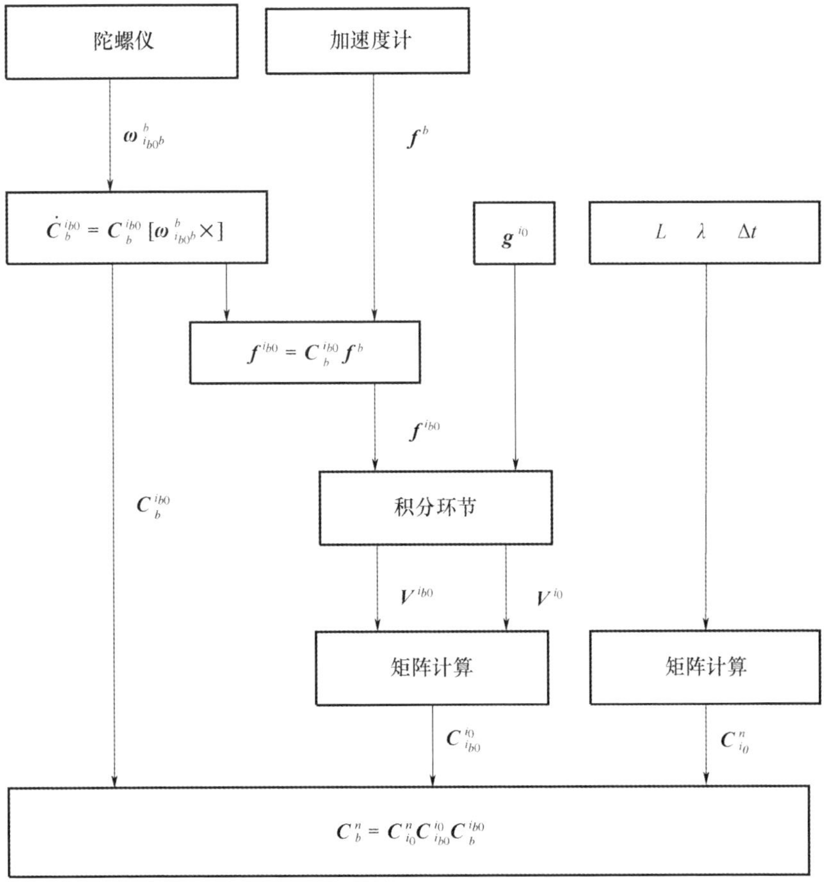

图 4－2　基于惯性系粗对准的工作原理

高，因此应在上述粗对准方法的基础上进行改进，使用一种适用于震动频率较高的扰动基座粗对准新方法。

姿态矩阵$\boldsymbol{C}_b^n$可表示为

$$\boldsymbol{C}_b^n(t)=\boldsymbol{C}_{i_0}^n(t)\boldsymbol{C}_{i_{b_0}}^{i_0}\boldsymbol{C}_b^{i_{b_0}}(t)=\boldsymbol{C}_{e_0}^n\boldsymbol{C}_{i_0}^{e_0}(t)\boldsymbol{C}_{i_{b_0}}^{i_0}\boldsymbol{C}_b^{i_{b_0}}(t) \tag{4-57}$$

式中：$\boldsymbol{C}_{e_0}^n=\begin{bmatrix}0 & 1 & 0\\ -\sin L & 0 & \cos L\\ \cos L & 0 & \sin L\end{bmatrix}$是利用对准点的地理信息来进行求解的。在进行扰动基座对准中，对准点的地理位置是不改变的，$\boldsymbol{C}_{e_0}^n$在粗对准中不发生改变。

而$\boldsymbol{C}_{i_0}^{e_0}(t)=\begin{bmatrix}\cos\omega_{ie}(t-t_0) & \sin\omega_{ie}(t-t_0) & 0\\ -\sin\omega_{ie}(t-t_0) & \cos\omega_{ie}(t-t_0) & 0\\ 0 & 0 & 1\end{bmatrix}$是利用地球自转角速率和

时间求得，由于在对准过程中，地球自转角速率为常数，故$\boldsymbol{C}_{i_0}^{e_0}(t)$在对准中只与对准时间有关，与其他量无关。所以$\boldsymbol{C}_b^{i_{b0}}(t_0)=\boldsymbol{I}$，$\boldsymbol{C}_b^{i_{b0}}(t)$可根据陀螺输出通过捷联解算更新求得，姿态更新的微分方程可表达为$\dot{\boldsymbol{C}}_b^{i_{b0}}=\boldsymbol{C}_b^{i_{b0}}(\boldsymbol{\omega}_{ib}^b\times)$。$\boldsymbol{C}_b^{i_{b0}}(t)$的计算误差主要受陀螺标定误差和陀螺性能的影响，所以矩阵$\boldsymbol{C}_b^{i_{b0}}(t)$跟其他量无关。

根据定义，$\boldsymbol{C}_{i_{b0}}^{i_0}$为常值矩阵，对式(4-57)进行一次积分后转换，得

$$\boldsymbol{C}_{i_0}^{i_{b0}}=\begin{bmatrix}[\boldsymbol{v}^{i_{b0}}(t_1)]^{\mathrm{T}}\\ [\boldsymbol{v}^{i_{b0}}(t_1)\times\boldsymbol{v}^{i_{b0}}(t_2)]^{\mathrm{T}}\\ [\boldsymbol{v}^{i_{b0}}(t_1)\times\boldsymbol{v}^{i_{b0}}(t_2)\times\boldsymbol{v}^{i_{b0}}(t_1)]^{\mathrm{T}}\end{bmatrix}^{-1}\begin{bmatrix}[\boldsymbol{u}^{i_0}(t_1)]^{\mathrm{T}}\\ [\boldsymbol{u}^{i_0}(t_1)\times\boldsymbol{u}^{i_0}(t_2)]^{\mathrm{T}}\\ [\boldsymbol{u}^{i_0}(t_1)\times\boldsymbol{u}^{i_0}(t_2)\times\boldsymbol{u}^{i_0}(t_1)]^{\mathrm{T}}\end{bmatrix}\tag{4-58}$$

为了使此惯性系粗对准方法适用于高频振动下子惯导系统的初始对准，在上述基础上，对式(4-58)进行二次积分，利用积分平滑的原理减小周期项白噪声、外部扰动的影响误差项，即

$$\tilde{\boldsymbol{v}}^{i_{b0}}(t)\approx\boldsymbol{C}_b^{i_{b0}}\,\tilde{\boldsymbol{u}}^{i_0}(t)\tag{4-59}$$

$$\tilde{\boldsymbol{v}}^{i_{b0}}(t)=\int_{t_0}^{t}\left\{\int_{t_0}^{t}\boldsymbol{C}_b^{i_{b0}}(t)\left\{\dot{\boldsymbol{v}}^b(t)+\boldsymbol{\omega}_{ib}^b(t)\times\boldsymbol{v}^b(t)-\boldsymbol{f}_{sf}^b(t)\right\}\mathrm{d}t\right\}\mathrm{d}t\tag{4-60}$$

$$\tilde{\boldsymbol{u}}^{i_0}(t)=\int_{t_0}^{t}\left\{\int_{t_0}^{t}\boldsymbol{C}_n^{i_0}(t)\,\boldsymbol{g}^n\mathrm{d}t\right\}\mathrm{d}t\tag{4-61}$$

在扰动基座情况下，惯性系统不发生位移，故$\dot{\boldsymbol{v}}^b(t)+\boldsymbol{\omega}_{ib}^b(t)\times\boldsymbol{v}^b(t)=0$，取对准中两个时刻$t_0<t_1<t_2<t_d$，其中$t_0$为开始时刻，$t_d$为粗对准结束时刻，有$\tilde{\boldsymbol{v}}^{i_{b0}}(t_1)\approx\boldsymbol{C}_{i_0}^{i_{b0}}\tilde{\boldsymbol{u}}^{i_0}(t_1)$，$\tilde{\boldsymbol{v}}^{i_{b0}}(t_2)\approx\boldsymbol{C}_{i_0}^{i_{b0}}\tilde{\boldsymbol{u}}^{i_0}(t_2)$。利用矩阵构造法可求得常值矩阵，即

$$\boldsymbol{C}_{i_0}^{i_{b0}}=\begin{bmatrix}[\tilde{\boldsymbol{v}}^{i_{b0}}(t_1)]^{\mathrm{T}}\\ [\tilde{\boldsymbol{v}}^{i_{b0}}(t_1)\times\tilde{\boldsymbol{v}}^{i_{b0}}(t_2)]^{\mathrm{T}}\\ [\tilde{\boldsymbol{v}}^{i_{b0}}(t_1)\times\tilde{\boldsymbol{v}}^{i_{b0}}(t_2)\times\tilde{\boldsymbol{v}}^{i_{b0}}(t_1)]^{\mathrm{T}}\end{bmatrix}^{-1}\begin{bmatrix}[\tilde{\boldsymbol{u}}^{i_0}(t_1)]^{\mathrm{T}}\\ [\tilde{\boldsymbol{u}}^{i_0}(t_1)\times\tilde{\boldsymbol{u}}^{i_0}(t_2)]^{\mathrm{T}}\\ [\tilde{\boldsymbol{u}}^{i_0}(t_1)\times\tilde{\boldsymbol{u}}^{i_0}(t_2)\times\tilde{\boldsymbol{u}}^{i_0}(t_1)]^{\mathrm{T}}\end{bmatrix}\tag{4-62}$$

将$\boldsymbol{C}_{i_0}^{n}$、$\boldsymbol{C}_b^{i_{b0}}(t)$和$\boldsymbol{C}_{i_{b0}}^{i_0}$代入式(4-62)即可通过粗对准方法计算获得初始姿态信息。

国内相关领域的专家通过各种方法对惯性系粗对准方法进行了误差分

析[97]，并分析了IMU的测量误差对惯性系粗对准精度的影响。用微分扰动法对姿态矩阵取微分，得到惯性系对准的误差方程。参考文献[98]从惯性系下的速度误差分析入手，推导出惯性器件误差与失准角之间的解析式，指出该方法地对准精度取决于惯性器件的测量精度，并分析得出该方法与传统解析粗对准具有相同的稳态对准极限值。参考文献[99]对基于重力加速度矢量积分的间接解析对准算法，详细分析了惯性器件误差和线运动干扰对其对准精度的影响，推导了各项误差和时准失准角之间的解析表达式，分析结果表明：间接解析对准算法将传统解析对准算法中对角干扰的敏感转化为对线干扰的敏感，可有效实现扰动基座条件下的初始对准，并可从初始姿态估值变化率中估计出陀螺漂移。

为了充分验证惯性系二次积分粗对准方法的有效性，分别进行MATLAB仿真试验和半物理仿真试验，包括MATLAB仿真试验、三轴转台试验、分布式POS动态对准试验、分布式POS飞行试验。

为了验证惯性系二次积分对准方法的有效性，下面进行扰动情况下地对准仿真。首先采用轨迹发生器生成相应的静态数据。仿真数据总时间为15min，IMU的陀螺仪常值、随机漂移均为0.01°/h，加速度计的常值、随机偏置均为20μg。对上述中间5min静态数据加入扰动误差，对陀螺数据加入噪声为$0.05k\sin(4t)$（单位：°/s），对加速度计数据加入噪声为$0.002k\sin(4t)$（单位：g），其中k为(0～1)均匀分布的伪随机数。在前5min静止状态采用传统解析粗对准，然后进入纯惯性导航，纯惯性短时间内导航精度高，故以纯惯性导航结果为基准。采用传统解析粗对准法、惯性系一次积分法以及惯性系二次积分法对扰动数据进行对准，结果在50s后开始显示，并统计姿态角对准结果以及姿态角对准误差。

对300s时刻地对准结果误差进行了相应的统计，具体数据如表4-1所列。

表4-1　不同粗对准方法对准误差

300s姿态对准地对准误差统计			
	航向角误差/(°)	俯仰角误差/(°)	横滚角误差/(°)
解析粗对准方法	0.5341	0.0458	0.0225
惯性系一次积分法	0.0336	0.0011	0.0013
惯性系二次积分法	0.0213	0.0008	0.0007

不同对准方法地对准结果如图4-3和图4-4所示。

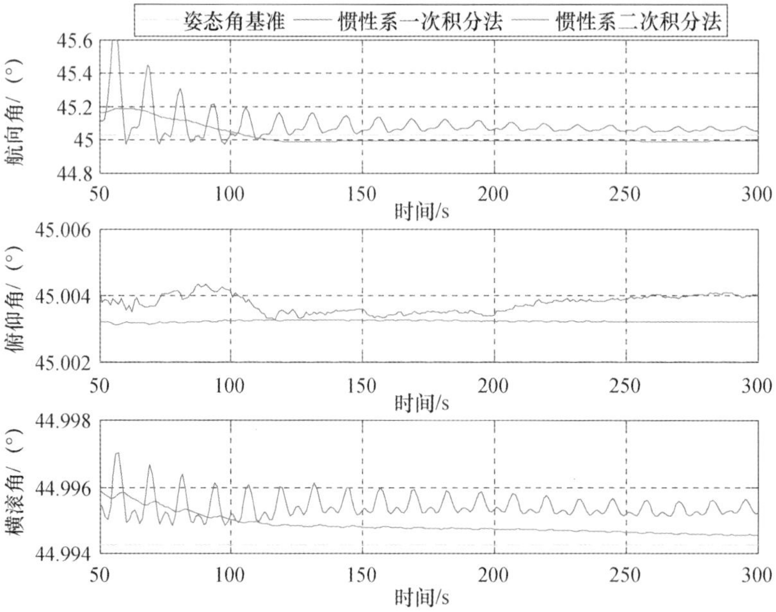

图 4－3　不同粗对准方法对准结果示意图(见彩图)

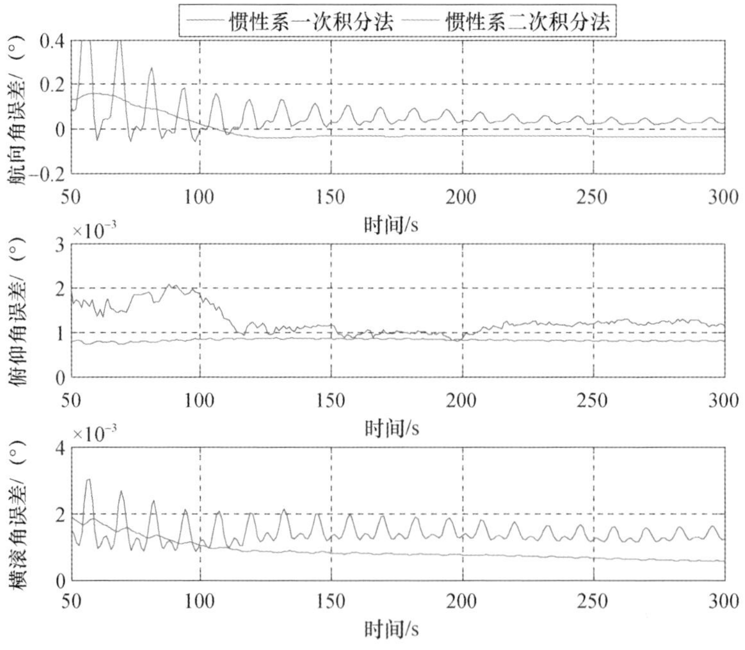

图 4－4　不同粗对准方法姿态角对准误差比较示意图(见彩图)

通过上述波形图和误差统计表可以看出：传统解析粗对准方法由于受外部扰动的影响，无法进行精确对准，而惯性系积分法则通过积分的方法显著减小白噪声以及外部扰动的影响，在扰动基座下也可以进行高精度对准，与理论分析结果一致。

表4-2为航向角误差达到0.05°以下、水平姿态角误差达到0.005°以下所需时间。

表4-2　不同粗对准方法对准误差达到基准所需时间统计表

对准结果达到预定精度所需时间统计/s		
航向角误差小于0.05°	惯性系一次积分法	245
	惯性系二次积分法	88
俯仰角误差小于0.005°	惯性系一次积分法	<50
	惯性系二次积分法	<50
横滚角误差小于0.005°	惯性系一次积分法	<50
	惯性系二次积分法	<50

通过表4-2可以发现：水平姿态误差角很快收敛至0.005°以内，航向角对准方面，惯性系二次积分法比一次积分法收敛速度快而且对准结果稳定，与理论分析结果一致。

4.4　系统精对准方法

精对准是在粗对准的基础上进行的，通过处理惯性敏感元件的输出信息，精确校正真实导航坐标系与计算的导航坐标系之间的失准角，使之趋于零，从而得到精确的捷联矩阵。在捷联惯性导航系统的粗对准阶段[100]，可以通过引入主惯导系统的航向姿态信息，通过传递对准，迅速将数学平台对准导航坐标系，减小初始失准角。在精对准阶段，可以通过组合导航的方法，利用其他导航设备(如GPS、计程仪等)提供的信息(如速度和位置)作为观测信息，通过卡尔曼滤波实现精确对准[101]。

4.4.1　静基座初始精对准

为消除捷联惯导中干扰运动所引起的误差，并尽量解决对准精度和对准时间的矛盾，往往使用卡尔曼滤波器进行滤波，主要的工作是建立合理的仪表误差及干扰运动的统计数学模型。本节利用等效水平加速度计输出和东向陀螺输出作为卡尔曼滤波量测量的 SINS 静基座快速初始对准方法,通过滤波实现水平和方位的同时精对准[102]。

选取东北天坐标系为导航坐标系,建立 SINS 静基座初始对准的状态方程为

$$\dot{\boldsymbol{X}}(t)=\boldsymbol{F}(t)\boldsymbol{X}(t)+\boldsymbol{G}(t)\boldsymbol{W}(t) \tag{4-63}$$

$$\boldsymbol{X}(t)=[\delta V_x \quad \delta V_y \quad \varphi_x \quad \varphi_y \quad \varphi_z \quad \nabla_x \quad \nabla_y \quad \varepsilon_x \quad \varepsilon_y \quad \varepsilon_z]^{\mathrm{T}} \tag{4-64}$$

$$\boldsymbol{W}(t)=[w_{\varepsilon x} \quad w_{\varepsilon y} \quad w_{\varepsilon z} \quad w_{\nabla x} \quad w_{\nabla y} \quad w_{\nabla z}]^{\mathrm{T}} \tag{4-65}$$

$$\boldsymbol{F}(t)=\begin{bmatrix} F_{\mathrm{SINS}} & I_{5\times5} \\ 0_{5\times5} & 0_{5\times5} \end{bmatrix} \tag{4-66}$$

$$\boldsymbol{G}(t)=\begin{bmatrix} T_{2\times2} & 0_{2\times2} \\ 0_{3\times3} & C_b^n \\ 0_{5\times2} & 0_{5\times3} \end{bmatrix} \tag{4-67}$$

$$\boldsymbol{F}_{\mathrm{SINS}}=\begin{bmatrix} 0 & 2\Omega_U & 0 & -g & 0 \\ -2\Omega_U & 0 & g & 0 & 0 \\ 0 & 0 & 0 & \Omega_U & \Omega_N \\ 0 & 0 & -\Omega_U & 0 & 0 \\ 0 & 0 & \Omega_N & 0 & 0 \end{bmatrix} \tag{4-68}$$

式中:$\boldsymbol{X}(t)$为静基座对准时 SINS 的状态向量;$\boldsymbol{F}(t)$为系统转移矩阵;$\boldsymbol{W}(t)$为系统噪声向量;$\boldsymbol{G}(t)$为系统噪声扰动矩阵;δV_x 和 δV_y 分别为东向和北向速度误差;φ_x、φ_y 和 φ_z 为 3 个平台误差角;ε_x、ε_y 和 ε_z 为 3 个陀螺常值漂移;∇_x和∇_y为两个水平加速度计常值偏置;$w_{\varepsilon x}$、$w_{\varepsilon y}$和 $w_{\varepsilon z}$为 3 个陀螺的随机漂移误差;$w_{\nabla x}$、$w_{\nabla y}$和 $w_{\nabla z}$为 3 个加速度计的随机偏置误差;g 为重力加速度;Ω_U 和 Ω_N 为地球自转角速度 ω_{ie}在天向轴和当地水平面上的投影分量;$\boldsymbol{C}_b^n$ 为 SINS 本体坐标系到东北天导航坐标的姿态转换矩阵;$\boldsymbol{T}_{2\times2}$为$\boldsymbol{C}_b^n$ 矩阵的前两行和前两列元素组成的矩阵。

SINS 静基座初始对准的外部观测量选取为两个水平速度误差,则量测方程为

$$\boldsymbol{Z}(t)=\boldsymbol{H}(t)\boldsymbol{X}(t)+\boldsymbol{V}(t) \tag{4-69}$$

$$\boldsymbol{Z}(t)=[\delta V_x \quad \delta V_y]^{\mathrm{T}} \tag{4-70}$$

$$\boldsymbol{H}(t)=[\boldsymbol{I}_{2\times2}\quad \boldsymbol{0}_{2\times8}] \tag{4-71}$$

$$\boldsymbol{Z}(t)=[\upsilon_{\delta v_x}\quad \upsilon_{\delta v_y}]^{\mathrm{T}} \tag{4-72}$$

式中：$\boldsymbol{Z}(t)$为系统量测向量；$\boldsymbol{H}(t)$为量测矩阵；$\boldsymbol{V}(t)$为量测噪声向量。

4.4.2　基于PEKF算法的初始精对准方法

静基座时，SINS系统的水平加计偏置和东向陀螺漂移不可观测，从而造成航向失准角估计速度慢且精度低。以往的双位置/多位置对准方法能够提高系统的可观测度，但需进行不同位置间大角度且准确地转动，工程应用极为不便。此外，载机受阵风、人员上下等影响不可能静止不动，造成的干扰噪声以及系统的弱非线性，使得传统线性滤波方法以及假设噪声为高斯白噪声的滤波方法精度受到影响。SINS四元数误差方程为非线性滤波技术在SINS初始对准中的应用提供了有效途径。针对非线性系统估计问题，EKF是较为经典的方法。与无损卡尔曼滤波和粒子滤波相比，EKF具有实时性好的优点[103]，但要求滤波模型精确，而且存在模型线性化截断误差。而基于预测控制理论的预测滤波（PF）能够在线实时地对系统模型误差包括水平加计偏置和东向陀螺进行预测，并克服了将过程噪声假设为高斯白噪声的局限性。利用PF预测并修正EKF模型误差的预测扩展卡尔曼滤波（PEKF）能够起到优势互补的作用[104]。

因此，本节针对机载对地观测成像对SINS地面初始对准的精度和速度两方面的要求，以及系统弱非线性、噪声非高斯的问题，提出将基于PEKF的滤波方法应用于SINS地面初始对准中。采用基于加性四元数误差（Additive Quaternion Error，AQE）的SINS非线性误差方程，并用PF实时预测并补偿EKF的模型误差。同时，在滤波过程中，绕航向轴改变一次SINS的位置来提高状态变量的可观测度，进一步提高对准精度。最后，通过半物理仿真试验验证了该方法的有效性。

1. 基于AQE的SINS非线性误差方程

SINS的姿态误差角是指数学平台坐标系与导航坐标系间的失准角。通常采用加性四元数误差、乘性四元数误差和旋转矢量误差来描述失准角，文献[105]证明了分别采用这三种误差建立的姿态误差方程是等效的。在SINS的姿态计算过程中，四元数法计算简单、精度高。因此，本节建立基于加性四元数误差的SINS姿态误差方程和速度误差方程[106]。

加性四元数误差(AQE)定义为计算四元数与真实四元数的差,即

$$\delta \boldsymbol{Q} = \hat{\boldsymbol{Q}}_b^n - \boldsymbol{Q}_b^n = [\delta q_0 \quad \delta q_1 \quad \delta q_2 \quad \delta q_3]^{\mathrm{T}} \tag{4-73}$$

式中:$\boldsymbol{Q}_b^n$ 为由载体系到导航系的真实四元数;$\hat{\boldsymbol{Q}}_b^n$ 为计算四元数。

1)基于 AQE 的姿态误差方程

SINS 载体系(b 系)绕导航系(n 系)转动时,四元数$\boldsymbol{Q}_b^n$ 的微分方程可写为

$$\begin{aligned}\dot{\boldsymbol{Q}}_b^n &= \frac{1}{2}[\boldsymbol{Q}_b^n]\boldsymbol{\omega}_{nb}^b = \frac{1}{2}[\boldsymbol{Q}_b^n](\boldsymbol{\omega}_{ib}^b - \boldsymbol{\omega}_{in}^b) = \frac{1}{2}[\boldsymbol{Q}_b^n]\boldsymbol{\omega}_{ib}^b - \frac{1}{2}[\boldsymbol{Q}_b^n]\boldsymbol{\omega}_{in}^b \\ &= \frac{1}{2}\langle \boldsymbol{\omega}_{ib}^b \rangle \boldsymbol{Q}_b^n - \frac{1}{2}[\boldsymbol{Q}_b^n]([\boldsymbol{Q}_b^n]^{-1}\boldsymbol{\omega}_{in}^n[\boldsymbol{Q}_b^n]) \\ &= \frac{1}{2}\langle \boldsymbol{\omega}_{ib}^b \rangle \boldsymbol{Q}_b^n - \frac{1}{2}[\boldsymbol{\omega}_{in}^n]\boldsymbol{Q}_b^n\end{aligned} \tag{4-74}$$

$$[\boldsymbol{Q}_b^n] = \begin{bmatrix} q_0 & -q_1 & -q_2 & -q_3 \\ q_1 & q_0 & -q_3 & q_2 \\ q_2 & q_3 & q_0 & -q_1 \\ q_3 & -q_2 & q_1 & q_0 \end{bmatrix},\langle \boldsymbol{\omega}_{ib}^b \rangle = \begin{bmatrix} 0 & -\omega_x & -\omega_y & -\omega_z \\ \omega_x & 0 & \omega_z & -\omega_y \\ \omega_y & -\omega_z & 0 & \omega_x \\ \omega_z & \omega_y & -\omega_x & 0 \end{bmatrix},$$

$$[\boldsymbol{\omega}_{in}^n] = \begin{bmatrix} 0 & -\omega_E & -\omega_N & -\omega_U \\ \omega_E & 0 & -\omega_U & \omega_N \\ \omega_N & \omega_U & 0 & -\omega_E \\ \omega_U & -\omega_N & \omega_E & 0 \end{bmatrix}$$

式中:$\boldsymbol{\omega}_{ib}^b$为 b 系相对地心惯性系(i 系)旋转角速度在 b 系上的投影;$\boldsymbol{\omega}_{in}^n$和$\boldsymbol{\omega}_{in}^b$分别为 n 系相对 i 系的旋转角速度在 n 系和 b 系上的投影。

实际上,SINS 用于四元数更新的微分方程为

$$\dot{\hat{\boldsymbol{Q}}}_b^n = \frac{1}{2}\langle \hat{\boldsymbol{\omega}}_{ib}^b \rangle \hat{\boldsymbol{Q}}_b^n - \frac{1}{2}[\hat{\boldsymbol{\omega}}_{in}^n]\hat{\boldsymbol{Q}}_b^n \tag{4-75}$$

式中:$\hat{\boldsymbol{\omega}}_{ib}^b = \boldsymbol{\omega}_{ib}^b + \delta\boldsymbol{\omega}_{ib}^b$为陀螺测量值;$\delta\boldsymbol{\omega}_{ib}^b$为陀螺的测量误差;$\hat{\boldsymbol{\omega}}_{in}^n = \boldsymbol{\omega}_{in}^n + \delta\boldsymbol{\omega}_{in}^n$为利用位置和速度计算值得到的 n 系相对 i 系的旋转角速度;$\delta\boldsymbol{\omega}_{in}^n$为 $\boldsymbol{\omega}_{in}^n$ 的计算误差。

用 AQE 表示的 SINS 姿态误差方程为

$$\begin{aligned}\delta\dot{\boldsymbol{Q}} &= \frac{1}{2}\langle\hat{\boldsymbol{\omega}}_{ib}^{b}\rangle\hat{\boldsymbol{Q}}_{b}^{n} - \frac{1}{2}[\hat{\boldsymbol{\omega}}_{in}^{n}]\hat{\boldsymbol{Q}}_{b}^{n} - \frac{1}{2}\langle\boldsymbol{\omega}_{ib}^{b}\rangle\boldsymbol{Q}_{b}^{n} + \frac{1}{2}[\boldsymbol{\omega}_{in}^{n}]\boldsymbol{Q}_{b}^{n}\\ &= \frac{1}{2}\langle\boldsymbol{\omega}_{ib}^{b}\rangle\boldsymbol{Q}_{b}^{n} + \frac{1}{2}\langle\boldsymbol{\omega}_{ib}^{b}\rangle\delta\boldsymbol{Q}_{b}^{n} + \frac{1}{2}\langle\delta\boldsymbol{\omega}_{ib}^{b}\rangle\hat{\boldsymbol{Q}}_{b}^{n} -\\ &\quad \frac{1}{2}[\boldsymbol{\omega}_{in}^{n}]\boldsymbol{Q}_{b}^{n} - \frac{1}{2}[\boldsymbol{\omega}_{in}^{n}]\delta\boldsymbol{Q}_{b}^{n} - \frac{1}{2}[\delta\boldsymbol{\omega}_{in}^{n}]\hat{\boldsymbol{Q}}_{b}^{n} - \frac{1}{2}\langle\boldsymbol{\omega}_{ib}^{b}\rangle\boldsymbol{Q}_{b}^{n} + \frac{1}{2}[\boldsymbol{\omega}_{in}^{n}]\boldsymbol{Q}_{b}^{n}\\ &= \frac{1}{2}\langle\boldsymbol{\omega}_{ib}^{b}\rangle\delta\boldsymbol{Q}_{b}^{n} - \frac{1}{2}[\boldsymbol{\omega}_{in}^{n}]\delta\boldsymbol{Q}_{b}^{n} + \frac{1}{2}\langle\delta\boldsymbol{\omega}_{ib}^{b}\rangle\hat{\boldsymbol{Q}}_{b}^{n} - \frac{1}{2}[\delta\boldsymbol{\omega}_{in}^{n}]\hat{\boldsymbol{Q}}_{b}^{n}\end{aligned} \tag{4-76}$$

由此可知

$$\begin{aligned}\langle\delta\boldsymbol{\omega}_{ib}^{b}\rangle\hat{\boldsymbol{Q}}_{b}^{n} &= \boldsymbol{U}(\hat{\boldsymbol{Q}}_{b}^{n})\delta\boldsymbol{\omega}_{ib}^{b}\\ [\delta\boldsymbol{\omega}_{in}^{n}]\hat{\boldsymbol{Q}}_{b}^{n} &= \boldsymbol{Y}(\hat{\boldsymbol{Q}}_{b}^{n})\delta\boldsymbol{\omega}_{in}^{n}\end{aligned} \tag{4-77}$$

$$\boldsymbol{U}(\hat{\boldsymbol{Q}}_{b}^{n}) = \boldsymbol{U} = \begin{bmatrix} -\hat{q}_1 & -\hat{q}_2 & -\hat{q}_3\\ \hat{q}_0 & -\hat{q}_3 & \hat{q}_2\\ \hat{q}_3 & \hat{q}_0 & -\hat{q}_1\\ -\hat{q}_2 & \hat{q}_1 & \hat{q}_0\end{bmatrix}, \boldsymbol{Y}(\hat{\boldsymbol{Q}}_{b}^{n}) = \boldsymbol{Y} = \begin{bmatrix} -\hat{q}_1 & -\hat{q}_2 & -\hat{q}_3\\ \hat{q}_0 & \hat{q}_3 & -\hat{q}_2\\ -\hat{q}_3 & \hat{q}_0 & \hat{q}_1\\ \hat{q}_2 & -\hat{q}_1 & \hat{q}_0\end{bmatrix}$$

易验证 $\boldsymbol{U}$ 具有如下性质，即

$$\boldsymbol{U}^{\mathrm{T}}\boldsymbol{U} = \boldsymbol{I}_{3\times3}, \boldsymbol{Y}^{\mathrm{T}}\boldsymbol{U} = \hat{\boldsymbol{C}}_{b}^{n} \tag{4-78}$$

式中：$\hat{\boldsymbol{C}}_{b}^{n}$ 为方向余弦矩阵$\boldsymbol{C}_{b}^{n}$ 的计算值。

由此，式(4－76)可进一步写为

$$\delta\dot{\boldsymbol{Q}} = \boldsymbol{M}\delta\boldsymbol{Q} + \frac{1}{2}(\boldsymbol{U}\delta\boldsymbol{\omega}_{ib}^{b} - \boldsymbol{Y}\delta\boldsymbol{\omega}_{in}^{n}) \tag{4-79}$$

$$\boldsymbol{M} \equiv \frac{1}{2}\langle\boldsymbol{\omega}_{ib}^{b}\rangle - \frac{1}{2}[\boldsymbol{\omega}_{in}^{n}] \tag{4-80}$$

式(4－80)为 $\delta\boldsymbol{Q}$ 的线性微分方程，即 SINS 的姿态误差方程。

2）基于 AQE 的速度误差方程

SINS 速度微分方程在导航系的矩阵表示为[107]

$$\dot{\boldsymbol{V}}^{n} = \boldsymbol{C}_{b}^{n}\boldsymbol{f}^{b} - (2\boldsymbol{\omega}_{ie}^{n} + \boldsymbol{\omega}_{en}^{n}) \times \boldsymbol{V}^{n} + \boldsymbol{g}^{n} \tag{4-81}$$

式中：$\boldsymbol{V}^{n}$ 为载体相对地球的速度在导航系中的投影；$\boldsymbol{C}_{b}^{n}$ 为方向余弦矩阵；$\boldsymbol{f}^{b}$ 为加速度；$\boldsymbol{g}^{n}$ 为当地重力矢量；$\boldsymbol{\omega}_{ie}^{n}$为地球系相对惯性系的旋转角速度在导航系的投影；$\boldsymbol{\omega}_{en}^{n}$为导航系相对地球系的旋转角速度在导航系的投影。

实际上，SINS 用于导航解算的速度方程为[108]

$$\dot{\hat{\boldsymbol{V}}}^n = \hat{\boldsymbol{C}}_b^n \hat{\boldsymbol{f}}^b - (2\hat{\boldsymbol{\omega}}_{ie}^n + \hat{\boldsymbol{\omega}}_{en}^n) \times \hat{\boldsymbol{V}}^n + \hat{\boldsymbol{g}}^n \tag{4-82}$$

式中：$\dot{\boldsymbol{V}}^n = \boldsymbol{V}^n + \delta\boldsymbol{V}$ 为速度的计算值；$\delta\boldsymbol{V} = [\delta V_E \quad \delta V_N \quad \delta V_U]^{\mathrm{T}}$ 为速度误差；$\hat{\boldsymbol{C}}_b^n = \boldsymbol{C}_b^n + \delta\boldsymbol{C}_b^n$ 为 $\boldsymbol{C}_b^n$ 的计算值；$\delta\boldsymbol{C}_b^n$ 为 $\boldsymbol{C}_b^n$ 的计算误差；$\hat{\boldsymbol{f}}^b = \boldsymbol{f}^b + \nabla^b$ 为加速度计的测量值；$\nabla^b = [\nabla'_x \quad \nabla'_y \quad \nabla'_z]^{\mathrm{T}}$ 为加速度计的测量误差；$\hat{\boldsymbol{\omega}}_{ie}^n = \boldsymbol{\omega}_{ie}^n + \delta\boldsymbol{\omega}_{ie}^n$ 和 $\hat{\boldsymbol{\omega}}_{en}^n = \boldsymbol{\omega}_{en}^n + \delta\boldsymbol{\omega}_{en}^n$ 分别为 $\boldsymbol{\omega}_{ie}^n$ 和 $\boldsymbol{\omega}_{en}^n$ 的计算值；$\hat{\boldsymbol{g}}^n$ 为当地重力矢量的计算值。

由式(4－82)减去式(4－81)，再利用 $\hat{\boldsymbol{f}}^b = \boldsymbol{f}^b + \nabla^b$，$\hat{\boldsymbol{V}}^n = \boldsymbol{V}^n + \delta\boldsymbol{V}$，$\hat{\boldsymbol{\omega}}_{ie}^n = \boldsymbol{\omega}_{ie}^n + \delta\boldsymbol{\omega}_{ie}^n$ 和 $\hat{\boldsymbol{\omega}}_{en}^n = \boldsymbol{\omega}_{en}^n + \delta\boldsymbol{\omega}_{en}^n$，可得速度误差方程为

$$\delta\dot{\boldsymbol{V}} = \delta\boldsymbol{C}_b^n \hat{\boldsymbol{f}}^b + \boldsymbol{C}_b^n \nabla^b - (2\boldsymbol{\omega}_{ie}^n + \boldsymbol{\omega}_{in}^n) \times \delta\boldsymbol{V} - (2\delta\boldsymbol{\omega}_{ie}^n + \delta\boldsymbol{\omega}_{en}^n) \times (\boldsymbol{V}^n + \delta\boldsymbol{V}) + \delta\boldsymbol{g}^n \tag{4-83}$$

式中：$\delta\boldsymbol{C}_b^n \hat{\boldsymbol{f}}^b$ 为 $\delta\boldsymbol{Q}$ 的非线性函数；其余各项为线性的。因此，在对 SINS 速度误差模型进行线性化时，只需考虑如何对姿态矩阵误差 $\delta\boldsymbol{C}_b^n$ 进行线性化。另外，$\delta\boldsymbol{C}_b^n \hat{\boldsymbol{f}}^b$ 与姿态误差具有很强的关系，正确计算 $\delta\boldsymbol{C}_b^n \hat{\boldsymbol{f}}^b$ 对分析姿态与速度误差之间的相关性非常重要。而由 $\hat{\boldsymbol{C}}_b^n = \boldsymbol{Y}^{\mathrm{T}}(\hat{\boldsymbol{Q}}_b^n)\boldsymbol{U}(\hat{\boldsymbol{Q}}_b^n)$，可得

$$\begin{aligned}\delta\boldsymbol{C}_b^n &= \boldsymbol{Y}^{\mathrm{T}}(\hat{\boldsymbol{Q}}_b^n)\boldsymbol{U}(\hat{\boldsymbol{Q}}_b^n) - \boldsymbol{Y}^{\mathrm{T}}(\boldsymbol{Q}_b^n)\boldsymbol{U}(\boldsymbol{Q}_b^n)\\ &= \boldsymbol{Y}^{\mathrm{T}}(\hat{\boldsymbol{Q}}_b^n)\boldsymbol{U}(\hat{\boldsymbol{Q}}_b^n) - \boldsymbol{Y}^{\mathrm{T}}(\hat{\boldsymbol{Q}}_b^n - \delta\boldsymbol{Q})\boldsymbol{U}(\hat{\boldsymbol{Q}}_b^n - \delta\boldsymbol{Q})\\ &= \boldsymbol{Y}^{\mathrm{T}}(\delta\boldsymbol{Q})\boldsymbol{U}(\hat{\boldsymbol{Q}}_b^n) + \boldsymbol{Y}^{\mathrm{T}}(\hat{\boldsymbol{Q}}_b^n)\boldsymbol{U}(\delta\boldsymbol{Q}) - \boldsymbol{Y}^{\mathrm{T}}(\delta\boldsymbol{Q})\boldsymbol{U}(\delta\boldsymbol{Q})\end{aligned} \tag{4-84}$$

由 $\boldsymbol{Y}$ 和 $\boldsymbol{U}$ 的表达式，可以验证

$$\boldsymbol{Y}^{\mathrm{T}}(\delta\boldsymbol{Q})\boldsymbol{U}(\hat{\boldsymbol{Q}}_b^n) = \boldsymbol{Y}^{\mathrm{T}}(\hat{\boldsymbol{Q}}_b^n)\boldsymbol{U}(\delta\boldsymbol{Q})$$

式(4－84)可改写为

$$\delta\boldsymbol{C}_b^n = 2\boldsymbol{Y}^{\mathrm{T}}(\delta\boldsymbol{Q})\boldsymbol{U}(\hat{\boldsymbol{Q}}_b^n) - \boldsymbol{Y}^{\mathrm{T}}(\delta\boldsymbol{Q})\boldsymbol{U}(\delta\boldsymbol{Q}) \tag{4-85}$$

或者，令 $\hat{\boldsymbol{Q}}_b^n = \boldsymbol{Q}_b^n + \delta\boldsymbol{Q}$，可将 $\delta\boldsymbol{C}_b^n$ 写成真实四元数 $\boldsymbol{Q}_b^n$ 和 $\delta\boldsymbol{Q}$ 的函数，即

$$\begin{aligned}\delta\boldsymbol{C}_b^n &= \boldsymbol{Y}^{\mathrm{T}}(\boldsymbol{Q}_b^n + \delta\boldsymbol{Q})\boldsymbol{U}(\boldsymbol{Q}_b^n + \delta\boldsymbol{Q}) - \boldsymbol{Y}^{\mathrm{T}}(\boldsymbol{Q}_b^n)\boldsymbol{U}(\boldsymbol{Q}_b^n)\\ &= \boldsymbol{Y}^{\mathrm{T}}(\delta\boldsymbol{Q})\boldsymbol{U}(\boldsymbol{Q}_b^n) + \boldsymbol{Y}^{\mathrm{T}}(\boldsymbol{Q}_b^n)\boldsymbol{U}(\delta\boldsymbol{Q}) + \boldsymbol{Y}^{\mathrm{T}}(\delta\boldsymbol{Q})\boldsymbol{U}(\delta\boldsymbol{Q})\\ &= 2\boldsymbol{Y}^{\mathrm{T}}(\delta\boldsymbol{Q})\boldsymbol{U}(\boldsymbol{Q}_b^n) + \boldsymbol{Y}^{\mathrm{T}}(\delta\boldsymbol{Q})\boldsymbol{U}(\delta\boldsymbol{Q})\end{aligned} \tag{4-86}$$

考虑 $\delta\boldsymbol{g}^n = 0$，并忽略二阶小量 $(2\delta\boldsymbol{\omega}_{ie}^n + \delta\boldsymbol{\omega}_{en}^n) \times \delta\boldsymbol{V}$，有

$$2\boldsymbol{Y}^{\mathrm{T}}(\delta\boldsymbol{Q})\boldsymbol{U}(\hat{\boldsymbol{Q}}_b^n)\hat{\boldsymbol{f}}^b = -2[\hat{\boldsymbol{C}}_b^n \hat{\boldsymbol{f}}^b] \times \boldsymbol{Y}^{\mathrm{T}}(\hat{\boldsymbol{Q}}_b^n)\delta\boldsymbol{Q} + 2\hat{\boldsymbol{C}}_b^n \hat{\boldsymbol{f}}^b (\hat{\boldsymbol{Q}}_b^n)^{\mathrm{T}}\delta\boldsymbol{Q} \tag{4-87}$$

可得 SINS 非线性的速度误差方程[109]，即

$$\delta\dot{\boldsymbol{V}}^n = -2[\hat{\boldsymbol{C}}_b^n\hat{\boldsymbol{f}}^b]\times\boldsymbol{Y}^{\mathrm{T}}(\hat{\boldsymbol{Q}}_b^n)\delta\boldsymbol{Q}+2\hat{\boldsymbol{C}}_b^n\hat{\boldsymbol{f}}^b(\hat{\boldsymbol{Q}}_b^n)^{\mathrm{T}}\delta\boldsymbol{Q}-\boldsymbol{Y}^{\mathrm{T}}(\delta\boldsymbol{Q})\boldsymbol{U}(\delta\boldsymbol{Q})\hat{\boldsymbol{f}}^b - (2\delta\boldsymbol{\omega}_{ie}^n+\delta\boldsymbol{\omega}_{en}^n)\times\boldsymbol{V}^n+\boldsymbol{C}_b^n\nabla^b-(2\boldsymbol{\omega}_{ie}^n+\boldsymbol{\omega}_{en}^n)\times\delta\boldsymbol{V} \tag{4-88}$$

由于 $\delta\boldsymbol{C}_b^n$ 的存在，当姿态误差角较大时得到的速度误差方程对 $\delta\boldsymbol{Q}$ 是非线性的。非线性项的表达式为

$$\boldsymbol{Y}^{\mathrm{T}}(\delta\boldsymbol{Q})\boldsymbol{U}(\delta\boldsymbol{Q})\hat{\boldsymbol{f}}^b=\begin{bmatrix}\delta q_0^2+\delta q_1^2-\delta q_2^2-\delta q_3^2 & 2(\delta q_1\delta q_2-\delta q_0\delta q_3) & 2(\delta q_1\delta q_3+\delta q_0\delta q_2)\\ 2(\delta q_0\delta q_3+\delta q_1\delta q_2) & \delta q_0^2-\delta q_1^2+\delta q_2^2-\delta q_3^2 & 2(\delta q_2\delta q_3-\delta q_0\delta q_1)\\ 2(\delta q_1\delta q_3-\delta q_0\delta q_2) & 2(\delta q_0\delta q_1+\delta q_2\delta q_3) & \delta q_0^2-\delta q_1^2-\delta q_2^2+\delta q_3^2\end{bmatrix}\hat{\boldsymbol{f}}^b \tag{4-89}$$

3）基于 AQE 位置误差方程

位置误差方程的矩阵形式为[110]

$$\begin{bmatrix}\delta\dot{L}\\ \delta\dot{\lambda}\\ \delta\dot{H}\end{bmatrix}=\begin{bmatrix}0 & 0 & -\dot{L}/(R_M+H)\\ \dot{\lambda}\tan L & 0 & -\dot{\lambda}/(R_N+H)\\ 0 & 0 & 0\end{bmatrix}\begin{bmatrix}\delta L\\ \delta\lambda\\ \delta H\end{bmatrix}+\begin{bmatrix}0 & 1/(R_M+H) & 0\\ \sec L/(R_N+H) & 0 & 0\\ 0 & 0 & 1\end{bmatrix}\begin{bmatrix}\delta V_E\\ \delta V_N\\ \delta V_U\end{bmatrix}$$

$$\dot{L}=V_N/(R_M+H)\ \dot{\lambda}=V_E/(R_N+H)/\cos L \tag{4-90}$$

式中：δL，$\delta\lambda$，δH 分别为纬度误差、经度误差和高度误差；R_M 和 R_N 分别为沿子午圈和卯酉圈的主曲率半径。

2. 基于 PEKF 的静基座初始精对准方法

要把陀螺漂移误差和加速度计偏置误差更好地估计出来，需要通过误差建模来提高系统的精确度，最常用的方法是把这些误差当作状态变量的一部分来估计，但是这种方法的计算量相当大（状态变量维数越多，滤波时间越长），而且模型误差随时间逐渐累积，无法精确描述[111]。因此，考虑将所有的惯性器件误差作为模型误差由 PF 进行预测。

根据式计算灵敏度矩阵 $\boldsymbol{U}$，得

$$\boldsymbol{U}=\left[\begin{array}{ccc:c}\dfrac{C_{21}}{R_M+H} & \dfrac{C_{22}}{R_M+H} & \dfrac{C_{23}}{R_M+H} & \\ \dfrac{\sec L\cdot C_{11}}{R_N+H} & \dfrac{\sec L\cdot C_{12}}{R_N+H} & \dfrac{\sec L\cdot C_{13}}{R_N+H} & 0_{3\times3}\\ C_{31} & C_{32} & C_{33} & \\ \hdashline & \boldsymbol{C}_b^n & & 0_{3\times3}\end{array}\right] \tag{4-91}$$

式中：C_{ij}为$\boldsymbol{C}_b^n$的第i行、第j列元素，$i,j=1,2,3$。

从式(4-91)可以看出，灵敏度矩阵$\boldsymbol{U}$的后3列全为0，即该3列对应的模型误差分量对所有的预测输出都不产生作用，针对SINS初始对准的滤波解算，将无法估计模型误差变量$\boldsymbol{d}$中的陀螺误差分量。因此，仅将加速度计误差作为模型误差，用PF来在线预测；而将陀螺误差作为状态变量，用EKF进行估计。

同时考虑模型误差和过程噪声的连续时间系统方程为

$$\boldsymbol{x}(t)=\boldsymbol{f}(\boldsymbol{x}(t),t)+\boldsymbol{G}(t)\boldsymbol{d}(t)+\boldsymbol{G}^w(t)\boldsymbol{w}(t) \tag{4-92}$$

$$\boldsymbol{y}(t)=\boldsymbol{H}(t)\boldsymbol{x}(t)+\boldsymbol{v}(t) \tag{4-93}$$

式中：$\boldsymbol{G}^w\in R^{n\times l}$为过程噪声阵；$\boldsymbol{H}$为量测矩阵。

设$t=t_{k-1}$，$t+\Delta t=t_k$，则t_k时刻的线性离散系统方程可表示为

$$\boldsymbol{x}_k=\boldsymbol{f}(\boldsymbol{x}_{k-1},k-1)+\boldsymbol{G}_{k-1}\boldsymbol{d}_{k-1}+\boldsymbol{G}_{k-1}^w\boldsymbol{w}_{k-1} \tag{4-94}$$

$$\boldsymbol{y}_k=\boldsymbol{H}_k\boldsymbol{x}_k+\boldsymbol{v}_k \tag{4-95}$$

PEKF算法的递推步骤归纳如下：

(1)令采样时间间隔为Δt，由t_{k-1}时刻系统的状态估值$\hat{\boldsymbol{x}}_{k-1}$，利用$\mathrm{tr}(\Delta\boldsymbol{C}_{\mathrm{EKF}})=0$计算系统的输出估值$\hat{\boldsymbol{y}}_{k-1}$；

(2)计算$\boldsymbol{Z}_{2\times1}(\hat{\boldsymbol{x}}_{k-1},\Delta t)$，$\boldsymbol{\Lambda}_{2\times2}(\Delta t)$和$\boldsymbol{U}_{2\times5}(\hat{\boldsymbol{x}}_{k-1})$；

(3)估计$[t_{k-1},t_k]$内的模型误差$\hat{\boldsymbol{d}}_{k-1}$；

(4)计算状态一步转移矩阵，即$\boldsymbol{\Phi}_{k/k-1}\approx\boldsymbol{I}+\left.\dfrac{\partial f(\boldsymbol{x},t)}{\partial\boldsymbol{x}}\right|_{\boldsymbol{x}=\hat{\boldsymbol{x}}_{k-1}}\cdot\Delta t$；

(5)根据EKF滤波流程，并用步骤(3)估计的模型误差$\hat{\boldsymbol{d}}_{k-1}$来修正EKF的状态一步预测值，得

$$\hat{\boldsymbol{x}}_{k/k-1}=\hat{\boldsymbol{x}}_{k-1}+\boldsymbol{f}[\hat{\boldsymbol{x}}_{k-1}]\Delta t+\boldsymbol{A}[\hat{\boldsymbol{x}}_{k-1}]\boldsymbol{f}[\hat{\boldsymbol{x}}_{k-1}]\Delta t^2/2+\boldsymbol{G}_{k-1}\hat{\boldsymbol{d}}_{k-1}\Delta t \tag{4-96}$$

基于PEKF的地面初始对准滤波状态方程和量测方程如式(4-92)和式(4-93)所示。其中，状态方程由基于AQE的速度误差方程和姿态误差方程以及陀螺误差方程组成。状态变量$\boldsymbol{x}=[\delta V_E\quad\delta V_N\quad\delta q_0\quad\delta q_1\quad\delta q_2\quad\delta q_3\quad\varepsilon_x\quad\varepsilon_y\quad\varepsilon_z]^{\mathrm{T}}$，$\varepsilon_x$、$\varepsilon_y$和$\varepsilon_z$为载体系3个轴上的陀螺常值漂移，有$\dot{\varepsilon}_x=\dot{\varepsilon}_y=\dot{\varepsilon}_z=0$；模型误差变量$\boldsymbol{d}=\nabla'_x\quad\nabla'_y]^{\mathrm{T}}$，$\nabla'_x$和$\nabla'_y$分别为载体系$x$和$y$轴上的加速度计偏置；过程噪声$\boldsymbol{w}=[w_{\varepsilon_x}\quad w_{\varepsilon_y}\quad w_{\varepsilon_z}]^{\mathrm{T}}$，由陀螺随机漂移组成；过程噪声方差阵$\boldsymbol{Q}$根据SINS的陀螺随机噪声水平选取。模型误差分布矩阵$\boldsymbol{G}$和过程噪声矩阵$\boldsymbol{G}^w$的表达式分别为

$$\boldsymbol{G}=\begin{bmatrix} C_{11} & C_{12} \\ C_{21} & C_{22} \\ \multicolumn{2}{c}{0_{7\times2}} \end{bmatrix},\quad \boldsymbol{G}^{w}=\begin{bmatrix} 0_{2\times3} \\ \frac{1}{2}\boldsymbol{U}(\hat{\boldsymbol{Q}}_{b}^{n}) \\ 0_{3\times3} \end{bmatrix} \tag{4-97}$$

量测方程中，将 SINS 解算出的东向和北向速度作为量测变量，有 $\boldsymbol{y}=[\delta V_E \quad \delta V_N]^{\mathrm{T}}$；量测矩阵 $\boldsymbol{H}=[\boldsymbol{I}_{2\times2} \quad 0_{2\times7}]$；量测噪声 $\boldsymbol{v}=[\upsilon_{\delta V_E} \quad \upsilon_{\delta V_N}]^{\mathrm{T}}$，量测噪声方差阵 $\boldsymbol{R}$ 根据速度量测噪声水平选取。

3. 基于 PEKF 的静基座初始精对准方法的实验验证

为验证基于 PEKF 的 SINS 初始对准方法的有效性，下面进行 KF、EKF 和 PEKF 的半物理仿真试验，并将 PEKF 与 EKF 和 KF 方法进行对比。

1）试验条件

初始位置为东经 116°，北纬 40°，高度 45m。初始航向角为 30°，俯仰和横滚角均为 0°。初始航向角、俯仰角和横滚角的误差分别为 1°，0.5°和 0.5°。初始东向、北向和天向速度误差均为 0.03m/s。

将初始位置作为第 1 位置，从此位置顺时针旋转 30°到第 2 位置，第 1 和第 2 位置分别停留 200s 和 400s，利用轨迹发生器生成相应的陀螺和加速度计理论输出数据。根据实测挠性陀螺 IMU（采样频率为 80Hz。3 个陀螺的常值漂移和随机漂移分别为 0.103°/h、0.112°/h、0.137°/h 和 0.053°/h、0.051°/h、0.048°/h；3 个加速度计的常值偏置和随机偏置分别为 115μg、89μg、106μg 和 61μg、44μg、50μg）。静态数据获取陀螺和加速度计的随机噪声。具体方法为：将采集到的陀螺和加速度计数据减去相应的均值作为器件噪声，并叠加到陀螺和加速度计的理论输出数据上，滤波周期为 1s，速度量测噪声为 0.01m/s。

2）试验结果与分析

分别采用 PEKF、EKF 和 KF 滤波方法进行半物理仿真试验。航向角、俯仰角和横滚角的估计误差曲线如图 4－5～图 4－7 所示。

图 4－5～图 4－7 中，SINS 是指捷联惯导系统，KF 是指卡尔曼滤波，EKF 是指扩展卡尔曼滤波，PEKF 是指预测扩展卡尔曼滤波。

试验结果定性分析如下：

（1）在姿态精度方面，PEKF 的航向估计精度优于 EKF 和 KF，水平姿态估计精度略优于 EKF 和 KF，而 EKF 的姿态估计精度优于 KF。在转动 SINS 后，3 种方法的航向角、俯仰角和横滚角估计精度都得到不同程度的提高。

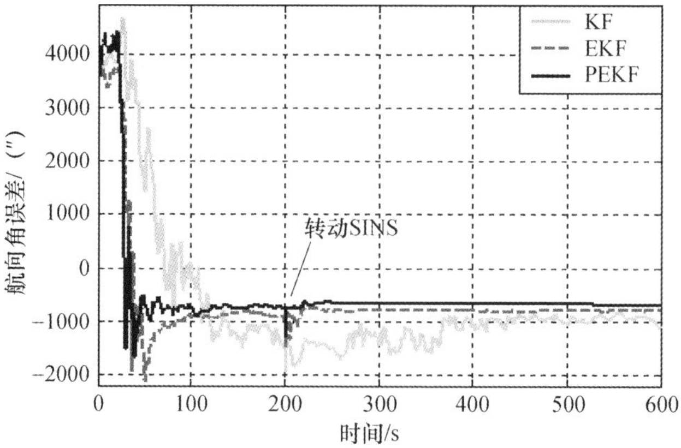

图 4-5　航向角估计误差曲线(见彩图)

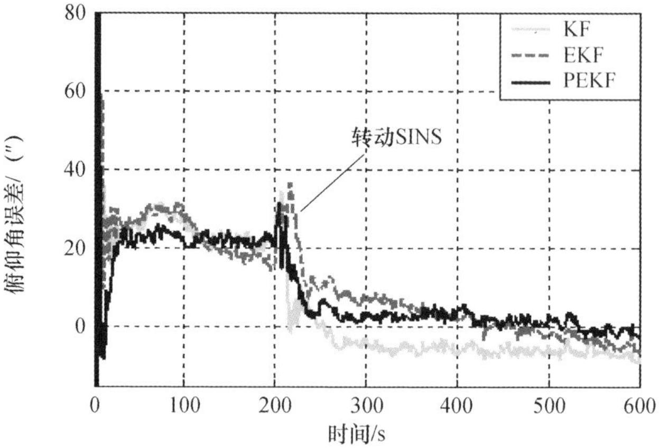

图 4-6　俯仰角估计误差曲线(见彩图)

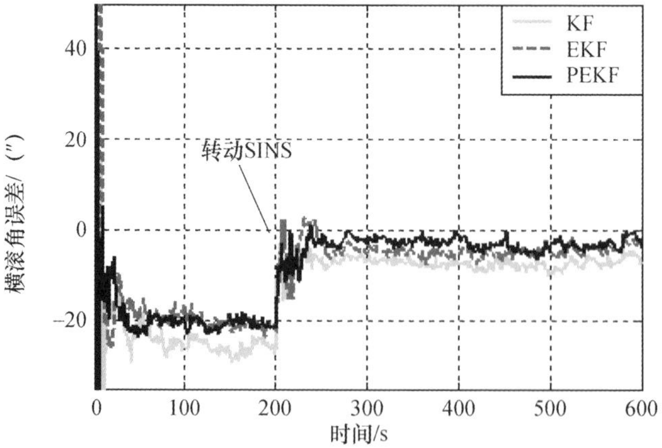

图 4-7　横滚角估计误差曲线(见彩图)

(2)在姿态收敛速度方面,非线性滤波方法 PEKF 和 EKF 较线性滤波方法 KF 收敛快且平稳。在滤波 200s 处,PEKF 和 EKF 方法的航向角、俯仰角和横滚角估计均已达稳态,而 KF 的航向角还未达稳态;在转动 SINS 后,PEKF 和 EKF 方法很快稳定,而 KF 约在 400s 处才趋于稳定。试验中正是利用了 PEKF 方法的收敛速度快且稳态精度高的特点,在较短的时间后便进行转位,从而提高了 SINS 初始对准的精度并缩短了对准的时间。

试验结果定量分析如表 4-3 所列,该表比较了转动 SINS 后 300~400s(时间段 1)和 400~500s(时间段 2)内采用 PEKF、EKF 和 KF 方法时,航向、俯仰和横滚角估计误差均值的绝对值。

表 4-3　3 种滤波方法地面初始对准精度比较

姿态误差绝对值(″)	PEKF		EKF		KF	
	时间段 1	时间段 2	时间段 1	时间段 2	时间段 1	时间段 2
航向角误差	729.204530	699.204530	814.366321	796.1587861	1265.097030	1076.576524
俯仰角误差	3.888676	3.292045	5.871769	2.617377	5.495700	4.878368
横滚角误差	3.676121	4.376121	4.525740	4.61737726	7.962773	8.007087

从表 4-3 可知,在水平姿态上 PEKF、EKF 和 KF 这三种方法的滤波精度相当,PEKF 的精度略高于 EKF 和 KF。航向上,时间段 1 内 PEKF 滤波精度比 EKF 提高 0.10 倍,比 KF 提高 0.42 倍;时间段 2 内 PEKF 滤波精度比 EKF 提高 0.12 倍,比 KF 提高 0.35 倍。此外,KF、EKF 和 PEKF 方法的计算量之比为 1∶1.1∶1.09。可见,PEKF 方法能够在保证算法实时性的基础上,提高姿态估计精度。

第 5 章 机载位置姿态系统实时组合估计

5.1 引言

POS 本质上是一种 SINS/GNSS 组合测量系统。在 SINS/GNSS 系统误差模型的基础上 POS 将 SINS 中的导航信息和 GNSS 的导航信息统一在滤波器中进行处理，通过协同和互补实现 SINS 和 GNSS 这两个单个系统各自不具备的功能和导航精度。对于机载对地观测运动成像，有实时成像和离线成像两种工作方式。相应地，POS 需要具备运动参数实时测量和离线处理两种功能，即 POS 需要进行实时组合估计和离线组合估计。

在机载高分辨率对地观测实时应用中，要求机载 POS 在满足实时性要求的同时，还应保持较高的运动参数测量精度，这就对 SINS/GNSS 组合测量系统的滤波模型精度、空中对准精度、组合滤波算法实时性与精度等提出了很高的要求。如在 POS 组合估计中，由于 GNSS 为 POS 组合估计提供高精度的位置和速度观测信息，因此 GNSS 测量中心与 IMU 测量中心之间的距离测量误差（称为杆臂误差），将直接影响实时组合滤波量测值的精度。特别是载体有姿态机动时，IMU 和 GNSS 天线二者之间还会出现相对速度误差，杆臂不仅会在滤波器中引入位置观测量误差，还会引入很大的速度观测量误差。而当 IMU 安装在惯性稳定平台或其他转位机构上时，随着转位机构的转动，杆臂不再固定而是随时间变化，如果仍用固定的杆臂值进行杆臂效应误差补偿，就会大大降低系统实时滤波的估计精度。因此在 POS 实时组合估计中必须对杆臂进行高精度测量和补偿。此外，在对地观测应用中，载机需要长时间做匀速直线飞行，使得系统可观测性差，SINS/GNSS 组合估计将精度下降；而且载机机动、卫星星座构型变化、电磁干扰等因素会导致 GNSS 量测值出现异常，从而影响实时组合滤波的精度和稳定性，甚至造成滤波器失常。因此，在 POS 实时组合估计中还需要采用空中机动对准技术来提高 SINS/GNSS 长时间的组合估计精度。

本章首先介绍机载 POS 实时组合估计中常用的组合滤波估计方法，并给出了具体的算法描述；然后，针对刚性杆臂和动态杆臂这两种情况，分别介绍相应的杆臂误差建模与补偿方法；最后，从提高系统可观测性和克服 GNSS 测量噪声异常的角度，分别介绍相应的机载 POS 空中机动对准方法。

5.2　机载 POS 实时组合滤波方法

在实时工作状态下，POS 采用滤波估计技术实现 SINS 和 GNSS 的数据融合，从而得到优于 SINS 和 GNSS 任何一个单一子系统的位置、速度和姿态等估计精度。因此，如何设计滤波器和选择合适的滤波方法对 POS 实时组合估计的实时性和估计精度来说至关重要。目前，KF 技术是 POS 进行实时组合估计普遍采用的最优估计方法。下面简要介绍卡尔曼滤波理论的发展历程。

1960 年，R. E. Kalman 首次提出了卡尔曼滤波理论。该理论的提出极大地推动了 SINS/GNSS 组合导航技术的快速发展。KF 的应用原理是基于两种或两种非相似导航系统的输出信息，估计并校正导航系统的误差，从而获得更高精度的导航参数。KF 具有应用简单、便于实施和实时性好等优点。对噪声为高斯分布的线性系统，利用 KF 方法可以得到系统状态的递推最小方差估计。不足之处是 KF 仅适用于线性系统，而且假定过程噪声和量测噪声都是噪声统计特性已知的高斯白噪声[112]。实际的系统大部分是非线性的，且噪声多数是非高斯的。针对上述问题，以 KF 理论为基础，相继出现了许多先进的滤波方法。

20 世纪 70 年代初，针对非线性系统的最优估计问题，A. H. Jazwinski 提出了 EKF 方法[113,114]，其基本原理是先将非线性系统作线性化处理，然后应用 KF 方法得到系统状态量及其最小方差的近似估计。虽然 EKF 可以适用于非线性系统，但是需要计算雅可比矩阵，计算量较大，而且线性化误差会降低滤波器的精度，所以 EKF 是一种次优滤波。此后，针对 EKF 线性化误差较大的问题，提出了一些改进算法，如迭代滤波和二阶滤波，进一步提高了滤波对非线性系统的估计性能。由于 EKF 方法中，状态分布是通过高斯随机变量在一阶线性化的系统动力学方程中传播来逼近的，所以上述对 EKF 进行改进的方法都无法从根本上解决 EKF 的线性化误差问题。1997 年，S. J. Juliear 和 J. K. Uhlman 提出了一种不需对非线性系统线性化的新型非线性滤波方法——无损卡尔曼滤波(Unscented Kalman Filter,UKF)[114,115],该方法不是对非线性系统进行线性化,而是采用一种确定性的采样方法来解决高斯随机变量在非线性方程中传播的问题,即状态分布利用高斯随机变量的方法来逼近,此时高斯随机变量是用一个样本点集合来表示,集合里面的这些样本点是基于方根分解的方式来加以选择的,同时这些样本点通过加权方法可以准确地得到高斯随机变量(Gaussian Random Variable,GRV)的均值和方差;当 GRV 在非线性系统中传播时,得到的 GRV 的均值和方差的准确性可以达到二阶(泰勒展开),而 EKF 方法只能达到一阶。

虽然 EKF 和 UKF 等滤波估计方法可以应用于非线性系统,但是这两类方法仍要求过程噪声和量测噪声符合高斯分布,而现实生活中非线性、非高斯随机系统更加具有普遍意义。对于噪声为非高斯的问题,Gordon 和 Salmond 等研究者于 1993 年提出了一种基于 Bayes 原理的非参数化序贯 Monte - Carlo 递推滤波算法,并称为粒子滤波。该方法的核心原理是把一些随机样本(粒子)当作系统随机变量的后验概率分布,适用于强非高斯噪声的随机系统。1997 年 Carvalho 将粒子滤波方法引入到 GNSS/INS 组合导航系统的非高斯噪声、非线性滤波问题的研究中,解决了当 GNSS 可见星数目发生突变时滤波的稳定性问题,并得到了优于 EKF 的估计精度[116]。但是该方法存在难以选取合适的重要性采样密度的问题,从而导致滤波精度下降。为获得更好的重要性采样密度,先后出现了辅助粒子滤波、扩展卡尔曼粒子滤波和无损粒子滤波等一系列方法[117,118],既利用了 EKF 或 UKF 产生重要密度函数的粒子滤波方法,又兼顾了噪声非高斯和系统非线性的问题[119]。由于 UKF、PF 以及利用 EKF 或 UKF 辅助的 PF 这类滤波方法,需要进行大量的采样,因此这些方法的计算量大,运算实时性差,通常不适用于实时导航解算,而是用在离线导航解算中。此外,还有解决模型不稳定问题的模型预测滤波方法,以及提高组合导航系统容错性和可靠性的联邦滤波等滤波方法等。

下面详细介绍几种 POS 实时组合估计中常用的滤波估计方法,为后续内容的介绍提供基础理论知识。在第 6 章“机载位置姿态系统高精度离线组合估计”中将介绍适用于离线组合估计的 UKF、PF、平滑等估计方法。

5.2.1 标准卡尔曼滤波

KF 是一种线性最小方差估计,目前仍是工程领域应用最广泛的一种最优估计方法[112]。

考虑线性连续系统方程,即

$$\dot{\boldsymbol{x}}(t)=\boldsymbol{F}(t)\boldsymbol{x}(t)+\boldsymbol{G}(t)\boldsymbol{w}(t) \tag{5-1}$$

$$\boldsymbol{y}(t)=\boldsymbol{H}(t)\boldsymbol{x}(t)+\boldsymbol{v}(t) \tag{5-2}$$

式中:$\boldsymbol{x}(t)\in\boldsymbol{R}^{n}$ 为状态变量;$\boldsymbol{F}(t)\in\boldsymbol{R}^{n\times n}$ 为状态转移矩阵;$\boldsymbol{G}(t)\in\boldsymbol{R}^{n\times l}$ 为过程噪声矩阵;$\boldsymbol{y}(t)\in\boldsymbol{R}^{m}$ 为量测变量;$\boldsymbol{H}(t)\in\boldsymbol{R}^{m\times n}$ 为量测矩阵;$\boldsymbol{w}(t)\in\boldsymbol{R}^{l}$,$\boldsymbol{v}(t)\in\boldsymbol{R}^{m}$ 分别为过程噪声和量测噪声变量。假定 $\boldsymbol{w}(t)$ 和 $\boldsymbol{v}(t)$ 为零均值的高斯白噪声,则有

$$\begin{cases}E[\boldsymbol{w}(t)]=0, E[\boldsymbol{w}(t)\boldsymbol{w}^{\mathrm{T}}(t+\Delta t)]=\boldsymbol{Q}\delta(\Delta t)\\ E[\boldsymbol{v}(t)]=0, E[\boldsymbol{v}(t)\boldsymbol{v}^{\mathrm{T}}(t+\Delta t)]=\boldsymbol{R}\delta(\Delta t)\\ E[\boldsymbol{w}(t)\boldsymbol{v}^{\mathrm{T}}(t+\Delta t)]=0\end{cases} \tag{5-3}$$

式中:$\boldsymbol{Q}\in\boldsymbol{R}^{l\times l}$ 过程噪声方差阵,假设为非负定阵;$\boldsymbol{R}\in\boldsymbol{R}^{m\times m}$ 为量测噪声方差阵,假设为正定阵;Δt 为采样时间间隔。

设 $t=t_{k-1}$,$t+\Delta t=t_k$,则 t_k 时刻的线性离散型系统方程可表示为

$$\boldsymbol{X}_k=\boldsymbol{\Phi}_{k,k-1}\boldsymbol{X}_{k-1}+\boldsymbol{\Gamma}_{k-1}\boldsymbol{W}_{k-1} \tag{5-4}$$

$$\boldsymbol{Z}_k=\boldsymbol{H}_k\boldsymbol{X}_k+\boldsymbol{V}_k \tag{5-5}$$

式中:$\boldsymbol{\Phi}_{k,k-1}$ 为 t_{k-1} 时刻到 t_k 时刻的一步转移矩阵,为状态转移矩阵 $\boldsymbol{F}$ 的离散化形式;$\boldsymbol{\Gamma}_{k-1}$ 为系统噪声驱动阵;$\boldsymbol{W}_k$ 为系统噪声序列;$\boldsymbol{H}_k$ 为量测矩阵;$\boldsymbol{V}_k$ 为量测噪声序列。同时 $\boldsymbol{W}_k$ 和 $\boldsymbol{V}_k$ 满足

$$\begin{cases}E[\boldsymbol{W}_k]=0, \mathrm{Cov}[\boldsymbol{W}_k,\boldsymbol{W}_j]=E[\boldsymbol{W}_k\boldsymbol{W}_j^{\mathrm{T}}]=\boldsymbol{Q}_k\delta_{kj}\\ E[\boldsymbol{V}_k]=0, \mathrm{Cov}[\boldsymbol{V}_k,\boldsymbol{V}_j]=E[\boldsymbol{V}_k\boldsymbol{V}_j^{\mathrm{T}}]=\boldsymbol{R}_k\delta_{kj}\\ \mathrm{Cov}[\boldsymbol{W}_k,\boldsymbol{V}_j]=E[\boldsymbol{W}_k\boldsymbol{V}_j^{\mathrm{T}}]=\boldsymbol{0}\end{cases} \tag{5-6}$$

式中:$\boldsymbol{Q}_k$ 为系统噪声序列的方差阵;$\boldsymbol{R}_k$ 为量测噪声序列的方差阵。如果被估计量 $\boldsymbol{X}_k$ 满足式(5-4),对 $\boldsymbol{X}_k$ 的量测 $\boldsymbol{Z}_k$ 满足式(5-5),系统噪声 $\boldsymbol{W}_k$ 和量测噪声 $\boldsymbol{V}_k$ 满足式(5-6),系统噪声方差阵 $\boldsymbol{Q}_k$ 非负定,量测噪声方差阵 $\boldsymbol{R}_k$ 正定,k 时刻的量测为 $\boldsymbol{Z}_k$,则 $\boldsymbol{X}_k$ 的估计 $\hat{\boldsymbol{X}}_k$ 可以按下面的方程进行求解。

状态一步预测可表示为

$$\hat{\boldsymbol{X}}_{k/k-1}=\boldsymbol{\Phi}_{k,k-1}\boldsymbol{X}_{k-1} \tag{5-7}$$

状态估计可表示为

$$\hat{\boldsymbol{X}}_k=\boldsymbol{X}_{k/k-1}+\boldsymbol{K}_k(\boldsymbol{Z}_k-\boldsymbol{H}_k\hat{\boldsymbol{X}}_{k/k-1}) \tag{5-8}$$

滤波增益可表示为

$$\boldsymbol{K}_k = \boldsymbol{P}_{k,k-1}\boldsymbol{H}_k^{\mathrm{T}}(\boldsymbol{H}_k\boldsymbol{P}_{k,k-1}\boldsymbol{H}_k^{\mathrm{T}} + \boldsymbol{R}_k)^{-1} \tag{5-9}$$

也可表示为

$$\boldsymbol{K}_k = \boldsymbol{P}_{k,k-1}\boldsymbol{H}_k^{\mathrm{T}}\boldsymbol{R}_k^{-1} \tag{5-10}$$

一步预测均方误差可表示为

$$\boldsymbol{P}_{k,k-1} = \boldsymbol{\Phi}_{k,k-1}\boldsymbol{P}_{k-1}\boldsymbol{\Phi}_{k,k-1}^{\mathrm{T}} + \boldsymbol{\Gamma}_{k-1}\boldsymbol{Q}_k\boldsymbol{\Gamma}_{k-1}^{\mathrm{T}} \tag{5-11}$$

估计均方误差可表示为

$$\boldsymbol{P}_k = (\boldsymbol{I} - \boldsymbol{K}_k\boldsymbol{H}_k)\boldsymbol{P}_{k,k-1}(\boldsymbol{I} - \boldsymbol{K}_k\boldsymbol{H}_k)^{\mathrm{T}} + \boldsymbol{K}_k\boldsymbol{R}_k\boldsymbol{K}_k^{\mathrm{T}} \tag{5-12}$$

也可表示为

$$\boldsymbol{P}_k = (\boldsymbol{I} - \boldsymbol{K}_k\boldsymbol{H}_k)\boldsymbol{P}_{k,k-1} \tag{5-13}$$

或表示为

$$\boldsymbol{P}_k^{-1} = \boldsymbol{P}_{k,k-1}^{-1} + \boldsymbol{H}_k^{\mathrm{T}}\boldsymbol{R}_k^{-1}\boldsymbol{H}_k \tag{5-14}$$

式中：$\hat{\boldsymbol{X}}_{k/k-1}$为状态一步预测；$\hat{\boldsymbol{X}}_k$为状态估计；$\boldsymbol{P}_{k/k-1}$为一步预测误差方差阵；$\boldsymbol{K}_k$为滤波增益阵；$\boldsymbol{P}_k$为估计误差方差阵；$\boldsymbol{e}_k$为新息过程。

式(5-7)~式(5-14)为离散型卡尔曼滤波基本方程。在给定初始值$\hat{\boldsymbol{X}}_0$和$\boldsymbol{P}_0$时，根据t_k时刻的量测$\boldsymbol{y}_k$，就可以递推计算得到k时刻的状态估计$\hat{\boldsymbol{X}}_k$($k=1,2,\cdots$)。

当Δt(即滤波周期)较短时，$\boldsymbol{F}(t)$可近似看作常阵，即

$$\boldsymbol{F}(t) \approx \boldsymbol{F}(t_{k-1}),\ t_{k-1} \leqslant t < t_k \tag{5-15}$$

此时，状态转移矩阵$\boldsymbol{\Phi}_{k/k-1}$可表示为

$$\boldsymbol{\Phi}_{k/k-1} = \boldsymbol{I} + \boldsymbol{F}_{k-1}\Delta t + \boldsymbol{F}_{k-1}^2\frac{\Delta t^2}{2!} + \boldsymbol{F}_{k-1}^3\frac{\Delta t^3}{3!} + \cdots \tag{5-16}$$

$$\boldsymbol{F}_{k-1} = \boldsymbol{F}(t_{k-1})$$

5.2.2 扩展卡尔曼滤波

EKF是目前应用最为广泛的一种非线性次优滤波算法。EKF方法的基本原理是利用上一步的估计值将非线性系统进行泰勒展开，并取一阶近似来进行线性化处理，再应用卡尔曼滤波递推方程进行系统的状态估计[120]。

考虑随机非线性系统，即

$$\begin{cases}\boldsymbol{X}(k+1) = \boldsymbol{f}[\boldsymbol{X}(k),k] + \boldsymbol{\Gamma}[\boldsymbol{X}(k),k]\boldsymbol{W}(k)\\ \boldsymbol{Y}(k+1) = \boldsymbol{h}[\boldsymbol{X}(k+1),k+1] + \boldsymbol{V}(k)\end{cases} \tag{5-17}$$

式中：$\boldsymbol{X}(k)$为n维状态向量；$\boldsymbol{f}[\cdot]$和$\boldsymbol{h}[\cdot]$分别为n维和m维非线性向量函数；$\boldsymbol{\Gamma}[\cdot]$为$n\times p$维矩阵函数；$\{\boldsymbol{W}(k),k\geqslant 0\}$为$p$维系统干扰噪声向量；

$\{V(k),k\geqslant 0\}$ 为 m 维观测噪声向量。$W(k)$ 和 $V(k)$ 均为彼此不相关的零均值高斯白噪声过程或序列，并且与 $X(0)$ 不相关，有

$$\begin{cases}E[W(k)]=0,E[W(k)W^{\mathrm{T}}(j)]=Q_k\delta_{kj}\\ E[V(k)]=0,E[V(k)V^{\mathrm{T}}(j)]=R_k\delta_{kj}\\ E[W(k)V^{\mathrm{T}}(j)]=0,E[X(0)W^{\mathrm{T}}(k)]=E[X(0)V^{\mathrm{T}}(k)]=0\end{cases}\tag{5-18}$$

式中：$Q_k\in R^{l\times l}$ 为过程噪声序列的方差阵，假设为非负定阵；$R_k\in R^{m\times m}$ 为量测噪声序列的方差阵，假设为正定阵。

初始状态为具有如下均值和方差阵的高斯分布的随机向量，即

$$E[X(0)]=\mu_x(0),\mathrm{Var}[X(0)]=P_x(0)\tag{5-19}$$

EKF 先将随机非线性系统模型中的非线性向量函数围绕滤波值线性化，得到系统线性化模型，然后应用卡尔曼滤波方程实现非线性系统的最优估计。

将离散随机非线性系统式(5-17)状态方程中的非线性向量函数 $f[\cdot]$ 围绕状态估值 $\hat{X}(k|k)$ 展开成泰勒级数并略去二次以上项，得

$$X(k+1)=f[\hat{X}(k|k),k]+\left.\frac{\partial f[X(k),k]}{\partial X(k)}\right|_{X(k)=\hat{X}(k|k)}(X(k)-\hat{X}(k|k))+\Gamma(X(k),k)W(k)\tag{5-20}$$

将式(5-17)量测方程中的非线性向量函数 $h[\cdot]$ 围绕状态预测估值 $\hat{X}(k+1|k)$ 展开成泰勒级数并略去二次以上项，得

$$Y(k+1)=h[\hat{X}(k+1|k),k+1]+\left.\frac{\partial h[\hat{X}(k+1),k+1]}{\partial X(k+1)}\right|_{X(k)=\hat{X}(k+1|k)}(X(k)-\hat{X}(k|k))+\Gamma(X(k),k)W(k)\tag{5-21}$$

令

$$\frac{\partial f[X(k),k]}{\partial X(k)}=\Phi(k+1,k)\tag{5-22}$$

$$\Phi[\hat{X}(k|k),k]-\left.\frac{\partial f}{\partial X}\right|_{X(k)=\hat{X}(k|k)}\hat{X}(k|k)=U(k)\tag{5-23}$$

$$\Gamma[X(k),k]=\Gamma[\hat{X}(k\mid k),k]\tag{5-24}$$

$$\left.\frac{\partial h}{\partial X}\right|_{X(k+1)=\hat{X}(k+1|k)}=H(k+1)\tag{5-25}$$

$$h[\hat{X}(k+1|k),k+1]-\left.\frac{\partial h}{\partial X}\right|_{X(k+1)=\hat{X}(k|k)}\hat{X}(k+1|k)=Z(k+1)\tag{5-26}$$

则式(5-20)和式(5-21)可写为

$$\begin{cases}\boldsymbol{X}(k+1)=\boldsymbol{\Phi}[k+1,k]\boldsymbol{X}(k)+\boldsymbol{U}(k)+\boldsymbol{\Gamma}[\hat{\boldsymbol{X}}(k|k),k]\boldsymbol{W}(k)\\ \boldsymbol{Y}(k+1)=\boldsymbol{H}(k+1)\boldsymbol{X}(k)+\boldsymbol{Z}(k+1)+\boldsymbol{V}(k+1)\end{cases}\tag{5-27}$$

式中:$\boldsymbol{\Phi}[k+1,k]$和$\boldsymbol{H}(k+1)$为雅可比矩阵。

由第5.2.1节的离散型卡尔曼滤波的相应方程,可得到离散型EKF方程,即

$$\hat{\boldsymbol{X}}(k+1|k+1)=\hat{\boldsymbol{X}}(k+1|k)+\boldsymbol{K}(k+1)[\boldsymbol{Y}(k+1)-\boldsymbol{Z}(k+1)-\boldsymbol{H}(k+1)\hat{\boldsymbol{X}}(k+1|k)]\tag{5-28}$$

也可表示为

$$\hat{\boldsymbol{X}}(k+1|k+1)=\hat{\boldsymbol{X}}(k+1|k)+\boldsymbol{K}(k+1)\{\boldsymbol{Y}(k+1)-\boldsymbol{h}[\hat{\boldsymbol{X}}(k+1|k),k+1]\}\tag{5-29}$$

$$\hat{\boldsymbol{X}}(k+1|k)=\boldsymbol{\Phi}[k+1|k]\hat{\boldsymbol{X}}(k|k)+\boldsymbol{U}(k)\boldsymbol{\Phi}[\hat{\boldsymbol{X}}(k|k),k]\tag{5-30}$$

所以有

$$\hat{\boldsymbol{X}}(k+1|k+1)=\boldsymbol{\Phi}[\hat{\boldsymbol{X}}(k|k),k]+\boldsymbol{K}(k+1)\{\boldsymbol{Y}(k+1)-\boldsymbol{H}[\hat{\boldsymbol{X}}(k+1\mid k),k+1]\}\tag{5-31}$$

离散型EKF的递推方程为

$$\begin{cases}\hat{\boldsymbol{X}}(k+1|k+1)=\boldsymbol{\Phi}[\hat{\boldsymbol{X}}(k|k),k]+\boldsymbol{K}(k+1)\{\boldsymbol{Y}(k+1)-\boldsymbol{H}[\hat{\boldsymbol{X}}(k+1|k),k+1]\}\\ \boldsymbol{K}(k+1)=\boldsymbol{P}(k+1|k)\boldsymbol{H}^{\mathrm{T}}(k+1)[\boldsymbol{H}(k+1)\boldsymbol{P}(k+1)\boldsymbol{H}^{\mathrm{T}}(k+1)+\boldsymbol{R}_{k+1}]^{-1}\\ \boldsymbol{P}(k+1|k)=\boldsymbol{F}[k+1,k]\boldsymbol{P}(k|k)\boldsymbol{F}^{\mathrm{T}}[k+1,k]+\boldsymbol{G}[\hat{X}(k|k),k]\boldsymbol{Q}_k\boldsymbol{G}^{\mathrm{T}}[\hat{\boldsymbol{X}}(k|k),k]\\ \boldsymbol{P}(k+1|k+1)=[\boldsymbol{I}-\boldsymbol{K}(k+1)\boldsymbol{H}(k+1)]\boldsymbol{P}(k+1|k)\end{cases}\tag{5-32}$$

初始值为

$$\hat{\boldsymbol{X}}(0|0)=\boldsymbol{E}[X(0)]=\boldsymbol{\mu}_x(0)\tag{5-33}$$

$$\boldsymbol{P}(0|0)=\mathrm{Var}[\boldsymbol{X}(0)]=\boldsymbol{P}_x(0)\tag{5-34}$$

$$\boldsymbol{\Phi}(k+1,k)=\left.\frac{\partial\boldsymbol{f}[\boldsymbol{X}(k),k]}{\partial\boldsymbol{X}(k)}\right|_{\boldsymbol{X}(k)=\hat{\boldsymbol{X}}(k|k)}\tag{5-35}$$

$$\boldsymbol{H}(k+1)=\left.\frac{\partial\boldsymbol{h}[\hat{\boldsymbol{X}}(k+1),k+1]}{\partial\boldsymbol{X}(k+1)}\right|_{\boldsymbol{X}(k+1)=\hat{\boldsymbol{X}}(k+1|k)}\tag{5-36}$$

由于EKF方法在对系统模型进行线性化时存在高阶截断误差项,因此EKF是一种近似的方法。上述离散型EKF方程只有在滤波误差$\tilde{\boldsymbol{X}}(k|k)=\boldsymbol{X}(k)-\hat{\boldsymbol{X}}(k|k)$和一步预测误差$\tilde{\boldsymbol{X}}(k+1|k)=\boldsymbol{X}(k+1)-\hat{\boldsymbol{X}}(k+1|k)$都较小时才能应用,且由于在应用过程中需要对非线性系统进行线性化和计算“雅可比”矩阵,

因而也存在精度上的限制。

5.2.3　联邦滤波

联邦卡尔曼滤波理论是美国学者 Carlson 于 1998 年提出的一种特殊形式的卡尔曼滤波方法。

1. 联邦卡尔曼滤波器一般结构

联邦滤波是一种具有两阶段数据处理的分散化滤波方法，由多个子滤波器和一个主滤波器组成，联邦滤波器的一般结构如图 5－1 所示。在联邦滤波器中需要向各个子滤波器分配动态信息。这些动态信息包括两部分：状态方程的信息和量测方程的信息。在此考虑两个滤波器的情形，局部状态估计记为 $\hat{\boldsymbol{X}}_1$ 和 $\hat{\boldsymbol{X}}_2$，相应的估计误差的方差阵记为 $\boldsymbol{P}_{11}$ 和 $\boldsymbol{P}_{22}$。融合后的全局状态估计 $\hat{\boldsymbol{X}}_g$ 为局部状态估计的线性组合，即

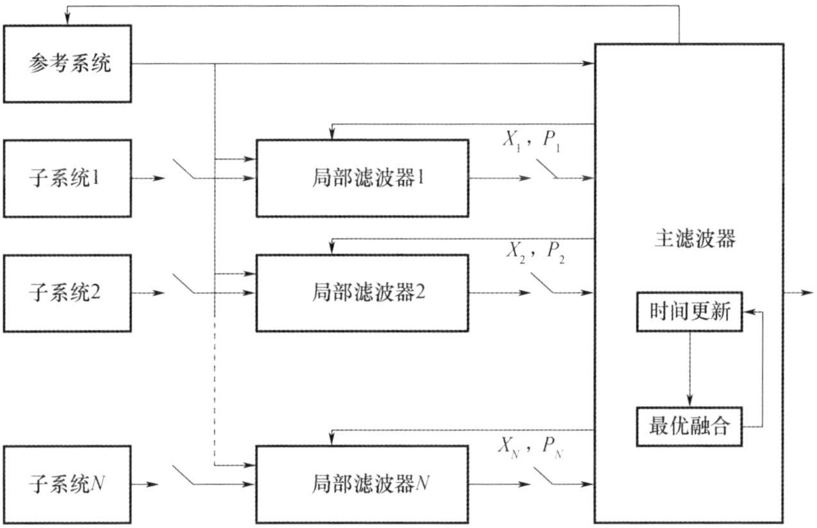

图 5－1　联邦滤波器一般结构

$$\hat{\boldsymbol{X}}_g = \boldsymbol{W}_1 \hat{\boldsymbol{X}}_1 + \boldsymbol{W}_2 \hat{\boldsymbol{X}}_2 \tag{5-37}$$

式中：$\boldsymbol{W}_1$、$\boldsymbol{W}_2$ 为待定的加权阵。全局估计应满足两个条件：①若 $\hat{\boldsymbol{X}}_1$ 和 $\hat{\boldsymbol{X}}_2$ 为无偏估计，则 $\hat{\boldsymbol{X}}_g$ 也是无偏估计；②$\hat{\boldsymbol{X}}_g$ 的估计误差协方差阵最小。

当有 N 个观测传感器对系统进行独立观测时，相应地有 N 个局部滤波器，每个滤波器均可以独立完成滤波计算，这种联邦滤波器的原理与只有两个局部滤波器的原理相同。

2. 联邦卡尔曼滤波算法描述[121]

(1)信息分配过程。系统的过程信息 $\boldsymbol{Q}^{-1}(k)$ 和$\boldsymbol{P}^{-1}(k)$按如下的信息分配原则在各子滤波器和主滤波器之间进行分配,即

$$\begin{cases}\boldsymbol{Q}_i(k)=\beta_i^{-1}\boldsymbol{Q}_g(k)\\ \boldsymbol{P}_i(k)=\beta_i^{-1}\boldsymbol{P}_g(k)\\ \hat{\boldsymbol{X}}_i(k)=\hat{\boldsymbol{X}}_g(k)\end{cases}\tag{5-38}$$

$$\sum_{i=1}^{N}\beta_i+\beta_m=1\tag{5-39}$$

式中:$\beta_i>0$ 为信息分配因子,并满足信息分配原理。

(2)信息的时间更新。各子滤波器和主滤波器的时间更新过程算法为

$$\begin{cases}\hat{\boldsymbol{X}}_i(k+1/k)=\boldsymbol{\Phi}(k+1,k)\hat{\boldsymbol{X}}_i(k/k)\\ \hat{\boldsymbol{P}}_i(k+1/k)=\boldsymbol{\Phi}(k+1,k)\boldsymbol{P}_i(k/k)\boldsymbol{\Phi}^{\mathrm{T}}(k+1,k)+\boldsymbol{\Gamma}(k+1,k)\boldsymbol{Q}_i(k)\boldsymbol{\Gamma}^{\mathrm{T}}(k+1,k)\end{cases}\tag{5-40}$$

(3)信息的量测更新。主滤波器中没有量测值,因此对于主滤波器而言没有量测更新过程。各个子滤波器中的量测更新为

$$\begin{cases}\boldsymbol{P}_i^{-1}(k/k)=\boldsymbol{P}_i^{-1}(k/k-1)+\boldsymbol{H}_i^{\mathrm{T}}(k)\boldsymbol{R}_i^{-1}(k)\boldsymbol{H}_i(k)\\ \boldsymbol{P}_i^{-1}(k/k)\hat{\boldsymbol{X}}_i(k/k)=\boldsymbol{P}_i^{-1}(k/k-1)\hat{\boldsymbol{X}}_i(k/k)+\boldsymbol{H}_i^{\mathrm{T}}(k)\boldsymbol{R}_i^{-1}(k)\boldsymbol{Z}_i(k)\end{cases}\tag{5-41}$$

(4)信息融合。联邦滤波的核心思想是将各个局部滤波器的局部估计结果进行融合,得到全局最优估计,即

$$\begin{cases}\boldsymbol{P}_g^{-1}(k/k)=\boldsymbol{P}_1^{-1}+\boldsymbol{P}_2^{-1}+\cdots+\boldsymbol{P}_N^{-1}+\boldsymbol{P}_m^{-1}\\ \boldsymbol{P}_g^{-1}\hat{\boldsymbol{X}}_g=\boldsymbol{P}_1^{-1}\hat{\boldsymbol{X}}_1+\boldsymbol{P}_2^{-1}\hat{\boldsymbol{X}}_2+\cdots+\boldsymbol{P}_N^{-1}\hat{\boldsymbol{X}}_N+\boldsymbol{P}_m^{-1}\hat{\boldsymbol{X}}_m\end{cases}\tag{5-42}$$

通过信息分配、时间更新、量测更新和信息融合过程,最终得到全局最优解。

5.3 机载 POS 杆臂误差建模方法

惯性器件和 GNSS 接收机是 POS 的核心传感器,其精度的高低直接影响着 POS 的测量精度。IMU 误差补偿通过利用实验室标定得到的 IMU 误差参数,对 IMU 内部有规律的误差源进行补偿。捷联惯性导航解算通过采用合适的积分

算法对 IMU 测量数据进行处理,获得载体的位置、速度和姿态等运动信息,因此对 POS 测量精度的影响较小。由于杆臂导致的误差直接影响 GNSS 接收机获得的位置和速度信息,同时 GNSS 接收机获得的量测信息受到杆臂误差的影响,同样可导致惯性器件偏置的估计误差增大,进而影响 POS 的测量精度,因此杆臂误差对组合估计结果有着直接和重要的影响。杆臂误差的高精度补偿是 POS 实现高精度运动参数测量的必要条件和关键条件,本节针对不同类型的杆臂误差进行建模,对杆臂误差进行补偿。

5.3.1　刚性杆臂误差建模方法

机载对地观测用 POS 中 IMU 和 GNSS 天线之间存在着一级杆臂,因此,空中机动对准时,飞机的角运动较大,这将导致 IMU 与 GNSS 之间产生一级杆臂效应误差,该误差包括位置误差和速度误差。GNSS 的观测量必须进行杆臂误差补偿后才能进入滤波器进行滤波。一级杆臂的示意图如图 5-2 所示。

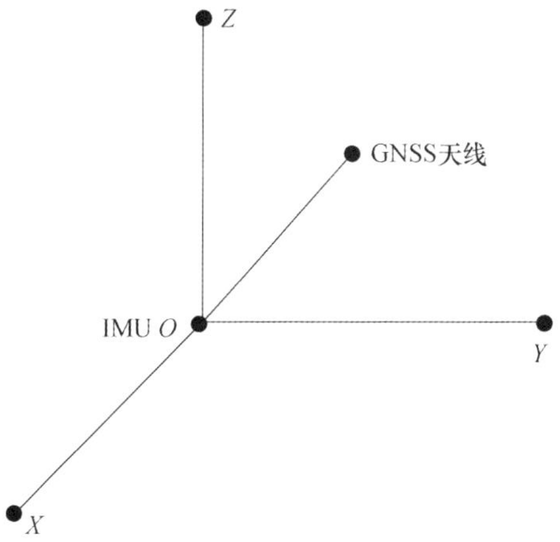

图 5-2　GNSS 天线与 IMU 之间的一级杆臂示意图

由于杆臂值均为载体系下的测量值,而组合导航时,观测量为导航系下的值,因此需将载体系下的杆臂值转化为导航系下的值。虽然杆臂为固定值,但飞机进行机动时,姿态发生变化,因此杆臂在导航系下的投影不再是恒定值,而是与飞机姿态有关。由一级杆臂引起的位置误差为

$$\Delta\boldsymbol{P} = \boldsymbol{C}_b^n \boldsymbol{R}_l \tag{5-43}$$

式中:$\boldsymbol{C}_b^n$ 为载体系 b 至导航系 n 的坐标变换矩阵;$\boldsymbol{R}_l$ 为 GNSS 天线相位中心 A 与 IMU 测量中心 O 的位置矢量。因此,组合导航时补偿一级杆臂位置误差后

的观测量为

$$\boldsymbol{P}_M = \begin{bmatrix} L_{\text{SINS}} \\ \lambda_{\text{SINS}} \\ h_{\text{SINS}} \end{bmatrix} - \begin{bmatrix} L_{\text{GNSS}} \\ \lambda_{\text{GNSS}} \\ h_{\text{GNSS}} \end{bmatrix} + \boldsymbol{\Pi}\Delta\boldsymbol{P} \tag{5-44}$$

$$\boldsymbol{\Pi} = \begin{bmatrix} \dfrac{1}{R_M + h} & 0 & 0 \\ 0 & \dfrac{\sec L}{R_N + h} & 0 \\ 0 & 0 & 1 \end{bmatrix} \tag{5-45}$$

$$\begin{cases} R_M = \dfrac{R_0(1-e^2)}{(1-e^2\sin^2 L)^{3/2}} \\ R_N = \dfrac{R_0}{(1-e^2\sin^2 L)^{1/2}} \end{cases} \tag{5-46}$$

式中:L,λ,h 分别为纬度、经度和高度;下标 SINS 代表 SINS 的解算值;GNSS 代表 GNSS 的解算值;R_M,R_N 为地球的子午圈主曲率半径和卯酉圈主曲率半径;R_0 为地球椭球赤道半径;e 为地球扁率。

假设飞机角速度为 $\boldsymbol{\omega}_{nb}^b$,导航系 n 下杆臂效应速度误差 ΔV_n 可表示为

$$\Delta V_n = C_b^n(\boldsymbol{\omega}_{nb}^b \times R_I) \tag{5-47}$$

则 POS 组合速度误差观测量 V_M 为

$$V_M = V_{\text{INS}} - V_{\text{GNSS}} + \Delta V_n \tag{5-48}$$

式中:下标 SINS 和 GNSS 分别代表捷联解算值和 GNSS 测量值。

由于 IMU 通常偏离遥感载荷相位中心一定的位置,IMU 中心与遥感载荷相位中心之间的位置偏移为二级杆臂,机载 POS 所获取的运动参数为 IMU 中心的运动参数。因此,为得到遥感载荷相位中心的运动参数,需将 POS 所获取的运动参数做二级杆臂补偿。根据遥感载荷需要的运动参数不同,二级杆臂补偿分为位置误差补偿、速度误差补偿、加速度误差补偿以及姿态误差补偿。POS 获取的运动参数为导航系下的运动参数,包括三维位置(纬度 L^P,经度 λ^P,高度 h^P)、三维速度(东向速度 V_E^P,北向速度 V_N^P,天向速度 V_U^P)、三维加速度(f_E^P,f_N^P,f_U^P)、三维姿态(航向角 $\boldsymbol{\Psi}^P$,俯仰角 θ^P,横滚角 γ^P)。

定义二级杆臂为载体系下 IMU 中心指向遥感载荷相位中心的位置矢量,以 $\boldsymbol{R}_{\text{II}}$ 表示。二级杆臂位置误差补偿是直接将 POS 的位置参数转化至遥感载荷相位中心,即

$$\begin{bmatrix} L^s \\ \lambda^s \\ h^s \end{bmatrix} = \begin{bmatrix} L^P \\ \lambda^P \\ h^P \end{bmatrix} + \Pi C_b^n \boldsymbol{R}_{\text{II}} \tag{5-49}$$

式中:上标 s 代表遥感载荷的运动参数。

二级杆臂速度误差补偿是将 POS 输出 IMU 中心位置的速度参数转化至遥感载荷相位中心在导航系下的速度,转化关系为

$$\begin{bmatrix} V_E^s \\ V_N^s \\ V_U^s \end{bmatrix} = \begin{bmatrix} V_E^P \\ V_N^P \\ V_U^P \end{bmatrix} + C_b^n(\boldsymbol{\omega}_{nb}^b \times \boldsymbol{R}_{\text{II}}) \tag{5-50}$$

二级杆臂加速度误差补偿是将 POS 输出 IMU 中心位置的加速度参数转化至遥感载荷相位中心在导航系下的加速度,转化关系为

$$\begin{bmatrix} f_E^s \\ f_N^s \\ f_U^s \end{bmatrix} = \begin{bmatrix} f_E^P \\ f_N^P \\ f_U^P \end{bmatrix} + C_b^n[\dot{\boldsymbol{\omega}}_{ib}^b \times \boldsymbol{R}_{\text{II}} + \boldsymbol{\omega}_{ib}^b \times \boldsymbol{\omega}_{ib}^b \times \boldsymbol{R}_{\text{II}}] \tag{5-51}$$

式中:$\boldsymbol{\omega}_{ib}^b$ 为陀螺仪测出的角速度。

由于遥感载荷通常采用不同的坐标系,因此,需要将 POS 测量的姿态参数转化至遥感载荷坐标系,转化关系为

$$\begin{bmatrix} \Psi^s \\ \theta^s \\ \gamma^s \end{bmatrix} = \boldsymbol{C}_n^s \begin{bmatrix} \Psi^P \\ \theta^P \\ \gamma^P \end{bmatrix} \tag{5-52}$$

式中:$\boldsymbol{C}_n^s$ 为导航系至遥感载荷坐标系的姿态转换矩阵,它由初始标定时测量计算出来。

二级杆臂和一级杆臂具有相同的数量级,通常也可达米级。因此二级杆臂引起的位置、速度误差与一级杆臂类似。

5.3.2　动态杆臂误差建模方法

在机载对地观测作业过程中,有些成像载荷需要安装在惯性稳定平台或其他伺服机构的上,如光学相机。惯性稳定平台或伺服机构的实时转动三个框架以保持成像载荷水平和指定的方位。惯性稳定平台的实时转动将导致 IMU 测量中心与 GNSS 天线相位中心之间的相对方位不断发生变化,使得 IMU 测量中

心与 GNSS 天线相位中心之间的杆臂随时间变化,形成动态杆臂。动态杆臂误差将使得 POS 获得的量测信息产生退化,影响系统估计精度,进而降低 POS 的测量精度。因此,必须对动态杆臂误差进行精确建模和补偿。

在进行动态杆臂误差补偿时,需要首先获得动态杆臂向量和相应的角速度。下面对基于稳定基座的动态杆臂模型进行分析[122]。

图 5-3 给出了动态杆臂向量的示意图,其中:p 系为惯性稳定平台内框架坐标系;p_0 系为惯性稳定平台三个框架处于零位时的内框架坐标系,简称为惯性稳定平台初始坐标系。为了简化推导过程,假设条件:①当惯性稳定平台三个框架处于零位时,各框架码盘输出为零;②载体坐标系与惯性稳定平台内框架坐标系重合;③惯性稳定平台的框架码盘数据与 GNSS 数据时间同步。下面介绍一种动态杆臂补偿方法的详细推导过程。

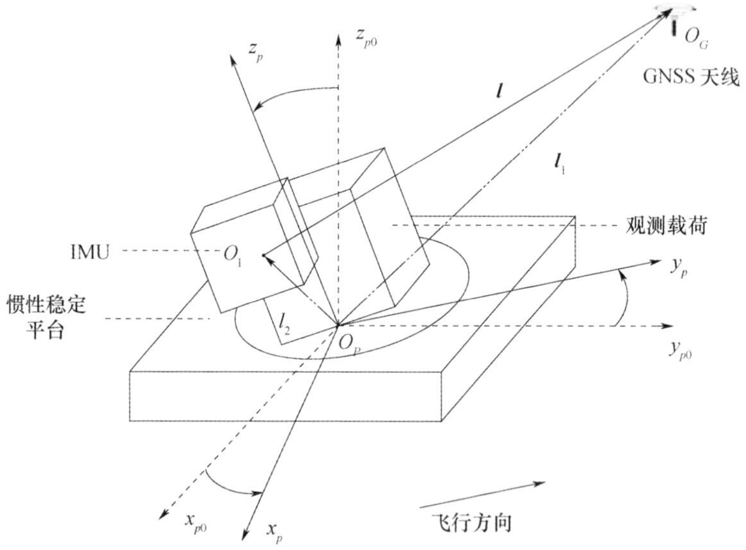

图 5-3　基于惯性稳定平台的动态杆臂向量示意图

1. 动态杆臂向量计算

为了准确补偿动态杆臂误差,在此介绍一种将 IMU 测量中心到 GNSS 天线相位中心间的动态杆臂 $\boldsymbol{l}$ 分解为两个相对固定杆臂之和的思路。这两个杆臂分别为惯性稳定平台转动中心到 GNSS 天线相位中心的杆臂 $\boldsymbol{l}_1$ 和惯性稳定平台转动中心到 IMU 测量中心的杆臂 $\boldsymbol{l}_2$。在机载对地观测飞行实验之前,首先将惯性稳定平台三个框架调整到零位,然后使用全站仪和相关机械设计图纸测量出惯性稳定平台转动中心到 GNSS 天线相位中心的杆臂$\boldsymbol{l}_{01}^{p0}$和惯性稳定平台转动中心到 IMU 测量中心的杆臂$\boldsymbol{l}_{02}^{p0}$。

由于惯性稳定平台初始坐标系与飞机之间没有相对运动，同时 GNSS 天线与飞机固联，因此，惯性稳定平台初始坐标系与 GNSS 天线之间没有相对运动，可知杆臂$\boldsymbol{l}_1$ 在惯性稳定平台初始坐标系下是不变的，可得

$$\boldsymbol{l}_1^{p0} = \boldsymbol{l}_{01}^{p0} \tag{5-53}$$

同时，IMU 与观测载荷固联，而观测载荷又与惯性稳定平台内框架固联，即 IMU 与惯性稳定平台内框架坐标系间没有相对运动。因此，杆臂$\boldsymbol{l}_2$ 在惯性稳定平台内框架坐标系下是不变的，有

$$\boldsymbol{l}_2^{p} = \boldsymbol{l}_{02}^{p0} \tag{5-54}$$

根据惯性稳定平台外框架为横滚框、中框架为俯仰框、内框架为航向框，以及假设①可得

$$\boldsymbol{C}_{P_0}^{p} = \begin{bmatrix} \cos\psi_p & \sin\psi_p & 0 \\ -\sin\psi_p & \cos\psi_p & 0 \\ 0 & 0 & 1 \end{bmatrix}\begin{bmatrix} 1 & 0 & 0 \\ 0 & \cos\theta_p & \sin\theta_p \\ 0 & -\sin\theta_p & \cos\theta_p \end{bmatrix}\begin{bmatrix} \cos\gamma_p & 0 & -\sin\gamma_p \\ 0 & 1 & 0 \\ \sin\gamma_p & 0 & \cos\gamma_p \end{bmatrix} \tag{5-55}$$

式中：γ_p，θ_p 和 ψ_p 分别为惯性稳定平台的外框架、中框架和内框架的码盘输出角度。

因此，根据式(5-53)～式(5-55)可得动态杆臂向量为

$$\boldsymbol{l}^{p0} = \boldsymbol{l}_1^{p0} - \boldsymbol{C}_p^{p0}\,\boldsymbol{l}_2^{p} \tag{5-56}$$

$$\boldsymbol{C}_p^{p0} = (\boldsymbol{C}_{p0}^{p})^{\mathrm{T}}$$

2. 角速度计算

根据惯性稳定平台的内外框架的安装顺序，可得惯性稳定平台内框架坐标系相对惯性稳定平台初始坐标系的角速度向量为

$$\boldsymbol{\omega}_{p0p}^{p} = \begin{bmatrix} 0 \\ 0 \\ \dot{\psi}_p \end{bmatrix} + \begin{bmatrix} \cos\psi_p & \sin\psi_p & 0 \\ -\sin\psi_p & \cos\psi_p & 0 \\ 0 & 0 & 1 \end{bmatrix}\begin{bmatrix} \dot{\theta}_p \\ 0 \\ 0 \end{bmatrix} + \begin{bmatrix} \cos\psi_p & \sin\psi_p & 0 \\ -\sin\psi_p & \cos\psi_p & 0 \\ 0 & 0 & 1 \end{bmatrix}\begin{bmatrix} 1 & 0 & 0 \\ 0 & \cos\theta_p & \sin\theta_p \\ 0 & -\sin\theta_p & \cos\theta_p \end{bmatrix}\begin{bmatrix} 0 \\ \dot{\gamma}_p \\ 0 \end{bmatrix} \tag{5-57}$$

式中：$\dot{\theta}_p$、$\dot{\gamma}_p$ 和 $\dot{\psi}_p$ 分别为俯仰框、横滚框和航向框的角速率，可由相应框架的码

盘信息微分获得。

载体坐标系相对地心地固坐标系的角速度可表示为

$$\boldsymbol{\omega}_{eb}^{b} = \boldsymbol{\omega}_{ib}^{b} - \boldsymbol{\omega}_{ie}^{b} \tag{5-58}$$

$\boldsymbol{\omega}_{ib}^{b}$可直接由三轴陀螺仪输出的数据获得，同时可知

$$\boldsymbol{\omega}_{ie}^{b} = \boldsymbol{C}_{n}^{b}\,\boldsymbol{\omega}_{ie}^{n} \tag{5-59}$$

$$\boldsymbol{\omega}_{ie}^{n} = \begin{bmatrix} 0 \\ \omega_e \cos L \\ \omega_e \sin L \end{bmatrix} \tag{5-60}$$

根据假设②可知式(5-61)成立，即

$$\boldsymbol{\omega}_{eb}^{b} = \boldsymbol{\omega}_{ep}^{p} \tag{5-61}$$

因此，结合式(5-55)和式(5-57)~式(5-61)可得惯性稳定平台初始坐标系相对地心地固坐标系的角速度，即

$$\boldsymbol{\omega}_{ep_0}^{p0} = \boldsymbol{C}_{p}^{p0}(\boldsymbol{\omega}_{ep}^{p} - \boldsymbol{\omega}_{p_0p}^{p}) \tag{5-62}$$

3. 动态杆臂误差补偿向量计算

在分析动态杆臂误差之前首先分析固定杆臂误差补偿。在没有采用稳定平台或其他伺服机构的情况下，POS 的杆臂误差为固定杆臂误差。固定杆臂向量示意图如图 5-4 所示。图中，O_I 和 O_G 分别表示 IMU 量测中心和 GNSS 天线相位中心；$O_E x_e y_e z_e$ 为地球坐标系，$O_I x_b y_b z_b$ 为载体坐标系；$\boldsymbol{l}_I^e$ 和$\boldsymbol{l}_G^e$ 分别为 IMU 和 GNSS 天线在地心地固坐标系中的位置向量。

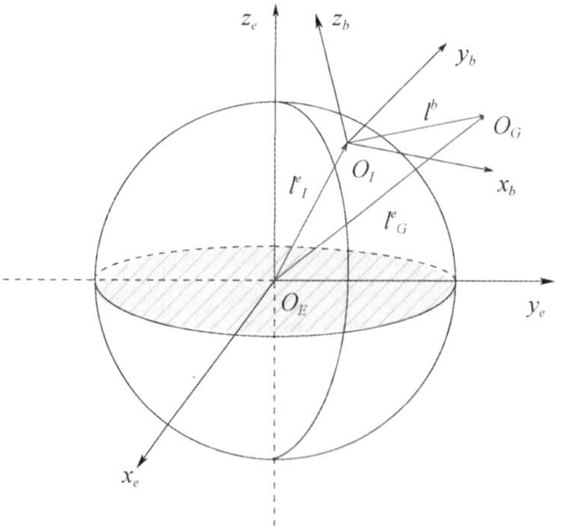

图 5-4　固定杆臂向量示意图

从图5－4可知，IMU位置向量、GNSS天线位置向量和固定杆臂向量之间的关系为

$$\boldsymbol{l}_G^e=\boldsymbol{l}_I^e+C_b^e\boldsymbol{l}^b \tag{5-63}$$

对式(5－63)等号两边分别求微分，可得IMU与GNSS天线之间的速度传播关系为

$$\boldsymbol{v}_G^e=\boldsymbol{v}_I^e+\dot{\boldsymbol{C}}_b^e\boldsymbol{l}^b+C_b^e\dot{\boldsymbol{l}}^b \tag{5-64}$$

$$\dot{\boldsymbol{C}}_b^e=\boldsymbol{C}_b^e\boldsymbol{\Omega}_{eb}^b$$

在近地导航中，通常将速度信息表示在当地地理坐标系下。因此，在式(5－64)等号两边分别乘以$\boldsymbol{C}_e^n$，得

$$\boldsymbol{v}_G^n=\boldsymbol{v}_I^n+\boldsymbol{C}_b^n\boldsymbol{\Omega}_{eb}^b\boldsymbol{l}^b+\boldsymbol{C}_b^n\dot{\boldsymbol{l}}^b \tag{5-65}$$

固定杆臂向量不随时间变化，有$\dot{\boldsymbol{l}}^b=0$，因此式(5－65)可写为

$$\boldsymbol{v}_G^n=\boldsymbol{v}_I^n+\boldsymbol{C}_b^n\boldsymbol{\Omega}_{eb}^b\boldsymbol{l}^b \tag{5-66}$$

根据POS量测方程，可得固定杆臂速度和位置误差补偿向量分别为

$$\boldsymbol{d}_{sv}(t)=-\boldsymbol{C}_b^n\boldsymbol{\Omega}_{eb}^b\boldsymbol{l}^b \tag{5-67}$$

$$\boldsymbol{d}_{sp}(t)=-\boldsymbol{C}_n^e\boldsymbol{C}_b^n\boldsymbol{l}^b \tag{5-68}$$

式中：$\boldsymbol{C}_n^e$为导航坐标系的直角坐标到地心地固坐标系的曲面坐标的转换矩阵。

因此，利用式(5－67)和式(5－68)的固定杆臂误差补偿向量，可以得到动态杆臂误差补偿向量，即

$$\boldsymbol{d}_v(t)=-\boldsymbol{C}_{p_0}^n\boldsymbol{\Omega}_{ep_0}^{p_0}\boldsymbol{l}^{p_0} \tag{5-69}$$

$$\boldsymbol{d}_p(t)=-\boldsymbol{C}_{p_0}^n\boldsymbol{l}^{p_0} \tag{5-70}$$

$$\boldsymbol{C}_{p_0}^n=\boldsymbol{C}_p^n\boldsymbol{C}_{p_0}^p$$

根据假设②可知

$$\boldsymbol{C}_b^n=\boldsymbol{C}_p^n$$

$$\boldsymbol{\Omega}_{ep_0}^{p_0}=\begin{bmatrix}0 & -\omega_{ep_0}^{p_0}(3) & \omega_{ep_0}^{p_0}(2)\\ \omega_{ep_0}^{p_0}(3) & 0 & -\omega_{ep_0}^{p_0}(1)\\ -\omega_{ep_0}^{p_0}(2) & \omega_{ep_0}^{p_0}(1) & 0\end{bmatrix}$$

由于式(5－67)中的固定杆臂速度误差补偿向量是在假设杆臂向量不变的条件下获得的，因此在进行动态杆臂误差补偿时必须考虑式(5－65)等式右边的第三项，该附加的动态杆臂速度误差补偿向量可写为

$$\delta\boldsymbol{d}_v(t)=-\boldsymbol{C}_{p_0}^n\dot{\boldsymbol{l}}^{p_0} \tag{5-71}$$

在式(5－56)等号两边分别求取微分,可得

$$\dot{\boldsymbol{l}}^{p_0}=\dot{\boldsymbol{l}}_1^{p_0}-\dot{\boldsymbol{C}}_p^{p_0}\boldsymbol{l}_2^p-\boldsymbol{C}_p^{p_0}\dot{\boldsymbol{l}}_2^p \tag{5-72}$$

根据惯性稳定平台转动中心到 GNSS 天线相位中心的杆臂向量$\boldsymbol{l}_1$ 在惯性稳定平台初始坐标系下是不变的,可得

$$\dot{\boldsymbol{l}}_1^{p_0}=0 \tag{5-73}$$

同时,根据惯性稳定平台转动中心到 IMU 测量中心的杆臂向量$\boldsymbol{l}_2$ 在惯性稳定平台内框架坐标系下是不变的,可知

$$\dot{\boldsymbol{l}}_2^p=0 \tag{5-74}$$

综合式(5－71)～式(5－74),可得

$$\delta\boldsymbol{d}_v(t)=\boldsymbol{C}_p^n\boldsymbol{\Omega}_{p_0p}^p\boldsymbol{l}_2^p=\boldsymbol{C}_{p_0}^n\boldsymbol{\Omega}_{p_0p}^{p_0}\boldsymbol{l}_2^{p_0} \tag{5-75}$$

由式(5－69)和式(5－75)可得动态杆臂速度误差补偿向量为

$$\boldsymbol{d}_v(t)=-\boldsymbol{C}_{p_0}^n(\boldsymbol{\Omega}_{ep_0}^{p_0}\boldsymbol{l}^{p_0}-\boldsymbol{\Omega}_{p_0p}^{p_0}\boldsymbol{l}_2^{p_0}) \tag{5-76}$$

综上可知,利用式(5－53)～式(5－62)和式(5－69)～式(5－76)获得的动态杆臂误差补偿公式可对惯性稳定平台框架转动带来的动态杆臂误差进行精确补偿。

4. 飞行验证实验

为了验证第 5.3.2 节提出的动态杆臂误差建模与补偿方法的有效性,采用机载对地观测飞行实验数据对固定杆臂误差补偿方法和动态杆臂误差补偿方法进行对比。同时,采用空中三角测量结果作为参考基准对两种方法的精度进行评价。

1)实验条件

飞行实验采用北京航空航天大学研制的高精度激光陀螺 POS(TX－R20),为中国某测绘研究院研制的光学相机提供位置和姿态信息,采用 NovAtel 的 OEMV－3 型 GPS 接收机提供高精度的差分 GPS(Differential GNSS, DGPS)数据。为了保持光学相机水平和指定的航向,采用北京航空航天大学研制的 HAISP G2.0 惯性稳定平台对飞行扰动进行隔离。TX－R20 内部传感器参数如表 5－1 所列,实验用载机和系统安装实物分别如图 5－5 和图 5－6 所示。

表 5-1　TX-R20 内部传感器性能指标

传感器	参数	性能指标
陀螺仪	零偏重复性	0.01°/h(1σ)
	零偏稳定性	0.01°/h(1σ)
加速度计	零偏重复性	50μg (1σ)
	零偏稳定性	20μg(1σ)
DGPS	位置	0.05m(1σ)
	速度	0.03m/s(1σ)

图 5-5　实验载机-A2C 轻小型飞机

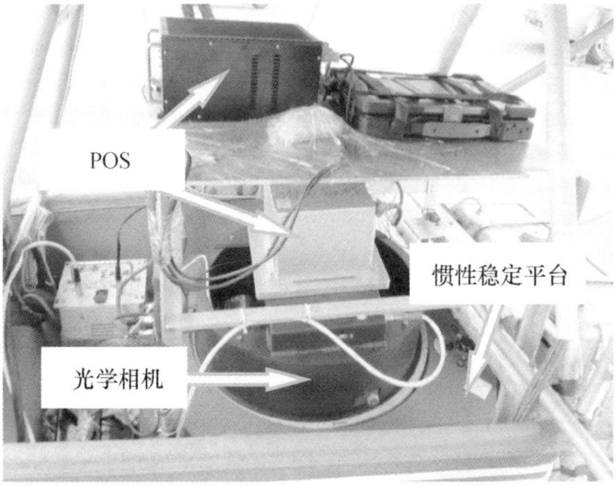

图 5-6　飞行实验系统安装实物图

实验中,光学相机安装于惯性稳定平台的内框架上,IMU 与光学相机固联。IMU 的输出数据和惯性稳定平台的码盘数据均有 GNSS 时间标签,GNSS、IMU 和惯性稳定平台的数据采样率分别为 10Hz、100Hz 和 100Hz。在飞行实验前,首先将惯性稳定平台的三个框架调整到零位,然后采用全站仪和相关机械设计图纸测量出惯性稳定平台转动中心到 GNSS 天线相位中心的杆臂向量 $\boldsymbol{l}_{01}^{P0}$ 和惯性稳定平台转动中心到 IMU 测量中心的杆臂向量 $\boldsymbol{l}_{02}^{P0}$ 分别为 $[0.024\text{m},0.087\text{m},1.362\text{m}]^{\mathrm{T}}$ 和 $[0.045\text{m},0.054\text{m},0.338\text{m}]^{\mathrm{T}}$。

机载对地观测飞行实验运动轨迹如图 5-7 所示,其中方框标示出光学相机的曝光位置。飞行实验中,飞行高度约为 500m,一共有 3 条拍摄航带,共获得 81 张照片。实验作业区域内布设了大量高精度地面控制点,通过对飞行实验过程中得到的光学照片进行处理,利用空中三角测量技术能够较为精确地获得光学相机曝光时刻的外方位元素[123],即光学相机的位置和姿态信息,并作为参考基准,用于评价 POS 测量结果的精度。

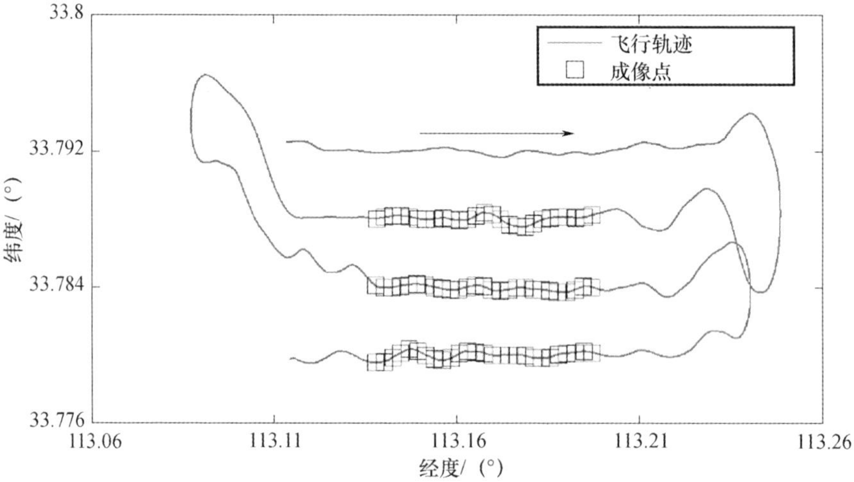

图 5-7　飞行轨迹和成像区域

2)实验结果与分析

基于 KF 的不同杆臂误差补偿方法的精度对比如图 5-8 和图 5-9 所示,其中红色三角形和蓝色圆圈分别代表基于卡尔曼滤波的固定杆臂误差补偿方法和动态杆臂误差补偿方法。表 5-2 给出了相应的 POS 精度统计结果。

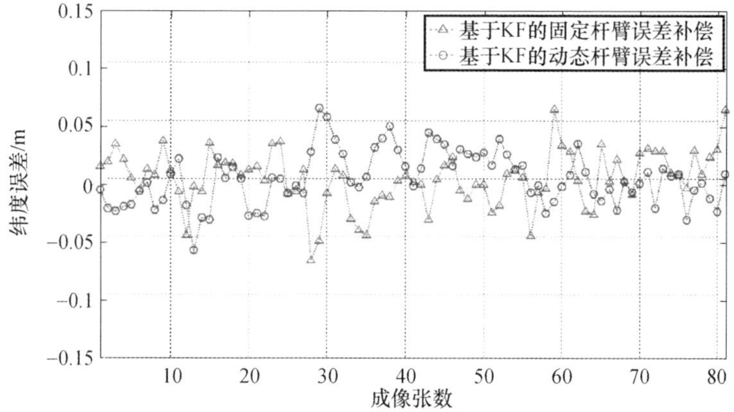

(a)

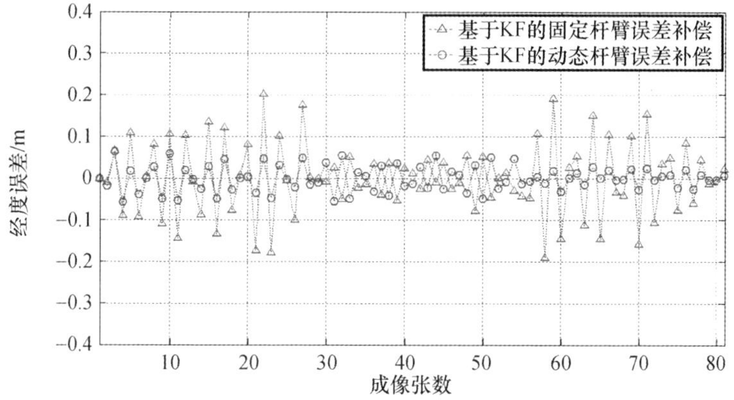

(b)

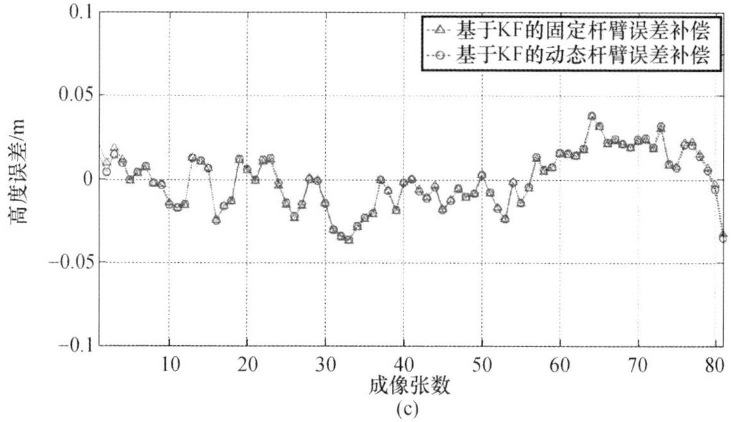

(c)

图 5－8　基于卡尔曼滤波的不同杆臂误差补偿方法的位置精度对比(见彩图)

(a)纬度误差;(b)经度误差;(c)高度误差。

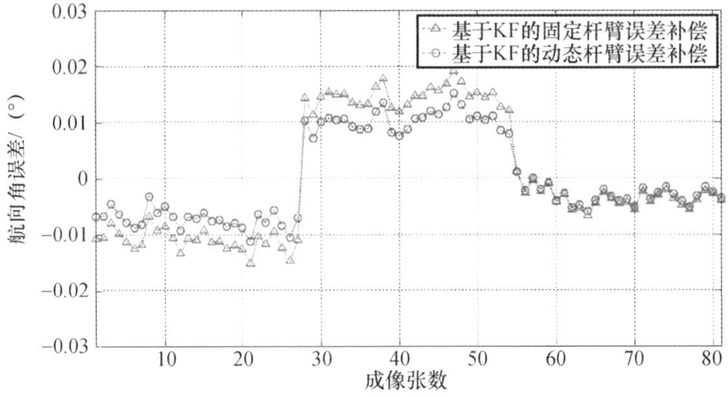

(a)

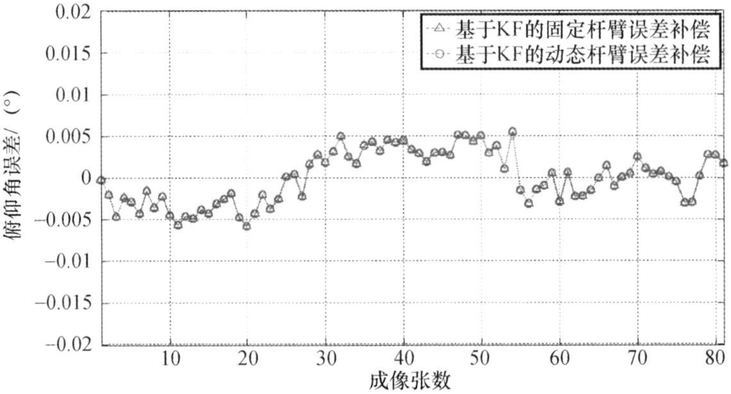

(b)

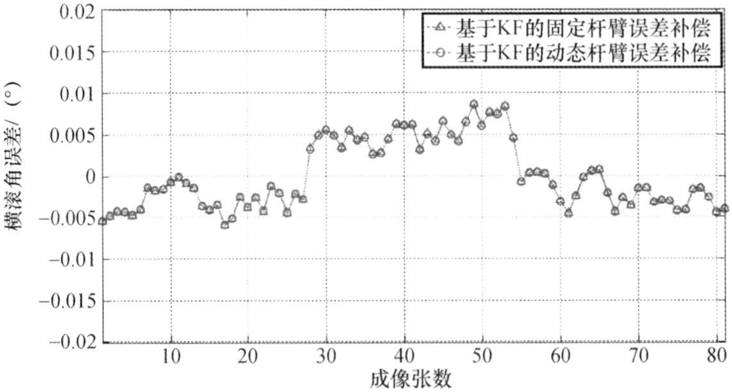

(c)

图5-9　基于卡尔曼滤波的不同杆臂误差补偿方法的姿态精度对比(见彩图)

(a)航向角误差;(b)俯仰角误差;(c)横滚角误差。

表 5－2　基于卡尔曼滤波的不同杆臂误差补偿方法的精度统计结果

参数	固定杆臂误差补偿方法	动态杆臂误差补偿方法
纬度/m	0.0240	0.0230
经度/m	0.0890	0.0300
高度/m	0.0170	0.0170
航向角/(°)	0.0110	0.0078
俯仰角/(°)	0.0031	0.0031
横滚角/(°)	0.0041	0.0041

从图 5－8、图 5－9 和表 5－2 可以看出，动态杆臂误差补偿方法的水平位置精度和航向角精度高于固定杆臂误差补偿方法的相应精度。由于实验载机较小，为了安全考虑，飞行实验是在风速较小的天气状况下进行的，所以实验载机飞行比较平稳。因此，惯性稳定平台不需要较大的转动角速度对飞行扰动进行隔离，使得动态杆臂导致的速度误差较小。由于杆臂效应导致的姿态误差主要是通过速度误差传递的，因此实验中的姿态精度并没有明显提高。此外，杆臂向量 $\boldsymbol{l}_{01}^{P0}$ 的 $\boldsymbol{x}$ 向与 $\boldsymbol{y}$ 向分量很小，惯性稳定平台的水平姿态稳定范围也在 5°以内，因此杆臂效应导致的高度误差也很小。从实验验证结果来看，提出的动态杆臂误差补偿方法能够有效补偿惯性稳定平台转动带来的动态杆臂误差，进而提高 POS 的实时测量精度。

5.4　基于可观测度分析与杆臂补偿的 POS 空中对准方法

机载高分辨率对地观测要求 POS 在长时间内保持很高的定位导航精度。但是，一方面由于 SINS 地面初始对准精度受国内惯性器件水平的制约，影响了 POS 的运动参数测量精度；另一方面由于对地观测时载机长时间做匀速直线飞行，系统可观测性差，滤波器很难收敛，导致 POS 组合估计精度下降。因此，为了满足机载高分辨率实时成像对高精度运动参数的需求，需采用空中机动对准技术，估计出 SINS 的失准角、陀螺漂移和加速度计偏置等误差并进行修正，进一步提高 POS 的精度。

空中机动对准过程中 POS 为时变系统，直接对其进行可观测性分析十分复杂。D. Goshen－Meskin 和 I. Y. Bar－Itzhack 首次提出了基于一种分段线性定常系统(PWCS)的可观测性分析方法[124]，为 POS 空中机动对准的可观测性分析提供了一条简单有效的途径,但该方法无法解决可观测性的定量分析问题。程向红等提出了基于奇异值分解的系统可观测度分析方法[61],从而实现了系统可观测性的定量分析。此外,房建成等利用可观测度分析的方法分析了飞机多种机动方式对POS可观测度的影响,结果表明当飞机进行S机动后POS可以转变为完全可观测系统。但是在某些应用场合中POS的失准角会很大,此时POS呈现非线性,线性的系统模型和滤波方法不再适用。Myeong - Jong Yu等推导了SINS的四元数误差方程[125],为非线性空中机动对准奠定了基础。Myeong - Jong Yu等和Eun - Hwan Shin等分别将非线性鲁棒滤波和UKF应用于SINS/GNSS组合导航系统的空中机动对准[126,127],提高了非线性空中对准的精度。

机载对地观测用POS的空中机动对准具有一定的特殊性。首先,该系统一般精度较高,可等效为线性时变系统。其次,当机载高分辨率对地观测实时成像时,飞机按规划的航迹往复直线飞行作业,利用最优S机动的方法可以提高系统的可观测度,但是这样会增加航迹规划的复杂性,同时也会降低机载对地观测的作业效率。因此,利用飞机转弯时POS可观测度提高来进行空中机动对准是目前最佳的选择,但此时进行空中机动对准存在两个问题:①POS为不完全可观测系统,如果将可观测度低的状态估值直接反馈,必然会降低系统估计精度甚至导致滤波器发散[128];②GNSS的测量中心与IMU的测量中心的不重合,当载体有姿态机动时,二者之间将出现相对速度,如果直接将GNSS的速度与SINS的速度之差作为观测量,那么滤波器中将引入很大的观测量误差,这将严重降低空中机动对准的精度。本节针对上述问题,介绍一种基于系统状态变量可观测度分析与杆臂效应误差补偿的SINS/GNSS空中机动对准方法。该方法补偿了GNSS天线与SINS之间的杆臂效应误差,并根据每个状态变量的可观测度确定其反馈因子,然后对SINS系统进行自适应反馈校正,最后通过半物理仿真和飞行实验验证了方法的有效性。

5.4.1 可观测度分析与杆臂效应误差补偿

在机载POS实时组合估计中,每个系统状态变量的反馈量与该状态的估计精度密切相关。如果将估计精度不高的状态变量直接反馈,反而会导致组合估计滤波器的精度下降甚至发散。由于系统状态估计的精度和速度是由系统状态的可观测度决定的,因此提出建立系统状态可观测度和反馈量之间的定量关系,即根据系统状态的可观测度大小来确定系统状态的反馈量,从而形成一种基于可观测度分析的自适应反馈校正滤波估计方法[129]。自适应反馈校正的具体思路为:在 4.4 节基于奇异值分解的可观测度分析中将每个系统状态的可观测度都进行了归一化处理,系统状态的可观测度被限定在[0,1]范围内,也就是说可观测度是一个量纲为 1 的量。因此考虑将系统状态可观测度作为滤波器状态估值的反馈因子,并根据反馈因子的大小决定反馈量的多少。例如,当某个系统状态可观测度为 1 时,该系统状态可观测,则将滤波器估计出来的该系统状态的估值全部进行反馈;当某个系统状态的可观测度为 0 时,该系统状态不可观测,即对该状态不进行反馈。

基于可观测度分析和杆臂效应误差补偿的 POS 空中机动对准方法如图 5-10 所示。

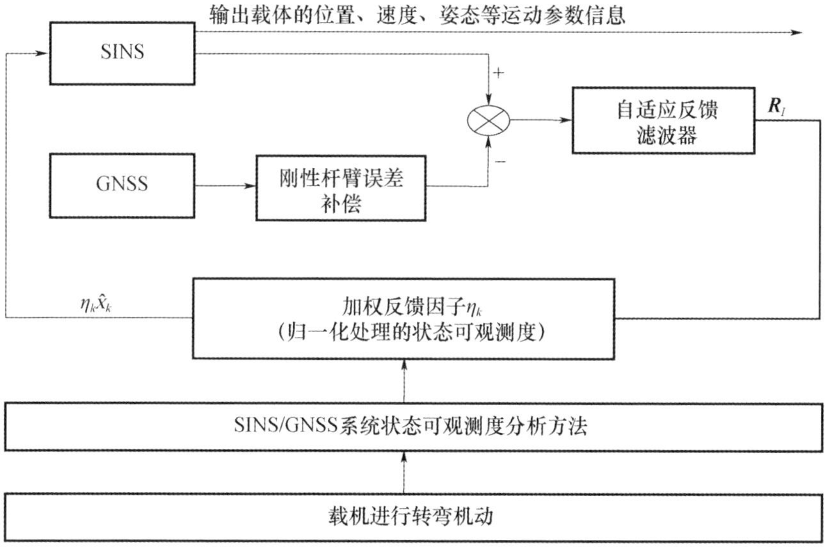

图 5-10　基于可观测度分析和杆臂误差补偿的 POS 空中机动对准方法

当载机转弯机动时,POS 的系统可观测度将被提高。首先,利用 4.4 节基于奇异值分解的可观测度分析方法计算每个系统状态的可观测度;然后,利用自适应反馈校正滤波器自适应地确定每个状态变量的加权反馈因子,最终估计并修正航向失准角、两个水平失准角、三个陀螺漂移和三个加速度计偏置等误差。同时,为了提高 GNSS 观测量的精度,在组合滤波估计中补偿了 GNSS 观测量的刚性杆臂效应误差。

以本书第 2 章介绍的惯性导航系统误差方程为基础,以及捷联解算与 GNSS 的位置、速度之差,建立系统状态方程和量测方程为

$$\dot{\boldsymbol{X}}=\boldsymbol{F}(t)\boldsymbol{X}(t)+\boldsymbol{G}(t)\boldsymbol{W}(t) \tag{5-77}$$

$$\boldsymbol{Z}(t)=\boldsymbol{H}(t)\boldsymbol{X}(t)+\boldsymbol{V}(t) \tag{5-78}$$

式中：$\boldsymbol{X}$ 为 15 维状态变量 $\boldsymbol{X}=[\phi_E\quad \phi_N\quad \phi_U\quad \delta V_E\quad \delta V_N\quad \delta V_U\quad \delta L\quad \delta\lambda\quad \delta h\quad \varepsilon_x\quad \varepsilon_y\quad \varepsilon_z\quad \nabla_x\quad \nabla_y\quad \nabla_z]^{\mathrm{T}}$；$\phi_E$、$\phi_N$ 和 ϕ_U 为数学平台失准角；δV_E、δV_N 和 δV_U 分别为东向、北向和天向速度误差；δL、$\delta\lambda$ 和 δh 分别为纬度误差、经度误差和高度误差。在此将经过标定补偿后的惯性仪表误差近似为随机常值和白噪声，即 ε_x、ε_y、ε_z 和 ∇_x、∇_y、∇_z 分别为载体系三个坐标轴上陀螺的常值漂移和加速度计的常值偏置，有 $\dot{\varepsilon}_x=0$、$\dot{\varepsilon}_y=0$、$\dot{\varepsilon}_z=0$、$\dot{\nabla}_x=0$、$\dot{\nabla}_y=0$、$\dot{\nabla}_z=0$。过程噪声 $\boldsymbol{w}=[w_{\varepsilon_x}\quad w_{\varepsilon_y}\quad w_{\varepsilon_z}\quad w_{\nabla_x}\quad w_{\nabla_y}\quad w_{\nabla_z}]^{\mathrm{T}}$，包括陀螺和加速度计的随机误差（不包括随机常值误差）；过程噪声方差阵 $\boldsymbol{Q}$ 根据 SINS/GNSS 组合导航系统的惯性器件噪声水平选取。状态转移矩阵 $\boldsymbol{F}$ 和过程噪声矩阵 $\boldsymbol{G}$ 的具体形式为

$$\boldsymbol{F}=\begin{bmatrix}\boldsymbol{F}_{9\times 9}^{\mathrm{N}} & \boldsymbol{F}_{9\times 6}^{\mathrm{S}}\\ \boldsymbol{0}_{6\times 9} & \boldsymbol{0}_{6\times 6}\end{bmatrix}_{15\times 15},\quad \boldsymbol{G}=\begin{bmatrix}\boldsymbol{C}_{\mathrm{b}}^{\mathrm{n}} & \boldsymbol{0}_{3\times 3}\\ \boldsymbol{0}_{3\times 3} & \boldsymbol{C}_{\mathrm{b}}^{\mathrm{n}}\\ \boldsymbol{0}_{9\times 3} & \boldsymbol{0}_{9\times 3}\end{bmatrix}_{15\times 6}\quad \boldsymbol{F}^{\mathrm{S}}=\begin{bmatrix}\boldsymbol{C}_{\mathrm{b}}^{\mathrm{n}} & \boldsymbol{0}_{3\times 3}\\ \boldsymbol{0}_{3\times 3} & \boldsymbol{C}_{\mathrm{b}}^{\mathrm{n}}\\ \boldsymbol{0}_{3\times 3} & \boldsymbol{0}_{3\times 3}\end{bmatrix}_{9\times 6}$$

$\boldsymbol{F}^{\mathrm{N}}$ 中非零元素为可由第 2 章介绍的惯性导航系统误差方程获得。

量测变量 $\boldsymbol{Z}=[\delta V_E'\quad \delta V_N'\quad \delta V_U'\quad \delta L'\quad \delta\lambda'\quad \delta H']^{\mathrm{T}}$，$\delta V_E'$、$\delta V_N'$、$\delta V_U'$、$\delta L'$、$\delta\lambda'$和 $\delta H'$分别为捷联解算与 GPS 的东向速度、北向速度、天向速度、纬度、经度和高度之差；量测矩阵 $\boldsymbol{H}=[\boldsymbol{H}_V\quad \boldsymbol{H}_P]^{\mathrm{T}}$，$\boldsymbol{H}_P=[\boldsymbol{0}_{3\times 6}\mathrm{diag}(R_M+H,(R_N+H)\cos L,1)\boldsymbol{0}_{3\times 6}]$，$\boldsymbol{H}_V=[\boldsymbol{0}_{3\times 3}\mathrm{diag}(1,1,1)\boldsymbol{0}_{3\times 9}]$，$\boldsymbol{v}=[v_{\delta V_E'}\quad v_{\delta V_N'}\quad v_{\delta V_U'}\quad v_{\delta L'}\quad v_{\delta\lambda'}\quad v_{\delta H'}]^{\mathrm{T}}$ 为量测噪声。量测噪声方差阵 $\boldsymbol{R}$ 根据 GNSS 的位置、速度噪声水平选取。

由 5.3.1 节知 GNSS 天线相位中心与 SINS 测量中心不重合引起的杆臂效应误差 $\boldsymbol{\Delta V}$ 投影到导航坐标系 n 上，有

$$\Delta V_n=C_b^n(\omega_{nb}^b\times R_1) \tag{5-79}$$

补偿杆臂效应误差后 GNSS 的速度观测量为

$$V_n=V_{\mathrm{gps}}-\Delta V_n \tag{5-80}$$

式中：V_{gps} 为补偿前 GNSS 速度观测量，包括东向速度、北向速度和天向速度；ΔV_n 为 GNSS 观测量杆臂效应误差；V_n 为补偿后的 GNSS 速度观测量。

5.4.2 半物理仿真及飞行验证实验

1. 半物理仿真

由于飞行实验成本较高，所以采用半物理仿真方法验证空中机动对准方法

的正确性和有效性。首先，采集 POS 各传感器的静态数据，从这些数据中获得陀螺仪、加速度计和 GNSS 的真实误差特性；然后，与轨迹发生器生成的运动参数相结合，得到包含真实误差特性的陀螺仪输出数据、加速度计输出数据和 GNSS 的位置和速度输出数据；最后，利用这些数据进行半物理仿真。采用上述验证方法可以更接近飞行实验的情况，更能说明方法正确性和有效性。

1）仿真条件

仿真飞行轨迹如图 5－11 所示，起始点运动参数为北纬 39°、东经 116°，初始航向为 45°（顺时针为正）。飞机以 180m/s 的速度做匀速直线运动，飞行 900s 后做 180°匀速转弯，之后以 180m/s 的速度继续匀速直线飞行 900s。采用的 POS 中，陀螺常值漂移和随机漂移分别为 0.1°/h 和 0.05°/h（1σ），加速度计常值偏置和随机偏置分别为 100μg 和 50μg（1σ）。GNSS 速度误差为 0.1m/s（1σ）、位置误差为 5m（1σ）。

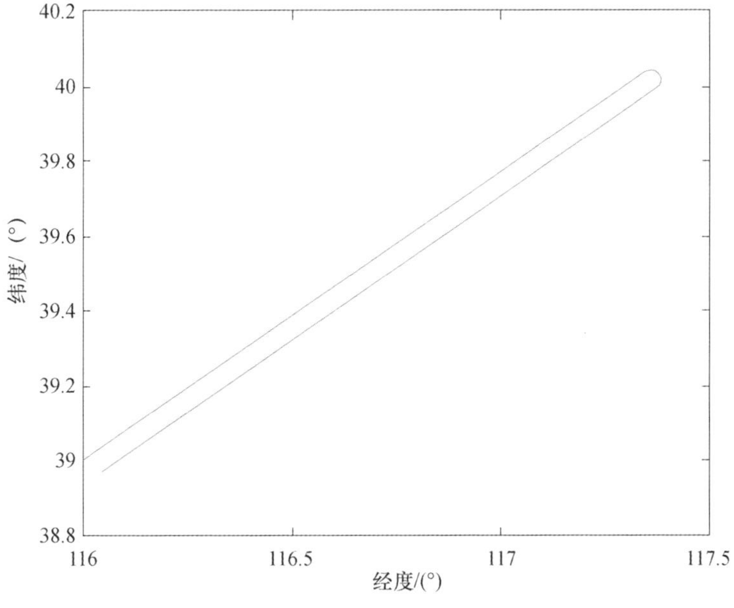

图 5－11　仿真飞行轨迹

2）仿真结果与分析

采用本节提出的基于可观测度分析与杆臂误差补偿的空中机动对准方法进行半物理仿真，如图 5－12 和图 5－13 所示，其中：图 5－12 为 3 个姿态失准角的估计曲线；图 5－13 为 6 个惯性器件误差的估计曲线。

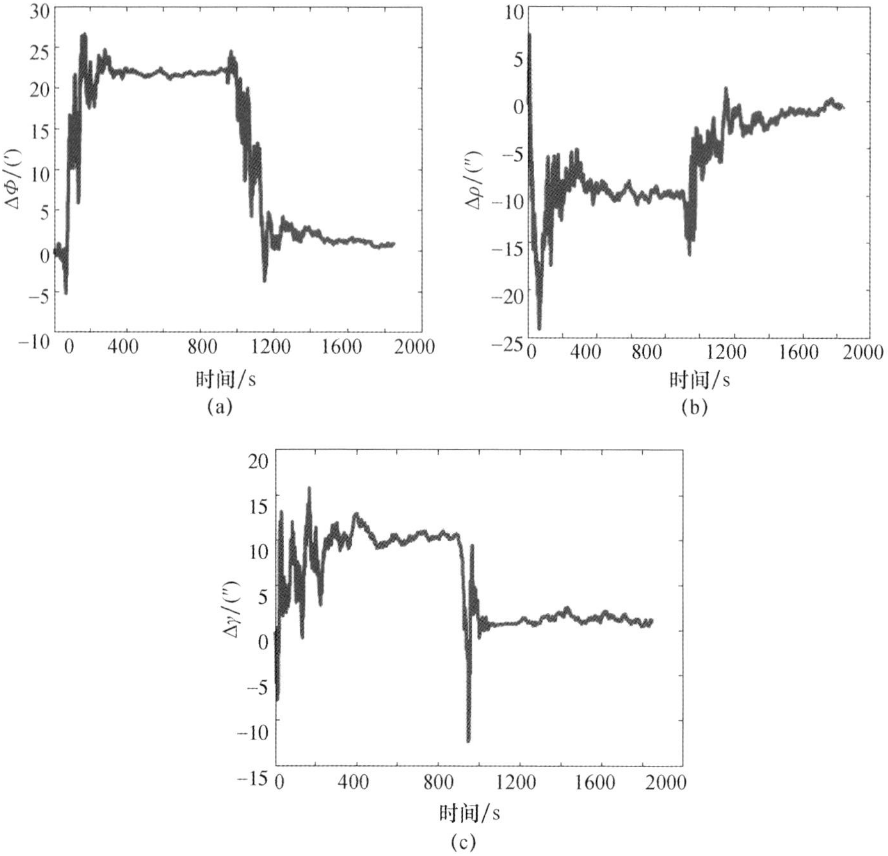

图 5－12　姿态失准角估计曲线

(a)航向失准角;(b)俯仰失准角;(c)横滚失准角。

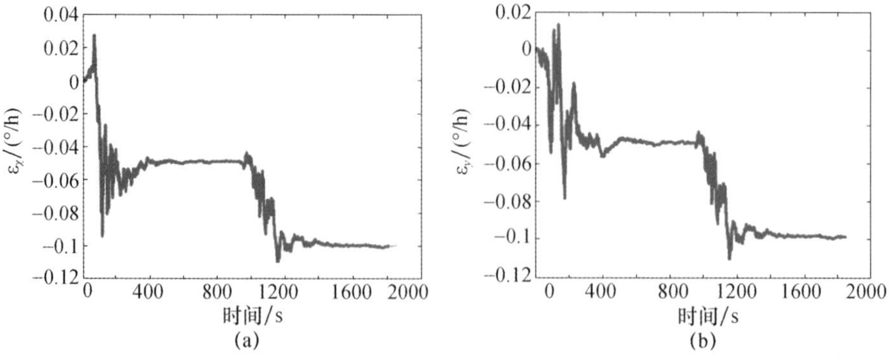

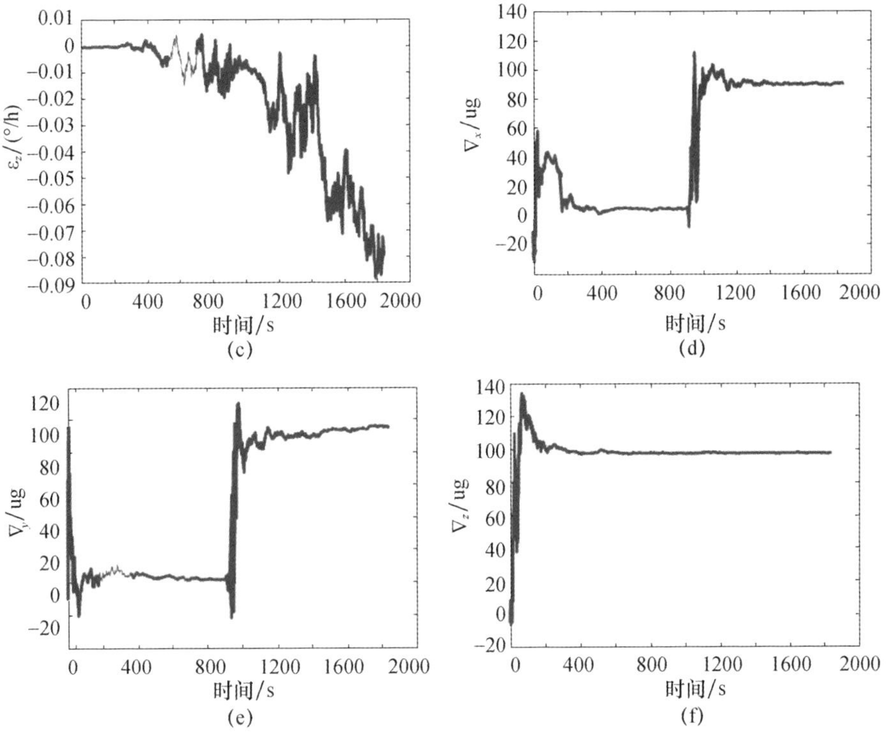

图 5－13　惯性器件误差估计曲线

(a) X 轴陀螺漂移；(b) Y 轴陀螺漂移；(c) Z 轴陀螺漂移；(d) X 轴加速度计偏置；(e) Y 轴加速度计偏置；(f) Z 轴加速度计偏置。

由图 5－12 和图 5－13 可以看出在空中机动对准前，由于载机做匀速直线飞行，POS 的可观测性差，因此 POS 的组合估计误差较大，其中：Z 轴陀螺常值漂移、X 轴加速度计常值偏置和 Y 轴加速度计常值偏置不可观测，滤波器无法估计出相应的误差；航向失准角误差航向失准角为 22′，两水平失准角为 10″；而对于 X 轴陀螺和 Y 轴陀螺，滤波器仅估计出了约 50% 的陀螺漂移，滤波器对 Z 轴加速度计常值偏置的估计效果较好。

在飞机转弯机动后，系统可观测度得到明显提高，使得 POS 的组合估计精度得到大幅度提高。其中，航向失准角误差由 22′减小到约 2′，两个水平失准角由 10″减小到 3″，而对于 2 个水平陀螺漂移和 3 个加速度计偏置，采用基于可观测度分析的空中机动对准后均可有效估计出 95% 以上的误差。

2. 飞行验证实验

1)实验条件

为了进一步验证空中机动对准方法的有效性,还进行了飞行实验。实验地点为北京郊区某机场,飞机运动过程为在该机场上空绕边长约 40km 的矩形飞行约 45min。POS 中 3 个陀螺仪的常值漂移分别为 0.103°/h(1σ)、0.112°/h(1σ)和0.137°/h(1σ),3 个陀螺仪的随机漂移分别为0.053°/h(1σ)、0.051°/h(1σ)和0.048°/h(1σ);3 个加速度计的常值偏置分别为 115μg(1σ)、89μg(1σ)和 106μg(1σ),3 个加速度计的随机偏置为 61μg(1σ)、44μg(1σ)和 50μg(1σ)。GNSS 的速度误差为 0.1m/s(RMS),单点定位误差为 5m(RMS)。差分 GNSS 的位置误差受 GNSS 基站和流动站之间的距离影响,在二者之间距离小于 20km 时,差分定位后的位置误差为 0.05m(RMS)。

2)实验结果与分析

实验中采用 SINS 与单点 GNSS 进行组合,基于空中机动对准的 POS 实时组合估计结果如图 5-14 所示。

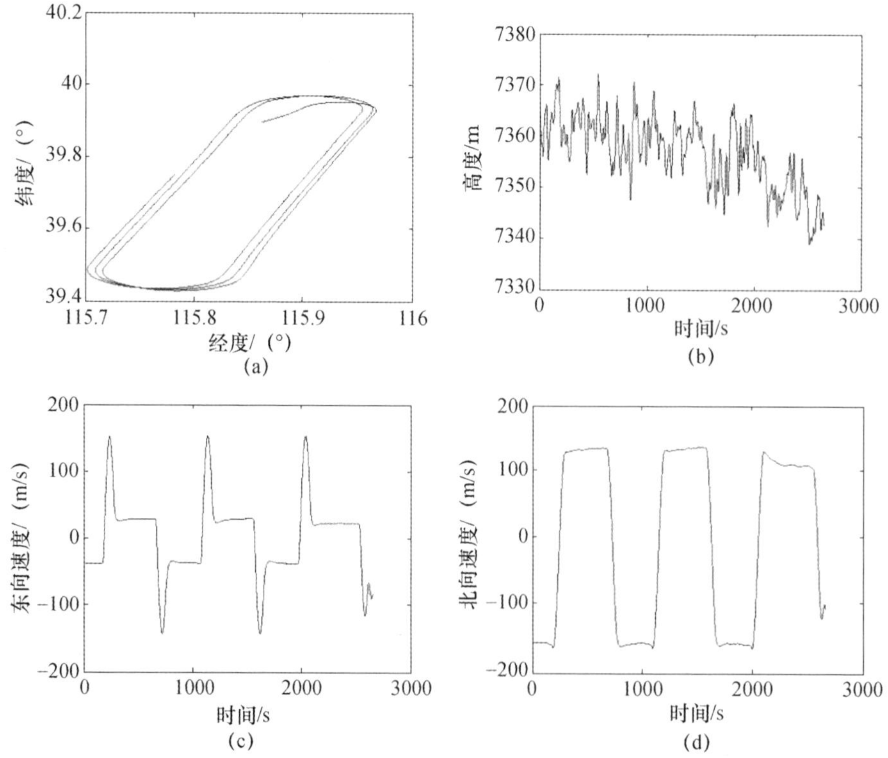

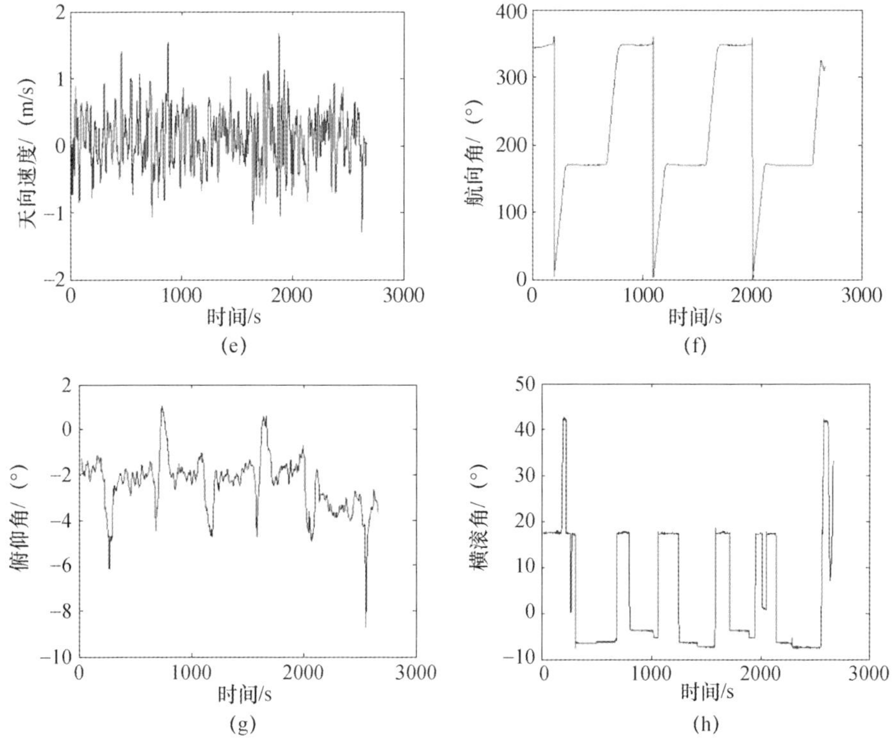

图 5－14　基于空中机动对准的 POS 实时组合估计结果

由于在飞行实验中，无法精确获得飞机的航向角和两个水平姿态角，因此无法评价空中机动对准后 POS 的姿态精度是否提高。在此采用机载合成孔径雷达运动补偿用 POS 的工作方式，对方法进行验证。该工作方式下，POS 具有 A、B 两路捷联算法。其中 15s 的捷联算法 B 的解算结果用于合成孔径雷达运动补偿，而捷联算法 B 的初始姿态由 POS 组合估计结果提供，因此可以利用捷联算法 B 的导航定位精度来评价空中对准后 POS 的组合估计精度。

为了便于分析比较，截取飞行实验部分飞行轨迹进行研究，如图 5－15 所示。飞机起飞约 10min 后，由 A 点进入匀速直线飞行状态，飞行约 200s 时在 B 点转弯，飞行 350s 时在 C 点再次进入匀速直线飞行状态，一直飞行到 D 点，飞行总时间为 645s。

利用载波相位差分 GNSS（厘米级）来衡量 15s 内捷联算法 B 的解算精度，图 5－16 和图 5－17 分别为 AB、CD 直线飞行段内 15s 捷联算法 B 的位置误差和速度误差曲线图。

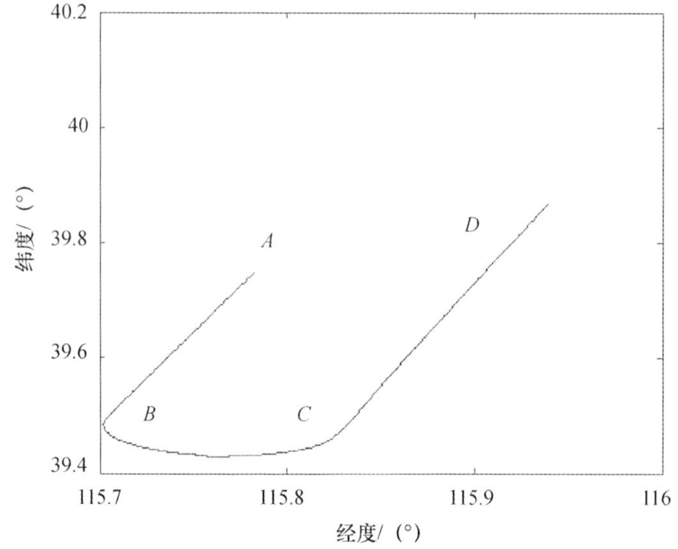

图 5－15　空中机动对准实验的部分飞行轨迹

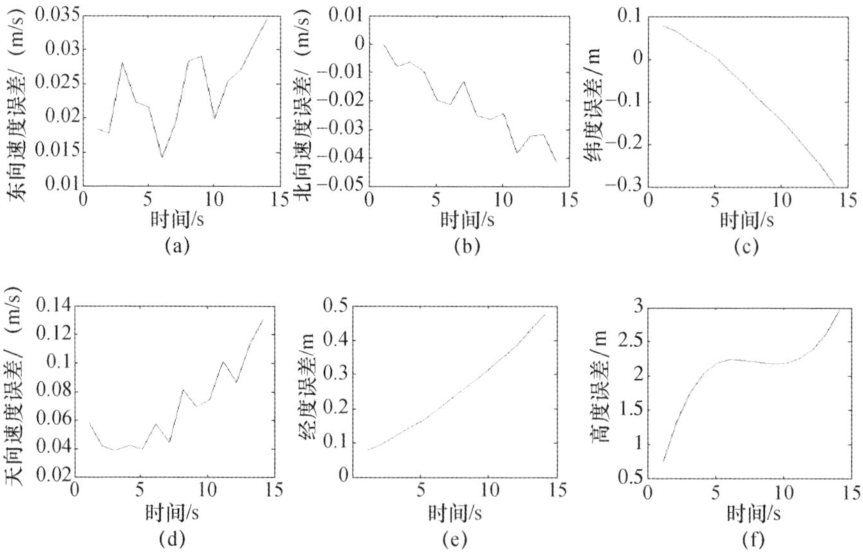

图 5－16　AB 直线飞行段内 15s 捷联算法 B 的位置误差和速度误差

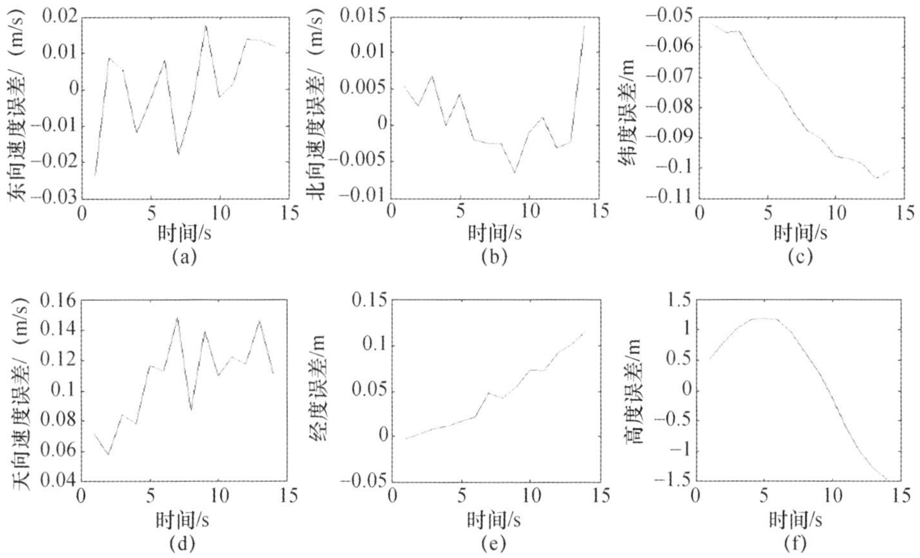

图 5-17　转弯后 CD 直线飞行段内 15s 捷联算法 B 的位置误差和速度误差

由图 5-16 和图 5-17 可以看出，载机在匀速直线飞行阶段，随着飞行时间的增长，15s 内捷联算法 B 的水平速度误差为 0.07m/s，水平位置误差为 0.57m；载机进入转弯阶段后，经过空中机动对准，15s 内捷联算法 B 的水平速度误差降低到了 0.03m/s，水平位置误差降低到 0.15m。实验结果表明空中机动对准提高了 POS 实时组合估计的精度，有效地减小了失准角误差，从而降低了 15s 内捷联算法 B 的误差，提高了 POS 实时运动参数的测量精度。

5.5　基于量测自适应 EKF 的 POS 空中机动对准方法

在 GNSS 辅助 SINS 空中机动对准的过程中，在载机机动、卫星星座构型变化、电磁干扰等因素的影响下，GNSS 会出现测量噪声异常的情况，进而影响 POS 实时组合估计的精度和稳定性。针对这些问题，出现了多种自适应滤波算法，以抑制量测噪声异常对滤波精度的影响。其中，新息自适应估计（Innovation-Based Adaptive Estimation，IAE）是目前自适应滤波算法研究的热点之一。文献[130]和文献[131]将新息自适应估计分别与模糊逻辑、神经模糊逻辑相结合，在线自适应的调整量测噪声的方差阵（$\boldsymbol{R}$ 阵）。该方法需要事先训练，大大增加了实时运行时的计算量,且存在如何选择 $\boldsymbol{R}$ 阵调整步长的问题;文献[132]则利用新息协方差估计引入了衰减因子,以实时调整滤波增益阵。此外,SINS 空中机动对准过程中,首先利用加速度计输出和 GNSS 水平速度方向进行粗对准,在粗对准后 SINS 初始姿态误差角较大。因此,转入精对准时传统的 SINS 线性误差方程和 KF 方法不再适用,需要采用非线性误差方程和非线性滤波方法。由于 POS 采用的加速度计精度很高,可以获得较高的水平姿态精度,而且理论和实践证明,滤波过程中两个水平失准角收敛很快。因此,采用大方位失准角误差方程描述其非线性即可满足精度要求[133]。对于非线性滤波方法,国内外学者进行了深入的研究,EKF、UKF、基于模型预测的 EKF 等方法已应用于空中对准[134-136]。但是在非线性不是很严重的大方位失准角空中对准情况下,与其他滤波方法相比,计算量小、实时性好的 EKF 仍然是一种工程上常用的非线性滤波方法。

本节针对基于模糊逻辑、神经网络模糊逻辑新息自适应方法的不足,在传统 EKF 的基础上,介绍一种基于量测自适应 EKF 的 POS 空中机动对准方法。该方法将新息协方差估计直接引入 EKF 增益阵的计算,形成一种新息自适应 EKF 滤波方法。实验结果表明,该方法在 GNSS 测量噪声异常情况下滤波效果明显优于传统 EKF。

1. 状态方程

考虑 SINS 的水平失准角 ϕ_E 和 ϕ_N 为小角度,而方位失准角 ϕ_U 较大的情况。同时,将惯性器件测量误差扩充为系统状态。SINS 大方位失准角下空中对准的非线性误差方程为

$$\dot{\boldsymbol{X}}(t)=\boldsymbol{f}(\boldsymbol{X},t)+\boldsymbol{G}_w\boldsymbol{w}(t)=\boldsymbol{F}(t)\boldsymbol{X}(t)+\boldsymbol{q}(\boldsymbol{X},t)+\boldsymbol{G}_w\boldsymbol{w}(t) \tag{5-81}$$

系统状态变量 $\boldsymbol{X}$ 包括导航误差 $\boldsymbol{X}_a$ 和惯性器件误差 $\boldsymbol{X}_e$ 两部分,其中$\boldsymbol{X}_a=[\phi_E\phi_N\phi_U\delta V_E\delta V_N\delta V_U]^{\mathrm{T}}$,分别为三个平台失准角和三个速度误差;$\boldsymbol{X}_e=[\varepsilon_x\varepsilon_y\varepsilon_z\nabla_x\nabla_y\nabla_z]^{\mathrm{T}}$,分别为三个陀螺常值漂移和三个加速度计常值偏置。对准过程中没有考虑位置误差的影响。

系统方程式(5-81)可分为线性部分、非线性部分和系统噪声。$F(t)$ 为线性部分,表达式为

$$\boldsymbol{F}(t)=\begin{bmatrix} F_N(t) & F_S(t) \\ \boldsymbol{0}_{6\times6} & \boldsymbol{0}_{6\times6} \end{bmatrix} \tag{5-82}$$

$$
\boldsymbol{F}_N(t)=\left[\begin{array}{c|ccc} & 0 & -1/(R_M+h) & 0 \\ & 1/(R_N+h) & 0 & 0 \\ \boldsymbol{0}_{6\times 3} & \tan L/(R_N+h) & 0 & 0 \\ \hline & V_N\tan L/(R_N+h)-V_U/(R_N+h) & (2\Omega+\dot{\lambda})\sin L & -(2\Omega+\dot{\lambda})\cos L \\ & -2(\Omega+\dot{\lambda})\sin L & -V_U/(R_M+h) & -\dot{L} \\ & 2(\Omega+\dot{\lambda})\cos L & 2\dot{L} & 0 \end{array}\right]
$$

$$
\boldsymbol{F}_S(t)=\begin{bmatrix} -\boldsymbol{C}_b^p & \boldsymbol{0}_{3\times 3} \\ \boldsymbol{0}_{3\times 3} & \boldsymbol{C}_b^n \end{bmatrix}
$$

$\boldsymbol{q}(\boldsymbol{X},t)$ 为非线性部分,其表达式为

$$
\boldsymbol{q}(\boldsymbol{X},t)=\begin{bmatrix} (\boldsymbol{I}-\boldsymbol{C}_n^p)\boldsymbol{\omega}_{in}^n \\ (\boldsymbol{I}-\boldsymbol{C}_p^n)\hat{\boldsymbol{C}}_b^n\hat{\boldsymbol{f}}^b \\ \boldsymbol{0}_{6\times 1} \end{bmatrix} \tag{5-83}
$$

式中:$\boldsymbol{w}(t)$ 为系统噪声,其方差阵为 $E\{\boldsymbol{w}(t)\boldsymbol{w}^{\mathrm{T}}(t)\}=\boldsymbol{Q}$;$\boldsymbol{G}_w$ 为噪声驱动阵。以上各式中变量的具体定义可参见参考文献[106]。

2. 量测方程

空中机动对准过程中没有考虑位置误差的影响,因此仅取 SINS 与 GNSS 输出的速度之差作为量测量,量测方程为

$$
\boldsymbol{Y}(t)=\boldsymbol{H}\boldsymbol{X}(t)+\boldsymbol{v}(t) \tag{5-84}
$$

$$
\boldsymbol{H}=[\boldsymbol{0}_{3\times 3}\quad \boldsymbol{I}_{3\times 3}\quad \boldsymbol{0}_{3\times 6}]
$$

式中:$\boldsymbol{H}$ 为量测矩阵;$\boldsymbol{v}(t)$ 为测量噪声,其方差阵为 $E\{\boldsymbol{v}(t)\boldsymbol{v}^{\mathrm{T}}(t)\}=\boldsymbol{R}$。

5.5.1　基于量测自适应 EKF 滤波的空中机动对准方法

1. 算法的提出

新息 $\tilde{\boldsymbol{Z}}_k$ 是滤波过程中可直接观测的参数,可将其作为滤波特性的参考。由于理想状态下稳态滤波器新息应为零均值白噪声序列,当系统模型不准确、量测噪声异常等导致滤波器工作失常时,新息序列的统计特性将变得复杂。通过滤波新息协方差的估计值与理论值的比较,可以实现自适应地调整过程噪声阵 $\boldsymbol{Q}$ 和量测噪声方差阵 $\boldsymbol{R}$,以抑制滤波器的发散。但是实验结果表明,当 $\boldsymbol{Q}$ 和 $\boldsymbol{R}$ 都未知时,采用新息自适应估计(IAE)对二者同时进行自适应调整反而经常会造成滤波器发散。因此,本节结合工程实际,只考虑自适应调整 $\boldsymbol{R}$ 阵,以抑制

量测噪声异常对滤波精度的影响。

EKF 算法中新息 $\tilde{\boldsymbol{Z}}_k$ 协方差的理论值为

$$\boldsymbol{P}_{\tilde{Z}_k\tilde{Z}_k}=\boldsymbol{H}_k\boldsymbol{P}_{k/k-1}\boldsymbol{H}_k^{\mathrm{T}}+\boldsymbol{R}_k \tag{5-85}$$

而新息 $\tilde{\boldsymbol{Z}}_k$ 的协方差估计值可近似计算为

$$\hat{\boldsymbol{C}}_{\tilde{Z}_k}=\frac{1}{N}\sum_{i=k-N+1}^{k}\tilde{\boldsymbol{Z}}_i\tilde{\boldsymbol{Z}}_i^{\mathrm{T}} \tag{5-86}$$

式中:N 为滑动采样区间宽度,起平滑作用。如果新息协方差估计值与理论值不一致,说明测量噪声发生异常,利用两者之间的差值可实现对量测噪声阵 $\boldsymbol{R}$ 的自适应调整。本节采用的自适应策略并不是通过模糊逻辑、神经模糊逻辑对 $\boldsymbol{R}$ 阵进行调整,而是将新息协方差估计直接引入 EKF 滤波增益阵 $\boldsymbol{K}_k$ 的计算。

通常 EKF 滤波增益阵 $\boldsymbol{K}_k$ 的计算中包括新息协方差理论值式(5-85),即

$$\boldsymbol{K}_k=\boldsymbol{P}_{k/k-1}\boldsymbol{H}_k^{\mathrm{T}}[\boldsymbol{H}_k\boldsymbol{P}_{k/k-1}\boldsymbol{H}_k^{\mathrm{T}}+\boldsymbol{R}_k]^{-1} \tag{5-87}$$

由于计算过程中采用了固定的 $\boldsymbol{R}$ 阵,所以 $\boldsymbol{K}_k$ 并不能反映测量噪声的变化。如果用新息协方差估计值(式(5-86))代替其理论值(式(5-85))进行滤波增益阵 $\boldsymbol{K}_k$ 的计算,则可实现对 EKF 滤波增益阵的自适应调整,即

$$\boldsymbol{K}_k=\boldsymbol{P}_{k/k-1}\boldsymbol{H}_k^{\mathrm{T}}\hat{\boldsymbol{C}}_{\tilde{Z}_k}^{-1} \tag{5-88}$$

此时,当外部测量噪声的异常导致新息协方差估计值 $\hat{\boldsymbol{C}}_{\tilde{Z}_k}^{-1}$ 增大时,滤波增益阵 $\boldsymbol{K}_k$ 则减小;而 $\boldsymbol{K}_k$ 的减小则意味着滤波器减少对外部量测量的依赖,从而抑制了 GNSS 测量噪声异常对滤波精度的影响。

综上可得新息自适应 EKF 的算法流程:

(1)时间更新

$$\hat{\boldsymbol{X}}_{k/k-1}=\hat{\boldsymbol{X}}_{k-1/k-1}+\boldsymbol{f}[\hat{\boldsymbol{X}}_{k-1/k-1}]\cdot\Delta T+\left.\frac{\partial \boldsymbol{f}(\boldsymbol{X},t)}{\partial \boldsymbol{X}}\right|_{\boldsymbol{X}=\hat{\boldsymbol{X}}_{k-1/k-1}}\cdot\boldsymbol{f}[\hat{\boldsymbol{X}}_{k-1/k-1}]\cdot\Delta T^2/2 \tag{5-89}$$

$$\boldsymbol{\Phi}_{k,k-1}=\boldsymbol{I}+\left.\frac{\partial \boldsymbol{f}(\boldsymbol{X},t)}{\partial \boldsymbol{X}}\right|_{\boldsymbol{X}=\hat{\boldsymbol{X}}_{k-1/k-1}}\cdot\Delta T \tag{5-90}$$

$$\boldsymbol{P}_{k/k-1}=\boldsymbol{\Phi}_{k,k-1}\boldsymbol{P}_{k-1/k-1}\boldsymbol{\Phi}_{k,k-1}^{\mathrm{T}}+\boldsymbol{\Gamma}_{k-1}\boldsymbol{Q}_{k-1}\boldsymbol{\Gamma}_{k-1}^{\mathrm{T}} \tag{5-91}$$

(2)新息协方差估计

$$\tilde{\boldsymbol{Z}}_k=\boldsymbol{Y}_k-\boldsymbol{H}_k\hat{\boldsymbol{X}}_{k/k-1} \tag{5-92}$$

$$\hat{\boldsymbol{C}}_{\tilde{Z}_k}=\frac{1}{N}\sum_{i=k-N+1}^{k}\tilde{\boldsymbol{Z}}_i\tilde{\boldsymbol{Z}}_i^{\mathrm{T}} \tag{5-93}$$

（3）量测量更新

$$\boldsymbol{K}_k = \boldsymbol{P}_{k/k-1}\boldsymbol{H}_k^{\mathrm{T}}\hat{\boldsymbol{C}}_{\tilde{Z}_k}^{-1} \tag{5-94}$$

$$\hat{\boldsymbol{X}}_{k/k} = \hat{\boldsymbol{X}}_{k/k-1} + \boldsymbol{K}_k \cdot \tilde{\boldsymbol{Z}}_k \tag{5-95}$$

$$\boldsymbol{P}_{k/k} = [\boldsymbol{I} - \boldsymbol{K}_k\boldsymbol{H}_k]\boldsymbol{P}_{k/k-1} \tag{5-96}$$

式中：$\tilde{\boldsymbol{Z}}_k$ 为新息；$\hat{\boldsymbol{C}}_{\tilde{Z}_k}$ 为新息协方差估计值；ΔT 为滤波周期。

2. 算法的优化

为了便于新息自适应 EKF 滤波算法能够在工程中实时运行，本节还对所提出的算法进行了进一步优化，主要从新息协方差估计和 EKF 递推算法两方面进行数值计算上的优化，以期减小计算量，提高算法实时性。

（1）对算法中的新息协方差进行估计。按照式（5－86）计算新息协方差估计值时需要利用并存储前 N 个时刻的新息，为了便于实时计算，本节采用了文献[137]给出的一种新息协方差估计的递推算法，即

$$\hat{\boldsymbol{C}}_{\tilde{Z}_k} = \hat{\boldsymbol{C}}_{\tilde{Z}_{k-1}} + \frac{1}{N}(\tilde{\boldsymbol{Z}}_k\tilde{\boldsymbol{Z}}_k^{\mathrm{T}} - \tilde{\boldsymbol{Z}}_{k-N+1}\tilde{\boldsymbol{Z}}_{k-N+1}^{\mathrm{T}}) \tag{5-97}$$

采用递推算法的单步乘法计算量由式（5－86）的 Nm^2 次减少为 $2m^2$ 次（m 为观测量维数），并且所需的数据存储空间也相应减少。

（2）对于 EKF 算法本身，虽然 EKF 方法存在线性化误差，但与其他非线性滤波方法相比具有实时性好的优点，这也是其在工程中广泛应用的重要原因之一。当 EKF 滤波算法应用于式（5－81）所示的系统时，系统矩阵存在大量成块的零元素，因此可以考虑在滤波计算过程中采用矩阵分块相乘的方式，以减少计算量，进一步提高滤波的实时性[138]。

由于 EKF 和 KF 有相同的算法结构，因此执行一步 EKF 递推的计算量由系统的状态维数 n 和量测量维数 m 决定，约为 $2n^3+3n^2m+n^2+2nm^2+2nm$ 次乘法。而其中一步预测协方差矩阵的运算需要的计算量最大（为 $2n^3$），约占整个滤波过程 70% 的计算量，因此该部分是滤波算法优化的重点[139]。

一步预测协方差矩阵计算公式为

$$\boldsymbol{P}_{k/k-1} = \boldsymbol{\Phi}_{k,k-1}\boldsymbol{P}_{k-1/k-1}\boldsymbol{\Phi}_{k,k-1}^{\mathrm{T}} + \boldsymbol{\Gamma}_{k-1}\boldsymbol{Q}_{k-1}\boldsymbol{\Gamma}_{k-1}^{\mathrm{T}} \tag{5-98}$$

由于 $\boldsymbol{\Gamma}_{k-1}\boldsymbol{Q}_{k-1}\boldsymbol{\Gamma}_{k-1}^{\mathrm{T}}$ 按照等效离散系统噪声方差阵计算方法计算，因此对于 $\boldsymbol{P}_{k/k-1}$ 计算方法的优化只是针对前半部分。

上面分析指出，针对系统式（5－81）中系统矩阵 $\boldsymbol{F}$ 存在大量成块零元素，通过对系统方程非线性函数实时求偏导可计算得到 $\boldsymbol{F}$ 阵的形式为 $\boldsymbol{F}=[\boldsymbol{f}_{6\times12}^{\mathrm{T}} \quad \boldsymbol{0}_{6\times12}^{\mathrm{T}}]^{\mathrm{T}}$，而系统状态转移矩阵 $\boldsymbol{\Phi}_{k,k-1}$ 由系统矩阵 $\boldsymbol{F}$ 离散化得到，则其形式为 $\boldsymbol{\Phi}_{k,k-1}=$

$\begin{bmatrix} \boldsymbol{\Phi}_{6\times6}^{1} & \boldsymbol{\Phi}_{6\times6}^{2} \\ \boldsymbol{0}_{6\times6} & \boldsymbol{I}_{6\times6} \end{bmatrix}$。本节针对系统状态转移矩阵$\boldsymbol{\Phi}_{k,k-1}$的分块形式，对 EKF 算法进行优化。

（1）考虑到$\boldsymbol{\Phi}_{k,k-1}$的分块结构，对$\boldsymbol{\Phi}_{k,k-1}\times\boldsymbol{P}_{k-1/k-1}$进行分块，可得

$$\begin{aligned}\boldsymbol{\Phi}_{k,k-1}\times\boldsymbol{P}_{k-1/k-1} &= \begin{bmatrix} \boldsymbol{\Phi}_{6\times6}^{1} & \boldsymbol{\Phi}_{6\times6}^{2} \\ 0_{6\times6} & I_{6\times6} \end{bmatrix}\times\begin{bmatrix} \boldsymbol{P}_{6\times6}^{1} & \boldsymbol{P}_{6\times6}^{2} \\ \boldsymbol{P}_{6\times6}^{3} & \boldsymbol{P}_{6\times6}^{4} \end{bmatrix} \\ &= \begin{bmatrix} \boldsymbol{\Phi}_{6\times6}^{1}\times\boldsymbol{P}_{6\times6}^{1}+\boldsymbol{\Phi}_{6\times6}^{2}\times\boldsymbol{P}_{6\times6}^{3} & \boldsymbol{\Phi}_{6\times6}^{1}\times\boldsymbol{P}_{6\times6}^{2}+\boldsymbol{\Phi}_{6\times6}^{2}\times\boldsymbol{P}_{6\times6}^{4} \\ \boldsymbol{P}_{6\times6}^{3} & \boldsymbol{P}_{6\times6}^{4} \end{bmatrix}\end{aligned} \tag{5-99}$$

矩阵分块相乘不改变乘法次数，但由于此步计算时子块 $\boldsymbol{P}_{6\times6}^{3}$ 和 $\boldsymbol{P}_{6\times6}^{4}$ 可以利用上步结果直接赋值，因此避免了相应的乘法运算。

（2）令$\bar{\boldsymbol{P}}=\boldsymbol{\Phi}_{k,k-1}\times\boldsymbol{P}_{k-1/k-1}$，由于$\boldsymbol{\Phi}_{k,k-1}^{\mathrm{T}}=\begin{bmatrix} \boldsymbol{\Phi}_{6\times6}^{\mathrm{T},1} & \boldsymbol{0}_{6\times6} \\ \boldsymbol{\Phi}_{6\times6}^{\mathrm{T},2} & \boldsymbol{I}_{6\times6} \end{bmatrix}$，同理可得

$$\begin{aligned}\boldsymbol{\Phi}_{k,k-1}\boldsymbol{P}_{k-1/k-1}\boldsymbol{\Phi}_{k,k-1}^{\mathrm{T}} &= \begin{bmatrix} \bar{\boldsymbol{P}}_{6\times6}^{1} & \bar{\boldsymbol{P}}_{6\times6}^{2} \\ \bar{\boldsymbol{P}}_{6\times6}^{3} & \bar{\boldsymbol{P}}_{6\times6}^{4} \end{bmatrix}\times\begin{bmatrix} \boldsymbol{\Phi}_{6\times6}^{\mathrm{T},1} & \boldsymbol{0}_{6\times6} \\ \boldsymbol{\Phi}_{6\times6}^{\mathrm{T},2} & \boldsymbol{I}_{6\times6} \end{bmatrix} \\ &= \begin{bmatrix} \bar{\boldsymbol{P}}_{6\times6}^{1}\times\boldsymbol{\Phi}_{6\times6}^{\mathrm{T},1}+\bar{\boldsymbol{P}}_{6\times6}^{2}\times\boldsymbol{\Phi}_{6\times6}^{\mathrm{T},2} & \bar{\boldsymbol{P}}_{6\times6}^{2} \\ \bar{\boldsymbol{P}}_{6\times6}^{3}\times\boldsymbol{\Phi}_{6\times6}^{\mathrm{T},1}+\bar{\boldsymbol{P}}_{6\times6}^{4}\times\boldsymbol{\Phi}_{6\times6}^{\mathrm{T},2} & \bar{\boldsymbol{P}}_{6\times6}^{4} \end{bmatrix}\end{aligned} \tag{5-100}$$

此步计算时子块$\bar{\boldsymbol{P}}_{6\times6}^{2}$和$\bar{\boldsymbol{P}}_{6\times6}^{4}$可以利用上一步结果直接赋值，避免了相应的乘法运算。因此在直接计算一步预测协方差阵中的$\boldsymbol{\Phi}_{k,k-1}\boldsymbol{P}_{k-1/k-1}\boldsymbol{\Phi}_{k,k-1}^{\mathrm{T}}$时，需要的乘法次数为 $2n^3=3456(n=12)$；而采用矩阵分块相乘进行算法优化时，乘法次数为 $8n_1^3=1728(n_1=6$ 为子块维数）。可以看出，矩阵分块相乘减少了一半的乘法计算量。

（3）整体上来讲，优化前执行一步新息自适应 EKF 递推（其中 $n=12,m=3$，且不包含新息协方差估计计算）需要乘法次数为 $2n^3+3n^2m+n^2+2nm^2+2nm=5184$，而算法优化后为 $8n_1^3+3n^2m+n^2+2nm^2+2nm=3456$，可以减少 30% 左右的乘法计算量，这样可以大大提高滤波的运算速度和实时性。

3. 基于新息自适应 EKF 的空中机动对准原理

在给出新息自适应 EKF 的算法流程后，以下给出基于新息自适应 EKF 算法的机载 POS 空中对准原理：利用 SINS 解算出的速度与经杆臂误差补偿后的

GNSS 速度之差作为自适应 EKF 的量测量，将估计出的平台失准角、速度误差 $\hat{\boldsymbol{X}}_a$ 直接进行反馈校正；而对于惯性器件误差 $\hat{\boldsymbol{X}}_e$，由于其可观测程度较弱，载机的机动可以有效地提高其可观测程度。因此在空中机动对准结束后，待其充分收敛时再进行反馈校正，也就是采用混合校正方式[140]，如图 5 - 18 所示。

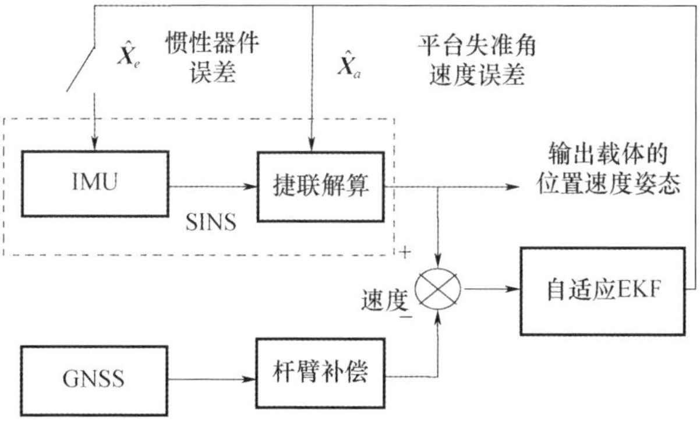

图 5 - 18　基于新息自适应滤波的机载 POS 空中对准原理框图

5.5.2　半物理仿真及车载验证实验

为了验证本节提出的空中机动对准方法，进行了半物理仿真实验验证。首先利用小型化挠性 POS 样机中陀螺仪、加速度计以及 GNSS 接收机输出的误差特性，产生真实噪声数据；然后通过轨迹发生器产生飞行标称轨迹数据并叠加真实噪声进行仿真，如图 5 - 19 所示。

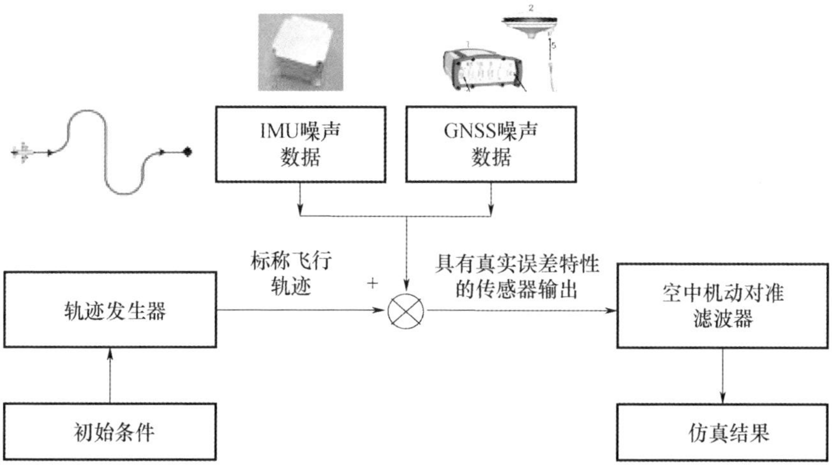

图 5 - 19　空中机动对准半物理仿真实验框图

(1)实测噪声数据的特性具体为:

陀螺随机漂移约0.1°/h(1σ);加速度计随机偏置约20μg(1σ);x,y,z三个方向陀螺常值漂移分别为0.17°/h、0.30°/h、0.14°/h;加速度计常值偏置分别为65μg、-48μg、80μg;GNSS测速精度0.05(RMS)。

(2)具体仿真实验条件为:初始失准角为方位失准角5°,水平失准角1°;滤波初值为

$$\hat{\boldsymbol{X}}(0)=\boldsymbol{0}_{12\times 1};$$

$$\boldsymbol{P}(0)=\mathrm{diag}\{(1°)^2,(1°)^2,(5°)^2,(0.05\mathrm{m/s})^2,(0.05\mathrm{m/s})^2,(0.05\mathrm{m/s})^2,$$
$$(0.1°/\mathrm{h})^2,(0.1°/\mathrm{h})^2,(0.1°/\mathrm{h})^2,(100\mu\mathrm{g})^2,(100\mu\mathrm{g})^2,(100\mu\mathrm{g})^2\};$$

$$\boldsymbol{Q}=\mathrm{diag}\{(0.1°/\mathrm{h})^2,(0.1°/\mathrm{h})^2,(0.1°/\mathrm{h})^2,(20\mu\mathrm{g})^2,(20\mu\mathrm{g})^2,(20\mu\mathrm{g})^2\};$$

$$\boldsymbol{R}=\mathrm{diag}\{(0.05\mathrm{m/s})^2,(0.05\mathrm{m/s})^2,(0.05\mathrm{m/s})^2\};$$

仿真时间300s,机动方式采用180°转弯机动。其中,前100s水平加速飞行,然后150s作匀速转弯机动,最后50s水平匀速飞行。仿真过程假定Q阵不变,机动过程中(100~250s)GNSS测量噪声异常包含以下两种情况:一是GNSS噪声统计特性变化,即测量噪声强度变为原来的5倍;二是GNSS出现测量粗差或野值,即GNSS正常工作100s后,每50s出现一个绝对值为的速度测量误差。滤波过程中取实际新息协方差的滑动采样区间宽度为$N=10$。

(3)半物理仿真结果如下:

对于情况1,分别采用传统EKF和新息自适应EKF进行仿真。图5-20给出了机动过程中姿态误差曲线和对准过程的速度误差曲线,表5-3比较了机动结束后的姿态误差,表5-4给出对准结束前50s估计出的惯性器件误差的均值,对准过程中对惯性器件误差的估计如图5-21所示。

同时,仿真结果也表明,转弯机动可以很好地估计出除z轴陀螺漂移以外的其他惯性器件误差,主要是因为z轴陀螺漂移的可观测性较弱,单次的转弯机动对其可观测度的改善不大。尽管非线性系统的可观测性分析方法尚不完善,但本节的仿真结果在一定程度上为以后实际应用中惯性器件误差反馈量的选取提供了依据。

由仿真结果可以看出,由于机动过程中GNSS测量噪声变为原来的5倍,采用传统EKF时,滤波器出现波动,且姿态和速度误差变大。而采用自适应EKF方法时,抑制了GNSS测量噪声异常对对准精度的影响,滤波过程平稳,姿态和速度误差均小于EKF。此外,GNSS测量噪声的异常对惯性器件误差的估计影

响也很大,如果要对惯性器件误差进行反馈校正则必须考虑这种影响。而新息自适应 EKF 同样可以有效抑制对惯性器件误差估计的影响,提高了 GNSS 测量噪声异常情况下的估计精度。

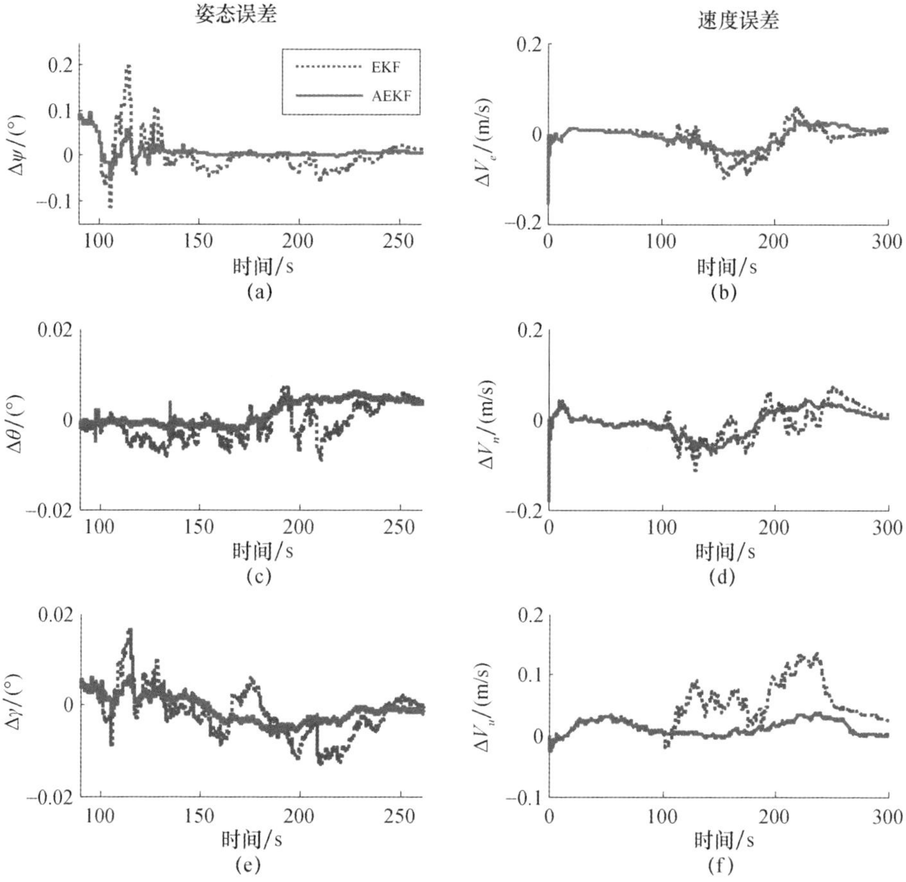

图 5－20　对准过程姿态速度误差曲线(情况 1)(见彩图)

表 5－3　转弯机动后姿态精度对比

滤波方法	误差/(″)		
	$\Delta\psi$	$\Delta\theta$	$\Delta\gamma$
EKF	89. 6	21. 5	7. 56
自适应 EKF	37. 1	14. 7	3. 9

表 5-4 转弯机动下惯性器件误差估值对比

滤波方法	陀螺漂移/(°/h)			加速度计偏置/μg		
	ε_x	ε_y	ε_z	∇_x	∇_y	∇_z
EKF	0.18	0.39	-0.05	74.2	-62.5	78.1
自适应 EKF	0.17	0.29	0.005	64.9	-48.7	80.2

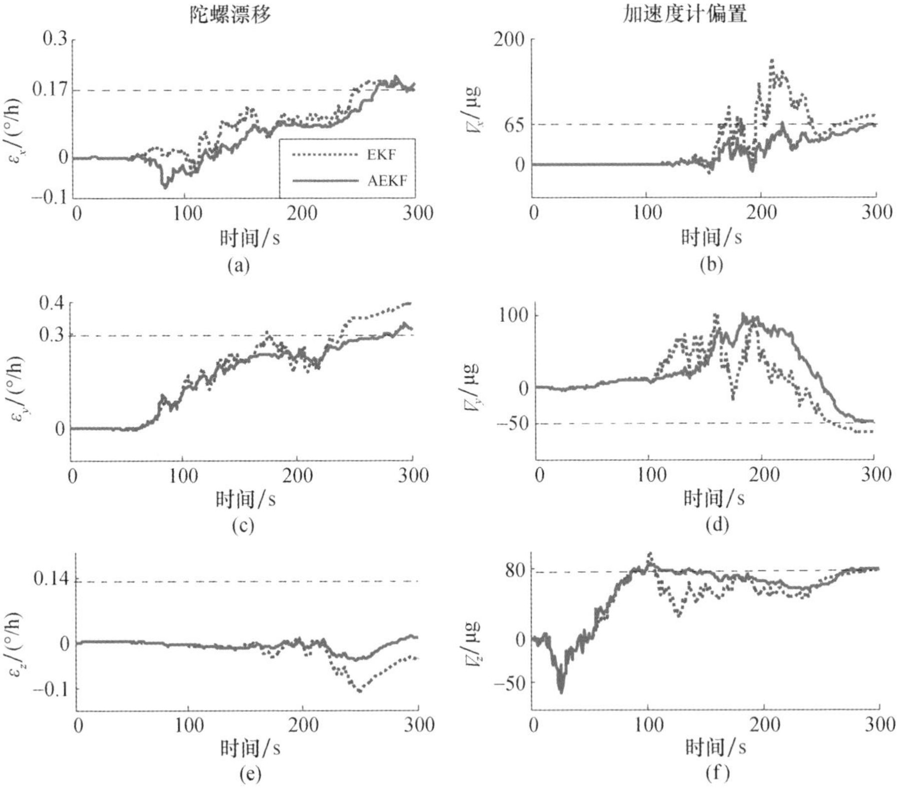

图 5-21 对准过程惯性器件误差估计曲线(情况 1)(见彩图)

对于情况 2,分别采用传统 EKF 和新息自适应 EKF 进行仿真,图 5-22 给出了机动过程中姿态误差曲线和对准过程中的速度误差曲线,惯性器件误差的估计结果如图 5-22 所示。

半物理仿真结果表明,当测量噪声中出现孤立型异常值时传统 EKF 滤波结果波动较大,且需要较长时间才能收敛;但新息自适应 EKF 可以有效地抑制孤立型异常值对滤波效果的影响,表现出优越的鲁棒性。

为进一步验证本节提出的空中对准方法,还开展了车载机动对准实验。实验路线设定为一个转弯机动。首先实验车直线行驶，然后 180°转弯，随后再直线行驶，整个实验过程约 420s。其中前 300s 为对准过程，后 120s 进行纯捷联解算，实验轨迹如图 5－24 所示。

由于实验中无法获得准确的姿态信息，不能评价系统机动对准的姿态精度，但可以利用差分后的 GNSS 位置和速度信息作为基准，通过评价对准完成后 SINS 的位置和速度精度来间接评价。实验步骤如下：

将系统通过减振安装支架固定在实验车上，并测量 GNSS 天线与 IMU 之间的杆臂长度；系统启动预热后，静止 5min，实验车出发，直线行驶；实验车速度达到一定值时（设定为 >5m/s），对系统进行初始化：利用 GNSS 的水平速度方向作为 SINS 的初始航向，两个水平姿态均设定为 0，SINS 的初始位置、速度均由 GNSS 给定；系统进入机动对准状态，实验车按照预定路线进行机动，直至实验结束。SINS 和 GNSS 数据的采集从系统预热后开始，直至实验结束。

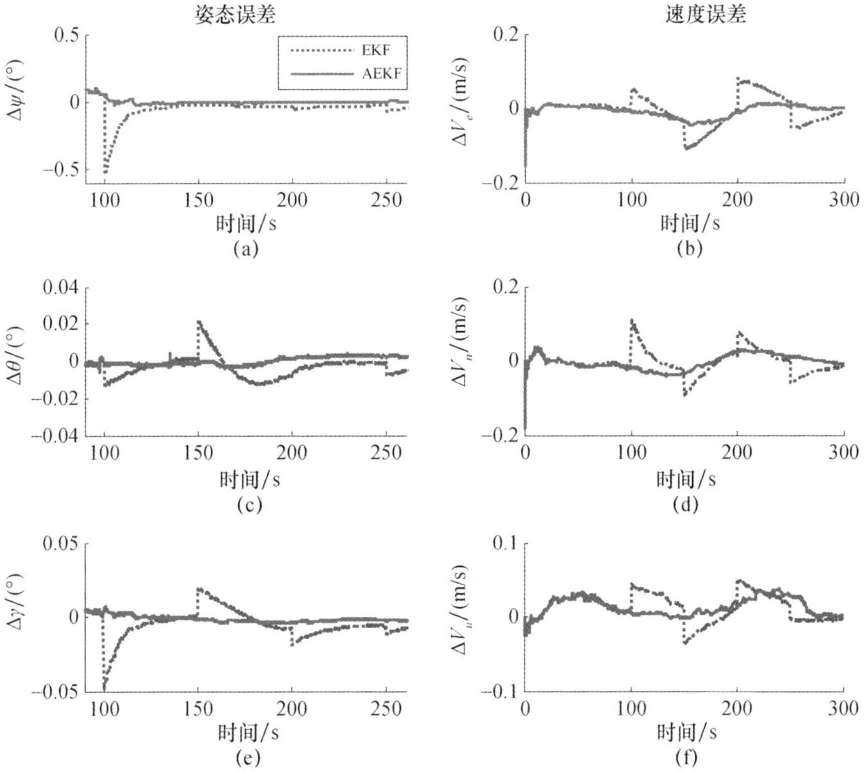

图 5－22　对准过程姿态速度误差曲线（情况 2）（见彩图）

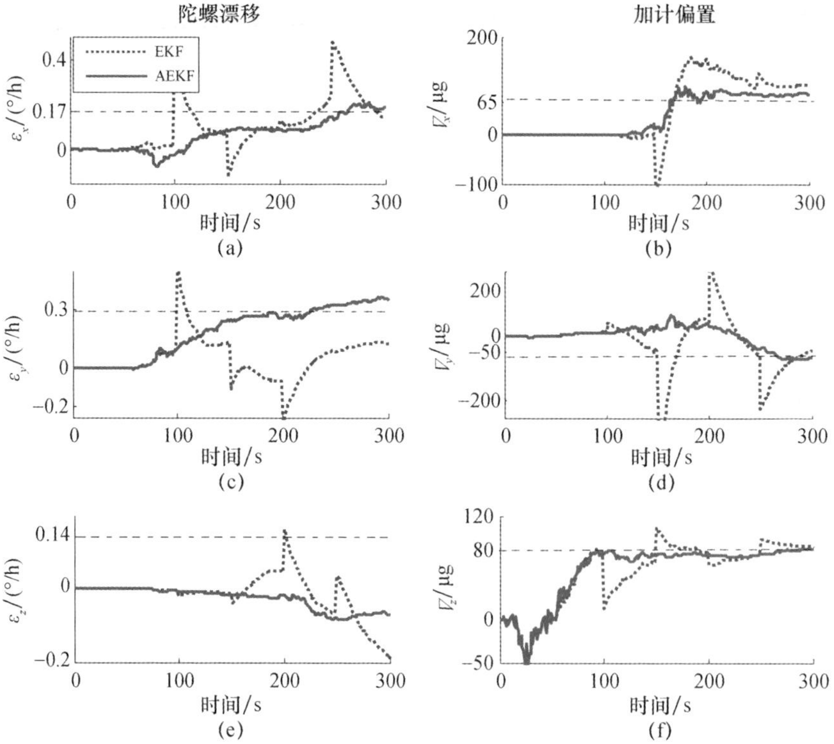

图 5-23　对准过程惯性器件误差估计曲线(情况 2)(见彩图)

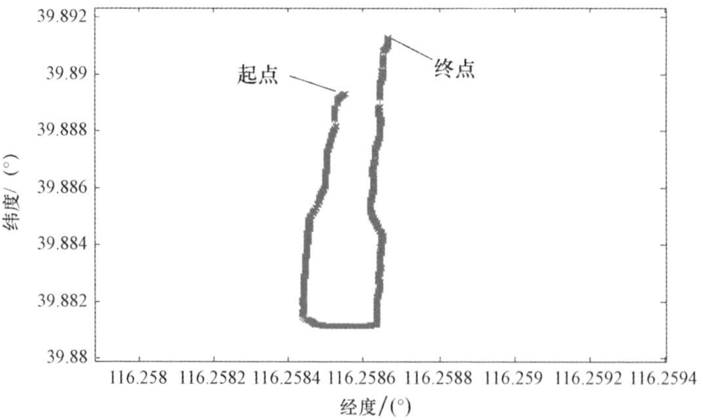

图 5-24　空中机动对准实验路线图

在完成实验后,首先利用前 300s 的 SINS 和 GNSS 数据,根据第 5.5.2 节基于新息自适应 EKF 的空中机动对准方法进行动基座机动对准;然后,以机动对准结果为初始值利用后 120s 数据进行捷联解算;最后,以差分 GNSS 的位置、速度为基准,分别计算系统静基座对准后 120s 纯捷联解算的位置、速度误差(图 5－25)和系统机动对准后 120s 纯捷联解算的位置、速度误差(图 5－26)。

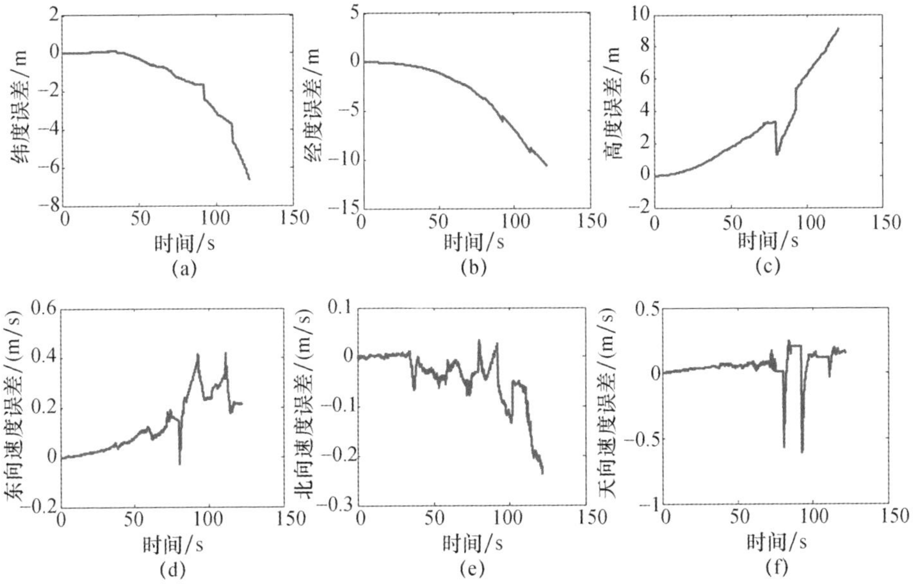

图 5－25　静基座对准后 120s 纯惯性位置速度误差

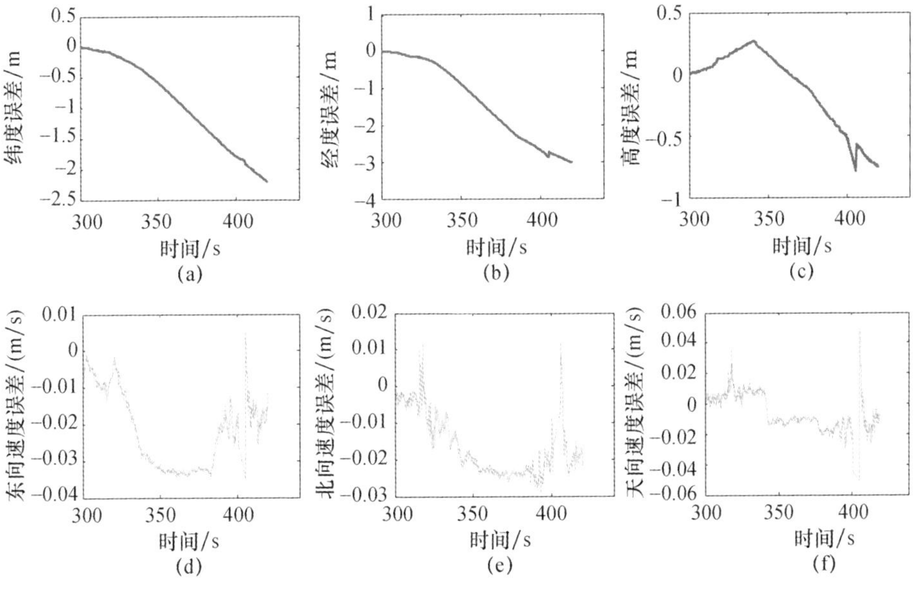

图 5－26　机动对准后 120s 纯惯性位置速度误差

实验结果表明，与静基座初始对准后捷联解算的结果相比，经机动对准后系统纯惯性位置、速度误差明显降低。水平位置误差由 10m 左右下降到 2.5m 左右，高度误差由 10m 下降到 1m 以内，速度误差由 0.2m/s 下降到 0.02m/s 左右。位置、速度精度的提高，除了对准过程中的转弯机动提高了对准精度外，更重要的是还估计出了部分惯性器件随机常值误差，并在对准结束前进行了反馈校正，这样就修正了 SINS 内部误差，提高了捷联惯导系统的导航精度。机动对准过程中估计出的惯性器件误差如图 5-27 所示，除 z 轴陀螺漂移外，其余误差均得到了很好的估计，这与半物理仿真结果也是吻合的。

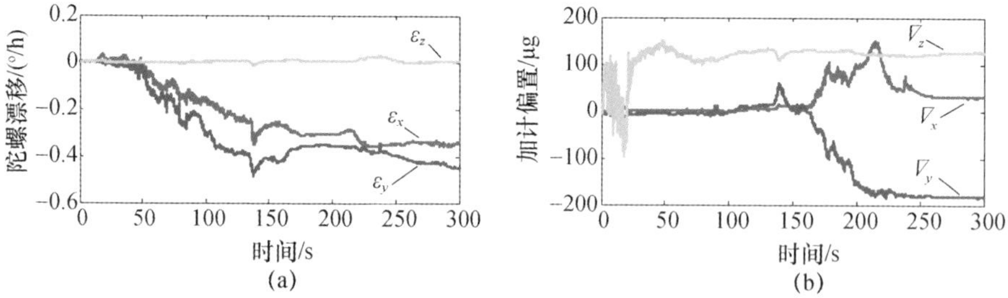

图 5-27 对准过程惯性器件误差估计(见彩图)

需要说明的是，实验中选择了较为开阔的路段作为实验路线，GNSS 信号并没有遮挡。为了验证对准过程中新息自适应 EKF 对 GNSS 测量噪声的抑制作用，仍需人为改变 GNSS 测量噪声。因此上述实验只能称为系统在回路中的半物理仿真实验，但这也是将空中机动对准方法应用于实际系统中，充分证明了该方法的有效性和正确性。

第6章

机载位置姿态系统高精度离线组合估计

6.1 引言

机载对地观测运动成像中，无论是微波成像、光学摄影成像还是扫描成像都对 POS 提出了非常苛刻且独特的要求。某些成像载荷不仅对 POS 的姿态测量误差十分敏感，而且要求 POS 在较短成像周期里具备很高的绝对和相对定位精度。因此，对于机载对地观测成像用 POS 组合测量系统，它除了像导航定位用 SINS/GNSS 组合导航系统一样关心系统的长期积累误差，即控制系统低频运动测量误差不发散以外，还要保证较高的高频运动误差测量精度，特别是系统的短期绝对精度和相对精度[141]。尤其是机载对地观测离线成像工作方式下，为实现更高精度的成像，对 POS 的位置、速度和姿态等运动参数的测量精度提出了更高的要求。

在第5章中介绍了机载位置姿态系统实时组合估计技术，为成像载荷等提供高精度的实时运动参数。而在机载对地观测离线成像工作方式下，由于对 POS 没有实时处理时的运算时间等限制，因此为进一步提升 POS 性能，一般使用离线组合估计的方法，采用实时处理中无法使用的一些耗时但精度更高的组合估计算法和数据预处理算法，以充分开发 POS 的潜在精度。POS 的离线组合估计算法是提高系统估计精度和平滑度的关键，这也是 POS 与传统 SINS/GNSS 组合导航系统的最大区别[142]。

第5章介绍的滤波估计方法均基于前向滤波的思想，仅是利用当前及之前时刻的量测信息来估计当前时刻的状态量。若能将成像实验内所有量测信息加以利用，有望提高估计精度。平滑正是基于此思想的估计方法，它包括三种类型:固定点平滑、固定滞后平滑和固定区间平滑[143]。在固定区间算法中,最常用是 Rauch – Tung – Striebel 提出的线性固定区间平滑算法[144],适于 SINS/GNSS 组合的离线处理,在目标跟踪、制导与组合导航等领域被广泛应用[145]。美国 Trimble 公司(原加拿大 Applanix 公司)开发的 POSPac 软件和加拿大 NovAtel 公司开发的 Inertial Explorer 软件中均采用了平滑估计技术[146]。然而,所使用的平滑算法的详细内容尚未见公开报道。此外,在工程实践中所遇到的物理系统通常为非线性系统,噪声也非理想的高斯白噪声,POS 也是如此。因此,在 POS 离线组合估计中,可以采用 UKF、PF 等耗时但估计精度高的滤波估计方法,或者非线性平滑估计方法,如基于 EKF、UKF 等的固定区间平滑方法。

下面首先介绍几种 POS 离线组合估计中常用的几种估计方法,包括线性 RTS 固定区间平滑算法、UKF、PF、ERTSS 和 URTSS。然后,分别从数学建模、重力扰动补偿、非线性估计方法的角度出发来介绍提高 POS 离线处理的精度方法。最后,为实现机载 POS 导航算法的模块化管理,为用户提供方便快捷的数据处理工具,介绍机载对地观测运动成像用 POS 离线处理软件。

6.2 机载 POS 离线组合估计方法

本节将介绍 POS 离线组合中常用的几种估计方法,具体包括线性 RTS 固定区间平滑算法、UKF、PF、基于 EKF 和 UKF 等的固定区间平滑算法。

6.2.1 线性 RTS 固定区间平滑算法

RTS 平滑算法的基本思想是在某固定时间区间内先进行 KF,然后利用该区间所有量测值,逆序估计每一时刻的状态。该方法能够获得优于滤波的估计精度,RTS 平滑算法包括前向滤波和后向递推两个部分。前向滤波为标准 KF,保存每一时刻的状态估计值、估计误差协方差阵和系统的状态转移阵;后向递推则是利用后向递推公式来获得最优的平滑估计结果。

考虑线性离散系统,即

$$\boldsymbol{X}_k = \boldsymbol{\Phi}_{k,k-1}\boldsymbol{X}_{k-1} + \boldsymbol{\Gamma}_{k-1}\boldsymbol{W}_{k-1} \tag{6-1}$$

$$\boldsymbol{Z}_k = \boldsymbol{H}_k\boldsymbol{X}_k + \boldsymbol{V}_k \tag{6-2}$$

标准离散 KF 算法为

$$\hat{\boldsymbol{X}}_{k/k-1} = \boldsymbol{\Phi}_{k/k-1}\hat{\boldsymbol{X}}_{k-1} \tag{6-3}$$

$$\boldsymbol{P}_{k/k-1} = \boldsymbol{\Phi}_{k/k-1}\boldsymbol{P}_{k-1}\boldsymbol{\Phi}_{k/k-1}^{\mathrm{T}} + \boldsymbol{\Gamma}_{k-1}\boldsymbol{Q}_{k-1}(\boldsymbol{\Gamma}_{k-1})^{\mathrm{T}} \tag{6-4}$$

$$\hat{\boldsymbol{X}}_k = \hat{\boldsymbol{X}}_{k/k-1} + \boldsymbol{K}_k(\boldsymbol{Z}_k - \boldsymbol{H}_k \hat{\boldsymbol{X}}_{k/k-1}) \tag{6-5}$$

$$\boldsymbol{K}_k = \boldsymbol{P}_k \boldsymbol{H}_k^{\mathrm{T}} \boldsymbol{R}_k^{-1} \tag{6-6}$$

$$\boldsymbol{P}_k^{-1} = \boldsymbol{P}_{k/k-1}^{-1} + \boldsymbol{H}_k^{\mathrm{T}} \boldsymbol{R}_k^{-1} \boldsymbol{H}_k \tag{6-7}$$

式中:各变量含义参见第 5.2.1 节。

RTS 固定区间平滑算法后向递推公式为

$$\hat{\boldsymbol{X}}_{k-1/N} = \hat{\boldsymbol{X}}_{k-1} + \boldsymbol{A}_{k-1}(\hat{\boldsymbol{X}}_{k/N} - \boldsymbol{\Phi}_{k/k-1}\hat{\boldsymbol{X}}_{k-1}) \tag{6-8}$$

$$\boldsymbol{P}_{k-1/N} = \boldsymbol{P}_{k-1} + \boldsymbol{A}_{k-1}(\boldsymbol{P}_{k/N} - \boldsymbol{P}_{k/k-1})\boldsymbol{A}_{k-1}^{\mathrm{T}} \tag{6-9}$$

平滑增益矩阵为

$$\boldsymbol{A}_{k-1} = \boldsymbol{P}_{k-1}\boldsymbol{\Phi}_{k/k-1}^{\mathrm{T}}\boldsymbol{P}_{k/k-1}^{-1} \tag{6-10}$$

上述固定区间平滑后向递推公式的边界条件为$\hat{\boldsymbol{x}}_{N/N}$(即 KF 中的$\hat{\boldsymbol{X}}_N$)和$\boldsymbol{P}_{N/N}$(即 KF 中的$\boldsymbol{P}_N$)。

综上所述,RTS 平滑算法是先按顺序作正向 KF,然后再逆序执行平滑递推算法。

6.2.2　Unscented 卡尔曼滤波

1997 年 S. J. Juliear 和 J. K. Uhlman 提出了一种新的非线性滤波方法,称为 Unscented 卡尔曼滤波(UKF)[147]。对于线性系统来说,该方法的滤波性能与 KF 相当;但对于非线性系统,它的性能则明显优于 EKF。与 EKF 相比,UKF 不需要对状态方程和量测方程进行线性化,因此不存在对高阶项的截断误差,同时也不需要计算雅可比矩阵[148]。

假设一个离散非线性系统,即

$$\boldsymbol{x}_{k+1} = \boldsymbol{f}(\boldsymbol{x}_k, \boldsymbol{u}_k, k) + \boldsymbol{\omega}_k \tag{6-11}$$

$$\boldsymbol{y}_k = \boldsymbol{h}(\boldsymbol{x}_k, \boldsymbol{u}_k, k) + \boldsymbol{v}_k \tag{6-12}$$

式中:$\boldsymbol{x}_k$ 为系统状态矢量;$\boldsymbol{u}_k$ 为输入控制矢量;$\boldsymbol{\omega}_k$ 为系统噪声矢量;$\boldsymbol{y}_k$ 为观测矢量;$\boldsymbol{v}_k$ 为量测噪声矢量。在$\hat{\boldsymbol{x}}_k$ 附近选取一系列采样点,这些采样点的均值和协方差分别为$\hat{\boldsymbol{x}}_k$ 和$\boldsymbol{P}_k$。在 $\hat{\boldsymbol{X}}(k|k)$附近选取一系列采样点,这些采样点的均值和协方差分别为 $\hat{\boldsymbol{X}}(k|k)$和 $\boldsymbol{P}(k|k)$。这些采样点通过该离散非线性系统将会产生相应的变换采样点,对这些变换采样点进行计算即可得到预测的均值和协方差。

设状态变量维数为 n,那么 $2n+1$ 个采样点及其权重分别如下:

$$\begin{cases}\boldsymbol{\chi}_{0,k}=\hat{\boldsymbol{x}}_k, & W_0=\tau/(n+\tau)\\ \boldsymbol{\chi}_{i,k}=\hat{\boldsymbol{x}}_k+\sqrt{n+\tau}\left(\sqrt{\boldsymbol{P}(k|k)}\right)_i, & W_i=1/[2(n+\tau)]\\ \boldsymbol{\chi}_{i+n,k}=\hat{\boldsymbol{x}}_k-\sqrt{n+\tau}\left(\sqrt{\boldsymbol{P}(k|k)}\right)_i, & W_{i+n}=1/[2(n+\tau)]\end{cases} \tag{6-13}$$

式中 $\tau\in\mathbf{R}$；当 $\boldsymbol{P}(k|k)=\boldsymbol{A}^{\mathrm{T}}\boldsymbol{A}$ 时，$\left(\sqrt{\boldsymbol{P}(k|k)}\right)_i$ 取 $\boldsymbol{A}$ 的第 i 行；当 $\boldsymbol{P}(k|k)=\boldsymbol{A}\boldsymbol{A}^{\mathrm{T}}$ 时，$\left(\sqrt{\boldsymbol{P}(k|k)}\right)_i$ 取 A 的第 i 列。

标准 Unscented 卡尔曼滤波算法如下：

(1)初始化

$$\hat{\boldsymbol{x}}_0=E[\boldsymbol{x}_0],\boldsymbol{P}_0=E[(\boldsymbol{x}_0-\hat{\boldsymbol{x}}_0)(\boldsymbol{x}_0-\hat{\boldsymbol{x}}_0)^{\mathrm{T}}],k\geqslant 1 \tag{6-14}$$

(2)计算采样点

$$\boldsymbol{\chi}_{k-1}=[\hat{\boldsymbol{x}}_{k-1}\hat{\boldsymbol{x}}_{k-1}^{\mathrm{T}}+\sqrt{n+\tau}\left(\sqrt{\boldsymbol{P}_{k-1}}\right)_i\hat{\boldsymbol{x}}_{k-1}-\sqrt{n+\tau}\left(\sqrt{\boldsymbol{P}_{k-1}}\right)_i],i=1,2,\cdots,n \tag{6-15}$$

(3)时间更新

$$\boldsymbol{\chi}_{k|k-1}=\boldsymbol{f}(\boldsymbol{\chi}_{k-1},\boldsymbol{u}_{k-1},k-1) \tag{6-16}$$

$$\hat{\boldsymbol{x}}_k^-=\sum_{i=0}^{2n}W_i\chi_{i,k|k-1} \tag{6-17}$$

$$\boldsymbol{P}_k^-=\sum W_i[\boldsymbol{\chi}_{i,k|k-1}-\hat{\boldsymbol{x}}_k^-][\boldsymbol{\chi}_{i,k|k-1}-\hat{\boldsymbol{x}}_k^-]^{\mathrm{T}}+\boldsymbol{Q}_k \tag{6-18}$$

$$\boldsymbol{y}_{k|k-1}=\boldsymbol{h}(\boldsymbol{\chi}_{k|k-1},\boldsymbol{u}_k,k) \tag{6-19}$$

$$\hat{\boldsymbol{y}}_k=\sum_{i=0}^{2n}W_i\boldsymbol{y}_{i,k|k-1} \tag{6-20}$$

式中：$\boldsymbol{Q}_k$ 为系统噪声协方差。

(4)量测更新

$$\boldsymbol{P}_{y_k y_k}=\sum_{i=0}^{2n}W_i[\boldsymbol{y}_{i,k|k-1}-\hat{\boldsymbol{y}}_k^-][\boldsymbol{y}_{i,k|k-1}-\hat{\boldsymbol{y}}_k^-]^{\mathrm{T}}+\boldsymbol{R}_k \tag{6-21}$$

$$\boldsymbol{P}_{x_k y_k}=\sum_{i=0}^{2n}W_i[\boldsymbol{\chi}_{i,k|k-1}-\hat{\boldsymbol{x}}_k^-][\boldsymbol{y}_{i,k|k-1}-\hat{\boldsymbol{y}}_k^-]^{\mathrm{T}} \tag{6-22}$$

$$\boldsymbol{K}_k=\boldsymbol{P}_{x_k y_k}\boldsymbol{P}_{y_k y_k}^{-1} \tag{6-23}$$

$$\hat{\boldsymbol{x}}_k=\hat{\boldsymbol{x}}_k^-+\boldsymbol{K}_k(\boldsymbol{y}_k-\hat{\boldsymbol{y}}_k) \tag{6-24}$$

$$\boldsymbol{P}_k=\boldsymbol{P}_k-\boldsymbol{K}_k\boldsymbol{P}_{\hat{x}_k\hat{y}_k}\boldsymbol{K}_k^{\mathrm{T}} \tag{6-25}$$

式中：$\boldsymbol{R}_k$ 为量测噪声协方差。

当 $\boldsymbol{x}(k)$ 假定为高斯分布时，通常选取 $n+\tau=3$。对非线性系统而言，UKF 可以获得良好的滤波估计效果，但也存在一些不足，如计算量大、实时性不高、要求噪声具有高斯分布的统计特性等。

6.2.3 粒子滤波

粒子滤波是一种递推贝叶斯滤波方法,适用于任意噪声分布的系统。其基本思想是用一些有相应权重的离散随机采样点(粒子)来近似状态变量的后验概率密度函数,并根据这些粒子及其权重来计算状态的估计值[149]。当粒子数目足多时,粒子滤波接近最优贝叶斯估计[150]。在粒子滤波算法中,状态变量的概率密度函数非常关键,它包含了有关状态变量分布的所有信息,一旦获得了概率密度函数,就能够计算出状态变量的最大后验估计、极大似然估计、最小方差估计等[151]。假设从后验概率密度 $p(\boldsymbol{x}_{0:t}|\boldsymbol{y}_{1:t})$ 中采样得到 N 个粒子$\boldsymbol{x}_{0:t}^{(i)}$,则可以用经验概率分布来近似估计后验概率密度,即

$$\hat{p}(\boldsymbol{x}_{0:t}|\boldsymbol{y}_{1:t}) = \frac{1}{N}\sum_{i=1}^{N}\delta_{x_{0:i}^{(i)}}(d\boldsymbol{x}_{0:t}) \tag{6-26}$$

式中:δ 为狄拉克函数。当 N 足够大时,由大数定理可知,后验估计概率将收敛于后验概率密度。参考文献[152]利用重要性采样密度函数 q 计算得到一组带权子样,并用这组带权子样近似待估计分布的样本 p,可见重要性采样密度的选择是粒子滤波器设计中最重要的步骤之一。下面给出最优重要性采样密度的计算公式[153],即

$$q(\boldsymbol{x}_t^{(i)}|\boldsymbol{x}_{0:t-1}^{(i)},\boldsymbol{y}_{1:t}) = p(\boldsymbol{x}_t^{(i)}|\boldsymbol{x}_{0:t-1}^{(i)},\boldsymbol{y}_{1:t}) \tag{6-27}$$

实际中最优采样分布的获取十分困难,SIR 滤波算法是目前应用较广泛的一种基本粒子滤波方法。该方法采样先验概率密度 $p(\boldsymbol{x}_t|\boldsymbol{x}_{t-1})$ 作为重要性采样函数,具有简单易于实现的特点,在量测精度不高的场合可以取得较好的效果,但是估计精度不高。

完整的 SIR 滤波算法如下(除了初始化以外,其他步骤以$[t_k,t_{k+1}]$量测采样周期为例):

(1)初始化。当 $t=0$ 时,对 $p(\boldsymbol{x}_0)$进行采样,生成 N 个服从 $p(\boldsymbol{x}_0)$分布的粒子$\boldsymbol{x}_0^{(i)}$,$i=1,2,\cdots,N$。

(2)当 $t\geqslant1$ 时,步骤如下:

① 序列重要性采样,生成 N 个服从分布 $q(\boldsymbol{x}_k|\boldsymbol{x}_{0:t}^{(i)},\boldsymbol{y}_{1:k})$的随机样本$\{\hat{\boldsymbol{x}}_k^{(i)},i=1,2,\cdots,N\}$。

② 计算权重,即

$$\tilde{w}_t(\boldsymbol{x}_{0:t}^{(i)}) = p(\boldsymbol{y}_{1:t}|\boldsymbol{x}_{0:t}^{(i)})p(\boldsymbol{x}_{0:t}^{(i)})/q(\boldsymbol{x}_{0:t}^{(i)}|\boldsymbol{y}_{1:t}) \tag{6-28}$$

归一化权重，即

$$w_t(\boldsymbol{x}_{0:t}^{(i)}) = \tilde{w}_t(\boldsymbol{x}_{0:t}^{(i)}) / \sum_{i=1}^{N} \tilde{w}_t(\boldsymbol{x}_{0:t}^{(i)}) \tag{6-29}$$

计算有效粒子的尺寸，即

$$N_{\text{eff}} = \frac{1}{\sum_{i=1}^{N} w_t\,(\boldsymbol{x}_{0:t}^{(i)})^2} \tag{6-30}$$

如果 N_{eff} 小于门限值，进行重采样，一般门限值取 $2N/3$。

③ 重采样。从离散分布的 $\{\boldsymbol{x}_k^{(i)}, w_k(\boldsymbol{x}_k^{(i)})\}$ $(i=1,2,\cdots,N)$ 中进行 N 次重采样，得到一组新的粒子 $\{\boldsymbol{x}_k^{(i^*)}, 1/N\}$，仍为 $p(\boldsymbol{x}_k|\boldsymbol{y}_{0:k})$ 的近似表示。

④ MCMC（可选择）。在经过多重采样后，有可能出现粒子的多样性减少。多次选取具有较大权重的粒子，导致采样结果中含有许多重复点，因此降低了粒子的多样性，无法有效地反映状态变量的概率分布，甚至出现滤波发散。MCMC 方法是目前解决粒子枯竭问题的主要手段。该方法在每个粒子上增加一个稳定分布为后验概率密度分布函数的 MCMC 移动步骤，从而有效地增加了粒子的多样性[154]。其具体计算方法如下：

首先，生成一个随机数 u 使得 $u \sim U[0,1]$；

其次，从马尔科夫链中进行采样 $\boldsymbol{x}_k^{(i^*)} \sim p(\boldsymbol{x}_k|\boldsymbol{x}_{k-1}^i)$；

再次，如果 $u \leqslant \min\left(1, \dfrac{p(\boldsymbol{y}_k|\boldsymbol{x}_k^{*(i)})}{p(\boldsymbol{y}_k|\boldsymbol{x}_k^{(i^*)})}\right)$，则采用 MCMC 移动，$\boldsymbol{x}_{0:k}^i = (\boldsymbol{x}_{k-1}^{(i^*)}, \boldsymbol{x}_k^{*(i)})$，否则有 $\boldsymbol{x}_{0:k}^i = \boldsymbol{x}_k^{(i^*)}$。

⑤ 输出。按照最小方差准则，最优估计就是条件分布的均值，即

$$\hat{\boldsymbol{x}}_k = \sum_{i=1}^{N} w_k^i \boldsymbol{x}_k^i \tag{6-31}$$

$$\boldsymbol{p}_k = \sum_{i=1}^{N} w_k^i (\boldsymbol{x}_k^i - \hat{\boldsymbol{x}}_k)(\boldsymbol{x}_k^i - \hat{\boldsymbol{x}}_k)^{\mathrm{T}} \tag{6-32}$$

6.2.4 ERTSS 平滑算法

EKF 是应用最为广泛的一种非线性次优滤波算法。文献[155]给出了基于 EKF 的扩展 RTS 平滑器（Extended Rauch - Tung - Striebel Smoother，ERTSS）。该算法利用 EKF 代替 RTS 平滑器中的前向 KF，存储线性化后的系统状态转移阵和相关滤波结果，将其作为后向递推过程的输入量。此算法既继承了 RTS 平滑器得结构简单等优点，又适用于非线性系统，在跟踪和导航领域有

较多应用[156]。

ERTSS 的前向滤波过程采用 EKF 实现。它是将非线性系统方程进行泰勒级数展开,在状态估计值附近进行线性化后再进行 KF[157]。EKF 的时间和量测更新方程为

$$
\begin{cases}
\hat{\boldsymbol{x}}_k^- = \boldsymbol{F}_{k-1}\hat{\boldsymbol{x}}_{k-1} \\
\boldsymbol{P}_k^- = \boldsymbol{F}_{k-1}\boldsymbol{P}_{k-1}\boldsymbol{F}_{k-1}^{\mathrm{T}} + \boldsymbol{\Gamma}_{k-1}\boldsymbol{Q}_{k-1}\boldsymbol{\Gamma}_{k-1}^{\mathrm{T}} \\
\boldsymbol{K}_k = \boldsymbol{P}_k^- \boldsymbol{H}_k^{\mathrm{T}} (\boldsymbol{H}_k \boldsymbol{P}_k^- \boldsymbol{H}_k^{\mathrm{T}} + \boldsymbol{R}_k)^{-1} \\
\hat{\boldsymbol{x}}_k = \hat{\boldsymbol{x}}_k^- + \boldsymbol{K}_k(z_k - \boldsymbol{H}_k \hat{\boldsymbol{x}}_k^-) \\
\boldsymbol{P}_k = (\boldsymbol{I} - \boldsymbol{K}_k \boldsymbol{H}_k)\boldsymbol{P}_{k/k-1}(\boldsymbol{I} - \boldsymbol{K}_k \boldsymbol{H}_k)^{\mathrm{T}} + \boldsymbol{K}_k \boldsymbol{R}_k \boldsymbol{K}_k^{\mathrm{T}}
\end{cases}
\tag{6-33}
$$

$$
\begin{cases}
\boldsymbol{F}_{k-1} = \left.\dfrac{\partial \boldsymbol{f}(\boldsymbol{x}_{k-1}, k-1)}{\partial \boldsymbol{x}}\right|_{\boldsymbol{x}=\hat{\boldsymbol{x}}_{k-1}} \\
\boldsymbol{H}_k = \left.\dfrac{\partial \boldsymbol{h}(\boldsymbol{x}_k, k)}{\partial \boldsymbol{x}}\right|_{\boldsymbol{x}=\hat{\boldsymbol{x}}_k}
\end{cases}
\tag{6-34}
$$

式中:$\hat{\boldsymbol{x}}_k$ 和$\hat{\boldsymbol{x}}_k^-$ 分别为状态$\boldsymbol{x}_k$ 的估计值和一步预测值;$\boldsymbol{P}_k$ 和 $\boldsymbol{P}_k^-$ 为$\boldsymbol{x}_k$ 相应的误差协方差阵;$\boldsymbol{K}_k$ 为 EKF 的增益矩阵;$\boldsymbol{F}_{k-1}$和$\boldsymbol{H}_k$ 为线性化后的系统状态转移矩阵量测矩阵。

ERTSS 的后向递推过程是基于 RTS 平滑的形式,该过程利用前向过程的输出量进行递推解算。后向递推所得的结果即为平滑结果。从 $k=N-1, N-2, \cdots, 0$(N 为区间的最后点)开始解算,递推公式为

$$
\begin{cases}
\boldsymbol{K}_k^S = \boldsymbol{P}_k \boldsymbol{F}_{k-1}^{\mathrm{T}} (\boldsymbol{P}_{k+1}^-)^{-1} \\
\hat{\boldsymbol{x}}_k^S = \hat{\boldsymbol{x}}_k + \boldsymbol{K}_k^S(\hat{\boldsymbol{x}}_{k+1}^S - \hat{\boldsymbol{x}}_{k+1}^-) \\
\boldsymbol{P}_k^S = \boldsymbol{P}_k + \boldsymbol{K}_k^S(\boldsymbol{P}_{k+1}^S - \boldsymbol{P}_{k+1}^-)(\boldsymbol{K}_k^S)^{\mathrm{T}}
\end{cases}
\tag{6-35}
$$

其中:上标 S 代表平滑结果。递推公式的边界条件为$\hat{\boldsymbol{x}}_N^S = \hat{\boldsymbol{x}}_N$ 和$\boldsymbol{P}_N^S = \boldsymbol{P}_N$,其余量为前向过程解算所得的滤波结果。

6.2.5 URTSS 平滑算法

从第 6.2.2 节的介绍可以看出,UKF 滤波估计方法是利用确定性的采样方法来解决高斯随机变量在非线性方程中的传播问题,即仍采用高斯随机变量来逼近状态分布,用一个采样点集合来表示高斯随机变量,这些采样点通过加权可以准确得到高斯随机变量的均值和方差[158]。UKF 算法不用对状态方程和量

测方程线性化，也不用计算雅可比矩阵，因此不存在高阶项截断误差。通常无迹变换对后验均值和协方差的近似可以达到二阶，而 EKF 只能为一阶，因此 UKF 的性能明显优于 EKF。在上述非线性滤波理论的基础上，Wan 等人提出了基于 UKF 的双滤波器平滑算法[159]。两个滤波器均采用 UKF 算法，通过线性加权组合得到平滑估计值。随后，Simo 推导出了基于无迹变换和 RTS 的平滑算法（unscented RTS smoother，URTSS）[160]。该算法将无迹变换与平滑估计相结合，在前向过程采用 UKF 算法，而后向递推过程只与前向滤波器的输出结果有关，与非线性系统的状态方程无关，能够获得更高的组合估计精度。

与 ERTSS 类似，基于 UKF 的非线性 RTS 平滑也包括两个部分。URTSS 的详细计算公式如下[161]。

1. 前向滤波过程（$k=1,2,\cdots,N$）

（1）利用系统状态转移函数进行采样点时间更新为

$$\hat{\boldsymbol{\chi}}_k=\boldsymbol{f}(\hat{\boldsymbol{\chi}}_{k-1},k-1) \tag{6-36}$$

（2）计算状态一步预测$\hat{\boldsymbol{x}}_k^-$、预测误差协方差阵 $\boldsymbol{P}_k^-$、$\hat{\boldsymbol{x}}_{k-1}$和$\hat{\boldsymbol{x}}_k^-$ 之间的交叉协方差阵$\boldsymbol{C}_k$ 为

$$\begin{cases}\hat{\boldsymbol{x}}_k^- = \sum\limits_{i=0}^{2n} W_i^{(m)}\hat{\boldsymbol{\chi}}_{k,i}^- \\ \boldsymbol{P}_k^- = \sum\limits_{i=0}^{2n} W_i^{(c)}(\hat{\boldsymbol{\chi}}_{k,i}^- - \hat{\boldsymbol{x}}_k^-)(\hat{\boldsymbol{\chi}}_{k,i}^- - \hat{\boldsymbol{x}}_k^-)^{\mathrm{T}} + \boldsymbol{\Gamma}_{k-1}\boldsymbol{Q}_k\boldsymbol{\Gamma}_{k-1}^{\mathrm{T}} \\ \boldsymbol{C}_k = \sum\limits_{i=0}^{2n} W_i^{(c)}(\hat{\boldsymbol{\chi}}_{k-1,i} - \hat{\boldsymbol{x}}_{k-1}^-)(\hat{\boldsymbol{\chi}}_{k,i}^- - \hat{\boldsymbol{x}}_k^-)^{\mathrm{T}}\end{cases} \tag{6-37}$$

（3）利用量测函数进行采样点量测更新、计算预测量测值 $\hat{\boldsymbol{y}}_k$ 为

$$\begin{cases}\hat{\boldsymbol{\gamma}}_k = \boldsymbol{h}(\hat{\boldsymbol{\chi}}_k^-,k) \\ \hat{\boldsymbol{y}}_k = \sum\limits_{i=0}^{2n} W_i^{(m)}\hat{\boldsymbol{\gamma}}_{k,i}\end{cases} \tag{6-38}$$

（4）计算预测量测值误差协方差阵$\boldsymbol{P}_{yy}$、$\hat{\mathbf{x}}_k^-$ 和$\hat{\boldsymbol{y}}_k$ 之间的交叉协方差阵$\boldsymbol{P}_{xy}$为

$$\begin{cases}\boldsymbol{P}_{yy} = \sum\limits_{i=0}^{2l} W_i^{(c)}(\hat{\boldsymbol{\gamma}}_{k,i} - \hat{\boldsymbol{y}}_k)(\hat{\boldsymbol{\gamma}}_{k,i} - \hat{\boldsymbol{y}}_k)^{\mathrm{T}} \\ \boldsymbol{P}_{xy} = \sum\limits_{i=0}^{2l} W_i^{(c)}(\hat{\boldsymbol{\chi}}_{k,i}^- - \hat{\boldsymbol{x}}_k^-)(\hat{\boldsymbol{\gamma}}_{k,i} - \hat{\boldsymbol{y}}_k)^{\mathrm{T}}\end{cases} \tag{6-39}$$

式中：l 为量测向量的维数。

(5)计算滤波增益$\boldsymbol{K}_k$、状态估计$\hat{\boldsymbol{x}}_k$、估计误差协方差阵$\boldsymbol{P}_k$,即

$$\begin{cases}\boldsymbol{K}_k=\boldsymbol{P}_{xy}\boldsymbol{P}_{yy}^{-1}\\ \hat{\boldsymbol{x}}_k=\hat{\boldsymbol{x}}_k^-+\boldsymbol{K}_k(\boldsymbol{z}_k-\hat{\boldsymbol{y}}_k)\\ \boldsymbol{P}_k=\boldsymbol{P}_k^--\boldsymbol{K}_k\boldsymbol{P}_{yy}\boldsymbol{K}_k^{\mathrm{T}}\end{cases}\tag{6-40}$$

2. 后向递推过程($k=N-1,N-2,\cdots,0$)

(1)计算平滑增益$\boldsymbol{K}_k^S$为

$$\boldsymbol{K}_k^S=\boldsymbol{C}_{k+1}(\boldsymbol{P}_{k+1}^-)^{-1}\tag{6-41}$$

(2)计算平滑状态估计$\hat{\boldsymbol{x}}_k^S$、平滑误差协方差阵$\boldsymbol{P}_k^S$为

$$\begin{cases}\hat{\boldsymbol{x}}_k^S=\hat{\boldsymbol{x}}_k+\boldsymbol{K}_k^S(\hat{\boldsymbol{x}}_{k+1}^S-\hat{\boldsymbol{x}}_{k+1}^-)\\ \boldsymbol{P}_k^S=\boldsymbol{P}_k+\boldsymbol{K}_k^S(\boldsymbol{P}_{k+1}^S-\boldsymbol{P}_{k+1}^-)(\boldsymbol{K}_k^S)^{\mathrm{T}}\end{cases}\tag{6-42}$$

前向滤波中采用 UKF,在此过程中除了存储状态值$\hat{\boldsymbol{x}}_k^-$和误差协方差阵$\boldsymbol{P}_k^-$,还计算并存储两个相邻时刻之间的交叉协方差阵$\boldsymbol{C}_k$。由于前向滤波的最后一步为后向递推的第一步,因此有$\hat{\boldsymbol{x}}_N^S=\hat{\boldsymbol{x}}_N,\boldsymbol{P}_N^S=\boldsymbol{P}_N$。

6.3 基于 SVD－RTS 固定区间平滑的 POS 离线组合估计方法

在 KF 和平滑算法中,反映滤波平滑质量的误差方差矩阵对舍入误差非常敏感,尤其是固定区间平滑中存在两个正定矩阵相减的运算,随着计算步数的增加误差方差矩阵容易丧失正定性和对称性,从而导致递推算法出现数值稳定性的问题[162]。解决此类问题的方法主要是平方根类型的算法。其中,平方根滤波和 U－D 分解滤波能够避免误差方差阵负定和方差阵求逆的问题,算法的数值稳定性得到一定程度的增强,但平方根滤波存在计算量大的缺点,而 U－D 分解滤波仍然需要计算状态转移阵的逆[163]。相比之下,奇异值分解(singular value decomposition,SVD)在进行矩阵分解时不仅数值稳定性好、精度高[164],而且避免了矩阵求逆运算。

因此,本节将介绍基于 SVD 的 RTS 固定区间平滑在 POS 离线处理中的应用。该方法通过前向滤波和后向平滑充分利用所有量测信息,并在递推算法中对误差方差阵进行奇异值分解以保证算法的数值稳定性。最后,通过半物理仿真实验验证了该方法的有效性。

6.3.1 基于 SVD 的 RTS 平滑算法

为了便于读者理解，下面将基于 SVD 的 RTS 平滑算法分成两部分进行介绍，首先介绍基于 SVD 的卡尔曼滤波算法，在此基础上再介绍基于 SVD 的 RTS 固定区间平滑后向递推算法。

1. 基于 SVD 的卡尔曼滤波算法

首先介绍奇异值分解的一些基本概念和性质[165]。

若 $\boldsymbol{B}$ 为 $n\times m$ 阶实矩阵，即 $\boldsymbol{B}\in\boldsymbol{R}^{n\times m}$，且不失一般性，设 $n\leqslant m$，则矩阵 $\boldsymbol{B}$ 的奇异值分解可以表示为

$$\boldsymbol{B}=\boldsymbol{U}\boldsymbol{\Lambda}\boldsymbol{V}^{\mathrm{T}},\boldsymbol{\Lambda}=\begin{bmatrix}\boldsymbol{S} & 0\\ 0 & 0\end{bmatrix}\tag{6-43}$$

式中：矩阵 $\boldsymbol{S}=\mathrm{diag}(s_1,s_2,\cdots,s_r)$，$s_1\geqslant s_2\geqslant\cdots\geqslant s_r\geqslant 0$ 称为矩阵 $\boldsymbol{B}$ 的奇异值；$\boldsymbol{U}=[\boldsymbol{U}_1,\boldsymbol{U}_2,\cdots,\boldsymbol{U}_n]\in\boldsymbol{R}^{n\times n}$，$\boldsymbol{V}=[\boldsymbol{V}_1,\boldsymbol{V}_2,\cdots,\boldsymbol{V}_n]\in\boldsymbol{R}^{m\times m}$ 是列正交矩阵，即满足 $\boldsymbol{U}\boldsymbol{U}^{\mathrm{T}}=\boldsymbol{U}^{\mathrm{T}}\boldsymbol{U}=\boldsymbol{I}_n$，$\boldsymbol{V}\boldsymbol{V}^{\mathrm{T}}=\boldsymbol{V}^{\mathrm{T}}\boldsymbol{V}=\boldsymbol{I}_m$。矩阵 $\boldsymbol{U}$，$\boldsymbol{V}$ 的列向量分别为 $\boldsymbol{B}$ 的左、右奇异向量。在实际中，若 $\boldsymbol{B}^{\mathrm{T}}\boldsymbol{B}$ 正定，且 $\boldsymbol{B}\in\boldsymbol{R}^{n\times n}$ 是对称正定阵，则 $\boldsymbol{B}$ 的奇异值分解可得。

在实际中，若 $\boldsymbol{B}^{\mathrm{T}}\boldsymbol{B}$ 为正定矩阵，且 $\boldsymbol{B}\in\boldsymbol{R}^{n\times n}$ 是对称正定阵，那么可以将 $\boldsymbol{B}$ 的奇异值分解简化为

$$\boldsymbol{B}=\boldsymbol{U}\begin{bmatrix}\boldsymbol{S}\\ 0\end{bmatrix}\boldsymbol{V}^{\mathrm{T}}\text{ 或 }\boldsymbol{B}=\boldsymbol{U}\boldsymbol{S}\boldsymbol{U}^{\mathrm{T}}=\boldsymbol{U}\boldsymbol{D}^2\boldsymbol{U}^{\mathrm{T}}\tag{6-44}$$

式(6-44)中的左奇异向量与右奇异向量相等，所以在奇异值分解计算时只需计算左奇异向量或者右奇异向量，从而减少了计算量。

基于 SVD 的 KF 算法的核心思想是将式(6-4)和式(6-7)中的误差方差阵进行奇异值分解，从而将误差方差阵的迭代计算变换成了奇异值分解阵的迭代计算，即令

$$\boldsymbol{P}_{k-1}=\boldsymbol{U}_{k-1}\boldsymbol{D}_{k-1}^2\boldsymbol{U}_{k-1}^{\mathrm{T}}\tag{6-45}$$

将式(6-45)代入预测误差方差阵式(6-4)，有

$$\boldsymbol{P}_{k/k-1}=\boldsymbol{\Phi}_{k/k-1}\boldsymbol{U}_{k-1}\boldsymbol{D}_{k-1}^2\boldsymbol{U}_{k-1}^{\mathrm{T}}\boldsymbol{\Phi}_{k/k-1}^{\mathrm{T}}+\boldsymbol{G}_{k-1}^{w}\boldsymbol{Q}_{k-1}(\boldsymbol{G}_{k-1}^{w})^{\mathrm{T}}\tag{6-46}$$

下面介绍如何计算 $\boldsymbol{P}_{k/k-1}=\boldsymbol{U}_{k/k-1}\boldsymbol{D}_{k/k-1}^2\boldsymbol{U}_{k/k-1}^{\mathrm{T}}$ 的奇异值分解。利用 $\boldsymbol{U}_{k-1}$ 和 $\boldsymbol{D}_{k-1}$ 构造式(6-47)左端的矩阵，并对其进行奇异值分解运算，有

$$\begin{bmatrix}\boldsymbol{D}_{k-1}\boldsymbol{U}_{k-1}^{\mathrm{T}}\boldsymbol{\Phi}_{k/k}^{\mathrm{T}}\\ \sqrt{\boldsymbol{Q}_{k-1}^{\mathrm{T}}}(\boldsymbol{G}_{k-1}^{w})^{\mathrm{T}}\end{bmatrix}=\boldsymbol{U}'_{k-1}\begin{bmatrix}\boldsymbol{D}'_{k-1}\\ 0\end{bmatrix}\boldsymbol{V}'^{\mathrm{T}}_{k-1}\tag{6-47}$$

式(6-47)两边分别左乘各自的转置阵并整理,可得

$$\boldsymbol{\Phi}_{k/k-1}\boldsymbol{U}_{k-1}\boldsymbol{D}_{k-1}^{2}\boldsymbol{U}_{k-1}^{\mathrm{T}}\boldsymbol{\Phi}_{k/k-1}^{\mathrm{T}}+\boldsymbol{G}_{k-1}^{w}\boldsymbol{Q}_{k-1}(\boldsymbol{G}_{k-1}^{w})^{\mathrm{T}}=\boldsymbol{V}'_{k-1}\boldsymbol{D}'^{2}_{k-1}\boldsymbol{V}'^{\mathrm{T}}_{k-1} \tag{6-48}$$

由式(6-47)和式(6-48),可知

$$\boldsymbol{U}_{k/k-1}=\boldsymbol{V}'_{k-1},\boldsymbol{D}_{k/k-1}=\boldsymbol{D}'_{k-1} \tag{6-49}$$

同理,根据一步预算结果$\boldsymbol{U}_{k/k-1}$和$\boldsymbol{D}_{k/k-1}$计算$\boldsymbol{P}_k=\boldsymbol{U}_k\boldsymbol{D}_k^2\boldsymbol{U}_k^{\mathrm{T}}$的奇异值分解。设$\boldsymbol{R}_k^{-1}=\boldsymbol{L}_k\boldsymbol{L}_k^{\mathrm{T}}$,构造式(6-50)左端矩阵,并进行奇异值分解,即

$$\begin{bmatrix}\boldsymbol{L}_k^{\mathrm{T}}\boldsymbol{H}_k\boldsymbol{U}_{k/k-1}\\ \boldsymbol{D}_{k/k-1}^{-1}\end{bmatrix}=\bar{\boldsymbol{U}}_k\begin{bmatrix}\bar{\boldsymbol{D}}_k\\0\end{bmatrix}\bar{\boldsymbol{V}}_k^{\mathrm{T}} \tag{6-50}$$

在式(6-50)两边分别左乘各自的转置阵,整理可得

$$\boldsymbol{U}_k=\boldsymbol{U}_{k/k-1}\bar{\boldsymbol{V}}_k,\boldsymbol{D}_k=\bar{\boldsymbol{D}}_k^{-1} \tag{6-51}$$

滤波增益阵和状态估计计算式为

$$\boldsymbol{K}_k=\boldsymbol{P}_k\boldsymbol{H}_k^{\mathrm{T}}\boldsymbol{R}_k^{-1}=\boldsymbol{U}_k\boldsymbol{D}_k^2\boldsymbol{U}_k^{\mathrm{T}}\boldsymbol{H}_k^{\mathrm{T}}\boldsymbol{R}_k^{-1} \tag{6-52}$$

$$\hat{\boldsymbol{X}}_k=\hat{\boldsymbol{X}}_{k/k-1}+\boldsymbol{K}_k(\boldsymbol{Z}_k-\boldsymbol{H}_k\hat{\boldsymbol{X}}_{k/k-1}) \tag{6-53}$$

由式(6-3)、式(6-52)和式(6-53)便构成了基于 SVD 的 KF 算法。

2. 基于 SVD 的 RTS 固定区间平滑后向递推算法

RTS 固定区间平滑后向递推算法中的误差方差阵的奇异值分解形式定义为

$$\boldsymbol{P}_{k-1/N}=\boldsymbol{U}_{k-1/N}\boldsymbol{D}_{k-1/N}^2\boldsymbol{U}_{k-1/N}^{\mathrm{T}} \tag{6-54}$$

$$\boldsymbol{P}_{k/N}=\boldsymbol{U}_{k/N}\boldsymbol{D}_{k/N}^2\boldsymbol{U}_{k/N}^{\mathrm{T}} \tag{6-55}$$

定义

$$\boldsymbol{E}_{k-1}=\boldsymbol{P}_{k-1}-\boldsymbol{A}_{k-1}\boldsymbol{P}_{k/k-1}\boldsymbol{A}_{k-1}^{\mathrm{T}} \tag{6-56}$$

则式(6-9)可表示为

$$\boldsymbol{P}_{k-1/N}=\boldsymbol{E}_{k-1}+\boldsymbol{A}_{k-1}\boldsymbol{P}_{k/N}\boldsymbol{A}_{k-1}^{\mathrm{T}} \tag{6-57}$$

为了对式(6-57)进行奇异值分解,需要先对$\boldsymbol{E}_{k-1}$进行求逆运算,根据矩阵求逆引理可得

$$\boldsymbol{E}_{k-1}^{-1}=\boldsymbol{P}_{k-1}^{-1}+\boldsymbol{\Phi}_{k/k-1}^{\mathrm{T}}[\boldsymbol{G}_{k-1}^{w}\boldsymbol{Q}_{k-1}(\boldsymbol{G}_{k-1}^{w})^{\mathrm{T}}]^{-1}\boldsymbol{\Phi}_{k/k-1} \tag{6-58}$$

令

$$\boldsymbol{E}_{k-1}=\tilde{\boldsymbol{U}}_{k-1}\tilde{\boldsymbol{D}}_{k-1}^2\tilde{\boldsymbol{U}}_{k-1}^{\mathrm{T}} \tag{6-59}$$

利用$\boldsymbol{P}_{k-1}$的奇异值分解$\boldsymbol{U}_{k-1}$和$\boldsymbol{D}_{k-1}$构造式(6-60)左端矩阵,并对其进行奇异值分解,即

$$\begin{bmatrix} \sqrt{\boldsymbol{Q}_{k-1}^{-1}}\boldsymbol{\Phi}_{k/k-1} \\ \boldsymbol{D}_{k-1}^{-1}\boldsymbol{U}_{k-1}^{\mathrm{T}} \end{bmatrix} = \boldsymbol{U}''_{k-1}\begin{bmatrix} \boldsymbol{D}''_{k-1} \\ 0 \end{bmatrix}\boldsymbol{V}''^{\mathrm{T}}_{k-1} \tag{6-60}$$

在式(6-60)两边分别左乘各自的转置阵,得

$$\boldsymbol{P}_{k-1}^{-1} + \boldsymbol{\Phi}_{k/k-1}^{\mathrm{T}}[\boldsymbol{G}_{k-1}^{w}\boldsymbol{Q}_{k-1}(\boldsymbol{G}_{k-1}^{w})^{\mathrm{T}}]^{-1}\boldsymbol{\Phi}_{k/k-1} = \boldsymbol{V}''_{k-1}(\boldsymbol{D}''_{k-1})^{2}\ \boldsymbol{V}''^{\mathrm{T}}_{k-1} \tag{6-61}$$

由式(6-58)和式(6-61),可知

$$\widetilde{\boldsymbol{U}}_{k-1} = \boldsymbol{V}''_{k-1}, \widetilde{\boldsymbol{D}}_{k-1} = (\boldsymbol{D}''_{k-1})^{-1} \tag{6-62}$$

为对式(6-57)进行奇异值分解,定义式(6-63)的左端矩阵,对其进行奇异值分解为

$$\begin{bmatrix} \widetilde{\boldsymbol{D}}_{k-1}\widetilde{\boldsymbol{U}}_{k-1}^{\mathrm{T}} \\ \boldsymbol{D}_{k/N}\boldsymbol{U}_{k/N}^{\mathrm{T}}\boldsymbol{A}_{k-1}^{\mathrm{T}} \end{bmatrix} = \bar{\boldsymbol{U}}''_{k-1}\begin{bmatrix} \bar{\boldsymbol{D}}''_{k-1} \\ 0 \end{bmatrix}\bar{\boldsymbol{V}}''^{\mathrm{T}}_{k-1} \tag{6-63}$$

在式(6-63)两边分别左乘各自的转置阵,得

$$\widetilde{\boldsymbol{U}}_{k-1}\widetilde{\boldsymbol{D}}_{k-1}^{2}\widetilde{\boldsymbol{U}}_{k-1}^{\mathrm{T}} + \boldsymbol{A}_{k-1}\boldsymbol{P}_{k/N}\boldsymbol{A}_{k-1}^{\mathrm{T}} = \bar{\boldsymbol{V}}''_{k-1}(\bar{\boldsymbol{D}}''_{k-1})^{2}\ \bar{\boldsymbol{V}}''^{\mathrm{T}}_{k-1} \tag{6-64}$$

由式(6-57)、式(6-60)和式(6-64),可知

$$\boldsymbol{U}_{k-1/N} = \bar{\boldsymbol{V}}''_{k-1}, \boldsymbol{D}_{k-1/N} = \bar{\boldsymbol{D}}''_{k-1} \tag{6-65}$$

将$\boldsymbol{P}_{k-1}$和$\boldsymbol{P}_{k/k-1}$的奇异值分解代入式(6-49)中,得到平滑增益计算式为

$$\boldsymbol{A}_{k-1} = \boldsymbol{U}_{k-1}\boldsymbol{D}_{k-1}^{2}\boldsymbol{U}_{k-1}^{\mathrm{T}}\boldsymbol{\Phi}_{k/k-1}^{\mathrm{T}}\boldsymbol{U}_{k/k-1}\boldsymbol{D}_{k/k-1}^{-2}\boldsymbol{U}_{k/k-1}^{\mathrm{T}} \tag{6-66}$$

状态平滑方程为

$$\hat{\boldsymbol{x}}_{k-1/N} = \hat{\boldsymbol{x}}_{k-1} + \boldsymbol{A}_{k-1}(\hat{\boldsymbol{x}}_{k/N} - \hat{\boldsymbol{x}}_{k/k-1}) \tag{6-67}$$

式(6-52)、式(6-62)~式(6-67)便构成了基于 SVD 的 RTS 固定区间平滑后向递推算法。

6.3.2 基于 SVD 的 RTS 固定区间平滑的 POS 组合滤波模型

基于前向滤波+后向平滑的 POS 组合估计的系统状态方程和量测方程分别如式(5-1)和式(5-2)所示。其中,状态方程由 3.2 节介绍的惯性导航系统误差方程和惯性器件误差方程组成。在这里,将经过标定补偿后的惯性仪表误差近似为随机常值和白噪声。随机常值由微分方程描述,即

$$\begin{cases} \dot{\varepsilon}_x = 0, \dot{\varepsilon}_y = 0, \dot{\varepsilon}_z = 0 \\ \dot{\nabla}_x = 0, \dot{\nabla}_y = 0, \dot{\nabla}_z = 0 \end{cases} \tag{6-68}$$

式中:$\varepsilon_x,\varepsilon_y,\varepsilon_z$ 和$\nabla_x,\nabla_y,\nabla_z$分别为陀螺仪随机常值漂移和加速度计随机常值偏

置在载体系下的表示。

状态变量 $\boldsymbol{X}=[\phi_E\quad \phi_N\quad \phi_U\quad \delta V_E\quad \delta V_N\quad \delta V_U\quad \delta L\quad \delta\lambda\quad \delta H\quad \varepsilon_x\quad \varepsilon_y\quad \varepsilon_z\quad \nabla_x\quad \nabla_y\quad \nabla_z]^{\mathrm{T}}$；过程噪声 $\boldsymbol{W}=[w_{\varepsilon_x}\quad w_{\varepsilon_y}\quad w_{\varepsilon_z}\quad w_{\nabla_x}\quad w_{\nabla_y}\quad w_{\nabla_z}]^{\mathrm{T}}$，过程噪声方差阵 $\boldsymbol{Q}$ 根据 POS 组合导航系统的惯性器件噪声水平选取。状态转移矩阵 $\boldsymbol{F}$ 和过程噪声矩阵 $\boldsymbol{G}^w$ 的表达式为

$$\boldsymbol{F}=\begin{bmatrix}\boldsymbol{F}^N_{9\times9} & \boldsymbol{F}^S_{9\times6}\\ \boldsymbol{0}_{6\times9} & \boldsymbol{0}_{6\times6}\end{bmatrix}_{15\times15},\quad \boldsymbol{G}^w=\begin{bmatrix}\boldsymbol{C}^n_b & \boldsymbol{0}_{3\times3}\\ \boldsymbol{0}_{3\times3} & \boldsymbol{C}^n_b\\ \boldsymbol{0}_{9\times3} & \boldsymbol{0}_{9\times3}\end{bmatrix}_{15\times6}$$

$\boldsymbol{F}$ 矩阵中，$\boldsymbol{F}^S=\begin{bmatrix}\boldsymbol{C}^n_b & \boldsymbol{0}_{3\times3}\\ \boldsymbol{0}_{3\times3} & \boldsymbol{C}^n_b\\ \boldsymbol{0}_{3\times3} & \boldsymbol{0}_{3\times3}\end{bmatrix}_{9\times6}$，$\boldsymbol{F}^N$ 中的非零元素可由第2章介绍的惯性导航系统误差方程获得。

量测方程中，取捷联解算与 GPS 输出的位置和速度之差作为量测值，量测变量 $\boldsymbol{Z}=[\delta V_E'\quad \delta V_N'\quad \delta V_U'\quad \delta L'\quad \delta\lambda'\quad \delta H']^{\mathrm{T}}$；量测矩阵 $\boldsymbol{H}=[\boldsymbol{H}_V\quad \boldsymbol{H}_P]^{\mathrm{T}}$，$\boldsymbol{H}_V=[\boldsymbol{0}_{3\times3}\mathrm{diag}(1,1,1)\boldsymbol{0}_{3\times9}]$，$\boldsymbol{H}_P=[\boldsymbol{0}_{3\times6}\mathrm{diag}(R_M+H,(R_N+H)\cos L,1)\boldsymbol{0}_{3\times6}]$；量测噪声 $\boldsymbol{V}=[v_{\delta V_E'}\quad v_{\delta V_N'}\quad v_{\delta V_U'}\quad v_{\delta L'}\quad v_{\delta\lambda'}\quad v_{\delta H'}]^{\mathrm{T}}$，量测噪声方差阵 $\boldsymbol{R}$ 根据 GPS 的位置、速度噪声水平选取。

6.3.3　半物理仿真实验

由于实际飞行数据没有参考基准，为了兼顾理论与实际，本小节在实测 POS 静态数据的基础上，根据实际飞行实验的情况对飞行轨迹进行设计，完成半物理仿真实验。

机载 POS 离线处理模块框图如图6-1所示。

1. 实验条件

POS 中惯性器件的精度分别为：陀螺常值漂移为0.1°/h，加速度计常值偏置为100μg；陀螺随机漂移为0.05°/h，加速度计随机偏置为50μg；GPS 速度量测噪声为0.1m/s，GPS 位置量测噪声为10m。

飞行轨迹设计：初始航向角为顺时针40°，飞行高度为7000m，飞行速度为100m/s。在匀速直线飞行1000s之后，顺时针拐弯180°，然后逆向直线飞行1000s。图6-2为设计的U形飞行轨迹仿真曲线。其中，U形轨迹的长边段为遥感载荷的成像段。

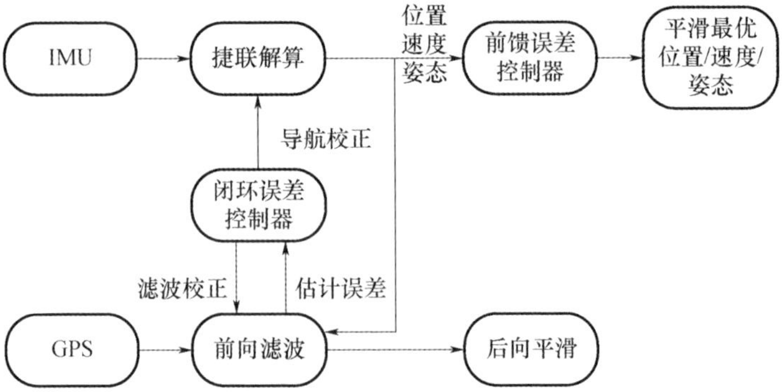

图 6-1　机载 POS 离线处理模块框图

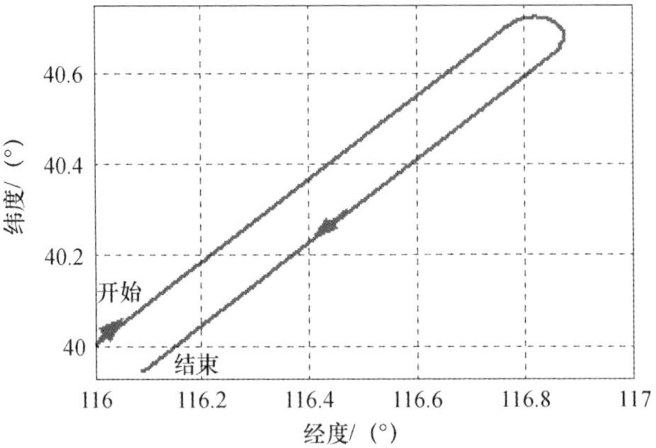

图 6-2　仿真飞行轨迹曲线

2. 实验结果与分析

在前向滤波中,采用改进的基于奇异值分解的系统状态可观测度分析方法[166],对机动拐弯前后 POS 的可观测性进行了分析。分析结果表明,速度误差和位置误差分量具有外部测量信息,因此是完全可观测的,可以获得比较高的可观测度,所以这些状态变量的滤波估计精度较高,这一结果与可观测性理论相一致。在机动拐弯前,3 个姿态误差角 ϕ_E、ϕ_N 和 ϕ_U 的可观测性较弱;机动拐弯后,这 3 个姿态误差角的可观测度都有所提高,尤其是航向角误差 ϕ_U 的可观测度得到较大程度的提高。机动拐弯前后姿态误差角的可观测度对比如图 6-3 所示,图中横坐标中的 1、2 和 3 分别对应 ϕ_E、ϕ_N 和 ϕ_U,纵坐标表示可观测度。

POS 数据经过基于 SVD 的前向滤波和基于 SVD 的后向 RTS 固定区间平滑处理后,获得的位置、速度、姿态最优估计值与理论值之间的差值如图 6-4 ~ 图

6－12 所示。陀螺常值漂移和加速度计常值偏置估计如图 6－13 ~ 图 6－18 所示。

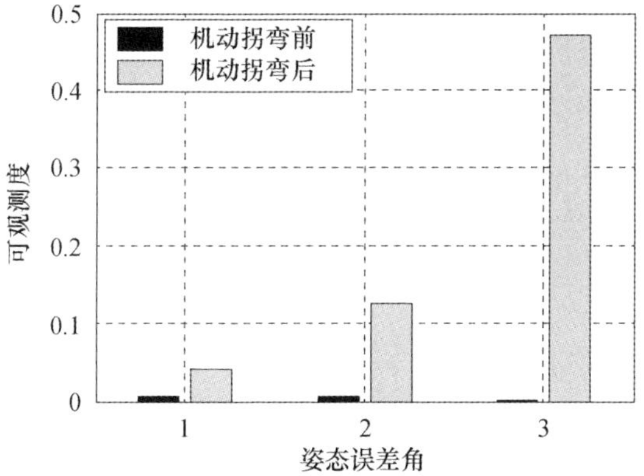

图 6－3　机动拐弯前后姿态误差角可观测度对比

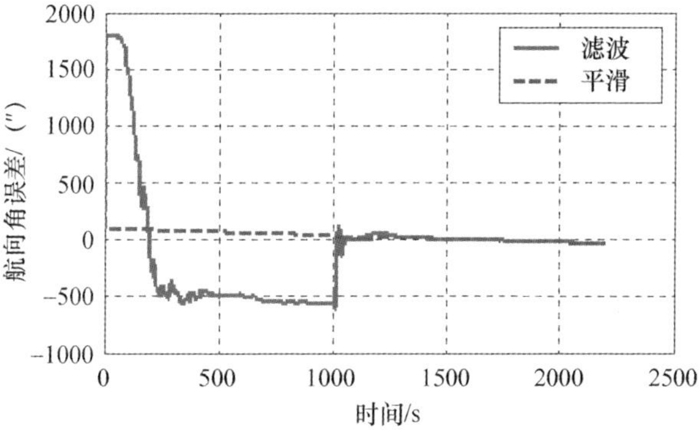

图 6－4　航向角估计误差曲线

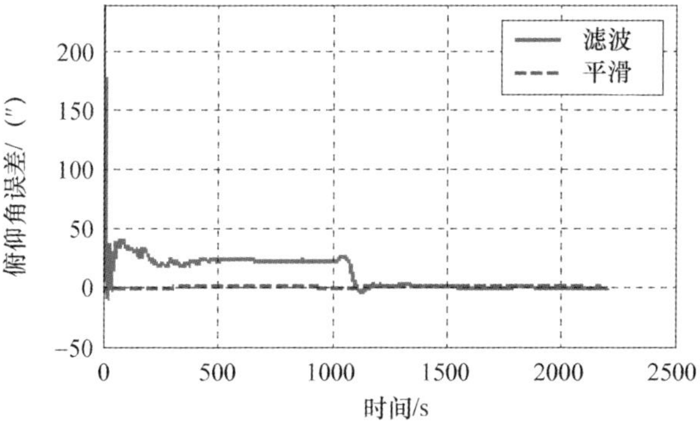

图 6－5　俯仰角估计误差曲线

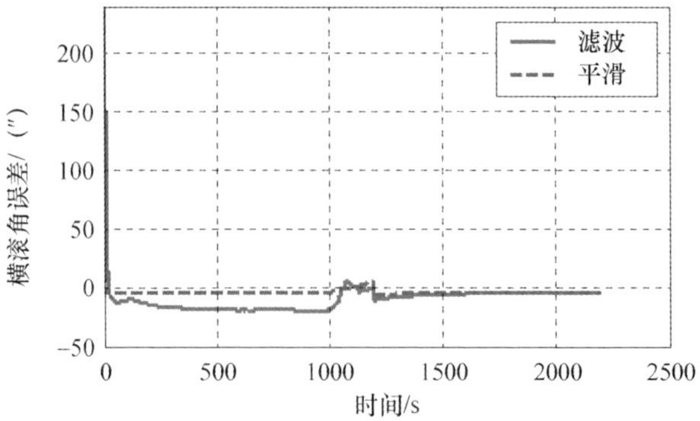

图 6-6　横滚角估计误差曲线

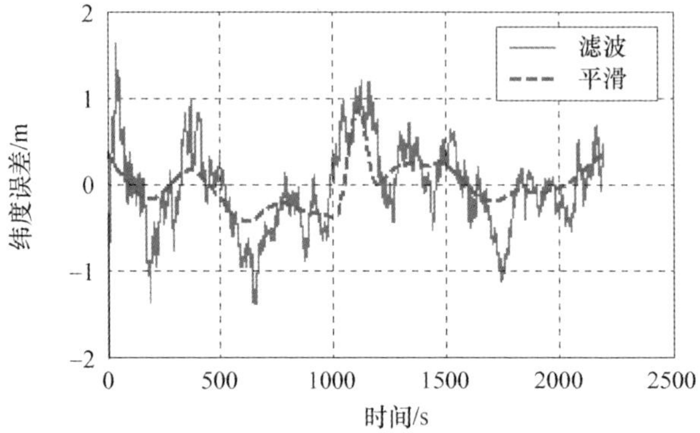

图 6-7　纬度估计误差曲线

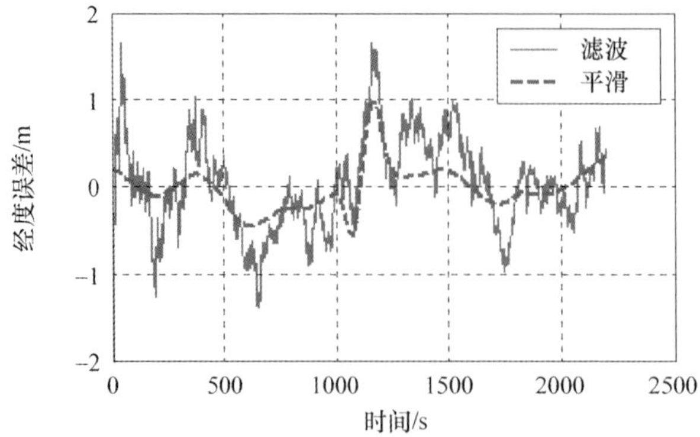

图 6-8　经度估计误差曲线

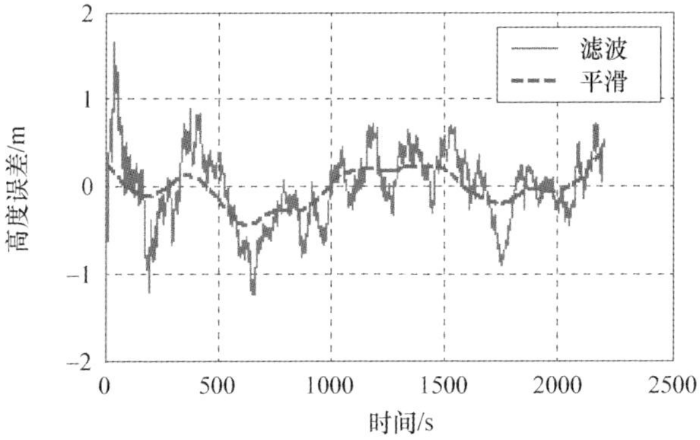

图6－9　高度估计误差曲线

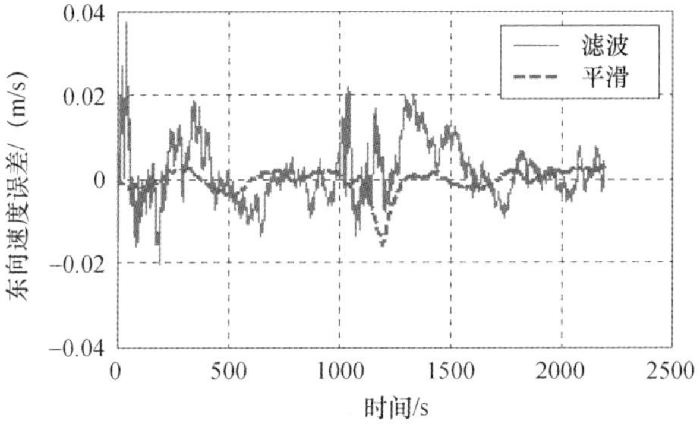

图6－10　东向速度估计误差曲线

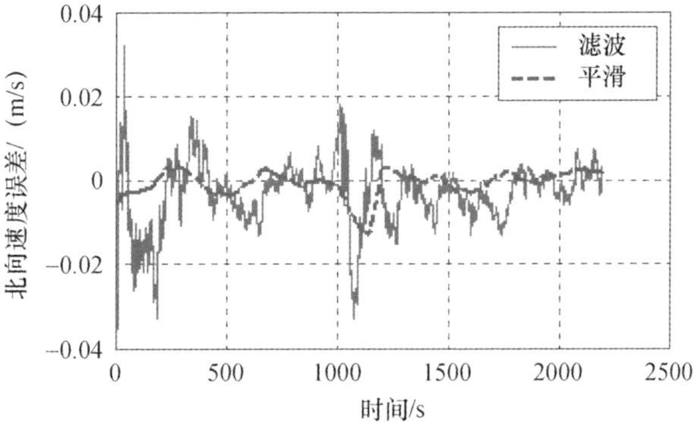

图6－11　北向速度估计误差曲线

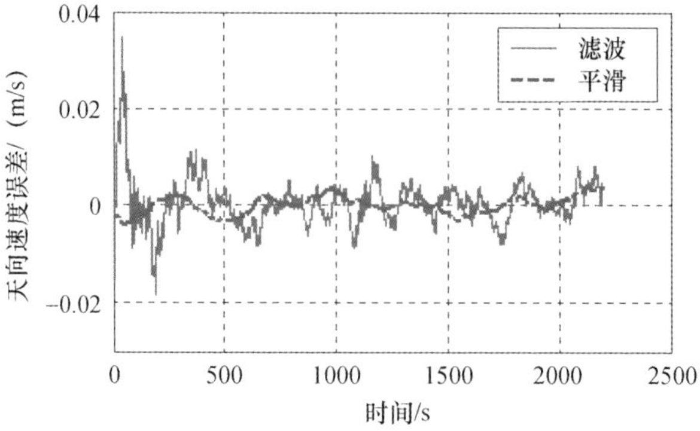

图 6－12　天向速度估计误差曲线

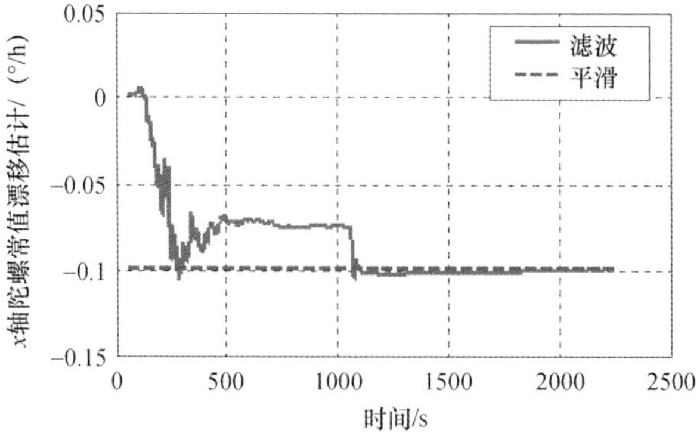

图 6－13　x 轴陀螺常值漂移估计曲线

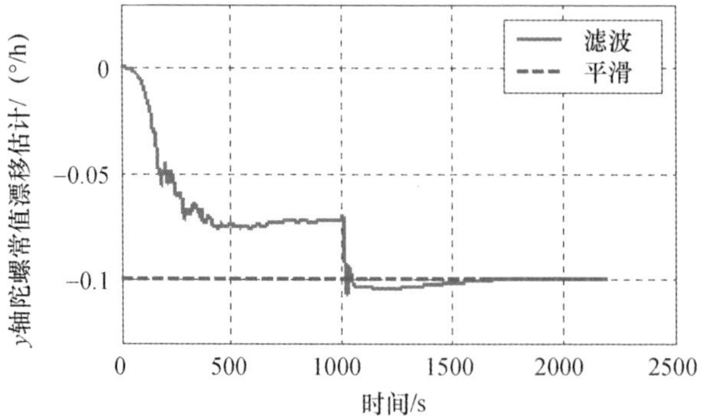

图 6－14　y 轴陀螺常值漂移估计曲线

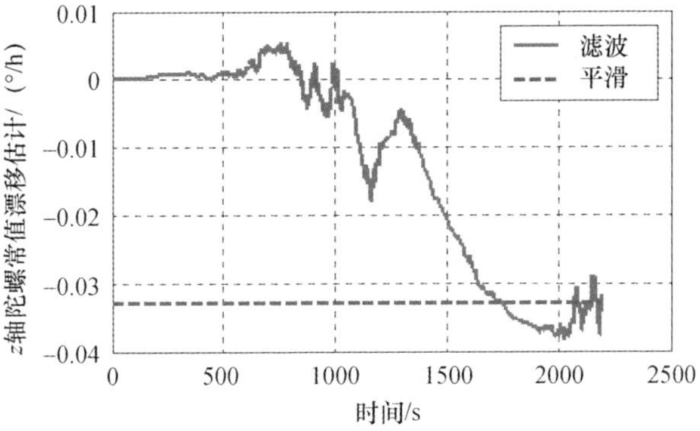

图 6 – 15　z 轴陀螺常值漂移估计曲线

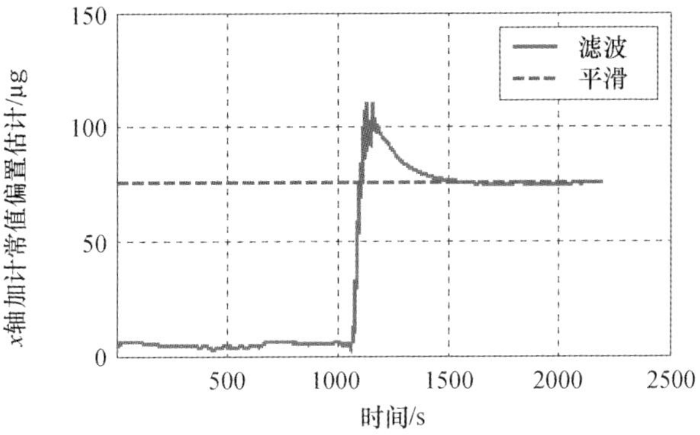

图 6 – 16　x 轴加计常值偏置估计曲线

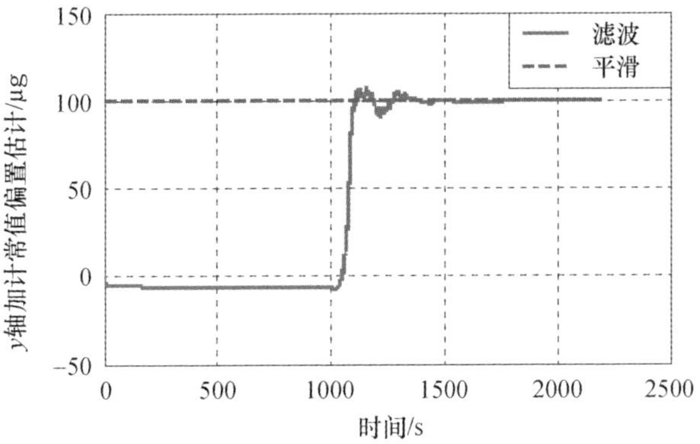

图 6 – 17　y 轴加计常值偏置估计曲线

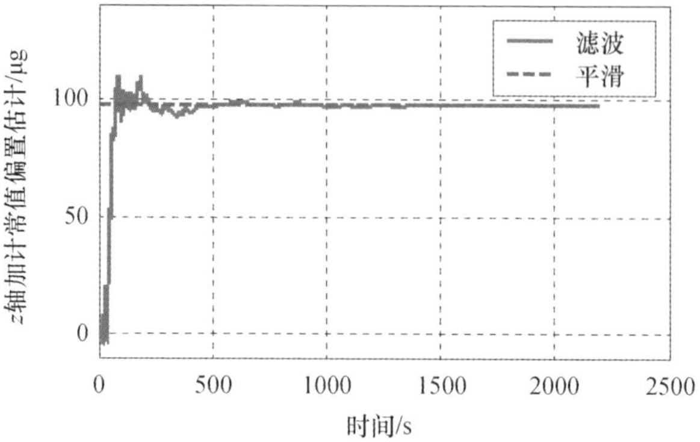

图 6－18　z 轴加计常值偏置估计曲线

从图 6－4～图 6－18 可以看出,基于 SVD 的后向 RTS 固定区间平滑算法在位置、速度、姿态估计精度方面均明显优于 KF;同时,该方法的陀螺常值漂移和加速度计常值偏置估计结果也比 KF 稳定。

图 6－4～图 6－6 的姿态误差曲线图显示,在 1000s 后进行的机动拐弯能够有效提高姿态的估计精度。这与机动拐弯能够提高姿态误差状态变量的可观测度,进而提高姿态误差估计精度的可观测度分析结果相一致[167]。由图 6－7～图 6－12 中可以看出,由于机动的影响,速度和位置的滤波估计精度在拐弯处有所下降,导致相应的平滑估计精度也有所下降。

从图 6－13～图 6－18 的 3 轴陀螺常值漂移和 3 轴加速度计常值偏置估计曲线可以看出,机动拐弯有效提高了 2 个水平陀螺常值漂移(ε_x,ε_y)的可观测度,进而航向角的估计精度得到提升;同时,机动拐弯中航向发生变化,水平加速度计常值偏置(∇_x,∇_y)的可观测度得到提高,进而两个水平姿态角的估计精度也得到提升。

综上所述,机动拐弯对提高姿态估计精度和惯性器件误差估计精度至关重要,而且通过后向 RTS 固定区间平滑的逆序解算,全部量测信息得到充分利用,使得第一直线段获得了与拐弯机动后第二直线段相同的姿态精度。由于遥感载荷在实际成像中,基本在平直飞行段工作,而拐弯处不进行成像。因此可以事先设计出合理的飞行轨迹,机动拐弯来提高 POS 状态变量的可观测度,进一步提升 POS 离线组合估计的精度。

6.4　POS 高阶误差建模

在 POS 对 SINS 导航结果和 GNSS 导航结果进行数据融合之前,需要建立一个精确合适的 POS 误差模型,这将在很大程度上决定 POS 的测量精度。此外,陀螺和加速度计的测量误差也是影响 POS 测量精度的主要因素之一,因此在建立 POS 误差模型时必须对陀螺和加速度计的误差进行精确建模。

在航空遥感的应用中,POS 一般采用松散组合的滤波方式进行 SINS/GNSS 数据融合解算,常用的系统误差模型的状态阶数为 15 维,分别为 3 个位置误差、3 个速度误差、3 个姿态角误差、3 个轴向的陀螺随机常值漂移和 3 个轴向的加速度计随机常值偏置。这种系统误差模型简单、易实现,但是由于陀螺和加速度计的刻度因子和安装误差(陀螺和加速度计输入轴间非正交性误差)在经过标定补偿后仍存在残余误差,并且陀螺的随机漂移和加速度计的随机偏置不完全是随机常值,还包含有趋势向随机误差,因此 15 阶系统误差模型不能满足高精度 POS 的需求。参考文献[168]建立了一个 28 维状态的误差模型,考虑了陀螺和加速度计的刻度因子和“安装误差”的标定残差,但是将陀螺随机漂移和加速度计随机偏置简单地取为随机常值,由于该误差模型的应用对象是捷联惯导系统,其考虑的“安装误差”是 IMU 本体坐标系与载体坐标系安装不平行引起的误差,因此 28 维状态误差模型不适用于本书的研究对象 POS。参考文献[169]提出一个 36 维状态的误差模型,其中:9 维状态是与导航参数相关的状态,分别为 3 个位置误差、3 个速度误差、3 个姿态误差;24 维状态表示 IMU 器件误差,即使用随机常值、随机游走和一阶马尔科夫过程描述陀螺的随机漂移和加速度计的随机偏置;此外还考虑了刻度因子的标定残差,同时顾及了 GNSS 和 IMU 之间的三维空间偏置,但是忽略了安装误差的标定残差,这些简化处理将直接影响 POS 的精度。对高精度航空遥感运动补偿用的 POS 而言,必须充分考虑标定残差等因素的影响,建立一个精确的高阶系统误差模型。

本节在 15 阶系统误差模型的基础上,考虑刻度因子误差和安装误差的标定残差,并使用随机常值和一阶马尔科夫过程表示陀螺的随机漂移和加速度计的随机偏置,建立了一个 39 维的高阶误差模型。

6.4.1　IMU 惯性器件误差源分析及建模

在 POS 中,IMU 的惯性器件误差主要包括陀螺漂移、加速度计偏置、刻度因子误差、安装误差等[170]。为了提高 POS 的测量精度，必须标定 IMU 惯性器件的各项误差参数，并对误差进行补偿。常用的标定数学模型方程为[171]

$$\begin{cases}\omega_{gx} = K_{gx}\omega_x + G_{0x} + G_{1x}\omega_y + G_{2x}\omega_z + G_{3x}\omega_x\omega_y + G_{4x}\omega_x\omega_z + G_{5x}\omega_x^2 \\ \omega_{gy} = K_{gy}\omega_y + G_{0y} + G_{1y}\omega_x + G_{2y}\omega_z + G_{3y}\omega_y\omega_x + G_{4y}\omega_y\omega_z + G_{5y}\omega_y^2 \\ \omega_{gz} = K_{gz}\omega_z + G_{0z} + G_{1z}\omega_x + G_{2z}\omega_y + G_{3z}\omega_z\omega_x + G_{4z}\omega_z\omega_y + G_{5z}\omega_z^2 \\ f_{ax} = K_{ax}f_x + A_{0x} + A_{1x}f_y + A_{2x}f_z + A_{3x}f_xf_y + A_{4x}f_xf_z + A_{5x}f_x^2 \\ f_{ay} = K_{ay}f_y + A_{0y} + A_{1y}f_x + A_{2y}f_z + A_{3y}f_yf_x + A_{4y}f_yf_z + A_{5y}f_y^2 \\ f_{az} = K_{az}f_z + A_{0z} + A_{1z}f_x + A_{2z}f_y + A_{3z}f_zf_x + A_{4z}f_zf_y + A_{5z}f_z^2 \end{cases} \tag{6-69}$$

式中：ω_i、ω_{gi} 为陀螺的输入和输出；f_i、f_{ai} 为加速度计的输入和输出；K_{gi}、K_{ai} 为陀螺和加速度计的刻度因子；G_{0i}、A_{0i} 为陀螺和加速度计的零漂和零偏；G_{1i}、G_{2i} 为陀螺的安装误差系数；A_{1i}、A_{2i} 为加速度计的安装误差系数；G_{3i}、G_{4i}、A_{3i}、A_{4i} 为交叉耦合系数，G_{5i}、A_{5i} 为二阶非线性系数，$i = x,y,z$ 分别表示陀螺和加速度计的 3 个测量轴向。

在实际标定结果中，一般将交叉耦合项 G_{3i}、G_{4i}、A_{3i}、A_{4i} 和二阶非线性项 G_{5i}、A_{5i} 设为 0。经过标定补偿后，G_{0i}、A_{0i}、K_{gi}、K_{ai}、G_{1i}、G_{2i}、A_{1i}，A_{2i} 的标定残差为陀螺随机漂移、加速度计随机偏置、陀螺刻度因子误差、加速度计刻度因子误差、陀螺安装误差、加速度计安装误差，均为随机误差。如果不考虑这些随机误差的影响，POS 导航精度在很大程度上将受到影响。根据工程实践经验，对于已知类型的惯性器件可以确定其随机误差模型，通过 KF 来估计各随机误差分量。因此在建立 IMU 惯性器件误差源模型时，陀螺随机漂移与加速度计随机偏置、刻度因子误差和安装误差必须予以考虑。

综上所述，IMU 惯性器件误差源模型可表示为

$$\begin{cases}\delta\omega = \varepsilon + (\delta\boldsymbol{K}_g + \delta\boldsymbol{G}) \times \omega_{ib}^b \\ \delta f = \nabla + (\delta\boldsymbol{K}_a + \delta\boldsymbol{A}) \times \boldsymbol{f}^b \end{cases} \tag{6-70}$$

式中：$\delta\boldsymbol{\omega}$、$\delta\boldsymbol{f}$ 为陀螺和加速度计的误差；ε、∇ 为陀螺随机漂移和加速度计随机偏置；$\delta\boldsymbol{K}_g$、$\delta\boldsymbol{K}_a$ 分别为陀螺仪和加速度计的刻度因子误差；$\delta\boldsymbol{G}$、$\delta\boldsymbol{A}$ 分别为陀螺仪和加速度计的安装误差；$\boldsymbol{\omega}_{ib}^b$、$\boldsymbol{f}^b$ 分别为陀螺仪和加速度计的真实输出。下面分别介绍这几个误差量的误差模型。

1. 陀螺的随机漂移 $\boldsymbol{\varepsilon}$ 和加速度计的随机偏置 ∇

陀螺随机漂移 $\boldsymbol{\varepsilon}$ 和加计随机偏置 ∇ 是十分复杂的随机过程，反映了陀螺和

加速度计对载体角速率和加速度测量上的误差,大致可概括成 3 种分量:随机常值、一阶马尔科夫过程和白噪声[172]。陀螺随机漂移 $\boldsymbol{\varepsilon}$ 和加速度计随机偏置∇的数学模型可描述为

$$\begin{cases}\varepsilon=\varepsilon_b+\varepsilon_m+\omega_g\\ \nabla=\nabla_b+\nabla_m+\omega_a\end{cases}\tag{6-71}$$

式中:$\boldsymbol{\varepsilon}_b$、$\boldsymbol{\varepsilon}_m$、$\boldsymbol{\omega}_g$ 与∇_b、∇_m、$\boldsymbol{\omega}_a$,分别为陀螺与加速度计的随机常值、一阶马尔科夫过程、白噪声漂移和偏置。其数学描述如下:

$$\begin{cases}\dot{\varepsilon}_b=0\\ \dot{\varepsilon}_m=-\dfrac{1}{\alpha}\varepsilon_m+\omega_{gm}\\ E[\omega_{gi}(t)\omega_{gi}(\tau)]=q_{gi}\delta(t-\tau)\\ \dot{\nabla}_b=0\\ \dot{\nabla}_m=-\dfrac{1}{\beta}\nabla_m+\omega_{am}\\ E[\omega_{ai}(t)\omega_{ai}(\tau)]=q_{ai}\delta(t-\tau)\end{cases}\tag{6-72}$$

式中:α 与 β 为陀螺和加速度计一阶马尔科夫过程漂移/偏置的相关时间;ω_{gm}与ω_{am}分别是陀螺和加速度计一阶马尔科夫过程漂移/偏置的驱动白噪声;q_{gi}与 q_{ai} 分别为陀螺和加速度计的白噪声强度;$\delta(t-\tau)$为狄拉克函数;$i=x$、y、z 分别表示陀螺和加速度计的 3 个测量轴向。

2. 陀螺和加速度计的刻度因子误差 $\delta\boldsymbol{K}_g$ 和 $\delta\boldsymbol{K}_a$

由于陀螺和加速度计的输出是脉冲信号,必须按照一定的比例系数计算出实际对应的角速率和加速度值。该比例系数是通过标定补偿的方法得到,与真实的比例系数标称值之间存在偏差,此偏差为刻度因子误差,可用随机常值表达,其数学描述为

$$\begin{cases}\delta\dot{\boldsymbol{K}}_g=0\\ \delta\dot{\boldsymbol{K}}_a=0\end{cases}\tag{6-73}$$

式中:$\delta\boldsymbol{K}_g=\mathrm{diag}[\delta K_{gx},\delta K_{gy},\delta K_{gz}]$和 $\delta\boldsymbol{K}_a=\mathrm{diag}[\delta K_{ax},\delta K_{ay},\delta K_{az}]$分别为陀螺和加速度计的刻度因子误差矩阵;$x$、$y$、$z$ 分别表示陀螺和加速度计的 3 个测量轴向。

3. 陀螺和加速度计的安装误差 $\delta\boldsymbol{G}$ 和 $\delta\boldsymbol{A}$

安装误差是指由陀螺和加速度计各自的 3 个测量轴非正交安装引起的误差,如图 6-19 所示。

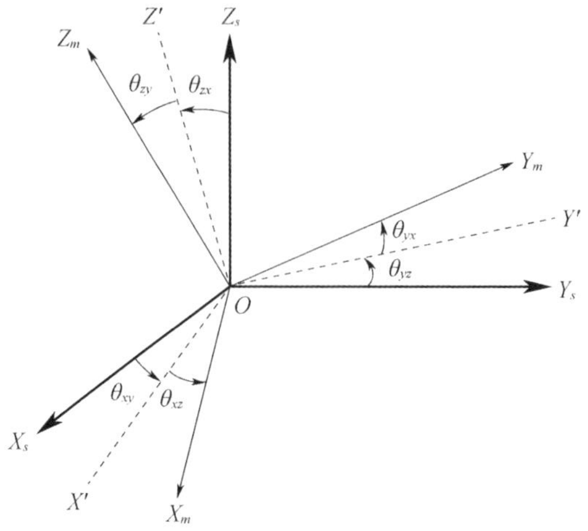

图 6 - 19　安装误差示意图

图 6 - 19 中，$OX_mY_mZ_m$ 为三个非正交的测量轴坐标系，$OX_sY_sZ_s$ 为理想的正交 IMU 坐标系。OX' 为 OX_m 在平面 OX_sZ_s 上的投影，OX' 与 OX_m 的夹角为 θ_{xz}，OX' 与 OX_s 的夹角为 θ_{xy}，这样，OX_m 与 OX_s 之间的夹角可用参数 θ_{xz}、θ_{xy} 来描述；同理 OY' 为 OY_m 在平面 OX_sY_s 上的投影，OY_m 与 OY_s 之间的夹角可用参数 θ_{yx}、θ_{yz} 来描述；OZ' 为 OZ_m 在平面 OY_sZ_s 上的投影，OZ_m 与 OZ_s 之间的夹角可用参数 θ_{zy}、θ_{zx} 来描述。由此可知每个测量轴的安装误差均可用两个参数来描述，并考虑到安装误差角都是小量，可得非正交测量轴坐标系 $OX_mY_mZ_m$ 和理想的正交 IMU 坐标系 $OX_sY_sZ_s$ 之间的转换关系为

$$\begin{bmatrix} X_s \\ Y_s \\ Z_s \end{bmatrix} = \begin{bmatrix} 1 & -\theta_{yz} & \theta_{zy} \\ \theta_{xz} & 1 & -\theta_{zx} \\ -\theta_{xy} & \theta_{yx} & 1 \end{bmatrix} \begin{bmatrix} X_m \\ Y_m \\ Z_m \end{bmatrix} = \boldsymbol{C}_m^s \begin{bmatrix} X_m \\ Y_m \\ Z_m \end{bmatrix} \tag{6-74}$$

式中：$\boldsymbol{C}_m^s$ 为非正交测量轴坐标系 $OX_mY_mZ_m$ 和理想的正交 IMU 坐标系 $OX_sY_sZ_s$ 之间的转换矩阵。由此可得安装误差矩阵 $\delta\boldsymbol{C}_m^s$ 为

$$\delta\boldsymbol{C}_m^s = \boldsymbol{C}_m^s - \boldsymbol{I} = \begin{bmatrix} 0 & -\theta_{yz} & \theta_{zy} \\ \theta_{xz} & 0 & -\theta_{zx} \\ -\theta_{xy} & \theta_{yx} & 0 \end{bmatrix} \tag{6-75}$$

式中：$\boldsymbol{I}$ 为单位阵。对应的安装误差矩阵各非零元素均可用随机常值表达，其数学描述为

$$\begin{cases}\delta\dot{\boldsymbol{G}}=0\\ \delta\dot{\boldsymbol{A}}=0\end{cases}\tag{6-76}$$

式中：$\delta\boldsymbol{G}=\begin{bmatrix}0 & -G_{yz} & G_{zy}\\ G_{xz} & 0 & -G_{zx}\\ -G_{xy} & G_{yx} & 0\end{bmatrix}$和 $\delta\boldsymbol{A}=\begin{bmatrix}0 & -A_{yz} & A_{zy}\\ A_{xz} & 0 & -A_{zx}\\ -A_{xy} & A_{yx} & 0\end{bmatrix}$分别为陀螺和加速度计的安装误差矩阵。

6.4.2　POS 高阶误差模型的建立

连续状态空间方程和量测方程为

$$\begin{cases}\dot{\boldsymbol{X}}(t)=\boldsymbol{F}(t)\boldsymbol{X}(t)+\boldsymbol{G}(t)\boldsymbol{w}(t)\\ \boldsymbol{Z}(t)=\boldsymbol{H}(t)\boldsymbol{X}(t)+\boldsymbol{v}(t)\end{cases}\tag{6-77}$$

式中：$\boldsymbol{X}$ 为系统状态向量。结合式(6－70)表示的 IMU 总体误差模型，系统状态向量 $\boldsymbol{X}$ 包括了位置误差 δL、$\delta\lambda$、δh，速度误差 δV_E、δV_N、δV_U，姿态误差 ϕ_E、ϕ_N、ϕ_U，加速度计随机常值偏置∇_{bx}、∇_{by}、∇_{bz}，加速度计一阶马尔科夫过程偏置∇_{mx}、∇_{my}、∇_{mz}，加速度计刻度因子误差 δK_{ax}、δK_{ay}、δK_{az}，加速度计安装误差 δA_{xy}、δA_{yx}、δA_{xz}、δA_{zx}、δA_{yz}、δA_{zy}，陀螺随机常值漂移 ε_{bx}、ε_{by}、ε_{bz}，陀螺一阶马尔科夫过程漂移 ε_{mx}、ε_{my}、ε_{mz}，陀螺刻度因子误差 δK_{gx}、δK_{gy}、δK_{gz}，陀螺安装误差 δG_{xy}、δG_{yx}、δG_{xz}、δG_{zx}、δG_{yz}、δG_{zy}，共 39 个系统状态。

根据捷联惯性导航系统的误差分析，可得 POS 组合导航系统误差方程如下：

位置误差方程为

$$\begin{cases}\delta\dot{L}=-\dfrac{V_N\cdot\delta h}{(R_M+h)^2}+\dfrac{\delta V_N}{R_M+h}\\ \delta\dot{\lambda}=\dfrac{V_E\cdot\sec L\cdot\tan L\cdot\delta L}{R_N+h}-\dfrac{V_E\cdot\sec L\cdot\delta h}{(R_N+h)^2}+\dfrac{\sec L\cdot\delta V_E}{R_N+h}\\ \delta\dot{h}=\delta V_U\end{cases}\tag{6-78}$$

速度误差方程为

$$\delta\dot{\boldsymbol{V}}^n=\boldsymbol{C}_b^n(\delta\boldsymbol{K}_a+\delta\boldsymbol{A})\boldsymbol{f}^b-\phi^n\times\boldsymbol{f}^n-(2\omega_{ie}^n+\omega_{en}^n)\times\delta\boldsymbol{V}^n+(2\delta\omega_{ie}^n+2\omega_{en}^n)\times\boldsymbol{V}^n+\boldsymbol{C}_b^n\nabla\tag{6-79}$$

姿态误差方程为

$$\dot{\boldsymbol{\phi}}^n = \boldsymbol{C}_b^n(\delta\boldsymbol{K}_g + \delta\boldsymbol{G})\boldsymbol{\omega}_{ib}^b + \boldsymbol{\phi}^n \times (\boldsymbol{\omega}_{ie}^n + \boldsymbol{\omega}_{en}^n) + \delta\boldsymbol{\omega}_{ie}^n + \delta\boldsymbol{\omega}_{en}^n + \boldsymbol{C}_b^n\boldsymbol{\varepsilon} \tag{6-80}$$

根据上述的误差方程,式(6-77)中的系统状态转移矩阵 $\boldsymbol{F}$ 具体形式为

$$\boldsymbol{F} = \begin{bmatrix} \boldsymbol{F}1_{3\times9} & \boldsymbol{0}_{3\times3} & \boldsymbol{0}_{3\times3} & \boldsymbol{0}_{3\times9} & \boldsymbol{0}_{3\times3} & \boldsymbol{0}_{3\times3} & \boldsymbol{0}_{3\times9} \\ \boldsymbol{F}2_{3\times9} & \boldsymbol{C}_b^n & \boldsymbol{C}_b^n & \boldsymbol{F}3_{3\times9} & \boldsymbol{0}_{3\times3} & \boldsymbol{0}_{3\times3} & \boldsymbol{0}_{3\times9} \\ \boldsymbol{F}4_{3\times9} & \boldsymbol{0}_{3\times3} & \boldsymbol{0}_{3\times3} & \boldsymbol{0}_{3\times9} & \boldsymbol{C}_b^n & \boldsymbol{C}_b^n & \boldsymbol{F}5_{3\times9} \\ \boldsymbol{0}_{3\times9} & \boldsymbol{0}_{3\times3} & \boldsymbol{0}_{3\times3} & \boldsymbol{0}_{3\times9} & \boldsymbol{0}_{3\times3} & \boldsymbol{0}_{3\times3} & \boldsymbol{0}_{3\times9} \\ \boldsymbol{0}_{3\times9} & \boldsymbol{0}_{3\times3} & \boldsymbol{F}6_{3\times3} & \boldsymbol{0}_{3\times9} & \boldsymbol{0}_{3\times3} & \boldsymbol{0}_{3\times3} & \boldsymbol{0}_{3\times9} \\ \boldsymbol{0}_{12\times9} & \boldsymbol{0}_{12\times3} & \boldsymbol{0}_{12\times3} & \boldsymbol{0}_{12\times9} & \boldsymbol{0}_{12\times3} & \boldsymbol{0}_{12\times3} & \boldsymbol{0}_{12\times9} \\ \boldsymbol{0}_{3\times9} & \boldsymbol{0}_{3\times3} & \boldsymbol{0}_{3\times3} & \boldsymbol{0}_{3\times9} & \boldsymbol{0}_{3\times3} & \boldsymbol{F}7_{3\times3} & \boldsymbol{0}_{3\times9} \\ \boldsymbol{0}_{9\times9} & \boldsymbol{0}_{9\times3} & \boldsymbol{0}_{9\times3} & \boldsymbol{0}_{9\times9} & \boldsymbol{0}_{9\times3} & \boldsymbol{0}_{9\times3} & \boldsymbol{0}_{9\times9} \end{bmatrix}_{39\times39}, \quad \boldsymbol{F}1 = [\boldsymbol{F}11 \quad \boldsymbol{F}12 \quad \boldsymbol{0}_{3\times3}]$$

$$\boldsymbol{F}2 = [\boldsymbol{F}21 \quad \boldsymbol{F}22 \quad \boldsymbol{F}23], \quad \boldsymbol{F}3 = [\boldsymbol{F}31 \quad \boldsymbol{F}32 \quad \boldsymbol{F}33], \quad \boldsymbol{F}4 = [\boldsymbol{F}41 \quad \boldsymbol{F}42 \quad \boldsymbol{F}43]$$

$$\boldsymbol{F}11 = \begin{bmatrix} 0 & 0 & -\dfrac{V_N}{(R_M+h)^2} \\ \dfrac{V_E \sec L \tan L}{R_N+h} & 0 & -\dfrac{V_E \sec L}{(R_N+h)^2} \\ 0 & 0 & 0 \end{bmatrix}, \quad \boldsymbol{F}12 = \begin{bmatrix} 0 & \dfrac{1}{R_M+h} & 0 \\ \dfrac{\sec L}{R_N+h} & 0 & 0 \\ 0 & 0 & 1 \end{bmatrix}$$

$$\boldsymbol{F}21 = \begin{bmatrix} 2\omega_{ie}(\cos L V_N + \sin L V_U) + \dfrac{V_E V_N}{R_N+h}\sec^2 L & 0 & \dfrac{V_E(V_U - V_N \tan L)}{(R_N+h)^2} \\ -2\omega_{ie}\cos L V_E - \dfrac{V_E^2 \sec^2 L}{R_N+h} & 0 & \dfrac{V_E^2 \tan L + V_N V_U}{(R_N+h)^2} \\ -2\omega_{ie}\sin L V_E & 0 & \dfrac{V_E^2 + V_N^2}{(R_N+h)^2} \end{bmatrix}$$

$$\boldsymbol{F}22 = \begin{bmatrix} \dfrac{V_N \tan L - V_U}{R_M+h} & 2\omega_{ie}\sin L + \dfrac{V_E \tan L}{R_N+h} & -2\omega_{ie}\cos L - \dfrac{V_E}{R_N+h} \\ -2\left(\omega_{ie}\sin L + \dfrac{V_E \tan L}{R_N+h}\right) & -\dfrac{V_U}{R_M+h} & -\dfrac{V_N}{R_M+h} \\ 2\omega_{ie}\cos L + \dfrac{V_E}{R_N+h} & -\dfrac{2V_N}{R_M+h} & -f_N \end{bmatrix}$$

$$\boldsymbol{F}23 = \begin{bmatrix} 0 & -f_U & -f_N \\ f_U & 0 & -f_E \\ f_E & 0 & 0 \end{bmatrix}, \quad \boldsymbol{F}31 = \begin{bmatrix} C_{11}f_x & C_{12}f_y & C_{13}f_z \\ C_{21}f_x & C_{22}f_y & C_{23}f_z \\ C_{31}f_x & C_{32}f_y & C_{33}f_z \end{bmatrix}, \quad \boldsymbol{F}32 = \begin{bmatrix} C_{11}f_y & C_{12}f_x & C_{11}f_z \\ C_{21}f_y & C_{22}f_x & C_{21}f_z \\ C_{31}f_y & C_{32}f_x & C_{31}f_z \end{bmatrix}$$

$$\boldsymbol{F}33=\begin{bmatrix} C_{13}f_x & C_{12}f_z & C_{13}f_y \\ C_{23}f_x & C_{22}f_z & C_{23}f_y \\ C_{33}f_x & C_{32}f_z & C_{33}f_y \end{bmatrix},\quad \boldsymbol{F}41=\begin{bmatrix} 0 & 0 & \dfrac{V_N}{(R_M+h)^2} \\ -\omega_{ie}\sin L & 0 & -\dfrac{V_E}{(R_N+h)^2} \\ \omega_{ie}\cos L+\dfrac{V_E\sec^2 L}{R_N+h} & 0 & -\dfrac{V_E\tan L}{(R_N+h)^2} \end{bmatrix}$$

$$\boldsymbol{F}42=\begin{bmatrix} 0 & -\dfrac{1}{R_M+h} & 0 \\ \dfrac{1}{R_N+h} & 0 & 0 \\ \dfrac{\tan L}{R_N+h} & 0 & 0 \end{bmatrix},\quad \boldsymbol{F}43=\begin{bmatrix} 0 & \omega_{ie}\sin L+\dfrac{V_E\tan L}{R_N+h} & -\omega_{ie}\cos L-\dfrac{V_E}{R_N+h} \\ -\omega_{ie}\sin L-\dfrac{V_E}{R_N+h} & 0 & -\dfrac{V_N}{R_M+h} \\ \omega_{ie}\cos L+\dfrac{V_E}{R_N+h} & \dfrac{V_N}{R_M+h} & 0 \end{bmatrix}$$

$$\boldsymbol{F}51=\begin{bmatrix} C_{11}\omega_x & C_{12}\omega_y & C_{13}\omega_z \\ C_{21}\omega_x & C_{22}\omega_y & C_{23}\omega_z \\ C_{31}\omega_x & C_{32}\omega_y & C_{33}\omega_z \end{bmatrix},\quad \boldsymbol{F}52=\begin{bmatrix} C_{11}\omega_y & C_{12}\omega_x & C_{11}\omega_z \\ C_{21}\omega_y & C_{22}\omega_x & C_{21}\omega_z \\ C_{31}\omega_y & C_{32}\omega_x & C_{31}\omega_z \end{bmatrix},\quad \boldsymbol{F}53=\begin{bmatrix} C_{13}\omega_x & C_{12}\omega_z & C_{13}\omega_y \\ C_{23}\omega_x & C_{22}\omega_z & C_{23}\omega_y \\ C_{33}\omega_x & C_{32}\omega_z & C_{33}\omega_y \end{bmatrix}$$

$$\boldsymbol{F}6=\mathrm{diag}\left(-\frac{1}{\alpha},-\frac{1}{\alpha},-\frac{1}{\alpha}\right),\quad \boldsymbol{F}7=\mathrm{diag}\left(-\frac{1}{\beta},-\frac{1}{\beta},-\frac{1}{\beta}\right)$$

式中：ω_{ie}为地球自转角速度；R_N与 R_M分别为卯酉圈与子午圈的主曲率半径；f_x、f_y和f_z为加速度计在 IMU 坐标系下的输出分量；f_E、f_N和f_U为加速度计在地理坐标系下的输出分量；ω_x、ω_y 和 ω_z 为陀螺在 IMU 坐标系下的输出分量；$\boldsymbol{C}_b^n$ 为载体系到导航系的转换矩阵；α 与 β 为陀螺和加速度计一阶马尔科夫过程漂移/偏置的相关时间。

$\boldsymbol{G}$ 为 39 × 12 维的系统噪声分配矩阵，具体形式为

$$\boldsymbol{G}=\begin{bmatrix} \boldsymbol{0}_{3\times3} & \boldsymbol{0}_{3\times3} & \boldsymbol{0}_{3\times3} & \boldsymbol{0}_{3\times3} \\ \boldsymbol{C}_b^n & \boldsymbol{0}_{3\times3} & \boldsymbol{0}_{3\times3} & \boldsymbol{0}_{3\times3} \\ \boldsymbol{0}_{3\times3} & \boldsymbol{C}_b^n & \boldsymbol{0}_{3\times3} & \boldsymbol{0}_{3\times3} \\ \boldsymbol{0}_{3\times3} & \boldsymbol{0}_{3\times3} & \boldsymbol{0}_{3\times3} & \boldsymbol{0}_{3\times3} \\ \boldsymbol{0}_{3\times3} & \boldsymbol{0}_{3\times3} & \boldsymbol{I}_{3\times3} & \boldsymbol{0}_{3\times3} \\ \boldsymbol{0}_{12\times3} & \boldsymbol{0}_{12\times3} & \boldsymbol{0}_{12\times3} & \boldsymbol{0}_{12\times3} \\ \boldsymbol{0}_{3\times3} & \boldsymbol{0}_{3\times3} & \boldsymbol{0}_{3\times3} & \boldsymbol{I}_{3\times3} \\ \boldsymbol{0}_{9\times3} & \boldsymbol{0}_{9\times3} & \boldsymbol{0}_{9\times3} & \boldsymbol{0}_{9\times3} \end{bmatrix}_{39\times12} \tag{6-81}$$

$\boldsymbol{W}$ 为 12 维系统噪声向量,其分量均为零均值随机白噪声。具体形式为

$$\boldsymbol{W}=\begin{bmatrix}\omega_{ax} & \omega_{ay} & \omega_{az} & \omega_{gx} & \omega_{gy} & \omega_{gz} & \omega_{amx} & \omega_{amy} & \omega_{amz} & \omega_{gmx} & \omega_{gmy} & \omega_{gmz}\end{bmatrix}^{\mathrm{T}}$$

式中:ω_{gi}、ω_{gmi}、ω_{ai}、ω_{ami} 分别为陀螺和加速度计的白噪声与一阶马尔科夫过程驱动白噪声;$i=x,y,z$ 分别表示陀螺和加速度计的 3 个测量轴向。

$\boldsymbol{Z}$ 为量测向量,本书采用 SINS/GNSS 松散组合形式,所以 $\boldsymbol{Z}$ 由捷联惯导系统输出的位置和速度信息与 GNSS 的相应输出信息相减而得。量测方程为

$$\boldsymbol{Z}=\begin{bmatrix} L_{\mathrm{INS}}-L_{\mathrm{GPS}} \\ \lambda_{\mathrm{INS}}-\lambda_{\mathrm{GPS}} \\ h_{\mathrm{INS}}-h_{\mathrm{GPS}} \\ V_{E\_\mathrm{INS}}-V_{E\_\mathrm{GPS}} \\ V_{N\_\mathrm{INS}}-V_{N\_\mathrm{GPS}} \\ V_{U\_\mathrm{INS}}-V_{U\_\mathrm{GPS}} \end{bmatrix}=\begin{bmatrix} (L+\delta L)-(L-v1) \\ (\lambda+\delta\lambda)-(\lambda-v2) \\ (h+\delta h)-(h-v3) \\ (V_E+\delta V_E)-(V_E-v4) \\ (V_N+\delta V_N)-(V_N-v5) \\ (V_U+\delta V_U)-(V_U-v6) \end{bmatrix}=\begin{bmatrix} \delta L+v1 \\ \delta\lambda+v2 \\ \delta h+v3 \\ \delta V_E+v4 \\ \delta V_N+v5 \\ \delta V_U+v6 \end{bmatrix}\Leftrightarrow \boldsymbol{Z}=\boldsymbol{H}\cdot\boldsymbol{X}+\boldsymbol{V} \tag{6-82}$$

$$\boldsymbol{H}=\begin{bmatrix} R_m & 0 & 0 & 0 & 0 & 0 & \boldsymbol{0}_{1\times33} \\ 0 & R_n\cos L & 0 & 0 & 0 & 0 & \boldsymbol{0}_{1\times33} \\ 0 & 0 & 1 & 0 & 0 & 0 & \boldsymbol{0}_{1\times33} \\ 0 & 0 & 0 & 1 & 0 & 0 & \boldsymbol{0}_{1\times33} \\ 0 & 0 & 0 & 0 & 1 & 0 & \boldsymbol{0}_{1\times33} \\ 0 & 0 & 0 & 0 & 0 & 1 & \boldsymbol{0}_{1\times33} \end{bmatrix}_{6\times39}$$

式中:$\boldsymbol{H}$ 为 6×39 维的量测矩阵。

$\boldsymbol{V}=\begin{bmatrix}v1 & v2 & v3 & v4 & v5 & v6\end{bmatrix}^{\mathrm{T}}$ 为 GNSS 的纬度、经度、高度、东向速度、北向速度和天向速度的测量噪声,均可看作零均值随机白噪声。

6.5 高精度 POS 重力扰动补偿方法

POS 随载体一起在地球重力场中运动,加速度计测量到的比力是运动加速度和重力加速度的共同反映。为了得到 POS 导航计算中所需的运动加速度,必须从比力测量值中分离出重力加速度。通常情况下,导航计算所使用的重力加速度矢量是通过正常重力模型计算而得,在导航领域中常用的正常重力模型为 WGS84 重力模型,该模型将地球假设为一个形状和质量分布都很规则的匀速旋

转的椭球(WGS84 椭球),通过该椭球已知的形状与质量参数可以很方便地算出该椭球产生的引力位,再结合椭球旋转的离心力位就可推导出 WGS84 重力模型的正常重力公式,即

$$\begin{cases} \boldsymbol{g}_m^n = \begin{pmatrix} 0 \\ 0 \\ \gamma(L,h) \end{pmatrix} \\ \gamma(L,h) = 9.7803253 \times (1 + 0.0053022\sin^2 L - 0.0000058\sin^2 2L) \\ \qquad - (3.0877 - 0.0044\sin^2 L) \times 10^{-6} h + 0.072 \times 10^{-12} h^2 \end{cases} \tag{6-83}$$

式中:$\gamma(L,h)$为正常重力加速度值;L 和 h 为地理纬度和海拔高度。

然而,真实的地球形状是不规则的,并且内部的质量分布也不均匀,因此采用正常重力模型求得的正常重力只是真实重力的近似表示,其二者之差(即重力扰动)是客观存在的。对于中低精度 POS,由于其惯性器件自身误差(陀螺漂移、加速度计偏置)相对较大,主要误差源为惯性器件误差,重力扰动对 POS 导航精度产生的影响可以忽略不计,因而采用正常重力即可满足中低精度 POS 的要求。随着惯性器件本身的逐渐完善,惯性器件自身精度得到极大提高。对于高精度的 POS,惯性器件的精度量级已远高于重力扰动的量级,这时重力扰动已成为高精度 POS 的一项突出的误差源,在 POS 导航计算中不能再简单使用正常重力代替真实重力,否则将严重影响高精度 POS 的导航精度。因此对于高精度 POS 而言,重力扰动不可忽略,必须考虑对重力扰动进行有效补偿。

对重力扰动进行有效补偿的前提是精确获得重力扰动,目前主要有 3 种测量重力扰动的方法:①绝对重力仪测量法;②基于统计模型的最优估计法;③直接求差法。基于绝对重力仪测量的方法可以得到每一个重力测量位置的精确测量结果[173],但受地形等客观因素的制约,不仅效率低下,而且人力、物力耗费巨大。基于统计模型的最优估计法从理论上可以得到最优的重力扰动估计值[174],但前提是拥有一个足够精确的重力扰动模型,如果面对一个陌生测区或者地形复杂、地壳密度变化较大的测区,精确重力扰动模型的建立将十分困难。直接求差法是目前普遍采用的方法,该方法将 SINS 测量的比力与 GNSS 测量的运动加速度二者求差即可得到重力扰动信息[175],但是直接求差法不是一种最优的估计算法,其得到的重力扰动测量值精度有限,不能满足高精度 POS 定姿定位的需求。

针对上述重力扰动测量方法存在的不足，特别在对陌生、复杂地形的测区进行作业的情况下，建立一种高效、精确的重力扰动测量方法十分必要。本书给出一种直接求差法和基于统计模型的最优估计法相结合的精确测量重力扰动方法[176]。该方法首先利用直接求差法求出有限精度的重力扰动值，以此为先验信息采用时间序列分析法[177]推测重力扰动的数据分布情况，建立一个较为合理的重力扰动模型；然后，将重力扰动作为新的状态量进行系统状态增广，并根据重力扰动模型建立 POS 误差方程，得到用于 KF 的误差模型系统方程；再选取 GPS 的位置、速度和加速度作为外部量测，采用卡尔曼滤波器对各系统状态（包含重力扰动）进行最优估计。

6.5.1 基于重力扰动的 SINS/GPS 组合导航系统误差分析

POS 的误差分析通常从 SINS 力学编排开始。惯导系统的速度方程可表示为

$$\dot{\boldsymbol{V}}^n = \boldsymbol{C}_b^n \boldsymbol{f}^b - (2\boldsymbol{\omega}_{ie}^n + \boldsymbol{\omega}_{en}^n) \times \boldsymbol{V}^n + \boldsymbol{g}^n \tag{6-84}$$

在惯性导航系统的速度误差微分方程当中，当不忽略重力加速度的影响 $\delta\boldsymbol{g}^n$ 时，得到速度误差微分方程

$$\delta\dot{\boldsymbol{V}}^n = \boldsymbol{\psi}^n \times \boldsymbol{f}^n + \boldsymbol{C}_b^n \nabla_b + \delta\boldsymbol{g}^n - (2\delta\boldsymbol{\omega}_{ie}^n + \delta\boldsymbol{\omega}_{en}^n) \times \boldsymbol{V}^n - (2\boldsymbol{\omega}_{ie}^n + \boldsymbol{\omega}_{en}^n) \times \delta\boldsymbol{V}^n \tag{6-85}$$

公式的推导过程和变量的含义参见第 3.2.3 节。

通过式（6-85）可以看出，重力扰动 $\delta\boldsymbol{g}^n$ 为加速度计的测量值引入了误差，从而降低了速度精度，同时通过误差耦合关系也影响了位置精度和姿态精度。从速度误差微分方程总体上看，重力扰动 $\delta\boldsymbol{g}^n$ 和加速度计的偏置误差 ∇_b 对 POS 导航计算的影响是等效的。随着 POS 器件精度的不断提升，重力扰动的当量已经与高精度加速度计的分辨率相当。例如，在美国得克萨斯州－俄克拉荷马州地区的某区域，通过地面精确测量得到该区域的重力场数据，从而计算出当地重力扰动值，如图 6-20 所示。

从图 6-20 中可以看出，该区域的重力扰动值达到了 20～50mGal（$1\text{mGal} = 10^{-5}\text{m/s}^2$），与目前高精度 POS 中的加速度计测量精度在同一水平，重力扰动已成为高精度 POS 的一个主要误差源。因此，对高精度的 POS 进行重力扰动补偿十分必要。

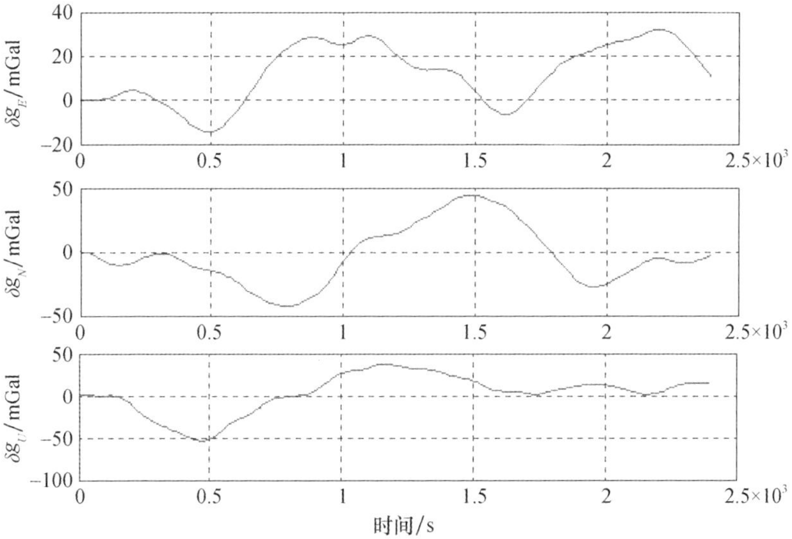

图6－20　重力扰动（美国得克萨斯州－俄克拉荷马州地区某区域）

6.5.2　直接求差＋模型的重力扰动补偿方法

进行重力扰动补偿之前必须获得重力扰动值，由于真实重力矢量 $\boldsymbol{g}^n$ 可表示为正常重力模型（常用 WGS84 模型）计算的重力矢量 $\boldsymbol{g}_m^n$ 与重力扰动矢量 $\delta\boldsymbol{g}^n$ 之和，即

$$\boldsymbol{g}^n=\boldsymbol{g}_m^n+\delta\boldsymbol{g}^n \tag{6-86}$$

因此，根据式（6－84）计算重力扰动的数学模型可写为

$$\delta\boldsymbol{g}^n=\dot{\boldsymbol{V}}^n-\boldsymbol{C}_b^n\boldsymbol{f}^b+(2\boldsymbol{\omega}_{ie}^n+\boldsymbol{\omega}_{en}^n)\times\boldsymbol{V}^n-\boldsymbol{g}_m^n \tag{6-87}$$

由于加速度计不能区分作用于它的力是重力还是作加速运动引起的惯性力，无法直接从 SINS 测量值中测得重力扰动，故需要使用两个不同的加速度测量系统。其中一个系统为 SINS，其测量输出值为比力，即含有重力的加速度；另一个系统是 GPS，其测量输出是不含重力的加速度。在 n 系下对这两个不同系统输出的加速度进行求差，消除共有的载体运动加速度，剩下的差值中就包含了重力扰动、传感器系统误差等信息。因此，式（6－87）中右边各参数可分为两类：一类为 GPS 获得，包括载体加速度 $\dot{\boldsymbol{V}}^n$、载体速度 $\boldsymbol{V}^n$、地球自转和载体运动引起的向心加速度和科里奥利加速度 $(2\boldsymbol{\omega}_{ie}^n+\boldsymbol{\omega}_{en}^n)\times\boldsymbol{V}^n$ 和基于正常重力模型的重力矢量 $\boldsymbol{g}_m^n$；另一类为 SINS 获得，包括加速度计的比力测量值 $\boldsymbol{f}^b$ 和方向余弦矩阵

C_b^n。这也是航空重力扰动测量的原理。

对式(6-87)两边进行一次微分 δ,得

$$\delta(\delta g^n)=\delta\dot{V}^n-\psi^n\times f^n-C_b^n\nabla_b+(2\delta\omega_{ie}^n+\delta\omega_{en}^n)\times V^n+(2\omega_{ie}^n+\omega_{en}^n)\times\delta V^n-\delta g_m^n \tag{6-88}$$

通过式(6-88)可以看出,重力扰动的计算受到多个误差项的影响,其中姿态误差 ψ^n 和加速度计偏置误差 ∇_b 影响最大。为此,本书给出一种"直接求差+模型"重力扰动补偿的方法用于无先验信息的陌生测区重力扰动测量和补偿,该方法分为3个步骤进行。

1. 采用直接求差法获得有限精度的重力扰动值

直接求差法的基本原理与航空重力扰动测量原理是一致的,即由SINS测量载体的比力,由GPS测量载体的运动加速度,二者的测量值求差,就得到重力扰动信息,具体计算参见式(6-87)。这里得到的重力扰动测量值精度越高,对后面建立精确的重力扰动模型越有利。为提高 n 系下的比力 f^n 测量精度,可以采用卡尔曼滤波器进行SINS与GPS的组合滤波,估计出姿态误差 ψ^n 及加速度计的偏置误差 ∇_b 对比力 f^n 进行校正。

直接求差法的具体实现过程为:

(1)将SINS中加速度计和陀螺的输出值进行捷联惯导解算,得到SINS输出 n 系下的位置、速度、姿态和比力测量值 $f^n=C_b^n f^b$。

(2)根据SINS的误差模型方程,并利用GPS输出的位置和速度作为量测量,设计卡尔曼滤波器对SINS的位置误差、速度误差、姿态误差 ψ^n、加速度计零偏 ∇_b 和陀螺零漂 ε_b 进行估计。根据估计出的 ψ^n 和 ∇_b 对 f^n 进行校正,得到较为精确的地理坐标系下的比力测量值。

(3)根据GPS输出的位置和速度信息计算出载体加速度 $\dot{V}^n$、向心加速度和科里奥利加速度 $(2\omega_{ie}^n+\omega_{en}^n)\times V^n$ 和基于重力模型的重力矢量 g_m^n。

(4)利用式(6-87)计算重力扰动值。

直接求差法的原理框图如图6-21所示。

2. 采用时间序列分析法建立重力扰动统计模型

基于直接求差法得到的有限精度的重力扰动数据,开始建立重力扰动统计模型。采用状态空间法对重力扰动进行最优估计的前提是获得一个精确的重力扰动统计模型。该重力扰动模型必须满足:①易转换为成形滤波器,便于应用于最优估计方法中;②尽可能描述真实重力场的变化情况。因此,本书采用时间序列分析法建立重力扰动模型,建模过程如图6-22所示。

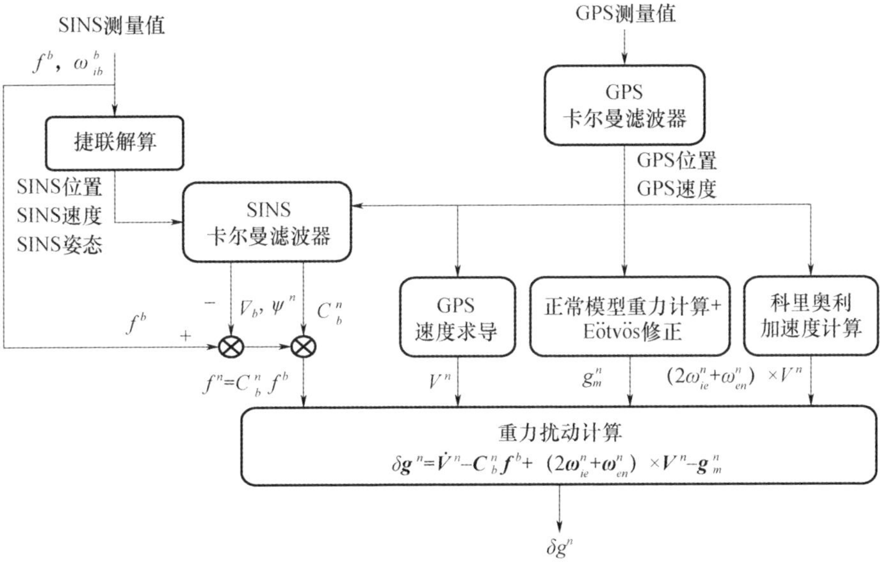

图 6－21　直接求差法原理框图

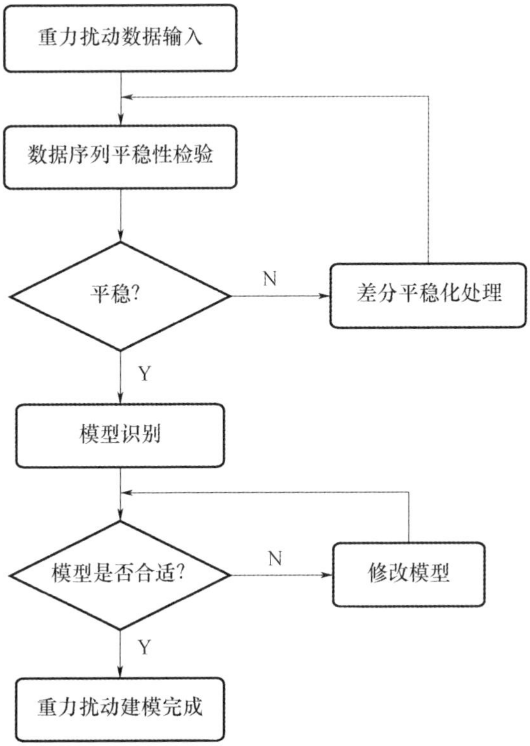

图 6－22　重力扰动时间序列法建模过程

关于图 6 - 22 所示重力扰动时间序列建模的具体方法如下：

1）平稳性检验

采用时间序列分析法对重力扰动进行建模的前提假设是重力扰动数据来源于平稳序列[178]，所以需要检验重力扰动数据序列的稳定性。在此采用逆序检验法，将整个重力扰动数据序列分成 m 段，求出每段数据序列的均值，记为 $y_1, y_2, \cdots, y_m$；y_i 的逆序数 A_i 等于 $y_j\,(y_j > y_i, j > i)$ 的个数。逆序总数 A 等于 $\sum_{i=1}^{m-1} A_i$，其期望 $E(A) = m(m-1)/4$，方差 $D(A) = m(2m^2 + 3m - 5)/72$。令统计量 $B = [A + 0.5 - E(A)]/(D(A))^{1/2}$ 渐近服从 $N(0,1)$ 分布。在显著性水平 $\alpha = 0.05$ 情况下，若 $|B| < 1.96$（按照 2σ 准则），则认为重力扰动数据序列是平稳序列；反之为非平稳序列，则需要对该序列进行差分平稳处理。

2）模型识别

对于差分平稳化后的重力扰动序列，可以根据其自相关函数 $\hat{\rho}_k$ 和偏相关函数 $\hat{\varphi}_{kk}$ 的拖尾与截尾特性来对时间序列模型进行识别。相关函数的计算公式为

$$\begin{cases} \hat{\rho}_k = \hat{\gamma}_k / \hat{\gamma}_0 \\ \hat{\gamma}_k = \dfrac{1}{n} \sum_{j=1}^{n-k} y_j y_{j+k} k = 0,1,2,\cdots,K(K < n) \end{cases} \tag{6-89}$$

$$\begin{pmatrix} \hat{\varphi}_{k1} \\ \hat{\varphi}_{k2} \\ \vdots \\ \hat{\varphi}_{kk} \end{pmatrix} = \begin{pmatrix} 1 & \hat{\rho}_1 & \hat{\rho}_2 & \cdots & \hat{\rho}_{k-1} \\ \hat{\rho}_1 & 1 & \cdots & \cdots & \cdots \\ \vdots & \vdots & \vdots & \vdots & \vdots \\ \cdots & \cdots & \cdots & \cdots & \hat{\rho}_1 \\ \hat{\rho}_{k-1} & \cdots & \hat{\rho}_2 & \hat{\rho}_1 & 1 \end{pmatrix} \begin{pmatrix} \hat{\rho}_1 \\ \hat{\rho}_2 \\ \vdots \\ \hat{\rho}_k \end{pmatrix} \tag{6-90}$$

式中：$\{y_t\}$ 为重力扰动数据序列，其长度为 n。由时间序列的相关理论可知，自回归（AR）模型的自相关函数具有拖尾性，偏相关函数具有截尾性；而移动平均（MA）模型的自相关函数具有截尾性，偏相关函数具有拖尾性[179]；自回归移动平均（ARMA）模型的自相关函数和偏相关函数均具有拖尾性，具体判断规则如表 6 - 1 所列。

表 6 - 1　模型识别判断规则

模型	AR(p)	MA(q)	ARMA(p,q)
自相关函数 $\hat{\rho}_k$（ACF）	拖尾	截尾	拖尾
偏相关函数 $\hat{\varphi}_{kk}$（PACF）	截尾	拖尾	拖尾

3）模型参数估计

在判断出重力扰动数据序列的模型类型后，本书采用最小二乘法估计时间序列模型的参数。以 AR(p)模型为例，则重力扰动数据序列$\{y_t\}$可表示为

$$y_t = \phi_1 y_{t-1} + \phi_2 y_{t-2} + \cdots + \phi_p y_{t-p} + \omega_t \tag{6-91}$$

式中：$\{\phi_i | i = 1,2,\cdots,p\}$为 AR 模型的参数；$p$ 为 AR 模型的阶数；ω_t 为白噪声。

基于最小二乘法理论，自回归系数 $\phi = [\phi_1 \quad \phi_2 \quad \cdots \quad \phi_p]^T$ 的估计值为

$$\phi = (\boldsymbol{C}^{\mathrm{T}}\boldsymbol{C})^{-1}\boldsymbol{C}^{\mathrm{T}}\boldsymbol{D} \tag{6-92}$$

$$\boldsymbol{C} = \begin{bmatrix} y_p & y_{p-1} & \cdots & y_1 \\ y_{p+1} & y_p & \cdots & y_2 \\ \vdots & \vdots & \vdots & \vdots \\ y_{n-1} & y_{n-2} & \cdots & y_{n-p} \end{bmatrix}, \quad \boldsymbol{D} = \begin{bmatrix} y_{p+1} \\ y_{p+2} \\ \vdots \\ y_n \end{bmatrix}$$

4）模型适用性检验

本书采用 AIC 准则[180]检验时间序列模型的阶数，AIC 准则函数为

$$\mathrm{AIC}(p) = -2\lg L + 2p \tag{6-93}$$

式中：p 为参数个数；L 为数据序列的似然函数。

AIC 准则函数由两部分组成：第一项 $-2\lg L$ 体现了时间序列模型拟合的好坏，其随着阶数的增加而变小；第二项 $2p$ 标志了模型参数的多少，其随着阶数的增加而变大。在检验时，预先给定模型阶数的上限为$\sqrt{n}$，当 AIC(p)取值最小时的模型为适用模型。

3. 基于重力扰动统计模型的状态空间法估计重力扰动矢量

重力扰动作为一个重要误差源直接影响了 POS 的精度，对其进行误差补偿所采用的最优测量方法是基于重力扰动统计模型的状态空间法，其核心思想是：将获得的重力扰动统计模型引入 SINS 误差方程，以 GPS 的位置、速度和加速度为外部观测量，采用卡尔曼滤波器对重力扰动矢量进行最优估计。基于重力扰动统计模型的状态空间法原理框图如图 6-23 所示。

在应用卡尔曼滤波器之前需要确定滤波系统模型和量测模型，前者可由 SINS 误差方程推导滤波系统状态方程而得，后者可由系统量测方程得到。

1）SINS 误差方程

SINS 误差方程包含有 SINS 系统误差模型、IMU 误差模型和重力扰动模型，其具体形式如下。

位置误差方程为

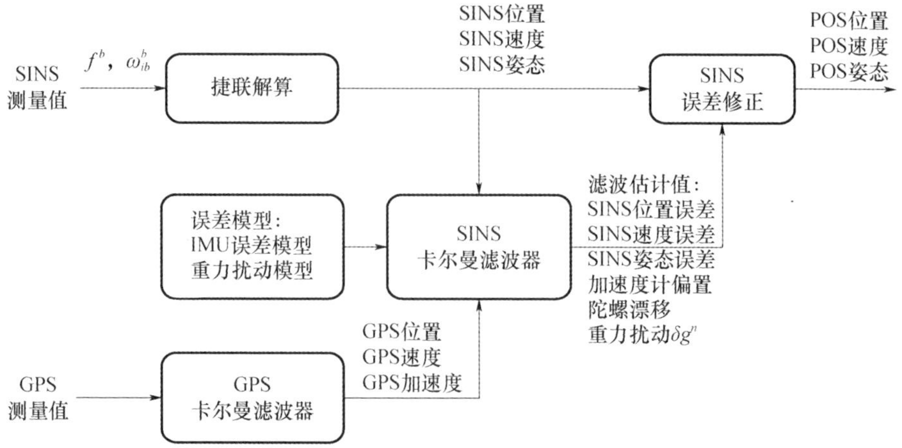

图 6－23　基于重力扰动统计模型的状态空间法原理框图

$$\begin{cases}\delta\dot{L}=\dfrac{\delta V_N}{R_M+h}-\dfrac{V_N}{(R_M+h)^2}\delta h\\ \delta\dot{\lambda}=\dfrac{\sec L}{R_N+h}\delta V_E+\dfrac{V_E\sec L\tan L}{R_N+h}\delta L-\dfrac{V_E\sec L}{(R_N+h)^2}\delta h\\ \delta\dot{h}=\delta V_U\end{cases}\tag{6-94}$$

速度误差方程为

$$\delta\dot{\boldsymbol{V}}^n=\boldsymbol{\psi}^n\times\boldsymbol{f}^n+\boldsymbol{C}_b^n\nabla_b+\delta\boldsymbol{g}^n-(2\delta\boldsymbol{\omega}_{ie}^n+\delta\boldsymbol{\omega}_{en}^n)\times\boldsymbol{V}^n-(2\boldsymbol{\omega}_{ie}^n+\boldsymbol{\omega}_{en}^n)\times\delta\boldsymbol{V}^n\tag{6-95}$$

姿态误差方程为

$$\dot{\boldsymbol{\psi}}^n=\boldsymbol{\psi}^n\times(\boldsymbol{\omega}_{ie}^n+\boldsymbol{\omega}_{en}^n)+\delta\boldsymbol{\omega}_{ie}^n+\delta\boldsymbol{\omega}_{en}^n+\boldsymbol{C}_b^n\boldsymbol{\varepsilon}\tag{6-96}$$

式(6－94)～式(6－96)中各参量的含义参见 3.2.3 节。值得注意的是，这里的重力扰动矢量 $\delta\boldsymbol{g}^n=[\delta g_E\quad\delta g_N\quad\delta g_U]^{\mathrm{T}}$ 的数学模型是根据直接求差法和时间序列分析法共同获得。

2）卡尔曼滤波系统状态方程

将重力扰动矢量 $\delta\boldsymbol{g}^n$ 考虑为待估量进行滤波系统状态增广，得到用于卡尔曼最优滤波估计的系统状态方程为

$$\dot{\boldsymbol{X}}=\boldsymbol{F}\cdot\boldsymbol{X}+\boldsymbol{G}\cdot\boldsymbol{W}\tag{6-97}$$

$$\boldsymbol{F}=\begin{bmatrix}\boldsymbol{F}' & \boldsymbol{F}''\\ \boldsymbol{0}_{*\times15} & \boldsymbol{F}'''\end{bmatrix},\quad \boldsymbol{F}'=\begin{bmatrix}\boldsymbol{F}_1 & \boldsymbol{F}_2\\ \boldsymbol{0}_{6\times9} & \boldsymbol{0}_{6\times6}\end{bmatrix},\quad \boldsymbol{F}_1=\begin{bmatrix}\boldsymbol{F}_{11} & \boldsymbol{F}_{12} & \boldsymbol{0}_{3\times3}\\ \boldsymbol{F}_{21} & \boldsymbol{F}_{22} & \boldsymbol{F}_{23}\\ \boldsymbol{F}_{31} & \boldsymbol{F}_{32} & \boldsymbol{F}_{33}\end{bmatrix},\quad \boldsymbol{F}_2=\begin{bmatrix}\boldsymbol{0}_{3\times3} & \boldsymbol{0}_{3\times3}\\ \boldsymbol{C}_b^n & \boldsymbol{0}_{3\times3}\\ \boldsymbol{0}_{3\times3} & \boldsymbol{C}_b^n\end{bmatrix}$$

$$\boldsymbol{F}_{11}=\begin{bmatrix}0 & 0 & -\dfrac{V_N}{(R_M+h)^2}\\ \dfrac{V_E\sec L\tan L}{R_N+h} & 0 & -\dfrac{V_E\sec L}{(R_N+h)^2}\\ 0 & 0 & 0\end{bmatrix},\quad \boldsymbol{F}_{12}=\begin{bmatrix}0 & \dfrac{1}{R_M+h} & 0\\ \dfrac{\sec L}{R_N+h} & 0 & 0\\ 0 & 0 & 1\end{bmatrix}$$

$$\boldsymbol{F}_{21}=\begin{bmatrix}2\omega_{ie}(\cos LV_N+\sin LV_U)+\dfrac{V_EV_N}{R_N+h}\sec^2L & 0 & \dfrac{V_E(V_U-V_N\tan L)}{(R_N+h)^2}\\ -2\omega_{ie}\cos LV_E-\dfrac{V_E^2\sec^2L}{R_N+h} & 0 & \dfrac{V_E^2\tan L+V_NV_U}{(R_N+h)^2}\\ -2\omega_{ie}\sin LV_E & 0 & \dfrac{V_E^2+V_N^2}{(R_N+h)^2}\end{bmatrix}$$

$$\boldsymbol{F}_{22}=\begin{bmatrix}\dfrac{V_N\tan L-V_U}{R_M+h} & 2\omega_{ie}\sin L+\dfrac{V_E\tan L}{R_N+h} & -2\omega_{ie}\cos L-\dfrac{V_E}{R_N+h}\\ -2\left(\omega_{ie}\sin L+\dfrac{V_E\tan L}{R_N+h}\right) & -\dfrac{V_U}{R_M+h} & -\dfrac{V_N}{R_M+h}\\ 2\omega_{ie}\cos L+\dfrac{V_E}{R_N+h} & \dfrac{2V_N}{R_M+h} & 0\end{bmatrix}$$

$$\boldsymbol{F}_{23}=\begin{bmatrix}0 & -f_U & f_N\\ f_U & 0 & -f_E\\ -f_N & f_E & 0\end{bmatrix},\quad \boldsymbol{F}_{31}=\begin{bmatrix}0 & 0 & \dfrac{V_N}{(R_M+h)^2}\\ -\omega_{ie}\sin L & 0 & -\dfrac{V_E}{(R_N+h)^2}\\ \omega_{ie}\cos L+\dfrac{V_E\sec^2L}{R_N+h} & 0 & -\dfrac{V_E\tan L}{(R_N+h)^2}\end{bmatrix}$$

$$\boldsymbol{F}_{32}=\begin{bmatrix}0 & -\dfrac{1}{R_M+h} & 0\\ \dfrac{1}{R_N+h} & 0 & 0\\ \dfrac{\tan L}{R_N+h} & 0 & 0\end{bmatrix}\quad \boldsymbol{F}_{33}=\begin{bmatrix}0 & \omega_{ie}\sin L+\dfrac{V_E\tan L}{R_N+h} & -\omega_{ie}\cos L-\dfrac{V_E}{R_N+h}\\ -\omega_{ie}\sin L-\dfrac{V_E}{R_N+h} & 0 & -\dfrac{V_N}{R_N+h}\\ \omega_{ie}\cos L+\dfrac{V_E}{R_N+h} & \dfrac{V_N}{R_N+h} & 0\end{bmatrix}$$

式中：$\boldsymbol{X}$ 为滤波器系统状态向量，包括位置误差 δL、$\delta\lambda$、δh，速度误差 δV_E、δV_N、δV_U，姿态误差 ψ_E、ψ_N、ψ_U，加速度计零偏 ∇_{bx}、∇_{by}、∇_{bz}，陀螺零漂 ε_{bx}、ε_{by}、ε_{bz} 和用来描述重力扰动的状态向量 $\delta\boldsymbol{d}$；F 为系统状态转移矩阵；f_E f_N 和 f_U 为加速度计在 n 系下比力测量值 $\boldsymbol{f}^n$ 的 3 个分量；$\boldsymbol{\omega}$ 为系统噪声向量，其分量均为零均值随

机白噪声；$\boldsymbol{G}$ 为系统噪声分配矩阵。

$$\boldsymbol{G}=\begin{bmatrix}\boldsymbol{G}_1 & \boldsymbol{0}_{15\times *}\\ \boldsymbol{0}_{*\times 6} & \boldsymbol{G}_2\end{bmatrix},\quad \boldsymbol{G}_1=\begin{bmatrix}\boldsymbol{0}_{3\times 3} & \boldsymbol{0}_{3\times 3}\\ \boldsymbol{C}_b^n & \boldsymbol{0}_{3\times 3}\\ \boldsymbol{0}_{3\times 3} & \boldsymbol{C}_b^n\\ \boldsymbol{0}_{6\times 3} & \boldsymbol{0}_{6\times 3}\end{bmatrix} \tag{6-98}$$

需要特别注意的是，$\delta\boldsymbol{d}$、$\boldsymbol{F}''$ 、$\boldsymbol{F}'''$、$\boldsymbol{0}_{*\times 15}$、$\boldsymbol{G}_2$、$\boldsymbol{0}_{15\times *}$、$\boldsymbol{0}_{*\times 6}$ 和 $\boldsymbol{\omega}$ 的维数和具体形式不固定，需根据之前获得的重力扰动模型来确定。

3）卡尔曼滤波量测方程

卡尔曼最优滤波估计的量测方程的矩阵表达形式为

$$\boldsymbol{Z}=\boldsymbol{H}\cdot\boldsymbol{X}+\boldsymbol{V} \tag{6-99}$$

$$\boldsymbol{Z}=\begin{bmatrix}L_{\mathrm{SINS}}-L_{\mathrm{GPS}}\\ \lambda_{\mathrm{SINS}}-\lambda_{\mathrm{GPS}}\\ h_{\mathrm{SINS}}-h_{\mathrm{GPS}}\\ \boldsymbol{V}_{\mathrm{SINS}}^n-\boldsymbol{V}_{\mathrm{GPS}}^n\\ \boldsymbol{f}^n+\boldsymbol{g}_m^n-(2\boldsymbol{\omega}_{ie}^n+\boldsymbol{\omega}_{en}^n)\times\boldsymbol{V}_{\mathrm{GPS}}^n-\dot{\boldsymbol{V}}_{\mathrm{GPS}}^n\end{bmatrix}_{9\times 1} \tag{6-100}$$

$$\boldsymbol{H}=\left[\begin{array}{c|ccc|c}\boldsymbol{H}_1 & & \boldsymbol{0}_{6\times 9} & & \\ \boldsymbol{0}_{3\times 6} & \boldsymbol{H}_2 & -\boldsymbol{C}_b^n & \boldsymbol{0}_{3\times 3} & \boldsymbol{H}_3\end{array}\right] \tag{6-101}$$

$$\boldsymbol{H}_1=\begin{bmatrix}R_M & 0 & 0 & 0 & 0 & 0\\ 0 & R_N\cos L & 0 & 0 & 0 & 0\\ 0 & 0 & 1 & 0 & 0 & 0\\ 0 & 0 & 0 & 1 & 0 & 0\\ 0 & 0 & 0 & 0 & 1 & 0\\ 0 & 0 & 0 & 0 & 0 & 1\end{bmatrix} \tag{6-102}$$

$$\boldsymbol{H}_2=\begin{bmatrix}0 & f_U & -f_N\\ -f_U & 0 & f_E\\ f_N & -f_E & 0\end{bmatrix} \tag{6-103}$$

式中：$\boldsymbol{Z}$ 为量测量，取为 SINS 解算出的位置、速度和比力信息与 GPS 输出的位置、速度和加速度信息之差；$\boldsymbol{H}$ 为量测矩阵；$\boldsymbol{V}$ 为 GPS 的纬度、经度、高度、东向速度、北向速度、天向速度、东向加速度、北向加速度和天向加速度的测量噪声向量，各分量均可看作零均值随机白噪声。

6.6 基于 URTSS 的 POS 离线组合估计方法

一般而言,在安装完并启动 POS 之后飞机需要在地面静止几分钟,从而保证粗对准解算后的导航精度。然而,在一些紧急的情况下无法实现该静止过程,而且在一般实际应用中也希望 POS 可以尽可能地减少地面准备时间,并向着无地面准备即空中开机的方向发展。当 POS 在空中启动时,粗对准的精度将大大降低,解算出的初始姿态角误差较大。由于 POS 具有系统非线性的特点,而线性化的惯导系统误差模型是一种近似模型,仅适用于初始姿态误差为小角度的情况,因此在此情况下继续采用线性模型或者相应的线性滤波和平滑算法将导致估计精度下降,甚至发散。本节将针对传统平滑方法的不足,介绍一种基于 URTSS 的高精度 POS 离线组合估计方法,并通过计算机仿真和飞行实验数据的处理对该方法的有效性进行验证。

6.6.1 非线性误差模型建立

基于角误差模型的姿态误差微分方程为

$$\dot{\boldsymbol{\Phi}} = (\boldsymbol{I} - C_n^p)\omega_{in}^n + \delta\omega_{in}^n - \hat{C}_b^n\varepsilon^b \tag{6-104}$$

式中:$\boldsymbol{\Phi} = [\Phi_E \quad \Phi_N \quad \Phi_U]^{\mathrm{T}}$ 为姿态误差向量;ω_{in}^n 为 n 系相对于 i 系在 n 系下的旋转角速率;$\delta\omega_{in}^n$ 为 ω_{in}^n 的误差角速率;$\varepsilon^b = [\varepsilon_x \quad \varepsilon_y \quad \varepsilon_z]^{\mathrm{T}}$ 为 b 系下的陀螺常值漂移,且 $\dot{\varepsilon}^b = 0$;C_b^n 为 b 系到 n 系的方向余弦矩阵;$\hat{C}_b^n$ 为 C_b^n 的估计值;C_n^p 为姿态误差矩阵。

基于角误差模型的速度误差微分方程为

$$\delta\dot{\boldsymbol{V}}^n = (\boldsymbol{I} - C_p^n)\hat{C}_b^n\hat{\boldsymbol{f}}^b - (2\delta\omega_{ie}^n + \delta\omega_{en}^n)\times\boldsymbol{V}^n - (2\omega_{ie}^n + \omega_{en}^n)\times\delta\boldsymbol{V}^n + \hat{C}_b^n\nabla^b \tag{6-105}$$

式中:$\boldsymbol{V}^n = [V_E \quad V_N \quad V_U]^{\mathrm{T}}$ 为 b 系相对于 $\boldsymbol{e}$ 系在 n 系下的速度;$\delta\boldsymbol{V}^n$ 为 $\boldsymbol{V}^n$ 的误差;$\boldsymbol{f}^b$ 为加速度计所测比力在 b 系上的投影;$\delta\omega_{ie}^n$ 为 $\boldsymbol{e}$ 系相对于 i 系在 n 系下的角度率误差;$\delta\omega_{en}^n$ 为 n 系相对于 $\boldsymbol{e}$ 系在 n 系下的角度率误差;$\nabla^b = [\nabla_x \quad \nabla_y \quad \nabla_z]^{\mathrm{T}}$ 为 b 系下的加速度计常值偏置,且 $\dot{\nabla}^b = 0$。

姿态和速度误差微分方程中的非线性项为 $(\boldsymbol{I} - C_n^p)\omega_{in}^n$ 和 $(\boldsymbol{I} - C_p^n)\hat{C}_b^n\hat{\boldsymbol{f}}^b$。非线性矩阵 $C_n^p = (C_p^n)^{\mathrm{T}}$ 的表达式为

$$C_n^p=\begin{bmatrix}\cos\Phi_N\cos\Phi_U-\sin\Phi_E\sin\Phi_N\sin\Phi_U & \cos\Phi_N\sin\Phi_U+\sin\Phi_E\sin\Phi_N\cos\Phi_U & -\cos\Phi_E\sin\Phi_N\\ -\cos\Phi_E\sin\Phi_U & \cos\Phi_E\cos\Phi_U & \sin\Phi_E\\ \sin\Phi_N\cos\Phi_U+\sin\Phi_E\cos\Phi_N\sin\Phi_U & \sin\Phi_N\sin\Phi_U-\sin\Phi_E\cos\Phi_N\cos\Phi_U & \cos\Phi_E\cos\Phi_N\end{bmatrix} \tag{6-106}$$

位置误差微分方程为

$$\begin{cases}\delta\dot{L}=-\dfrac{V_N}{(R_M+h)^2}\delta h+\dfrac{1}{R_M+h}\delta V_N\\ \delta\dot{\lambda}=-\dfrac{V_E\sin L}{(R_N+h)\cos^2 L}\delta L-\dfrac{V_E}{(R_N+h)^2\cos L}\delta h+\dfrac{1}{(R_N+h)\cos L}\delta V_E\\ \delta\dot{h}=\delta V_U\end{cases} \tag{6-107}$$

式中:δL、$\delta\lambda$ 和 δh 分别为纬度、经度和高度误差;R_M 和 R_N 分别为沿子午圈和卯酉圈的主曲率半径。

6.6.2 基于 URTSS 的 POS 离线组合估计数学模型设计

为了获得更高精度的惯导系统误差模型,需要考虑陀螺仪的常值漂移和加速度计的常值偏置。状态变量定义为

$$\boldsymbol{x}=[\phi_E \quad \phi_N \quad \phi_U \quad \delta V_E \quad \delta V_N \quad \delta V_U \quad \delta L \quad \delta\lambda \quad \delta h \quad \varepsilon_x \quad \varepsilon_y \quad \varepsilon_z \quad \nabla_x \quad \nabla_y \quad \nabla_z]^{\mathrm{T}} \tag{6-108}$$

由于 ERTSS 和 URTSS 的系统状态方程为离散模型,而惯导系统误差方程为连续型,因此需要进行离散化。这里采用四阶龙格 - 库塔法进行离散化。

式(6 - 11)中的过程噪声 $\boldsymbol{w}=[w_{\varepsilon_x} \quad w_{\varepsilon_y} \quad w_{\varepsilon_z} \quad w_{\nabla_x} \quad w_{\nabla_y} \quad w_{\nabla_z}]^{\mathrm{T}}$,过程噪声方差阵 $E[\boldsymbol{w}\,\boldsymbol{w}^{\mathrm{T}}]=\boldsymbol{Q}$ 根据 POS 的惯性器件噪声水平选取,过程噪声转移矩阵表示为

$$\boldsymbol{G}=\begin{bmatrix}\hat{\boldsymbol{C}}_b^n & \boldsymbol{0}_{3\times3}\\ \boldsymbol{0}_{3\times3} & \hat{\boldsymbol{C}}_b^n\\ \boldsymbol{0}_{9\times3} & \boldsymbol{0}_{9\times3}\end{bmatrix} \tag{6-109}$$

量测向量 $\boldsymbol{z}=[\delta V_E' \quad \delta V_N' \quad \delta V_U' \quad \delta L' \quad \delta\lambda' \quad \delta h']^{\mathrm{T}}$。其中:$\delta V_E'$、$\delta V_N'$、$\delta V_U'$、$\delta L'$、$\delta\lambda'$和 $\delta h'$分别为捷联解算与 GPS 的东向速度、北向速度、天向速度、纬度、经度和高度之差。

由 GPS 测得的速度和位置所形成的量测方程为离散线性方程,因此不需要进行线性化和离散化的处理。式(6-12)中量测方程可简写为

$$\boldsymbol{z}_k = \boldsymbol{H}_k \boldsymbol{x}_k + \boldsymbol{v}_k \tag{6-110}$$

量测噪声方差阵 $E[\boldsymbol{v}\boldsymbol{v}^{\mathrm{T}}] = \boldsymbol{R}$,根据 GPS 的位置、速度噪声水平选取,量测矩阵 $\boldsymbol{H}$ 表示为

$$\boldsymbol{H} = \begin{bmatrix} \boldsymbol{0}_{3\times3} & \mathrm{diag}\{1,1,1\} & \boldsymbol{0}_{3\times3} & \boldsymbol{0}_{3\times6} \\ \boldsymbol{0}_{3\times3} & \boldsymbol{0}_{3\times3} & \mathrm{diag}\{R_M + h, (R_N + h)\cos L, 1\} & \boldsymbol{0}_{3\times6} \end{bmatrix} \tag{6-111}$$

同样地,由于量测方程为线性模型,因此 URTSS 中式(6-38)和式(6-39)可以改写为

$$\begin{cases} \hat{\boldsymbol{y}}_k = \boldsymbol{H}_k \hat{\boldsymbol{x}}_k^- \\ \boldsymbol{P}_{yy} = \boldsymbol{P}_k^- \boldsymbol{H}_k^{\mathrm{T}} \\ \boldsymbol{P}_{xy} = \boldsymbol{H}_k \boldsymbol{P}_k^- \boldsymbol{H}_k^{\mathrm{T}} + \boldsymbol{R}_k \end{cases} \tag{6-112}$$

基于 POS 组合导航系统的平滑算法可以分为滤波过程和平滑过程两个部分。图6-24为组合导航系统滤波过程和平滑过程的关系图。

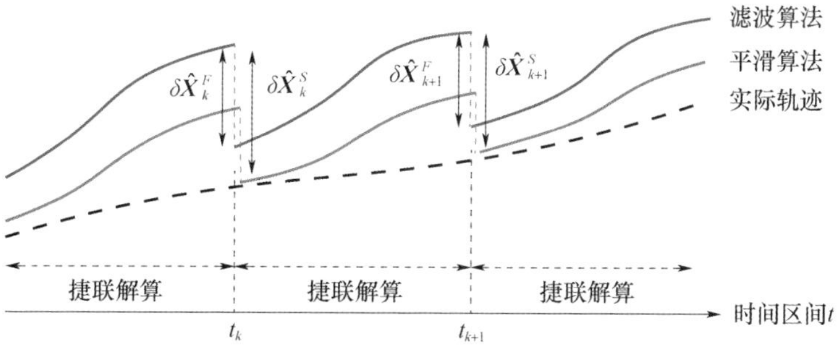

图6-24 滤波过程和平滑过程的关系

图6-24给出了在 k 时刻和 $k+1$ 时刻,前向滤波误差状态量 $\delta\hat{\boldsymbol{x}}^F$ 与后向递推误差状态量 $\delta\hat{\boldsymbol{x}}^S$ 之间的关系。在滤波过程中,每次滤波完后都要利用估计出的误差进行速度、位置和姿态的校正。补偿结束之后需要将误差状态量清零。平滑过程则是在滤波过程的基础上,利用平滑所得的误差状态量再次进行导航参数的校正。滤波和平滑的解算周期为 GPS 的采样周期。在相邻两个估计点之前,利用捷联算法解算导航参数。

6.6.3 仿真实验验证与分析

为了验证 URTSS 在 POS 组合估计中的有效性,下面基于模拟飞行实验对该算法进行仿真实验和分析。

1. 计算机仿真条件

在本节中,基于实际的机载对地观测飞行实验要求,设计一个连续的"U"字型飞行轨迹。图 6-25 为该飞行轨迹的示意图,图中的 3 个直线段(*AB*、*CD* 和 *EF*)为观测载荷成像段。飞行轨迹参数:初始经度为 116°,纬度为 40°,高度为 500m;初始速度为 100m/s,航向角为 40°(俯仰角和横滚角设为零)。首先飞机匀速飞行 400s,然后顺时针转 180°(100s)后匀速飞行 400s,最后逆时针转 180°(100s)后匀速飞行 400s。

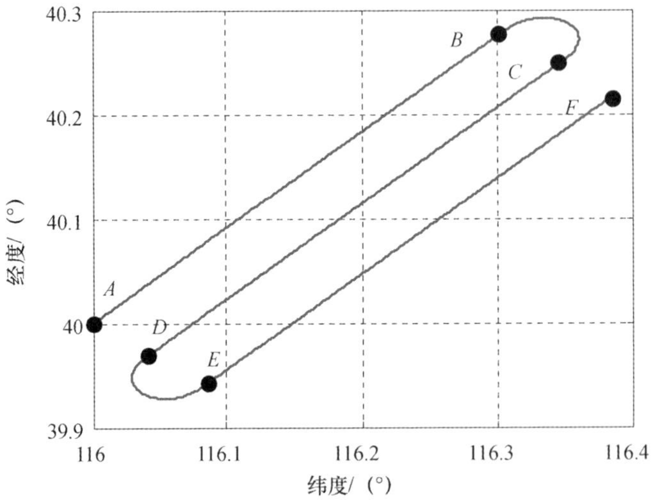

图 6-25 仿真飞行轨迹曲线

POS 中的传感器精度如表 6-2 所列。

表 6-2 POS 中传感器精度

	指标	量级(1σ)
陀螺仪	常值偏移	0.2°/h
	白噪声	0.2°/h
加速度计	常值偏置	100μg
	白噪声	50μg

续表

	指标	量级(1σ)
GPS 速度	水平速度	0.03m/s
	天向速度	0.05m/s
GPS 位置	水平位置	0.1m
	高度	0.15m

设计不同的初始姿态误差情况,并基于第2.2.4节中给出的POS组合估计数学模型,分别采用ERTSS和URTSS方法进行POS组合估计仿真实验。三类仿真情况如下:情况A是所有的初始姿态误差角均为10°;情况B是所有的初始姿态误差角均为20°;情况C是所有的初始姿态误差角均为30°。

2. 仿真结果与分析

图6-26为3类情况下ERTSS和URTSS的姿态估计误差对比结果。

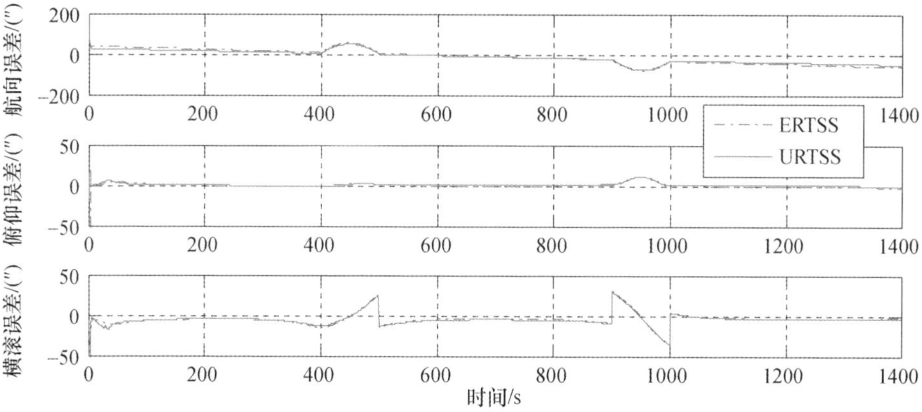

(a)

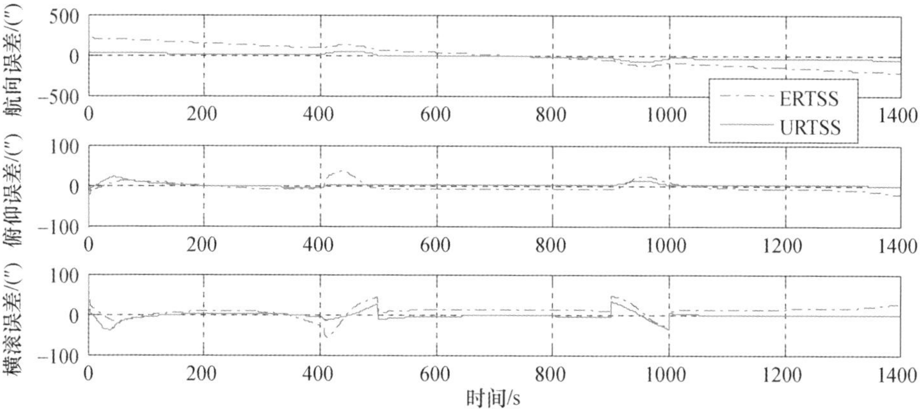

(b)

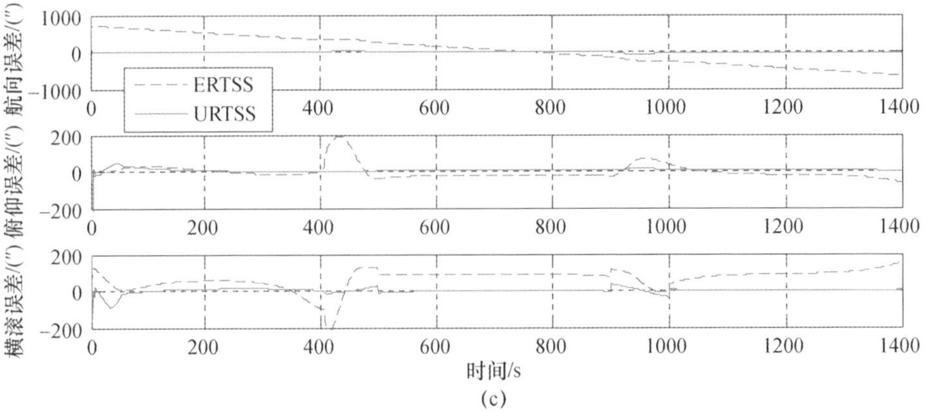

图 6－26　不同情况下的姿态估计误差情况(见彩图)

(a)情况 A:初始姿态误差为 10°;(b)情况 B:初始姿态误差为 20°;(c)情况 C:初始姿态误差为 30°。

从图 6－26 中可以看出,随着初始姿态误差角的增大,URTSS 的估计精度高于 ERTSS 的估计精度,尤其是在航向角的估计上。

为了对 ERTSS 和 URTSS 进行更一般的比较,对情况 C 进行 100 次的 Monte－Carlo 仿真,然后对这两类方法进行分析。采用姿态估计误差的绝对误差(RMS)和相对误差(STD)进行估计结果的评价。100 次 Monte－Carlo 仿真结果如表 6－3 所列。

表 6－3　100 次 Monte－Carlo 仿真的姿态误差 RMS 和 STD 均值统计(°)

	航向角误差/(°)		俯仰角误差/(°)		横滚角误差/(°)	
	ERTSS	URTSS	ERTSS	URTSS	ERTSS	URTSS
E[RMS]	0.0990	0.0045	0.0051	0.0026	0.0187	0.0018
E[STD]	0.1141	0.0015	0.0045	0.0015	0.0073	0.0016

从表 6－3 中可以看出,对于姿态误差的 RMS 和 STD 均值,URTSS 都明显优于 ERTSS。此外,尽管 URTSS 的算法复杂度高于 ERTSS,但是实际的计算复杂度却相差不多。

6.6.4　飞行实验验证与分析

在第 6.6.3 节中,通过仿真实验证明了 URTSS 算法的有效性。本节则利用实际的飞行实验对所提出的算法进行测试。

1. 实验条件

在河南平顶山的标定场进行 2 h 的飞行测试。该标定场上有大量的地面控制点。如图 6－27 所示，GPS 的天线安装于飞机的顶部（图 6－27(a)），POS 和航空相机安装于飞机的后座上（图 6－27(b)）。

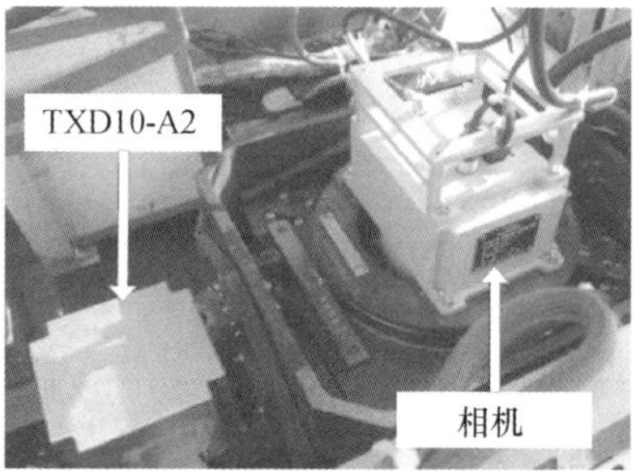

图 6－27　测试平台

(a)实验飞机；(b)传感器安装情况。

图 6－28 给出了测试过程中 GPS 所测量的飞行轨迹。矩形框中的部分为成像区域，IMU 在进入成像区之前开机（A 点）。此次飞行实验包括 4 个成像段，共 2000s 左右的飞行数据。

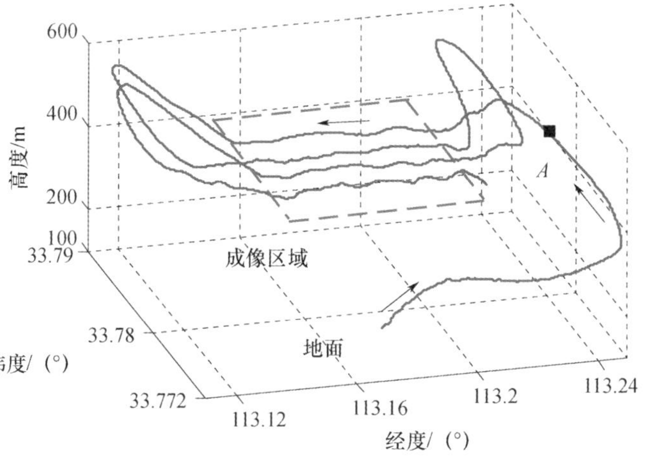

图 6－28　飞行实验轨迹

POS 中传感器的性能指标如表 6－4 所列。

表 6－4　POS 中传感器性能指标

	指标	量级(1σ)
陀螺仪	常值偏移	0.1°/h
	白噪声	0.1°/h
	陀螺一阶马尔柯夫过程漂移的驱动白噪声方差强度	0.1°/h
加速度计	常值偏置	100μg
	白噪声	50μg
	加速度计一阶马尔柯夫过程偏置的驱动白噪声方差强度	100μg
GPS 速度	水平速度	0.03m/s
	天向速度	0.05m/s
GPS 位置	水平位置	0.1m
	高度	0.15m

POS 输出的速度和位置精度主要由 GPS 决定,因为组合导航系统误差模型的速度误差和位置误差可观测性高。所以初始的姿态误差对速度和位置的平滑结果影响较小。然而航向角误差的可观测性低,且该导航参数的精度是 POS 组合估计的一个重要指标。目前,空中三角测量法是一种常用的 POS 导航参数标定方法。在本次实验中,利用地面控制点和成像数据,通过空中三角测量法获得更高精度的姿态信息。该高精度姿态数据由中国测绘科学院提供。

图 6－29 给出了该次飞行实验中的四个成像段情况。每个成像段都有一组相应的离散成像点。利用空中三角测量法,该类成像点可以获得更高的姿态精度。

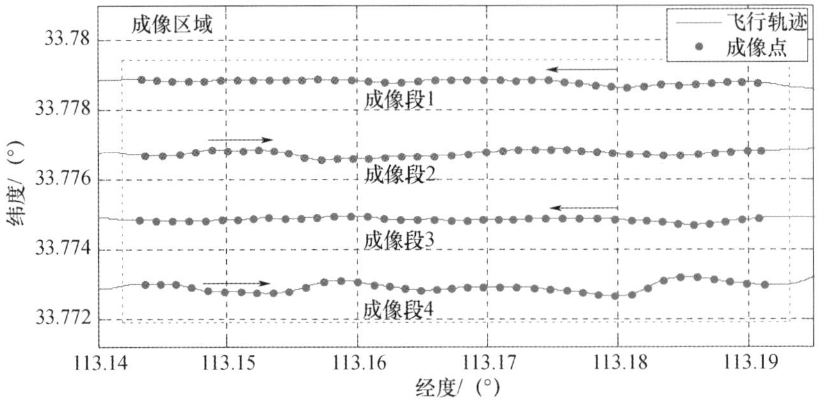

图 6－29　飞行实验的四个成像段(见彩图)

2. 飞行测试结果和分析

在 IMU 空中开机的飞行情况下，飞机的初始位置和速度信息可以通过 GPS 的输出量直接获得，但是初始姿态信息却无法直接获得。一般情况下，可以通过计算 GPS 输出的东向速度和北向速度得到航向角的近似值。但是初始航向角的误差为不确定量，因为受到飞机偏流角的影响，而偏流角的大小是由飞机速度和风速共同决定的。从其他飞行实验（高于该次的飞行速度）的结果总结可知：在气候条件较好的情况下，偏流角大概为 10°；当气候条件恶劣时，偏流角会增大。因此综合考虑多种情况，在此次实验中偏流角假定为 30°。此外从大量的飞行实验可以看出，在成像前的准备阶段，俯仰角和横滚角的变化不大。对于此次的飞机类型而言，俯仰角和横滚角的最大值约为 5°。因此在进入成像区域之前，初始的俯仰角和横滚角可以设置为 0°，而相应的误差角绝对值则假设为 5°。

为了测试和比较不同估计算法的效果，本节设计了基于多个不同初始航向误差角的实验情况（5°、10°、15°、20°、25°、30°），且相应的俯仰和横滚误差角设置为 5°。然后采用 EKF、UKF、ERTSS 和 URTSS 分别对上述的飞行数据进行离线处理。

图 6 – 30 给出了不同情况下的俯仰角和横滚角估计误差 STD 值。从图 6 – 30 中可以看出，对于俯仰角和横滚角的估计，ERTSS 和 URTSS 的估计精度相当；平滑算法的估计结果优于相应的滤波算法；随着初始航向角误差的增大，UKF 的估计精度明显高于 EKF 的估计精度。

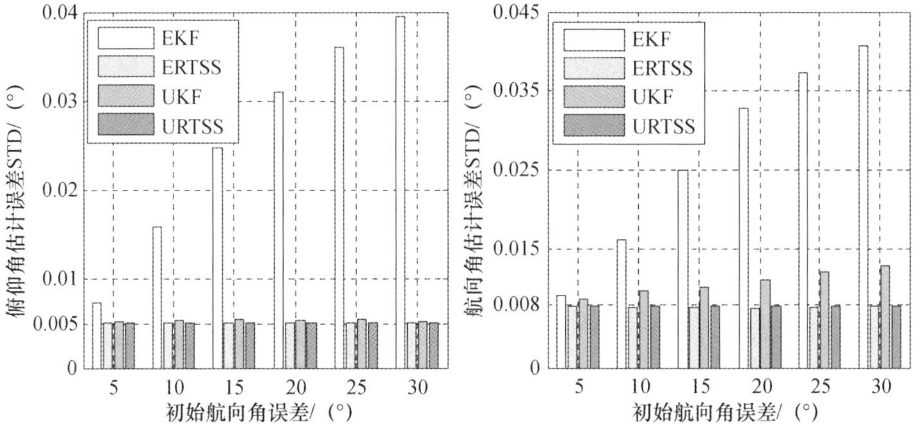

(a) (b)

图 6 – 30 不同情况下的俯仰角和横滚角估计误差 STD 情况（见彩图）

对于航向角的估计情况，图 6－31 给出了上述 4 类估计算法的解算结果。从航向角残余误差（绝对误差减去误差的均值）曲线可以看出，对于整个成像区域而言，由 URTSS 和 UKF 所获得的航向角估计误差分别小于由 ERTSS 和 EKF 所获得的航向角误差。

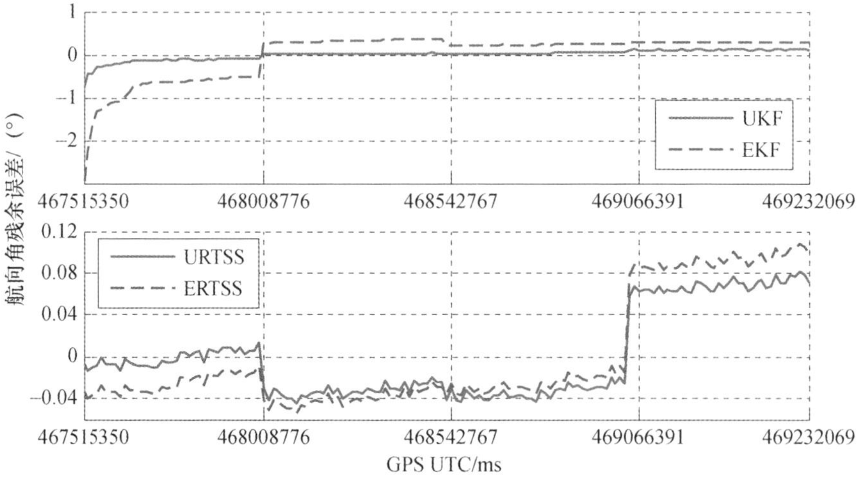

图 6－31　不同算法估计所得的航向角残余误差情况

表 6－5 给出了不同初始航向角误差情况下，不同算法估计所得的航向角误差 STD 值。此外，图 6－32 中还进一步给出了 ERTSS 和 URTSS 详细对比情况。可以看出，基于 EKF 和 UKF 的平滑算法明显降低了航向角的估计误差。且随着初始航向角误差量的增大，URTSS 的优势越来越明显。以上的结论与仿真分析的结果相同，再次证明了 URTSS 的有效性，即在非线性惯导系统误差模型下，URTSS 能够获得更高的航向角估计精度。

表 6－5　航向角误差的 STD 值

初始航向角误差/（°）	EKF	ERTSS	UKF	URTSS
5	0. 2674	0. 0461	0. 0880	0. 0415
10	0. 3936	0. 0492	0. 0987	0. 0416
15	0. 4902	0. 0521	0. 1112	0. 0418
20	0. 5469	0. 0540	0. 1235	0. 0419
25	0. 5905	0. 0555	0. 1339	0. 0421
30	0. 6141	0. 0565	0. 1431	0. 0422

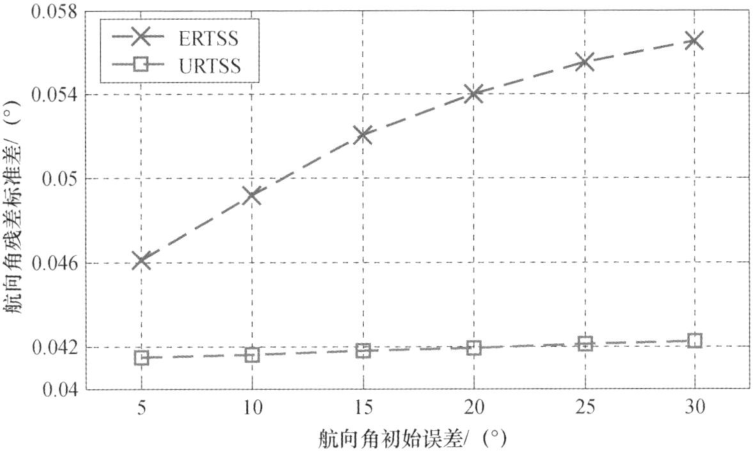

图 6－32　ERTSS 和 URTSS 估计所得的航向角误差 STD 情况

针对空中开机情况下的导航系统模型非线性问题，本节将非线性平滑算法 URTSS 用于 POS 数据的离线处理。通过仿真和实际飞行实验数据的处理对该方法进行了验证，并将该算法与 ERTSS 进行了比较。实验结果表明，基于无迹变换的估计算法（UKF 和 URTSS）优于基于泰勒级数展开线性化的估计算法（EKF 和 ERTSS），且平滑算法的精度高于滤波算法。因此对于非线性情况下的 POS 组合估计，URTSS 是一种有效且实用的估计算法。

6.7　机载 POS 离线处理软件

对于机载对地观测运动成像，有实时成像和离线成像两种工作方式。通常，离线处理方式能够获得优于实时成像的影像数据。因此，POS 需要一套数据离线处理程序，对存储的 IMU、GNSS 数据进行离线组合估计，为成像载荷提供所需的运动参数。另外，在 POS 离线处理过程中，没有实时处理时的运算时间等限制，因此可以采用实时处理中无法采用的一些耗时但精度更高的数据预处理算法和组合估计算法，从而提高 POS 的精度。但是在 POS 离线处理程序中，需要根据 POS 原始数据类型设置数据采集频率、数据读取路径、滤波参数等，并且需要实现多项功能，这便导致源程序代码过长。对于非可视化的 POS 数据处理程序，普通用户操作起来具有一定的难度。用户不仅要读懂程序，而且要了解 POS 中传感器的性能、惯性导航等理论知识，大大增加了离线处理工作的复杂度。

针对以上问题，本节介绍基于可视化编程工具 Visual C + + 开发的机载对地观测成像用 POS 离线处理软件。该软件集 SINS 地面初始对准方法、前向滤波 + 后向平滑的滤波方法于一体，构成 POS 离线处理算法，并在此基础上，增加 SINS/GPS 数据预处理以及数据绘图显示等功能，最终实现 POS 离线数据处理的模块化与系统化的“后台”管理，为用户提供便捷式服务。

6.7.1 离线处理软件设计

POS 离线处理软件的主要任务是实现 POS 用 SINS/GPS 组合必需地对准、组合滤波等解算功能并输出运动参数，但同时也希望能够通过离线处理软件进行 POS 原始数据分析等工作，以便了解系统部件的工作情况。因此，根据需要实现的不同功能，将 POS 离线处理软件分为数据输入模块、预处理模块、导航解算模块、观测载荷专用模块和结果输出模块。POS 离线处理软件总体设计方案如图 6 – 33 所示。

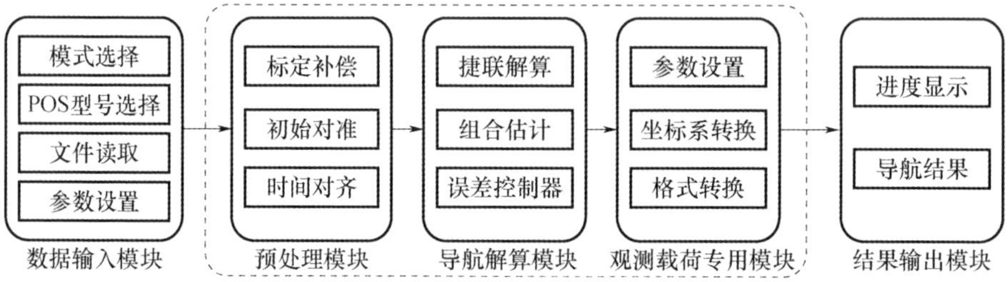

图 6 – 33　POS 离线处理软件总体设计方案

SINS/GPS 组合导航系统离线处理软件的工作流程就是读入 SINS/GPS 原始数据（IMU、GPS 数据），然后通过预处理、初始对准和导航解算，最终输出运动参数。

1. 数据输入模块

该部分主要功能为根据所选定的路径读入 IMU 原始脉冲数据（文件扩展名为 txt 或 dat）和差分 GPS 数据（文件扩展名为 txt 或 dat）；提供模式选择功能，包括单 POS 模式和 POS + 惯性稳定平台模式（惯性稳定平台与 IMU 间的固定杆臂参数）；提供 POS 的类型选择功能（模拟挠性型 POS、光纤 98 型 POS、激光 50 型 POS）；存储用户所设置的 IMU 和 GPS 采样频率、GPS 的噪声水平、偏心角、偏心距（当成像载荷为相机时，需要设置偏心角和偏心距的参数）以及 IMU 与 GPS 间的固定杆臂参数（用户界面读取）。

2. 预处理模块

该部分主要包括标定系数补偿功能、初始粗对准功能以及IMU数据和GPS数据时间对齐功能。首先根据用户所选择的POS类型执行相应的标定系数补偿程序；然后对补偿后的IMU数据进行初始粗对准（对准时间由POS类型确定），从而得到较高精度的初始方位角、俯仰角和横滚角姿态信息；最后将对准后的IMU数据与GPS数据进行时间对齐，并把对齐后的第一组GPS数据作为导航解算的初始速度和位置信息。

3. 导航解算模块

该部分是POS离线处理软件算法的关键。具体组成包括捷联解算、前向滤波、闭环误差控制器、后向平滑（离线处理专用）和前馈误差控制器（离线处理专用）。捷联解算是利用IMU输出的加速度和角速率信息，并将预处理模块输出结果作为解算初值，根据牛顿力学解算出位置、速度和姿态信息，并利用前向滤波估计出的导航误差对惯性导航结果进行校正；前向滤波是采用KF滤波方法，将GPS输出的位置、速度作为量测信息，估计捷联惯性导航的误差、姿态误差和惯性器件误差；闭环误差控制器是根据前向滤波估计出的参数，利用闭环误差控制器来重置捷联惯性导航器。重置后，捷联惯性导航的位置、速度精度能够与GPS一致，并利用估计出的惯性器件误差对捷联导航前的器件数据进行补偿；后向平滑是在KF滤波结束后，利用存储的数据（前向滤波过程中各时刻存储的状态估计、估计误差方差阵和预测误差方差阵），进行后向RTS固定区间平滑；前馈误差控制器是将根据后向平滑的最优误差估计对捷联惯性导航结果进行校正，从而获得运动参数的平滑最优估计。该模块在完成后向平滑之后进行。

4. 观测载荷专用模块

该部分主要包括参数设置、坐标变换和数据格式转换功能。

5. 结果输出模块

该部分主要完成POS离线处理软件运行进度显示和导航结果输出。根据软件的运行进度，利用文字输出和进度栏等方式，在用户界面中显示出相应的处理信息，并将导航解算结果以定义的数据格式输出。

6. 缓存数据加密功能

由于软件运行流程和部分算法的需要，在数据处理时会存储一些临时数据，从商用软件的角度考虑，有必要设计相应的缓存数据加密方案。可以利用二进制存储和文件删除等手段实现软件和数据的保密性。

7. 系统错误处理功能

在软件运行过程中,由于操作者的失误或者参数的限制,会出现解算结果不正确甚至软件无法运行等情况,因此需要在程序设计中加入错误处理功能,包括错误的判断、提示信息和相应的处理方法。对可能出现的错误情况考虑的越全面,软件运行的可靠性越高。

6.7.2 用户接口设计

用户接口不仅可以直观体现软件系统的功能,而且可以验证用户需求与功能实现是否匹配。本 POS 离线处理软件用户主要通过鼠标完成操作,参数的输入需要通过键盘完成操作。大多数商业 Windows 应用程序图形界面提供了菜单栏,作为用户与应用程序之间交互的一种途径。因此在用户接口设计中选择基于菜单栏的界面形式。POS 离线处理软件主界面设计如图 6-34 所示。

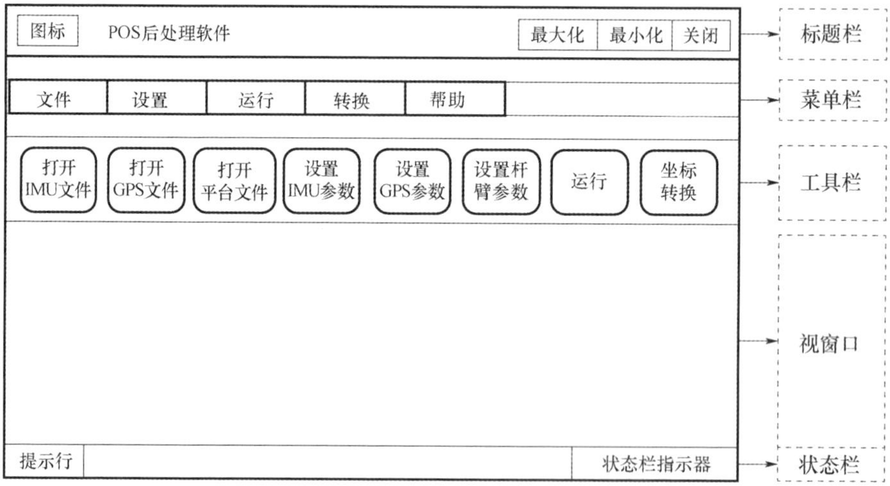

图 6-34 POS 离线处理软件主界面

各子菜单项的设计是基于菜单栏形式界面设计的主体部分。所设计菜单栏包括 5 个部分:【文件】、【设置】、【运行】、【转换】和【帮助】。

【文件】子菜单项中包括【打开 IMU 文件】、【打开 GPS 文件】、【打开惯性稳定平台文件】、【保存】和【退出】菜单项。文件打开和保存功能直接调用 MFC AppWizard 自动提供的“打开文件”对话框和“保存”对话框。并为对话框设置相应的标题和默认文件类型。本软件中所用的文件类型扩展名为 txt

或者 dat。

【设置】子菜单项中包括【设置 IMU 参数】、【设置 GPS 参数】和【设置杆臂参数】菜单项。IMU 参数为 POS 类型和 IMU 采样频率；GPS 参数为 GPS 噪声水平和 GPS 采样频率；杆臂参数为 IMU 中心与 GPS 中心的相对位置关系。单击这类子菜单项按钮则弹出相应的对话框，根据对话框中的提示便可以完成设置功能。为了方便用户操作，对于 IMU 和 GPS 参数均定义了初始设置值，因此可以采用默认设置。而通常情况下固定杆臂的参数需要外部输入，所以在运行中若用户未进行操作，软件需要调用系统错误管理功能进行提示和处理。

【运行】子菜单项主要功能为开始组合估计运行和其运行进度栏显示。当用户点击"开始运行"按钮后，为了让用户确认开始执行组合估计程序，采用弹出对话框的方式进行询问。在运行的过程当中，用户可以点击"取消"按钮终止程序的运行，且终止操作需要包括新建立文件的删除工作。组合估计正常运行时，对话框界面上会显示程序运行的进度，并且同步输出相应的处理信息。

【转换】子菜单项是为光学相机专用模块设计的。它主要包括轴线校准功能和坐标系转换功能。用户可以根据自己的需要选用此功能，通过选择光学相机的类型进行相应的坐标系转换，从而实现专用模块功能。

在工具栏中，集合常用子菜单项并以按钮的形式展现出来。此外，各项功能的操作先后顺序均需要满足软件的算法流程设计，因此可以采用禁用菜单项和变灰显示等手段，防止用户的误操作，增加用户界面的容错能力。

在上述用户接口设计的基础上，还进行了系统错误提示功能的对话框设计。当错误发生时，提示相应的错误信息和处理方法。对于不同的错误类型，系统需要弹出不同类型的提示对话框（询问、警告、禁止等）。

6.7.3　离线处理软件实现

图 6 - 35 ~ 图 6 - 37 为所设计的 POS 离线处理软件的界面图，包括主界面（软件启动画面）、IMU 文件输入和设置界面、GPS 文件输入和设置界面、惯性稳定平台文件输入（模式选择）和设置界面、杆臂参数设置界面、运行和输出界面、坐标转换界面以及提示和警告界面。

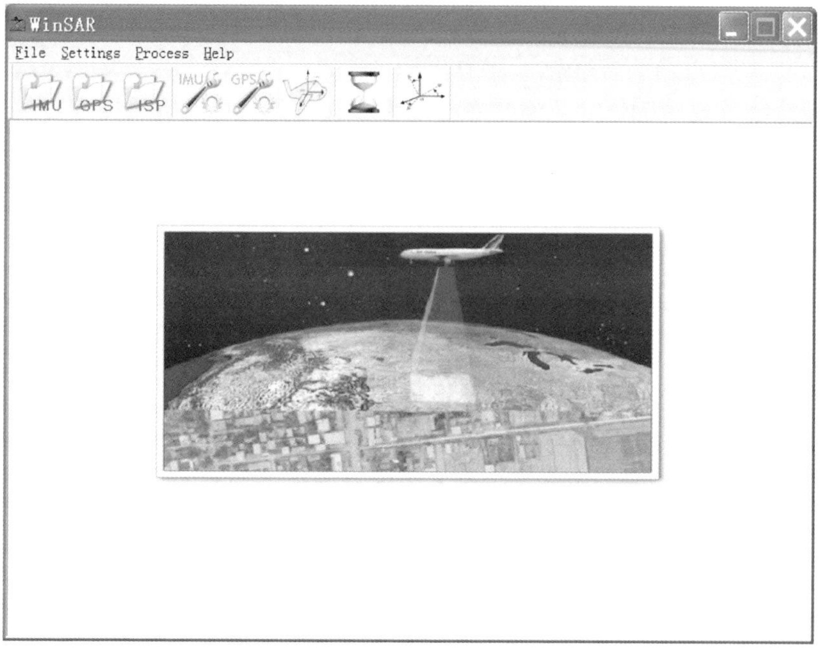

图 6－35　POS 离线处理软件启动画面

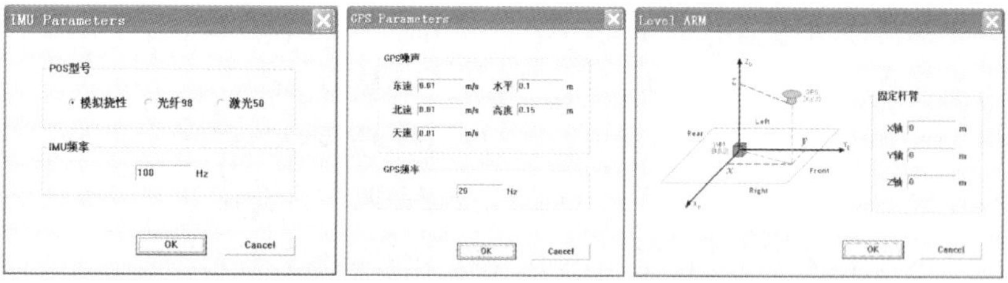

图 6－36　IMU(左)、GPS(中)和杆臂参数设置(右)对话框

图 6－37　模式选择(左)、坐标转换(右)对话框

参考文献

[1] 安培浚,高峰,曲建升. 对地观测系统未来发展趋势及其技术需求[J]. 遥感技术与应用,2010(6):28 - 29.

[2] 李德仁,童庆禧,李荣兴,等. 高分辨率对地观测的若干前沿科学问题[J]. 中国科学:地球科学,2012,42(6):805 - 813.

[3] 房建成. 高分辨率对地观测中的高精度实时运动成像基础研究[R]. 中国科技成果,2015.

[4] Zhong X ,Xiang M ,Yue H ,et al. Algorithm on the Estimation of Residual Motion Errors in Airborne SAR Images[J]. IEEE Transactions on Geoscience and Remote Sensing,2014,52(2):1311 - 1323.

[5] Xiaolin Gong,Rong Zhang. Analysis the effect of IMU calibration errors on SINS/GPS integration accuracy for airborne earth observation[C]//Proceedings of 3rd international symposium on information engineering and electronic commerce. 2011:38 - 42.

[6] 兰远鸽,刘毅锟,张宏刚,等. 航空摄影测量中位置姿态测量系统的现状分析[J]. 遥感信息,2013,28(6):121 - 124.

[7] 李道京,滕秀敏,潘舟浩. 分布式位置和姿态测量系统的概念与应用方向[J]. 雷达学报,2013,2(4):400 - 405.

[8] Hou H P,Qu C W,Zhou Q,et al. A Downward - looking Three - dimensional Imaging Method for Airborne FMCW SAR Based on Array Antennas[J]. Chinese Journal of Aeronautics,2011,24(1):55 - 64.

[9] Douglas J,Burke M,Ettinger G. High Resolution SAR ATR Performance Analysis [C]//Proceedings of SPIE,The International Society for Optical Engineering,Algorithms for Synthetic Aperture Radar Imagery XI. Bellingham:SPIE,2004,5427:293 - 301.

[10] 刘占超. 分布式 POS 系统飞行对准与误差标定方法研究[D]. 北京:北京航空航天大学,2015.

[11] 张永军,熊小东,王梦秋,等. 机载激光雷达点云与定位定姿系统数据辅助的航空影像自动匹配方法[J]. 测绘学报,2014,57(4):380 - 388.

[12] 程骏超. 机载高精度 POS 用激光陀螺 IMU 误差建模补偿方法与试验研究[D]. 北京:

北京航空航天大学,2014.

[13] Trimble Corporation. POS/AV Brochure[EB/OL]. http://www.trimble.com/posav.

[14] Leica Geosystems. IPAS20 Brochure[EB/OL]. http://www.leica-geosystems.com.

[15] AEROcontrol Brochure[EB/OL]. http://www.tectang.com/aerocontrol/.

[16] 杨胜. 小型高精度机载位置姿态测量系统关键技术及实验研究[D]. 北京:北京航空航天大学,2017.

[17] APX-15 EI UAV[EB/OL]. https://www.applanix.com/downloads/products/specs/APX15EI_UAV.pdf.

[18] APX-18 UAV[EB/OL] https://www.applanix.com/downloads/products/specs/APX18_UAV.pdf.

[19] APX-20 UAV [EB/OL]. https://www.applanix.com/downloads/products/specs/APX20_UAV.pdf.

[20] IMU-ISA-100C Brochure[EB/OL]. https://www.novatel.com/assets/Documents/Papers/IMUISA100CD 19539v2.pdf.

[21] 黄杨明. 基于有限状态机理论的导航软件设计与实现[D]. 长沙:国防科学技术大学,2006.

[22] 李宏生. 基于 DSP 的主从式紧耦合捷联导航计算机[J]. 中国惯性技术学报,2001(3):34-38.

[23] 李瑞芳. 基于国产 POS 和 SWDC 航摄相机集成系统的检校研究[D]. 焦作:河南理工大学,2011.

[24] 高兆伟. POS 辅助航空摄影测量应用方案对比分析[J]. 科技创新导报,2014(36):60-63.

[25] 张春慧. 高精度捷联式惯性导航系统算法研究[D]. 哈尔滨:哈尔滨工程大学,2005.

[26] Bortz J E. A New Mathematical Formulation for Strapdown Inertial Navigation[J]. IEEE Transactions on Aerospace and Electronic Systems,1971,AES-7(1):61-66.

[27] Lee J G,Mark J G,Tazartes D A,et al. Extension of strapdown attitude algorithm for high-frequency base motion[J]. Journal of Guidance, Control, and Dynamics, 1990, 13(4):738-743.

[28] Jiang Y F,Lin Y P. Improved strapdown coning algorithms[J]. IEEE Transactions on Aerospace and Electronic Systems,1992,28(2):484-490.

[29] 刘百奇. 机载高分辨率实时 SAR 运动补偿用 SINS/GPS 组合导航系统技术研究[D]. 北京:北京航空航天大学,2008.

[30] Li J L,Fang J C,Sam Ge S. Kinetics and Design of a Mechanically Dithered Ring Laser Gyroscope Position and Orientation System[J]. IEEE Transactions on Instrumentation and Measurement,2013,62(1):210-220.

[31] 康泰钟,钟麦英,李建利. 基于时间双向解算融合的 POS 事后处理算法[J]. 仪器仪表学报,2012,33(9):2067-2072.

[32] 秦永元. 惯性导航[M]. 北京:科学出版社,2006.

[33] 邓正隆. 惯性技术[M]. 哈尔滨:哈尔滨工业大学出版社,2006.

[34] 全伟,刘百奇,宫晓琳,等. 惯性/天文/卫星组合导航技术[M]. 北京:国防工业出版社,2011.

[35] 于波,陈云相,郭秀中. 惯性技术[M]. 北京:北京航空航天大学出版社,1994:173-193.

[36] 黄兵超. GPS/INS 组合导航系统研究[D]. 长沙:国防科学技术大学,2010.

[37] 王德明. 基于 DSP 的 GPS/MINS 组合陆地导航系统研制[D]. 南京:南京理工大学,2008.

[38] 司胜营. 星光/惯性组合导航系统分析与研究[D]. 哈尔滨:哈尔滨工业大学,2010.

[39] 张建波. 车载武器系统起竖仿真平台的研究与设计[D]. 哈尔滨:哈尔滨工程大学,2011.

[40] 王丹丹. 基于月球平动点轨道的星座自主定轨研究[D]. 郑州:解放军信息工程大学,2010.

[41] 吴清波. 多系统卫星导航兼容接收机关键技术研究[D]. 长沙:国防科学技术大学,2011.

[42] 陈俊平,张益泽,蔺玉亭,等. 一种单站多卫星系统时差监测的新方法[C]//第四届中国卫星导航学术年会论文集-S4 原子钟技术与时频系统. 2013:122-126.

[43] 汤廷松. 动态测量中时间同步技术研究与应用[D]. 郑州:解放军信息工程大学,2007.

[44] 罗浩菱. 基于光学干涉相位检测的 MEMS 陀螺信号读出技术研究[D]. 重庆:重庆大学,2011.

[45] Wei Quan, Jianli Li, Xiaolin Gong, et al. INS/CNS/GNSS Integrated Navigation Technology [M]. Beijing: National Defense Industry Press, 2015.

[46] 黄金山. GPS/SINS/SAR 组合导航系统信息融合及误差修正技术研究[D]. 西安:西安电子科技大学,2010.

[47] Jay Hyoun Kwon. Gravity Compensation Methods for Precision INS[C]. 60th Annual Meeting of the Institute of Navigation, Dayton, Ohio, USA, 2004:483-490.

[48] 张斌. 基于差分式高精度 GPS 的变电站移动机器人导航系统[D]. 济南:山东大学,2008.

[49] 高钟毓. 惯性导航系统技术[M]. 北京:清华大学出版社,2012.

[50] 贾国鹏. 基于 MEMS 陀螺仪的飞行器动导数测试系统研究[D]. 重庆:重庆大学,2015.

[51] 郭俊鸽. 简化的 MIMU/GPS 车载组合导航系统算法研究[D]. 南昌:南昌大学,2014.

[52] 蒋德杰. 基于惯性辅助卫星导航完好性监测研究[D]. 南京:南京航空航天大学,2012.

[53] 赵剡,吴发林,刘杨. 高精度卫星导航技术[M]. 北京:北京航空航天大学出版社,2016.

[54] 尹增亮. 组合导航系统在管道地理位置测量中的应用[D]. 沈阳:沈阳工业大学,2006.

[55] 武晓燕. 基于光纤陀螺的捷联惯导与卫星组合导航算法研究[D]. 北京:北京理工大学,2015.

[56] 于涛,胡炳樑,高晓惠,等. 高光谱干涉图像动态追踪补偿方法研究[J]. 光子学报,2016(07):41-46.

[57] Mostafa M,Hutton J. Direct Positioning and Orientation Systems:How Do They Work? What Is the Attainable Accuracy? [C]. The American Society of Photogrammetry and Remote Sensing Annual Meeting. St. Louis,Missour:ASPRS,2001:23-27.

[58] 马艳海. 机载高精度 POS 系统可观测度分析及滤波方法研究[D]. 北京:北京航空航天大学,2014.

[59] 郭佳. INS/GPS 组合系统的误差估计与补偿方法及实验研究[D]. 北京:北京航空航天大学,2017:1-153.

[60] 粟昆,朱庄生. POS 系统中数据存储电路的设计与实现[J]. 现代电子技术,2016(10):109-112.

[61] 程向红,万德钧,钟巡. 捷联惯导的可观测性和可观测度研究[J]. 东南大学学报,1997,27(6):6-11.

[62] 黄苹. 捷联惯导系统标定技术研究[D]. 哈尔滨:哈尔滨工程大学自动化学院,2005.

[63] 王宇. 机抖激光陀螺捷联惯导系统的初步探索[D]. 长沙:国防科学技术大学,2006.

[64] 严恭敏,秦永元. 捷联惯组中陀螺仪组合标定方法研究[J]. 弹箭与制导学报,2005,25(4):872-875.

[65] J J HALL,R L WILLIAMS. Case Study:Inertial Measurement Unit Calibration Platform[J]. Journal of RoboticSystems,2000,17(11):623-632.

[66] Zhao G L,Gao W,Zhang X,et al. Research on Calibration of Fiber Optic Gyro Units[C]. 3rd International Symposium on Systems and Control in Aeronautics and Astronautics,2010:809-814.

[67] Arunasish A,Smita S,Ghoshal T K. Improving Self-alignment of Strapdown INS Using Measurement Augmentation [C]//Proc. 12th International Conference on Information Fusion. Seattle,USA. 2009:1783-1789.

[68] 张广莹,邓正隆. 陀螺仪温度建模研究[J]. 仿真学报,2003,15(3):369-379.

[69] HONG W S,LEE K S. The Compensation Method for Thermal Bias of Ring Laser Gyro[C].

21st Annual Meeting of the IEEE Lasers and Electro – Optics Society,2008:723 – 724.

[70] Martti1 K J,Jussi C,Jarmo T. Bias Prediction for MEMS Gyroscopes[J]. IEEE Sensors Journal,2012,12(6):2157 – 2163.

[71] 杨国梁,徐烨烽,徐海刚. 基于 RBF 神经网络的光纤陀螺温度补偿[J]. 压电与声光,2010,32(3):361 – 363.

[72] 郭创,张宗麟,王金林,等. 激光陀螺仪温度特征点选择及补偿[J]. 光电工程,2006,33(6):130 – 134.

[73] Jin S L,Long X W,Wang F. Technology Research for Ring Laser Gyro to Overcome the Environmental Temperature Variation [J]. Acta Opticasinica,2006,26(3):409 – 414.

[74] 吴国勇,顾启泰,郑辛,等. 环形激光陀螺仪温度模型[J]. 清华大学学报,2003,43(2):180 – 183.

[75] 于旭东,张鹏飞,汤建勋,等. 机抖激光陀螺仪温度场的有限元模拟与实验[J]. 光学精密工程,2010,18(4):913 – 920.

[76] 张鹏飞,龙兴武. 机抖激光陀螺仪捷联系统中的惯性器件的温度补偿的研究[J]. 宇航学报,2006,27(3):522 – 526.

[77] Moghtaderi A,Flandrin P,Borgnat P. Trend Filtering Via Empirical Mode Decompositions [J]. Computational Statistics and Data Analysis,2013,58:114 – 126.

[78] Liu H T,Ni Z W,Li J Y. Extracting Trend of Time Series Based on Improved Empirical Mode Decomposition Method [C]//Proceedings of the 9th Asia – Pacific Web Conference on Advances in Data and Web Management. 2007:341 – 349.

[79] Li J L,Fang J C,Du M. Error Analysis and Gyro – bias Calibration of Analytic Coarse Alignment for Airborne POS [J]. IEEE Transactions. on Instrumentation and Measurement,2012,61(11):3058 – 3064.

[80] 王恺,杨巨峰,王立,等. 人工神经网络泛化问题研究综述[J]. 计算机应用研究,2008,25(12):3525 – 3533.

[81] Franco L,Jerez J,Bravo J. Role of Function Complexity and Network Size in the Generalization Ability of Feedforward Networks [C]//Proceedings of the 8th International Workshop on Artificial Neural Networks,Vilanovaila Geltru Spain. 2005:1 – 8.

[82] 杨海涛. 基于径向基函数网络的水下目标三维成像研究[D]. 大连:大连海事大学,2011.

[83] 王新龙,马闪. 光纤陀螺仪温度与标度因数非线性建模与补偿[J]. 北京航空航天大学学报,2009,35(1):28 – 31.

[84] 袁东玉,马晓川,刘宇鄢,等. 水下航行器动态初始对准算法研究[J]. 网络新媒体技术,2017.

[85] 房建成,祝世平,俞文伯. 一种新的惯导系统静基座快速初始对准方法[J]. 北京航空

航天大学学报,1999,25(6):728 - 731.
[86] 李建利,房建成,康泰钟. 机载 InSAR 运动补偿用激光陀螺位置姿态系统[J]. 仪器仪表学报,2012,33(7):1497 - 1504.
[87] 王新龙,申功勋. 一种快速精确的捷联惯导系统初始对准方法研究[J]. 中国惯性技术学报,2003,11(6):34 - 38.
[88] 程向红,郑梅. 捷联惯导系统初始对准中 Kalman 参数优化方法[J]. 中国惯性技术学报,2006,14(4):12 - 17.
[89] 秦永元,张洪钺,汪叔华. 卡尔曼滤波与组合导航原理[M]. 西安:西北工业大学出版社,1998.
[90] 李东明. 捷联式惯导系统初始对准方法研究[D]. 哈尔滨:哈尔滨工程大学,2006.
[91] 葛孚宁,尹洪亮. 激光惯导系统凝固坐标系粗对准方法[J]. 舰船科学技术,2014,36(6):121 - 124.
[92] 赵长山,秦永元,白亮. 基于双矢量定姿的摇摆基座粗对准算法分析与实验[J]. 中国惯性技术学报,2009,17(4):436 - 440.
[93] 洪慧慧,李杰,马幸,等. 捷联惯导系统初始对准技术综述[C]//中国宇航学会深空探测技术专业委员会第四届学术年会论文集. 2007,21:152 - 156.
[94] 万德钧,房建成. 惯性导航初始对准[M]. 南京:东南大学出版社,1998.
[95] Liu Xixiang,Zhao Yu,Liu Xianjun,et al. An Improved Self - alignment Method for Strapdown Inertial Navigation System based on Gravitational Apparent Motion and Dual - vector[J]. Review of scientific instruments,2014,V85(12):1 - 11.
[96] 魏春玲,张洪钺. 捷联惯导系统粗对准方法比较[J]. 航天控制,2000(3):16 - 21.
[97] Li Qian,Ben Yueyang,Sun Feng. A Novel Algorithm for Marine Strapdown Gyrocompass based on Digital Filter[J]. Measurement,2013,V46(1):563 - 571.
[98] 康泰钟. 惯性/卫星组合导航系统高精度快速抗扰动初始对准方法研究[D]. 北京:北京航空航天大学,2013.
[99] 韩晓英. 高精度机载光纤陀螺 POS 误差补偿与对准方法及实验研究[D]. 北京:北京航空航天大学,2013.
[100] 袁信,俞济祥,陈哲. 导航系统[M]. 北京:航空工业出版社,1993.
[101] 吴枫,秦永元,周琪. 间接解析自对准算法误差分析[J]. 系统工程与电子技术,2013,35(3):586 - 590.
[102] 宫晓琳,房建成. 基于预测滤波的捷联惯导任意双位置对准方法[J]. 北京航空航天大学学报,2003.
[103] 张爱军. 水下潜器组合导航定位及数据融合技术研究[D]. 南京:南京理工大学,2009.
[104] 练军想. 捷联惯导动基座对准新方法及导航误差抑制技术研究[D]. 长沙:国防科学

技术大学,2007.

[105] 房建成,周锐,祝世平. 捷联惯导系统动基座对准的可观测性分析[J]. 北京航空航天大学学报,1999,25(6):714 - 719.

[106] 杨静,张洪钺,李骥. 预测滤波理论在惯导非线性对准中的应用[J]. 中国惯性技术学报,2003,11(6):44 - 52.

[107] 以光衢. 惯性导航原理[M]. 北京:航空工业出版社,1987.

[108] Li Jianli,Jia Lidong,Liu Gang. Multisensor Time Synchronization Error Modeling and Compensation Method for Qistributed Pos[J]. IEEE transactions on Instrumentation and Measurement,2016,65(11):2637 - 2645.

[109] 周姜滨,袁建平,岳晓奎,等. 一种快速精确的捷联惯性导航系统静基座自主对准新方法研究[J]. 宇航学报,2008,29(1):133 - 137.

[110] 郭勇. 捷联惯导静基座初始对准技术仿真[J]. 传感器世界,2014,20(8):24 - 27.

[111] 宫晓琳,房建成. 模型预测滤波在机载 SAR 运动补偿 POS 系统中的应用[J]. 航空学报,2008,29(1):102 - 109.

[112] Kalman R E . New Results in Linear Filtering and Prediction Theory [J] . J. Basic Eng. ASME Trans. ser. D,1960,83.

[113] Senne K . Review of Stochastic Processes and Filtering Theory – Andrew H. Jazwinski[J]. IEEE Transactions on Automatic Control,1972,17(5):752 - 753.

[114] Jazwinski A H . Nonlinear and Adaptive Estimation in Reentry[J]. Aiaa Journal,2015,11.

[115] Julier S J ,Uhlmann J K . New Extension of the Kalman Filter to Nonlinear Systems[C]//Signal Processing,Sensor Fusion,and Target Recognition VI. International Society for Optics and Photonics,1997.

[116] Carvalho H,Del Moral P,Monin A,et al. Optimal Nonlinear Filtering in GPS/INS Integration[J]. IEEE Transactions on Aerospace and Electronic Systems,1997,33(3):835 - 850.

[117] Arulampalam S,Maskell S,Gordan N,et al. A Tutorial on Particle Filters for Online Non – Linear/Non – Gaussian Bayesian Tracking[J]. IEEE Transactions on Signal Processing,2002,50(2):174 - 188.

[118] 雷明,韩崇昭,肖梅. 扩展卡尔曼粒子滤波算法的一种修正方法[J]. 西安交通大学学报,2005,39(8):824 - 827.

[119] Andrieu C,Freitas N D,Doucet A. Sequential MCMC for Bayesian Model Selection[C]//Proceedings of the IEEE Signal Processing Workshop on IEEE. 2002:130 - 134.

[120] 宁晓琳,宫晓琳,李建利. 先进滤波方法及其在导航中的应用[M]. 北京:国防工业出版社,2019.

[121] Broatch S A,Henley A J. An Integrated Navigation System Manager Using Federated Kalman Filtering[C]//Proceedings of the IEEE 1991 National,IEEE. 1991,1:422 - 426.

[122] 曹全．高精度 POS 杆臂误差估计与补偿方法及实验研究[D]．北京:北京航空航天大学,2017.

[123] Blazquez M, Colomina I. Relative INS/GNSS Aerial Control in Integrated Sensor Orientation: Models and Performance[J]. ISPRS Journal of Photogrammetry and Remote Sensing, 2012, V67(1):120 – 133.

[124] Meskin G, Itzhack B. Observability Analysis of Piece – wise Constant Systems, Part I: Theory [J]. IEEE Trans. on Aerospace and Electronic System, 1992, 28(4):1056 – 1067.

[125] M J Yu, J G Lee, H W Park. Comparison of SDINS In – flight Alignment using Equivalent Error Models [J]. IEEE Transactions on Aerospace and Electronic Systems, 1999, 35(3): 1046 – 1053.

[126] Eun – Hwan Shin, Naser Ei – Sheimy. An Unscented Kalman Filter for In – Motion Alignment of Low – Cost IMU [C]. IEEE PLANS Position Location and Navigation Symposium. Piscataway: IEEE, 2004:273 – 279.

[127] Bevly D M, Parkinson B. Cascaded Kalman Filters for Accurate Estimation of Multiple Biases, Dead – Reckoning Navigation, and Full State Feedback Control of Ground Vehicles [J]. IEEE Transactions on Control Systems Technology, 2007, 15(2):199 – 208.

[128] 刘准,陈哲．条件数在系统可观测性分析中的应用研究[J]．系统仿真学报,2004,16(7):1552 – 1555.

[129] 刘百奇,房建成．一种基于可观测度分析的 SINS/GPS 自适应反馈校正滤波新方法[J]．航空学报,2008,(02):430 – 436.

[130] Chatterjee A, Matsuno F. A Neuro – Fuzzy Assisted Extended Kalman Filter – Based Approach for Simultaneous Localization and Mapping(SLAM) Problems[J]. IEEE Transactions on Fuzzy Systems, 2007, 15(5):984 – 997.

[131] Loebis D, Sutton R, Chudley J, et al. Adaptive Tuning of a Kalman Filter via Fuzzy Logic for an Intelligent AUV Navigation System[J]. Control Engineering Practice, 2004, 12:1531 – 1539.

[132] Kim K H, Lee J G, Park C G. Adaptive Two – stage Extended Kalman Filter for a Fault – Tolerant INS – GPS Loosely Coupled System[J]. IEEE Transactions on Aerospace and Electronic Systems, 2009, 45(1):125 – 137.

[133] Scherzinger B M. Inertial Navigator Error Models for Large Heading Uncertainty[C]. IEEE PLANS'96, 1996:477 – 484.

[134] Hong H S, Park C G, Lee J G. A Leveling Algorithm for an Underwater Vehicle using Extended Kalman Filter[C]//IEEE Proceeding of Position Location and Navigation Symposium. CA, USA. 1998:280 – 285.

[135] Kim K, Park C G. In Flight Alignment Algorithm Based on Non – Symmetric Unscented

Transformation[C]. SICE - ICASE International Joint Conference,2006:4916 - 4920.

[136] 曹娟娟,房建成,盛蔚. 大失准角下 MIMU 空中快速对准技术[J]. 航空学报,2007,28(6):1395 - 1400.

[137] 马瑞平,魏东,张明廉. 一种改进的自适应卡尔曼滤波及在组合导航中的应用[J]. 中国惯性技术学报,2006,14(6):37 - 40.

[138] 高翌春. 遥感用高精度 POS 系统算法优化设计及数据存储模块研究[D]. 北京:北京航空航天大学,2007.

[139] Wong R V C,Schwarz K P,Cannon M E. High Accuracy Kinematic Positioning by GPS - INS Navigation[J]. Journal of the Institute of Navigation,1988,35(2):275 - 287.

[140] 林敏敏,房建成,高国江. GPS/SINS 组合导航系统混合校正卡尔曼滤波方法[J]. 中国惯性技术学报,2003,11(3):29 - 33.

[141] 郭智,丁赤飚,房建成,等. 一种高分辨率机载 SAR 的运动补偿方案[J]. 电子与信息学报,2004,26(2):174 - 180.

[142] 宫晓琳. 机载对地观测成像用 SINS/DGPS 组合滤波方法及实验研究[D]. 北京:北京航空航天大学,2009.

[143] Meditch J S. On Optimal Linear Smoothing Theory [J]. Inform. Control,1967,10:598 - 615.

[144] Rauch H E,Tung F C,Striebel T. Maximum Likelihood Estimates of Linear Dynamic System [J]. AIAA Journal,1965,3(80):1445 - 1450.

[145] Bierman G J. A New Computationally Efficient Fixed - interval, Discrete - time Smoother [J]. Automatica,1983,19(5):503 - 511.

[146] Applanix. POSPac User Manual[M]. Ontario:Applanix Corporation,2002.

[147] Julier S J,Uhmann J K. New Extension of the Kalman Filter to Nonlinear Systems[C]. The 11th international symposium on aerospace/defense sensing,simulation and controls,Orlando,FL,Citeseer,1997.

[148] 张瑜,房建成. 基于 Unscented 卡尔曼滤波器的卫星自主天文导航研究[J]. 宇航学报,2003,24(6):646 - 650.

[149] 郑琛瑶,董真杰,张维全. 粒子滤波和无轨迹粒子滤波算法比较[J]. 舰船电子工程,2014,34(12):47 - 49,61.

[150] Chopin N. Central Limit Theorem for Sequential Monte Carlo Methods and Its Application to Bayesian Inference[J]. Annals of Statistics,2004,32(6):2385 - 2411.

[151] 张天一. BDII - SINS 组合导航在某型导弹中的应用研究[D]. 北京:北京理工大学,2016.

[152] Long A,Leung D,Folta D,et al. Autonomous Navigation of High - earth Satellites Using Celestial Objects and Doppler Measurements[C]. AIAA/AAS Astrodynamis Specialist Confer-

ence, Denver, CO, Aug, 2000:14 – 17.

[153] Doucet A, Gordon N J, Krishnamurthy V. Particle Filters for State Estimation of Jump Markov Linear Systems[M]. IEEE Press, 2001.

[154] Liu J S, Chen R. Sequential Monte Carlo Methods for Dynamic Systems[J]. Journal of the American Statistical Association, 1998, 93(443):1032 – 1044.

[155] Ge lb A. Applied Optimal Estimation[M]. Cambridge:The MIT Press, 1974.

[156] Särkkä S, Hartikainen J. On Gaussian Optimal Smoothing of Nonlinear State Space Models [J]. IEEE Transactions on Automatic Control, 2010, 55(8):1938 – 1941.

[157] Bar – Shalom Y, Li X R, Kirubarajan T. Estimation with Applications to Tracking and Navigation[M]. New York:Wiley Interscience, 2001.

[158] Julier S, Uhlmann J, Durrant Whyte H F. A New Method for Nonlinear Transformation of Means and Covariances in Filters and Estimators[J]. IEEE Transactions Automa – tic Control, 2000, 45:477 – 482.

[159] Wan E A, Merwe R. The Unscented Kalman Filter in Kalman Filtering and Neural Networks [M]. New York:Wiley, 2001.

[160] Simo Särkkä. Unscented Rauch – Tung – Striebel Smoother [J]. IEEE Trans. on Automatic Control, 2008, 53(3):845 – 849.

[161] 付梦印. Kalman 滤波理论及其在导航系统中的应用[M]. 北京:科学出版社, 2003.

[162] Zhang Y M, Dai G Z, Zhang H C, et al. A SVD – Based Extended Kalman Filter and Applications to Aircraft Flight State and Parameter Estimation[C]//Proceedings of American Control Conference. 1994:1809 – 1813.

[163] Watanabe K. A New Forward – Pass Fixed – Interval Smoother Using U – D Information Matrix Factorization[J]. Automatica, 1986, 22(4):465 – 476.

[164] 张友民, 焦凌云, 陈洪亮, 等. 基于奇异值分解的固定区间平滑新方法[J]. 控制理论与应用, 1997, 14(4):579 – 583.

[165] Wang L, Gaetan L, Pierre M. Kalman Filter Algorithm Based on Singular Value Decomposition[C]//Proceedings of the 31st Conference on Decision and Control. 1992:1224 – 1229.

[166] 吴海仙, 俞文伯, 房建成. 高空长航时无人机 SINS/CNS 组合导航系统仿真研究[J]. 航空学报, 2006, 27(2):299 – 304.

[167] 宫晓琳, 房建成. 基于 SVD 的 R – T – S 最优平滑在机载 SAR 运动补偿 POS 系统中的应用[J]. 航空学报, 2009, 30(02):311 – 318.

[168] 邱宏波, 周章华, 李延. 光纤捷联惯导系统高阶误差模型的建立与分析[J]. 中国惯性技术学报, 2007, 15(5):530 – 535.

[169] 孙红星, 袁修孝, 付建红. 航空遥感中基于高阶 INS 误差模型的 GPS/INS 组合定位定向方法[J]. 测绘学报, 2010, 39(1):28 – 33.

[170] Han Songlai, Wang Jinling. Quantization and Colored Noises Error Modeling for Inertial Sensors for GPS/INS Integration[J]. IEEE Sensors Journal, 2011, 11(6): 1493 - 1503.

[171] 丁传炳,王良明,常思江. 制导火箭弹 GPS/INS 全组合导航系统仿真研究[J]. 仪器仪表学报,2010,31(5):1179 - 1183.

[172] Blankinship K G. A General Theory for Inertial Navigator Error Modeling[C]. IEEE Position, Location and Navigation Symposium, Monterey, CA, 2008: 1152 - 1166.

[173] Han - Wen Hsu, Chi - Min Liu. Autoregressive Modeling of Temporal/Spectral Envelopes With Finite - Length Discrete Trigonometric Transforms[J]. IEEE Transactions on Signal Processing, 2010, 58(7): 3692 - 3075.

[174] Chengpu Yu, Cishen Zhang, Lihua Xie. Blind Identification of Multi - Channel ARMA Models Based on Second - Order Statistics[J]. IEEE Transactions on Signal Processing, 2012, 60(8): 4415 - 4420.

[175] Philip Tamburello, Lamine Mili. Robustness Analysis of the Phase - Phase Correlator to White Impulsive Noise With Applications to Autoregressive Modeling[J]. IEEE Transactions on Signal Processing, 2012, 60(11): 6053 - 6057.

[176] 陈霖周廷. 机载位置姿态测量系统的高精度误差处理方法及实验研究[D]. 北京:北京航空航天大学,2014.

[177] Lan Du, Hongwei Liu. Radar HRRP Statistical Recognition: Parametric Model and Model Selection[J]. IEEE Transactions on Signal Processing, 2008, 56(5): 1931 - 1943.

[178] 徐琨,贺昱曜,闫茂德. 全球定位系统动态定位误差分析与建模[J]. 西安电子科技大学学报,2008(04):749 - 753.

[179] P C Young, S H Shellwel. Time Series Analysis, Forecasting and Control[J]. IEEE Transactions on Automatic Control, 1972, 17(2): 281 - 283.

[180] Bidisha Ghosh, Biswajit Basu. Multivariate Short - Term Traffic Flow Forecasting Using Time - Series Analysis [J]. IEEE Transactions on Intelligent Transportation Systems, 2009, 10(2): 246 - 254.

[181] Maiying Zhong, Quan Cao, Jia Guo, et al. Simultaneous Lever Arm Compensation and Disturbance Attenuation of POS for a UAV Surveying System[J]. IEEE Transactions on Instrumentation and Measurement, 2016, 65(12): 2828 - 2839.

[182] Xiaolin Gong, Tingting Qin. Airborne Earth Observation Positioning and Orientation by SINS/GPS Integration Using CD R - T - S smoothing[J]. Journal of navigation, 2014, 67(2): 211 - 225.

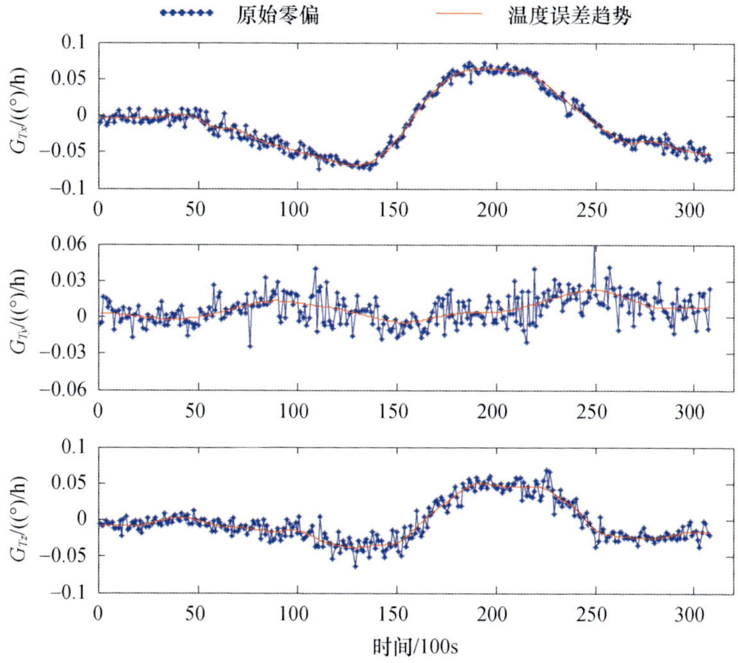

图 3-12　原始零偏和温度误差项

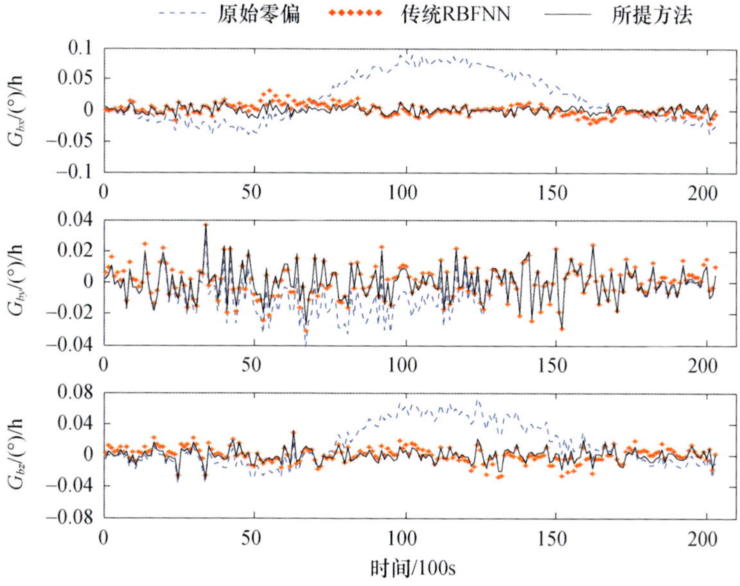

图 3-13　陀螺仪零偏随温度变化曲线(±1℃/min)

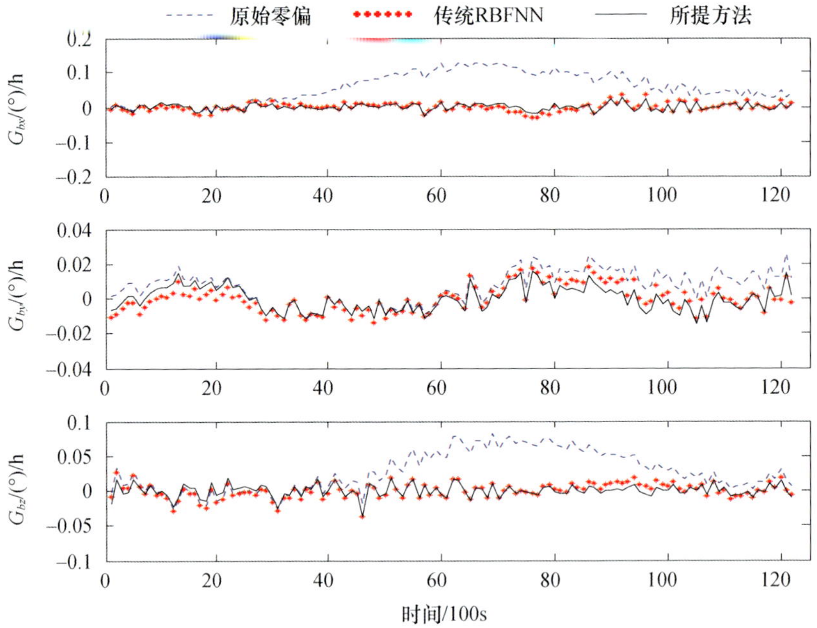

图 3-14　陀螺仪零偏随温度变化曲线(±3℃/min)

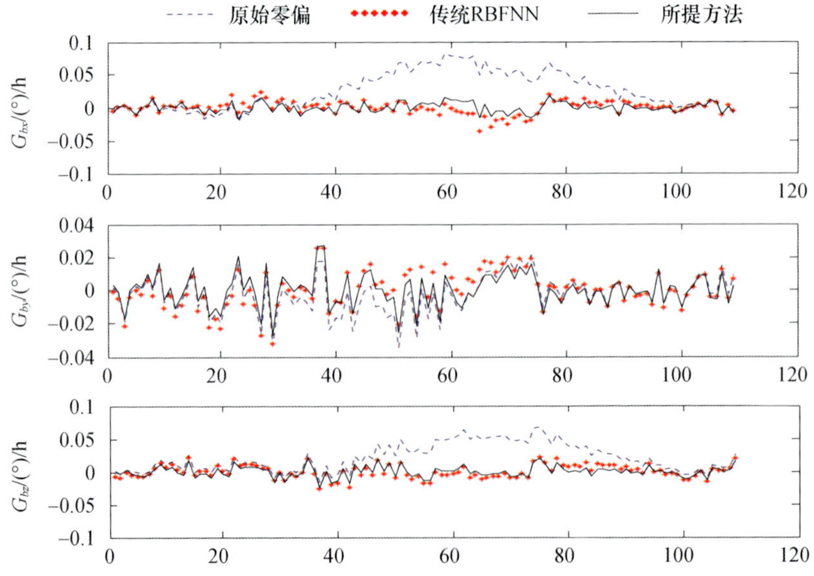

图 3-15　陀螺仪零偏随温度变化曲线(±5℃/min)

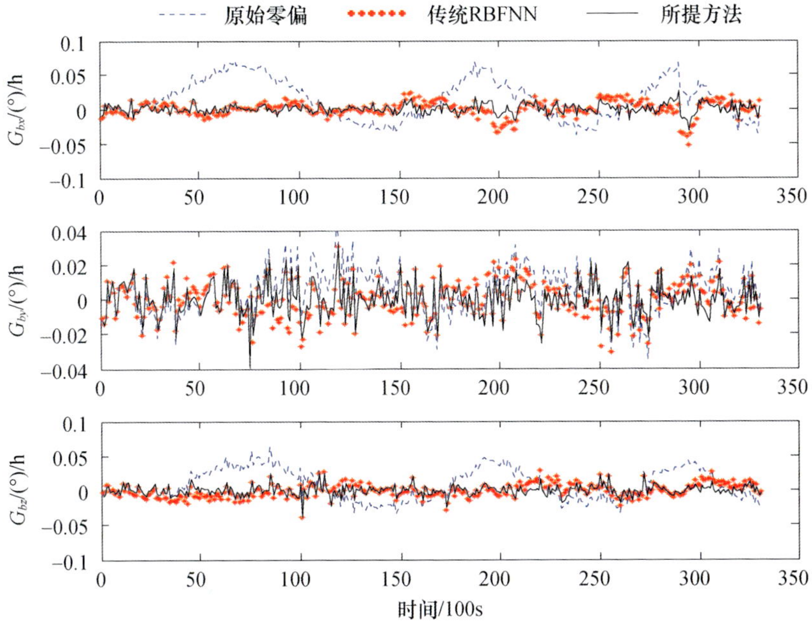

图 3－16　陀螺仪零偏随温度变化曲线（升降温速率为 1～5℃/min）

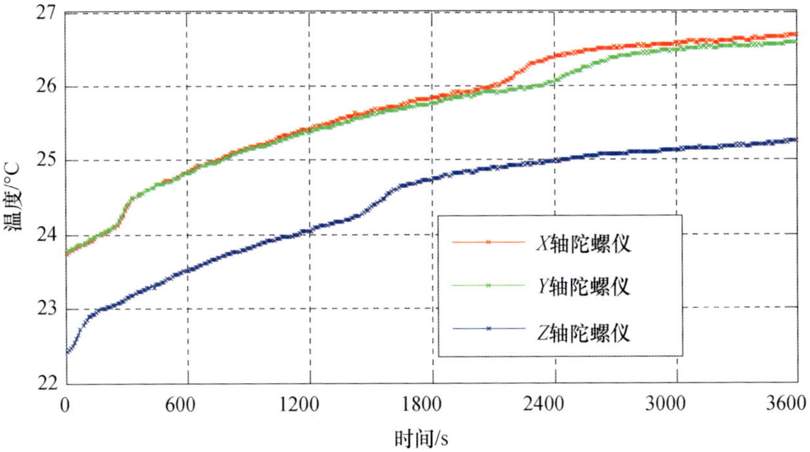

图 3－20　静态实验中陀螺仪温度变化曲线

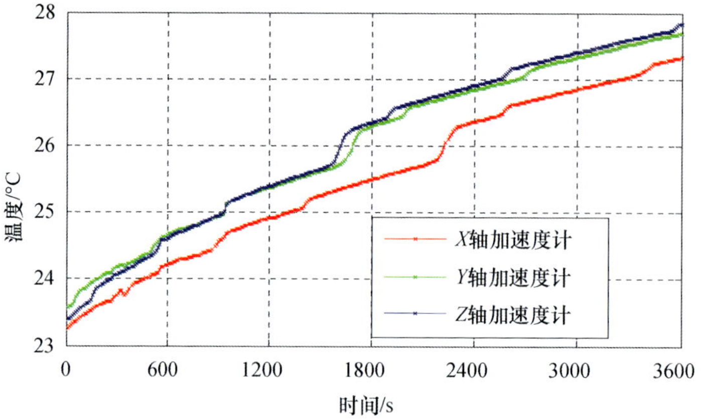

图 3－21 静态实验中加速度计温度变化曲线

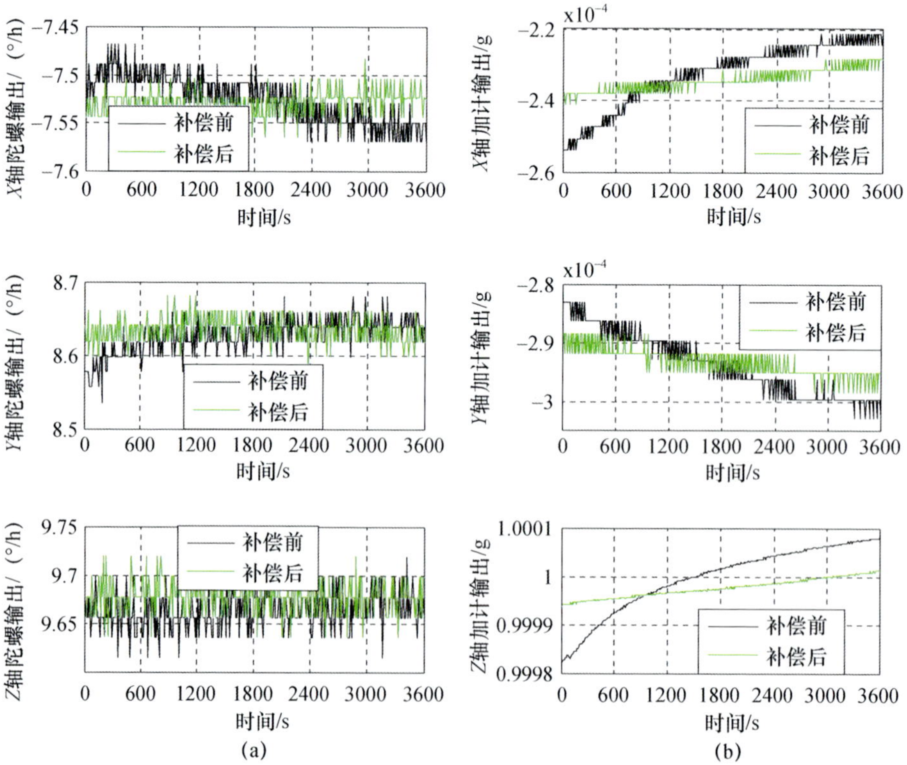

图 3－22 光纤陀螺仪 IMU 惯性器件输出温度补偿前后对比

(a)陀螺仪输出结果对比;(b)加速度计输出结果对比。

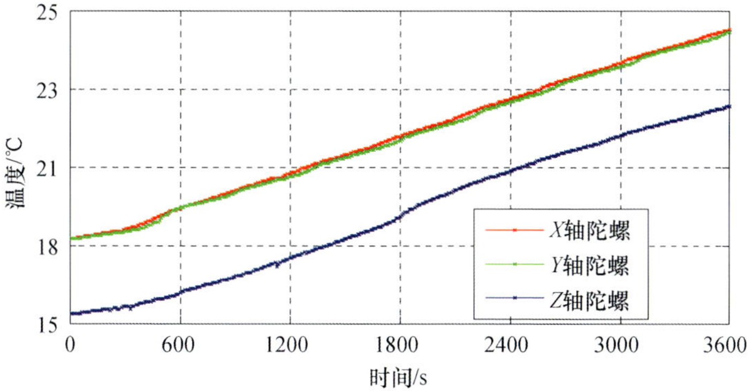

图 3－24　车载实验中陀螺仪温度变化曲线

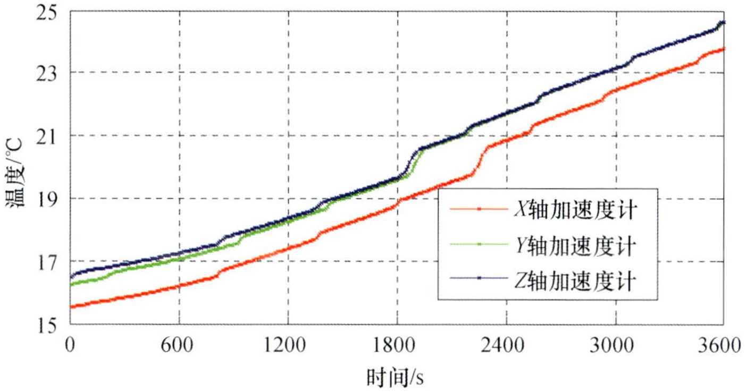

图 3－25　车载实验中加速度计温度变化曲线

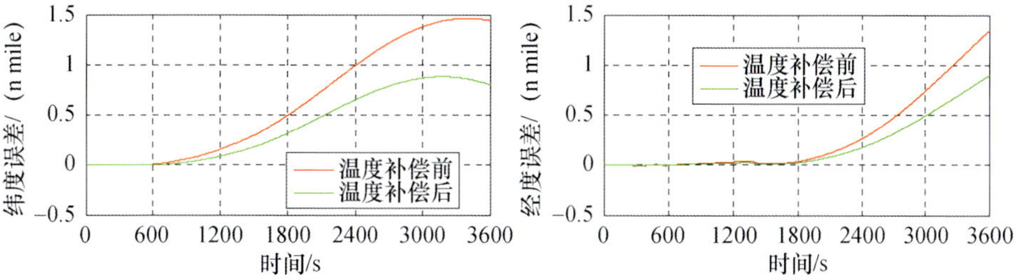

(a)　(b)

图 3－26　车载实验中温度补偿前后经、纬度误差对比曲线

(a)温度补偿前后纬度误差对比曲线;(b)温度补偿前后经度误差对比曲线。

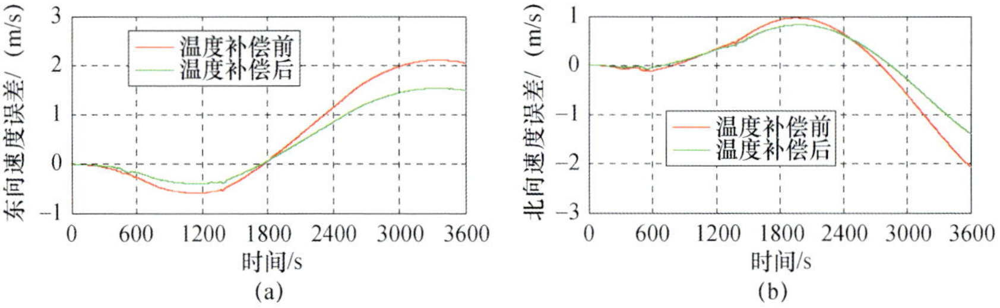

图 3-27 车载实验中温度补偿前后水平速度误差对比曲线

(a)温度补偿前后东向速度误差对比曲线；(b)温度补偿前后北向速度误差对比曲线。

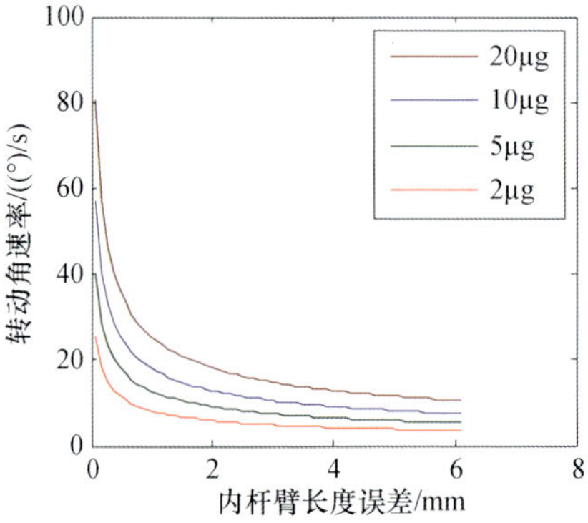

图 3-30 内杆臂长度与输入转动角速度导致的尺寸效应加速度误差曲线

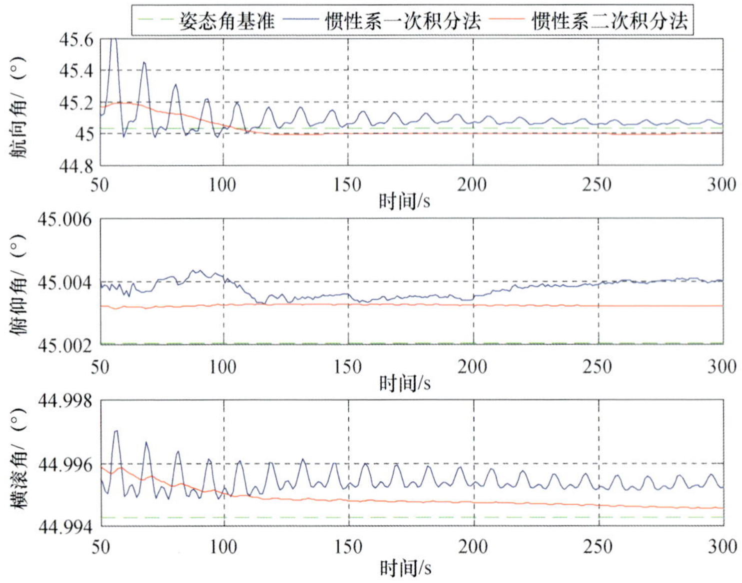

图 4-3 不同粗对准方法对准结果示意图

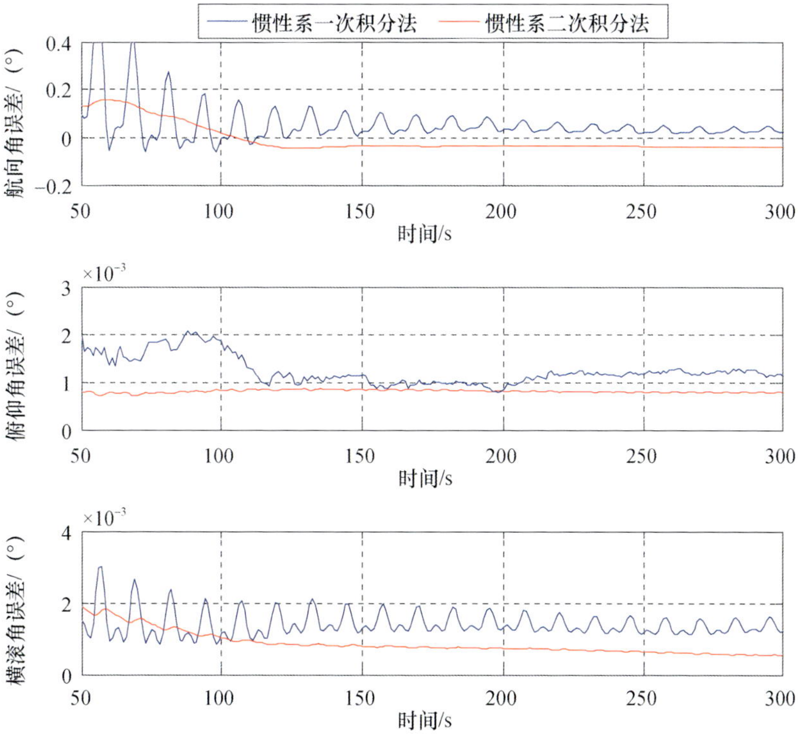

图 4-4 不同粗对准方法姿态角对准误差比较示意图

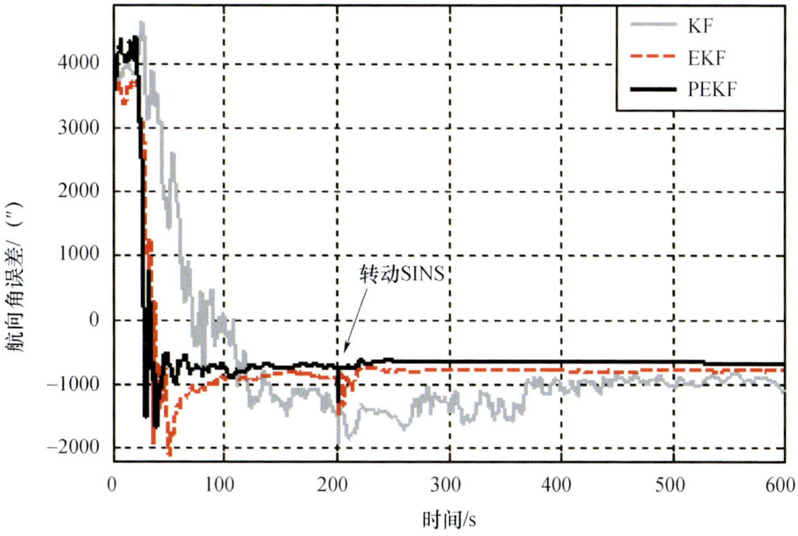

图 4-5 航向角估计误差曲线

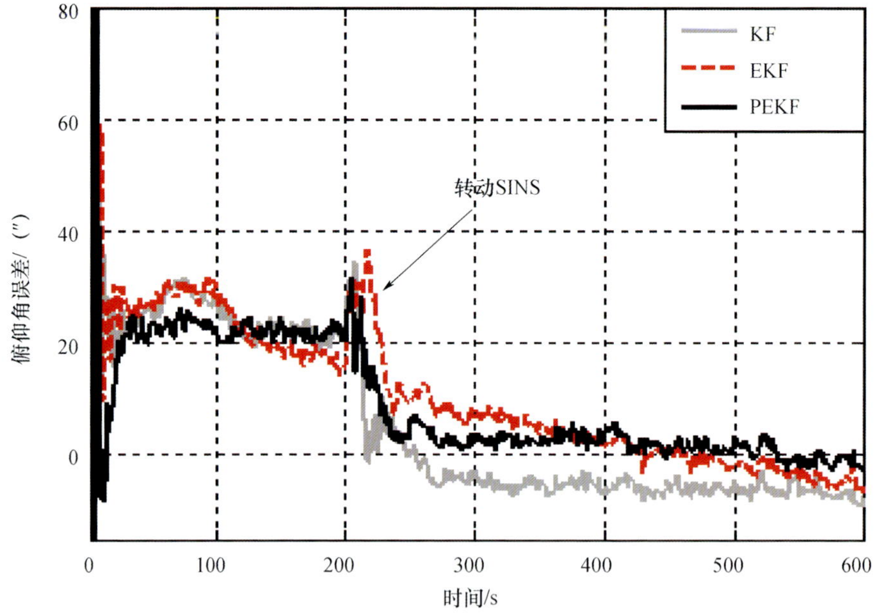

图 4－6　俯仰角估计误差曲线

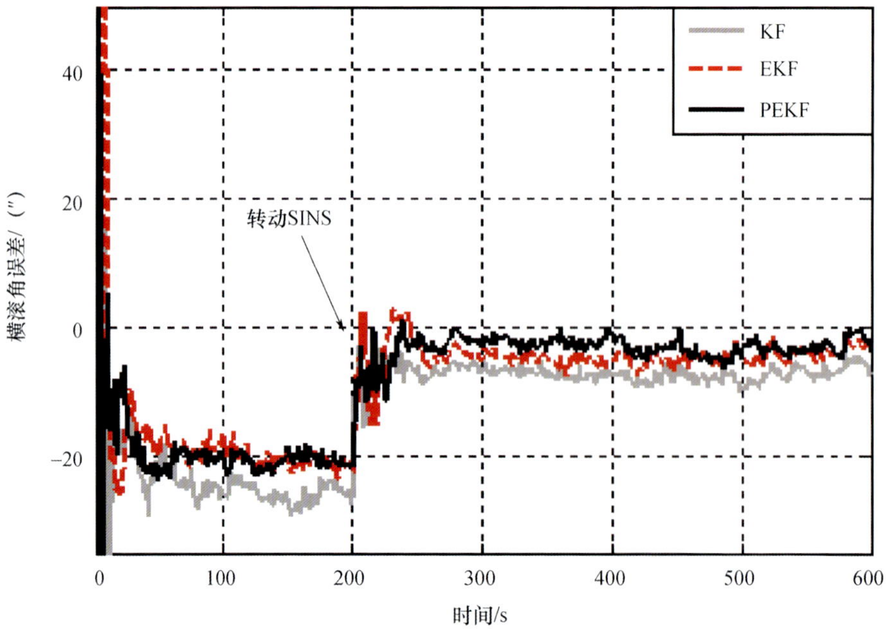

图 4－7　横滚角估计误差曲线

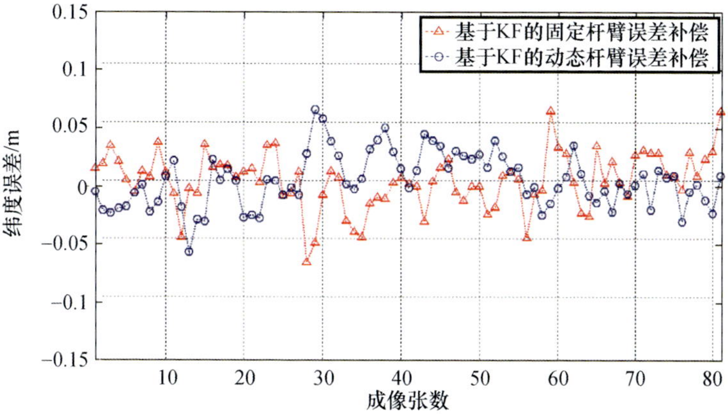

(a)

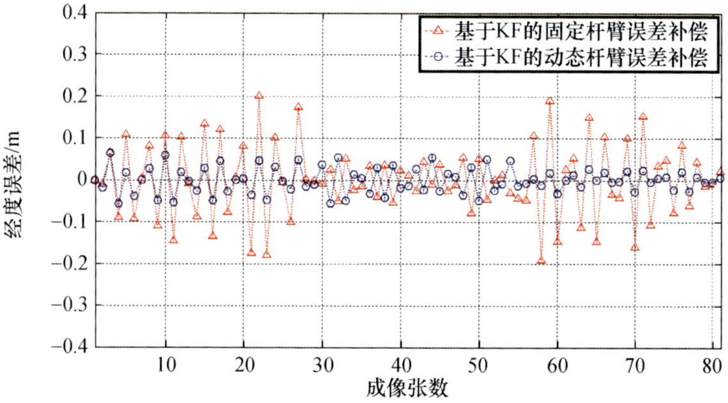

(b)

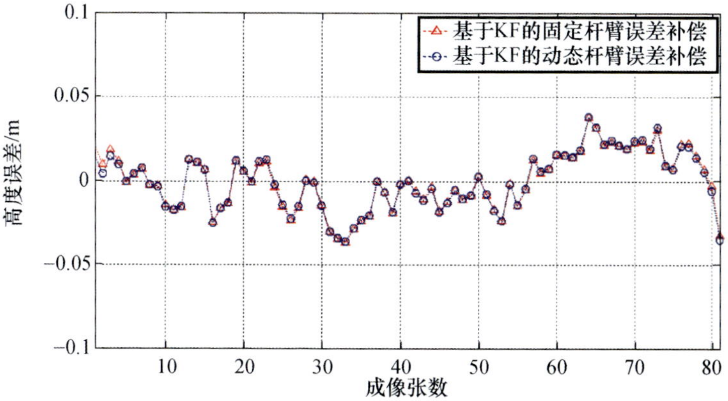

(c)

图 5－8　基于卡尔曼滤波的不同杆臂误差补偿方法的位置精度对比

(a)纬度误差;(b)经度误差;(c)高度误差。

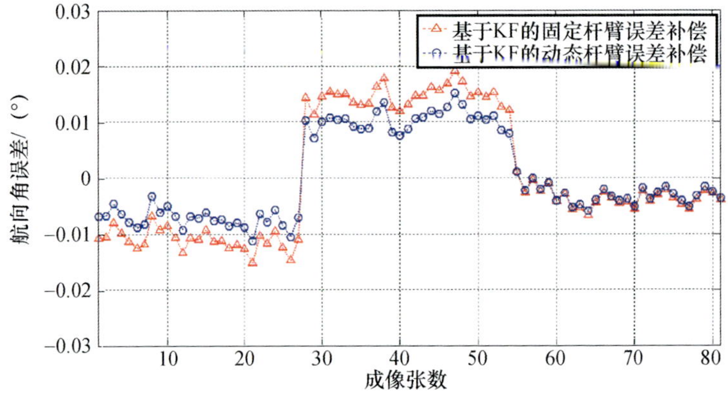

(a)

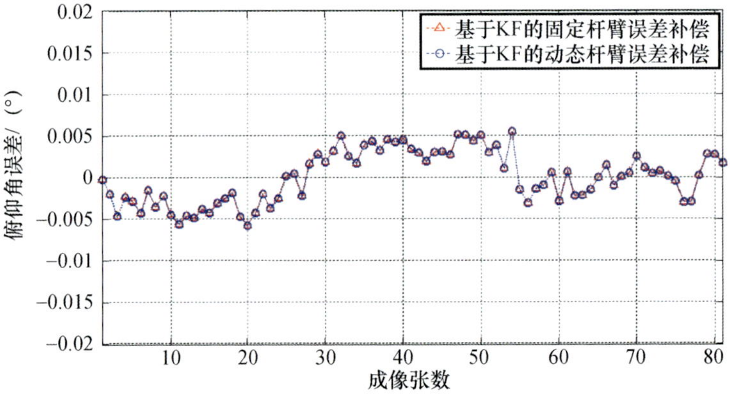

(b)

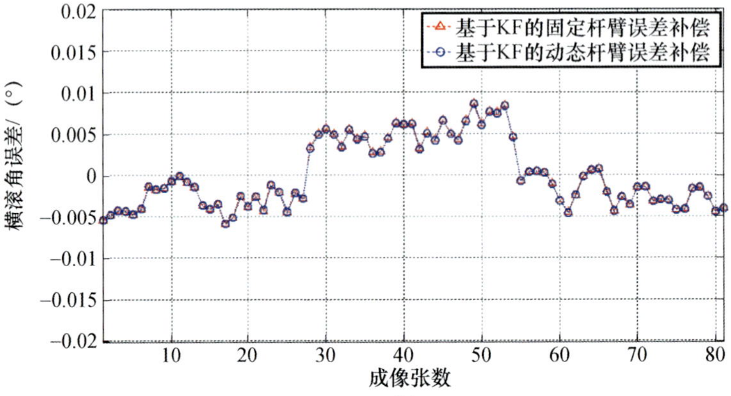

(c)

图 5－9　基于卡尔曼滤波的不同杆臂误差补偿方法的姿态精度对比

(a)航向角误差;(b)俯仰角误差;(c)横滚角误差。

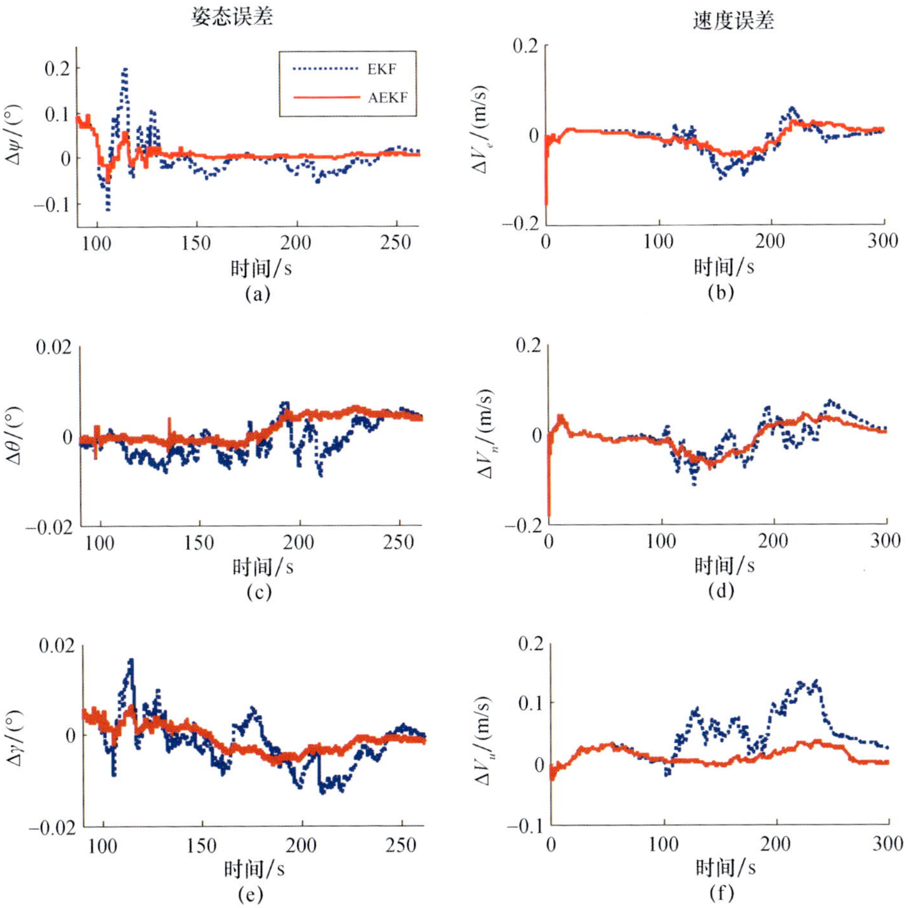

图 5－20　对准过程姿态速度误差曲线(情况 1)

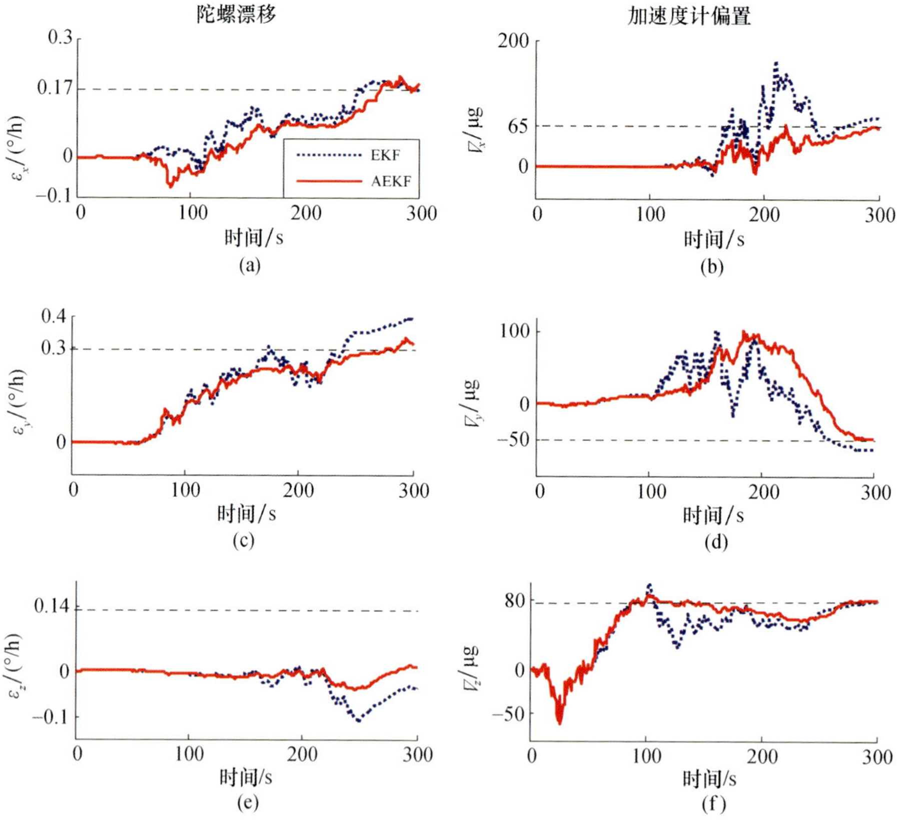

图 5-21　对准过程惯性器件误差估计曲线(情况 1)

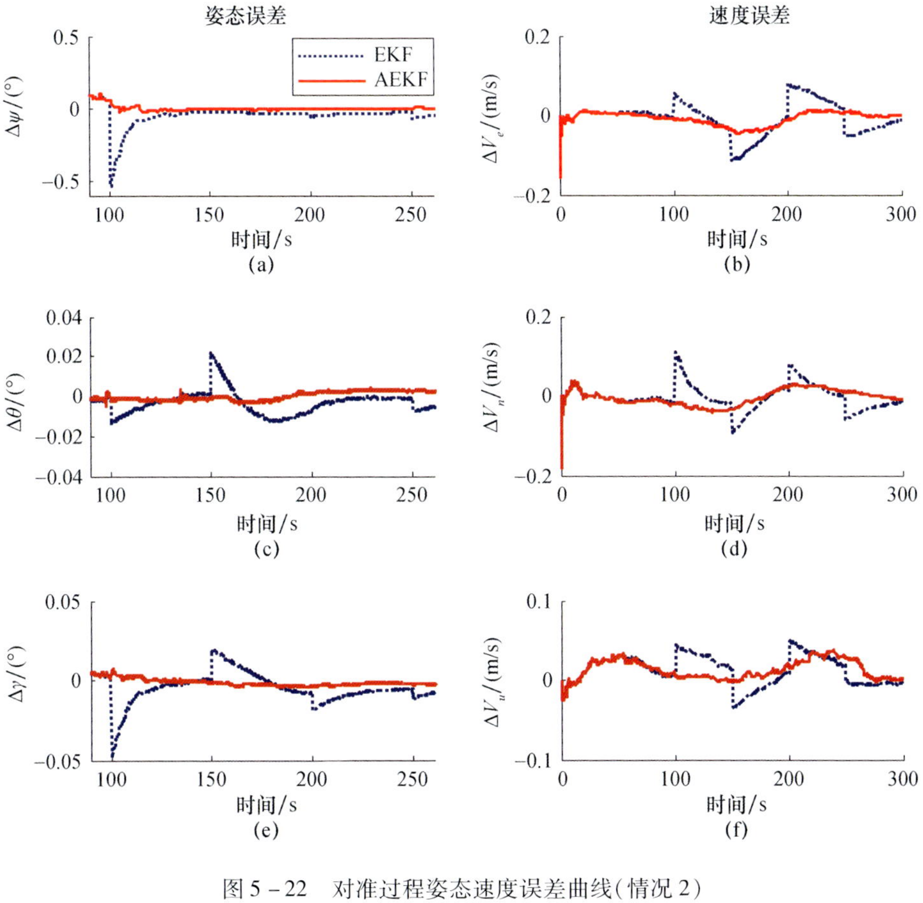

图 5－22　对准过程姿态速度误差曲线(情况 2)

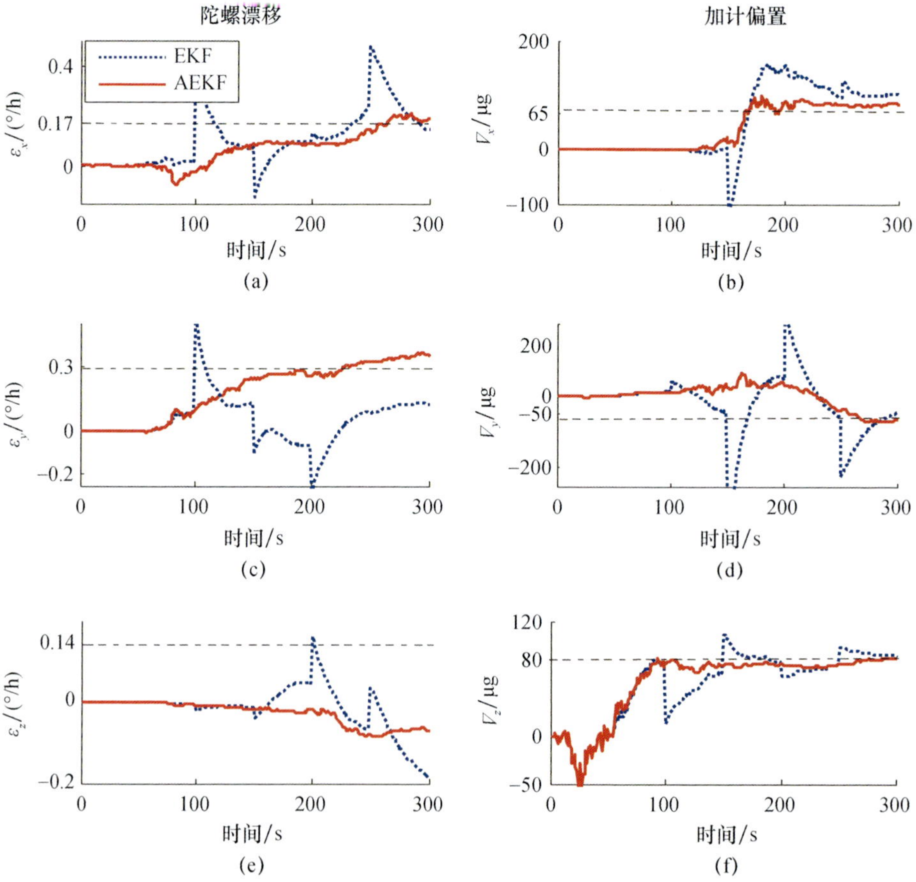

图 5－23　对准过程惯性器件误差估计曲线(情况 2)

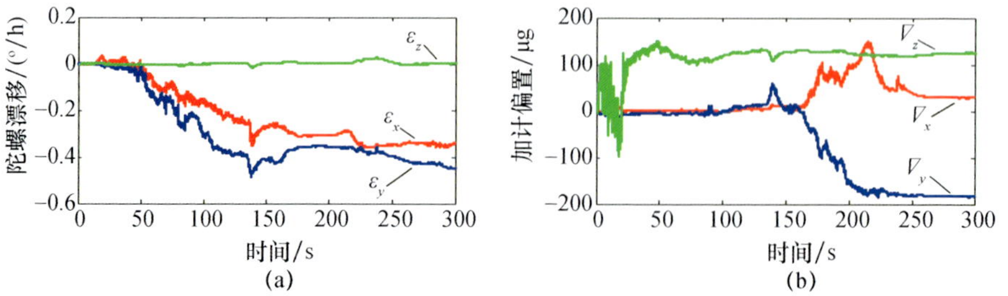

图 5－27　对准过程惯性器件误差估计

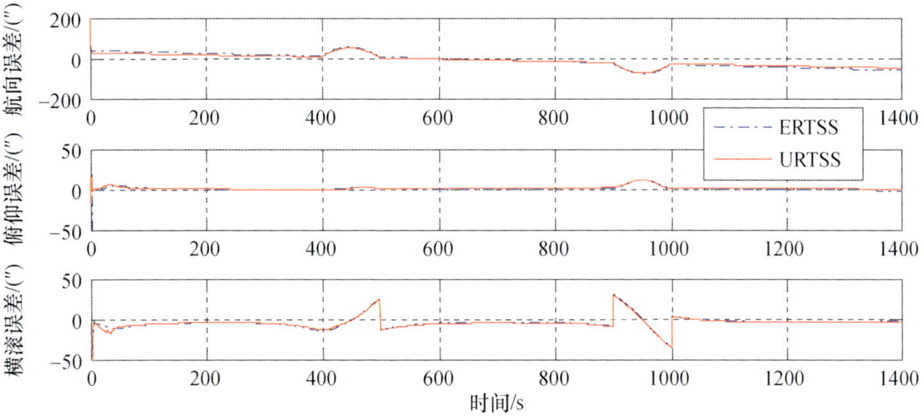

(a)

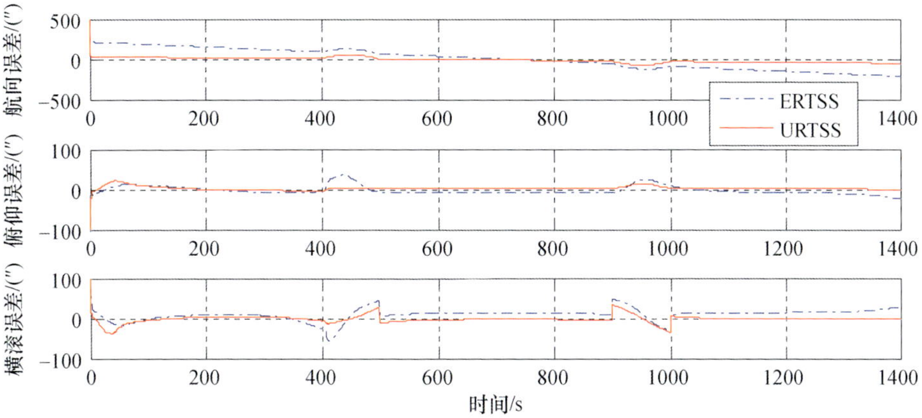

(b)

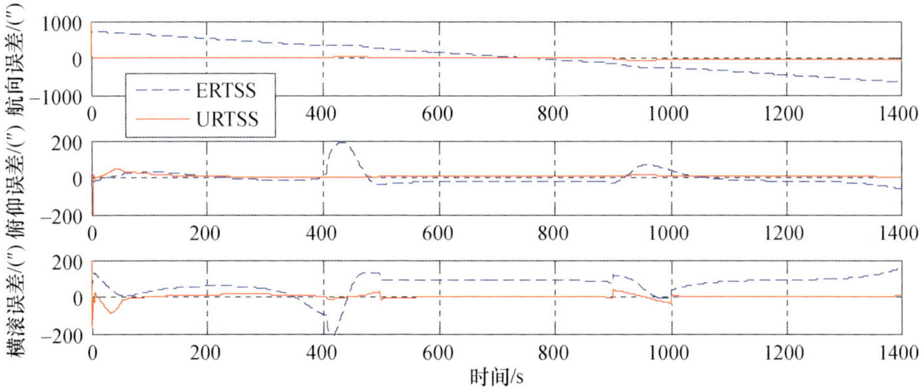

(c)

图 6 – 26　不同情况下的姿态估计误差情况

(a)情况 A:初始姿态误差为 10°;(b)情况 B:初始姿态误差为 20°;(c)情况 C:初始姿态误差为 30°。

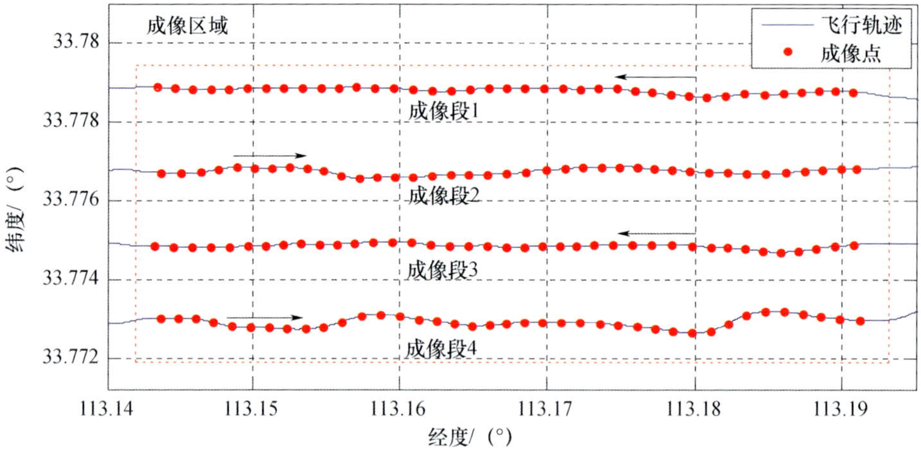

图 6－29　飞行实验的四个成像段

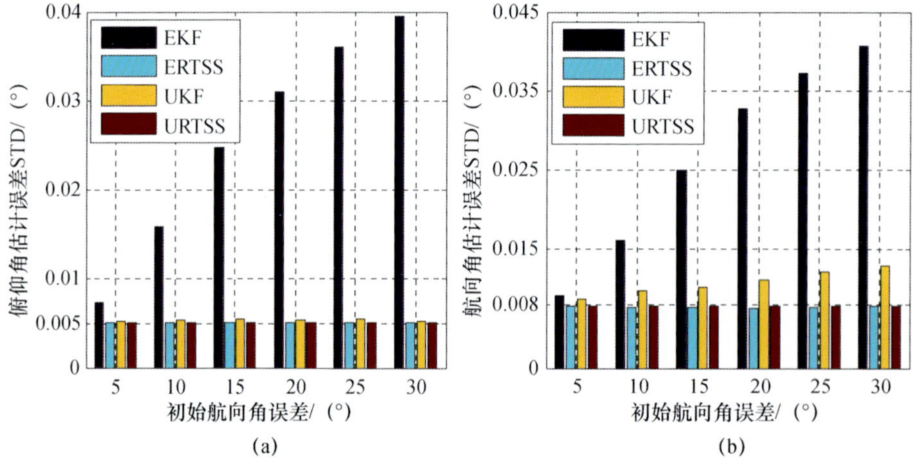

图 6－30　不同情况下的俯仰角和横滚角估计误差 STD 情况